JAVA
La maîtrise
JAVA 5 et 6

JAVA
La maîtrise
2e édition — JAVA 5 et 6

Jérôme Bougeault

Tsoft
EDITEUR

EYROLLES

ÉDITIONS EYROLLES
61, bd Saint-Germain
75240 Paris Cedex 05
www.editions-eyrolles.com

TSOFT
10, rue du Colisée
75008 Paris
www.tsoft.fr

Avant-propos

Présentation de l'ouvrage

Est-il utile de rappeler que le langage Java, créé par Sun au milieu des années quatre-vingt-dix, est aujourd'hui le langage de programmation le plus utilisé dans l'industrie informatique du logiciel ?

Ce langage est enseigné dans tous les cursus de formation à l'informatique (IUT, licences, masters, écoles d'ingénieurs).

On retrouve Java aussi bien dans le monde du Web (applets, serveurs) que dans des applications graphiques client / serveur.

C'est un langage particulièrement bien conçu, riche, clair et puissant. Il a su générer un énorme enthousiasme chez ses utilisateurs, et une créativité collective sans précédent. C'est un des langages les plus employés dans le monde Open Source.

Cet ouvrage s'adresse à des personnes qui connaissent déjà un langage de programmation (objet ou non). Il traite des concepts de l'objet, de la syntaxe du langage, et des API les plus utilisées pour développer des applications : entrées/sorties, multitâche, interface graphique, accès aux bases de données, Internet, réseau...

Cette édition traite avec soin des nouveautés des versions 5 et 6 de Java Standard Édition.

Support de formation

Ce support convient à des formations à la programmation avec Java d'une durée comprise entre trois et cinq jours. L'idéal est de cinq jours. La durée peut être écourtée ou allongée en fonction des modules et ateliers traités ainsi qu'en fonction du niveau des participants.

L'éditeur Tsoft (www.tsoft.fr) peut fournir aux organismes de formation et aux formateurs des "diapositives instructeurs" complémentaires destinés à aider le personnel enseignant.

Guide d'autoformation

Ce livre peut être également utilisé en tant que support d'autoformation. L'élève doit disposer d'un ordinateur qui sera dédié à Linux (on le reformate complètement). Les modules installation et sauvegarde nécessitent de disposer d'un poste configuré en serveur pour accomplir l'ensemble des ateliers.

Certifications

Sun a mis en place un dispositif de certification permettant de garantir les compétences nécessaires au développement Java. Ces certifications sont reconnues dans le monde professionnel.

Elles s'articulent autour de huit examens à passer dans un centre de tests « Prometric », chaque examen décerne une certification.

- Sun Certified Java Associate (SCJA) certifie que vous possédez les bases : concepts objet, syntaxe du langage, connaissances générales sur les technologies Java.

- Sun Certified Java Programmer (SCJP) certifie vos compétences en programmation. Plus technique que le SCJA, cet examen couvre plus en détails les finesses du langage et les API de Java (contrôle de flots, collections), ainsi que le multitâche.

- Sun Certified Java Developer (SCJD) certifie vos compétences de développeur d'applications. L'examen s'adresse aux programmeurs ayant au moins le niveau de la SCJP, qui devront prouver qu'ils sont capables de résoudre un problème concret en tirant profit au mieux des possibilités de Java. Lors de l'examen, un cas pratique est proposé à l'élève, qui doit expliquer de quelle façon il va le traiter, comment démarrer, configurer l'application, gérer la persistance des données, etc. Il devra utiliser uniquement les APIs de base de Java et respecter des conventions de style. Pour en savoir plus, visitez le site de Sun : http://java.sun.com/docs/codeconv.

- Sun Certified Web Component Developer (SCWCD) certifie que vous avez les compétences nécessaires pour développer en environnement Web (J2EE).

- Sun Certified Business Component Developer (SCBCD) certifie vos compétences en programmation de composants métiers.

- Sun Certified Mobile Application Developer (SCMAD) certifie vos compétences de développeur en environnement mobile (PDA, téléphones…).

- Sun Certified Enterprise Architect (SCEA) est la certification du niveau le plus élevé. Il est conseillé d'avoir déjà une bonne expérience en développement d'applications métier dans les environnements Java J2SE et J2EE avant de s'y préparer.

Cet ouvrage apporte les notions nécessaires pour passer les examens SCJA, SCJP et SCJD.

Toutefois, un complément « marketing » sur les différentes technologies est à prévoir séparément, par la lecture de la presse en ligne spécialisée (par exemple javaworld.com) et par la lecture régulière des nouveautés du site de Sun : java.sun.com.

Un livre dynamique grâce à Internet

Le langage Java a atteint une grande maturité, mais il va continuer d'évoluer. Le site www.editions-eyrolles.com proposera sur la page de présentation du présent ouvrage des liens dédiés à des compléments sur ces évolutions.

Pour accéder à cette page, rendez-vous sur le site www.editions-eyrolles.com, dans la zone <Recherche> saisissez 12250 et validez par <Entrée>.

Table des matières

@ l'annexe est à télécharger, rendez-vous sur le site www.editions-eyrolles.com, tapez 12250 dans la zone <Recherche> et validez par <Entrée>.

ANNEXE A : INSTALLATION DU POSTE STAGIAIRE

ANNEXE B : DESCRIPTION DES OUTILS DU JDK

ANNEXE C : DOCUMENTER SES PROGRAMMES AVEC JAVADOC

ANNEXE D : PRISE EN MAINS DE NETBEANS

ANNEXE E : ACCESS ET MYSQL

ANNEXES F : CORRIGÉ DES EXERCICES

ANNEXE G : GLOSSAIRE

Préambule

Ce guide de formation s'adresse aux développeurs qui souhaitent découvrir le langage Java et toute la richesse de cet environnement.

Il couvre les concepts objet, la syntaxe du langage, les environnements de développement et d'exécution. Mais aussi et surtout, il couvre les API les plus couramment utilisées, avec de nombreux détails, trucs et astuces, ainsi que des travaux pratiques.

L'auteur, qui utilise ce langage depuis 1996, y apporte à la fois son expérience pratique d'années de développement et son expérience pédagogique, puisqu'il enseigne aussi ce langage.

Support de formation

Ce guide de formation est idéal pour être utilisé comme support dans une formation se déroulant avec un animateur, car il permet au stagiaire de suivre la progression pédagogique de l'animateur sans avoir à prendre beaucoup de notes. L'animateur, quant à lui, appuie ses explications sur les diapositives figurant sur chaque page de l'ouvrage.

Cet ouvrage peut aussi servir de manuel d'autoformation car il est rédigé et complet comme un livre, il va beaucoup plus loin qu'un simple support de cours. De plus, il inclut une quantité d'ateliers conçus pour permettre d'acquérir une pratique opérationnelle du langage Java.

Progression pédagogique

- Introduction
- Eléments du langage
- Concepts objet avec Java
- Les exceptions
- Classes utiles en Java
- Les entrées/sorties
- Les collections d'objets
- Java et le multi-thread

- AWT et le développement d'interfaces graphiques
- La gestion des événements
- Accès aux bases de données avec JDBC
- Les JavaBeans
- JFC et Swing
- Programmation Internet et réseau
- Annexes

Ce cours comprend 14 chapitres, il est prévu pour des personnes ayant des notions de base en programmation et connaissant déjà un langage de programmation structurée, comme par exemple C, Pascal, Basic, Cobol...

Il peut durer cinq jours avec un animateur, à raison de 2 à 3 modules par jour, pour des personnes ayant une solide expérience dans la programmation orientée objet avec un langage du type C++ ou SmallTalk.

Pour des personnes n'ayant pas cette culture de l'objet, il sera préférable de passer 6 ou 7 jours, ou bien d'enlever certains modules pour le donner en 4 ou 5 jours.

Suivant l'expérience des stagiaires et le but poursuivi, l'instructeur passera plus ou moins de temps sur chaque module.

Introduction

Ce module permet de faire connaissance avec Java, son histoire et ses caractéristiques majeures.

Nous parlerons de la machine virtuelle, de la gestion de la mémoire, des librairies, des outils de développement, etc.

Éléments du langage

Nous aborderons tous les aspects de la syntaxe du langage. A l'issue de ce module, le stagiaire sera en mesure de développer un programme simple en Java.

Concepts objet avec Java

Java étant un langage orienté objet, un certain nombre de concepts doivent être assimilés pour pouvoir développer de bonnes applications.

Nous verrons dans ce module tous ces concepts, des cas typiques de leur utilisation, et leur implémentation dans le langage Java.

Les exceptions

Ce mécanisme permet de gérer de façon efficace et fiable les cas d'erreur des applications.

Nous verrons comment les gérer et comment utiliser cette logique pour créer nos propres exceptions métier.

Classes utiles en Java

On trouve dans Java un package contenant un certain nombre de classes qui correspondent aux problèmes récurrents des développeurs dans toutes les applications (gestion des dates, calculs mathématiques, chaînes de caractères…).

Nous découvrirons l'ensemble de ces outils qui sont utilisés tous les jours.

Les entrées/sorties

Ce module présente la façon dont les entrées/sorties sont gérées en Java.

Java est très riche en API (Application Programming Interface : interface de programmation d'applications), nous les parcourrons et les mettrons en œuvre.

Les collections d'objets

Le principe de la programmation objet repose sur la création et la manipulation des objets. Les grandes applications génèrent des nombres importants d'objets.

Les collections sont utilisées pour stocker et organiser les objets. Nous étudierons les différents types de collections et comment les manipuler.

Java et le multi-thread

Java est multi-thread. Cela signifie que l'on peut développer des applications qui exécutent plusieurs tâches séparées en parallèle.

Cette possibilité est très intéressante. Nous verrons comment la mettre en œuvre et les principaux conseils pour l'utiliser à bon escient.

AWT et le développement d'interfaces graphiques

Java permet de faire des applications graphiques, à l'aide d'une API totalement portable : AWT (Abstract Windowing Toolkit).

Nous étudierons cette API pour créer des applications graphiques à base de fenêtres pour des interfaces utilisateur.

La gestion des événements

Les interactions entre une application et l'utilisateur, notamment pour les applications graphiques, passent par des événements (clavier, souris, « timer »…) Mais la notion d'événement peut s'appliquer, plus généralement, à toute interruption générée par un programme (système ou applicatif).

Nous verrons comment ce mécanisme a été prévu dans Java, comment l'exploiter et comment faire une application qui, elle-même, générera des événements.

Nous parlerons des diverses stratégies possibles et dans quels cas les utiliser.

Accès aux bases de données avec JDBC

L'accès au moteur de bases de données relationnelles permet de développer des applications d'entreprises client-serveur ou multitiers. Cet aspect a été particulièrement bien étudié dans Java à l'aide de l'interface JDBC (Java Database Connectivity).

Nous étudierons l'architecture de JDBC, sa mise en pratique et les différentes API à utiliser dans les applications.

Les JavaBeans

Une notion importante de la programmation orientée objet est une notion économique : la réutilisation du code. Pour cela, la norme JavaBeans permet de créer des composants normalisés pouvant être stockés dans des bases de données et distribués sur le réseau.

Nous aborderons tous les aspects de cette norme, ainsi que son exploitation dans une architecture d'applications à objets distribués.

JFC et Swing

Pour faire de Java une plate-forme de choix pour des applications client, Sun a développé une fantastique collection de composants JavaBeans graphiques réutilisables.

Nous expliquerons la logique de leur architecture, ferons le tour de tous ces composants, étudierons en détail les plus utilisés parmi eux.

Programmation Internet et réseau

Dès son apparition, Java était un langage orienté réseau : il possède des API très complètes et particulièrement bien construites pour réaliser simplement des applications qui exploitent pleinement toutes les possibilités des réseaux Internet, en mode connecté, non connecté ou multicast (diffusion simultanée vers plusieurs destinataires).

Nous verrons aussi dans ce chapitre les différentes méthodes pour réaliser des applications orientées réseau (applets, clients lourds, servlets, serveurs).

Annexes

Les annexes contiennent :

- Le guide d'installation du poste stagiaire.
- Une description des outils du JDK.
- Un guide pour documenter ses programmes avec JavaDoc.
- Un tutoriel de prise en mains NetBeans.
- Un guide d'utilisation de MySQL et d'Access avec JDBC.
- Le corrigé des exercices (téléchargeable).
- Un glossaire.

1

Introduction

Objectifs

Java est un langage de programmation orienté objet. Un de plus ? Oui, mais avec des atouts que nul autre langage auparavant n'avait réussi à cumuler.

Au cours de son évolution, Java est devenu plus qu'un simple langage, c'est maintenant le synonyme de nouvelles architectures logicielles, et même matérielles.

Venu au monde au début des années quatre-vingt-dix, adolescent au moment de la révolution Internet, Java a maintenant atteint l'âge adulte, mais sa jeunesse nous laisse présager encore de nombreuses évolutions à venir.

Contenu

- Connaître l'histoire de Java et des principaux langages objet.
- Comprendre les spécifications de Java.
- Découvrir les principales évolutions du langage.
- Savoir comment fonctionne l'environnement d'exécution.
- Parler des principaux environnements de développement.
- Connaître les différentes éditions de Java et leurs particularités.

Évolutions des langages

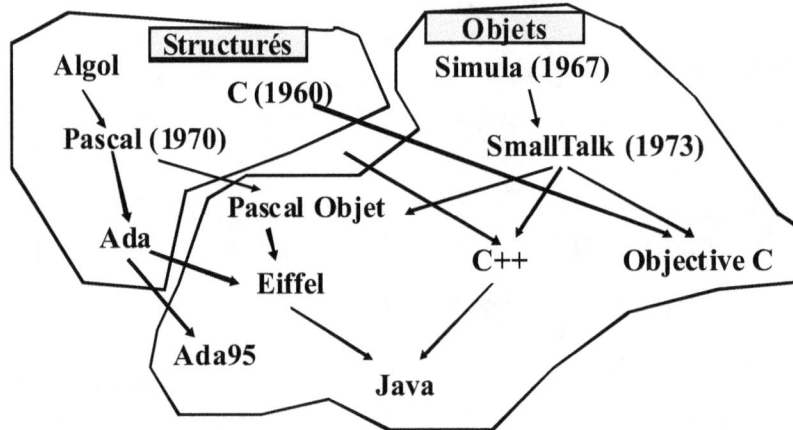

L'objet n'est pas une nouveauté en soi dans l'ingénierie informatique. On trouve ses origines dès la fin des années soixante, avec le langage Simula.

Il a fallu de nombreuses années avant que ces concepts n'arrivent dans le cœur de l'industrie. Cela est principalement dû au fait que l'objet n'est pas une simple technologie, c'est une véritable philosophie, qui va considérablement révolutionner la façon de programmer, mais aussi, en amont, la façon d'analyser et même de penser les architectures logicielles.

Le premier langage objet à entrer de façon notable dans l'industrie est SmallTalk. On retrouve dans ce langage, qui date déjà des années soixante-dix, de nombreuses notions qui ont été récupérées par Java, comme par exemple l'idée de la machine virtuelle ou du ramasse-miettes de mémoire, que nous verrons ensemble un peu plus loin dans ce chapitre.

Mais le succès de ce langage a été très mitigé, plutôt universitaire mais boudé par l'industrie.

La grande vague de l'objet est arrivée plus tard, au début des années quatre-vingt-dix avec le langage C++.

C++ est une évolution du C, c'est à dire que ce n'est rien d'autre qu'un C auquel on a ajouté les opérateurs et les instructions nécessaires au développement objet.

Le C++ a conservé toutes les "possibilités dangereuses" du C, comme par exemple l'accès direct à la mémoire, ce qui n'est pas forcément compatible avec l'objet, qui cherche au contraire à s'isoler le plus possible des couches basses de la machine.

Au milieu des années quatre-vingt-dix, la société Sun Microsystems, constructeur d'équipements informatiques et éditeur d'un système d'exploitation UNIX a mis Java sur le marché. Ce langage apparaissait comme proche du C++, mais mieux conçu, plus moderne et surtout apportant des nouveautés que n'avait pas le C++.

Java a été inventé par James Gosling de la société Sun. Encore aujourd'hui, la marque Java appartient à cette société qui décide à elle seule de la normalisation et de l'évolution de ce langage.

Java : un simple langage de programmation de plus ?

La question que l'on était en droit de se poser était : Pourquoi encore un nouveau langage de programmation ?

Certes, Java est un langage de programmation très performant et puissant, mais cela ne suffisait pas à justifier le succès considérable, et son accueil chaleureux quasi unanime dans l'industrie.

Un certain nombre de facteurs ont facilité son ascension à sa place actuelle de leader, notamment une de ses particularité : **La portabilité**.

Cette propriété a été l'occasion pour Sun, son promoteur, de lancer un fameux chien dans le jeu de quilles Microsoft. Nous connaissons tous le slogan : "Write once, run anywhere" : Vous développez votre application une seule fois, et elle tourne partout.

Cette idée était peut être la clé de la fin de l'hégémonie Microsoft Windows.

Il en fut autrement, mais dès lors, toute la stratégie technologique de Microsoft consista à torpiller ce langage à tout prix. Et on peut dire aujourd'hui que Microsoft a échoué…

Java : un hasard de l'industrie

Dès le début des années quatre-vingt-dix, Sun envisage de réaliser une plate-forme de développement pour les dispositifs d'informatique embarquée.

A cette époque, l'émergence du multimédia et de la domotique laissait envisager des équipements électroménagers très sophistiqués (terminaux de télévisions numériques, vidéo à la demande, télésurveillance, ordinateurs de bord des véhicules, etc.)

Sun, fabriquant de matériels informatiques, avait bien l'intention de s'y positionner avec une offre puissante : Une plateforme universelle de développement d'applications multimédias.

Le projet Oak était né.

L'objectif était de mettre en place un langage de programmation orienté objet simple et concis, et un architecture d'implémentation favorisant une portabilité maximale des applications, en effet, le domaine de l'informatique embarquée est une référence en matière d'hétérogénéité…

Le choix des concepteurs de Java fut purement pratique, je dirais même démagogique, et peut se résumer en deux points :

- Le langage C est de loin le plus répandu dans le monde de l'électronique, Oak va donc s'approprier sa syntaxe.
- Il y a plein de bonnes choses dans SmallTalk, on va les récupérer pratiquement dans l'état, notamment la notion de machine virtuelle et celle de Garbage Collector (ramasse-miettes) dont nous reparlerons plus loin.

Et puis il y a un certain nombre de contraintes qui seront exprimées dans ses spécifications.

Spécifications de Java

■ **Objectifs de Java: Être un langage**

- Simple
- Orienté objet
- Robuste
- Portable
- Performant
- Multitâche
- Sûr
- Riche

Les contraintes très particulières au monde de l'informatique embarquée ont amené les inventeurs du langage à se fixer des règles très strictes.

Simplicité

Java est un langage simple, parce que bien conçu pour un langage pleinement objet. Cela facilite la formation du personnel, mais aussi la créativité, souvent bridée par la complexité des interfaces de programmation.

A cette époque, les bons développeurs Windows étaient très rares, donc chers. En effet, la difficulté de mise en œuvre d'une application dans cet environnement graphique nécessitait d'excellents programmeurs.

Java vient du C et du C++, ce qui permet aux nombreux développeurs pratiquant ces langages de se former rapidement et facilement.

Toutefois, un certain nombre d'éléments n'ont pas été conservés, dans un souci de simplicité, mais aussi de fiabilité comme nous le verrons plus loin :

- L'arithmétique sur les pointeurs n'existe plus. Dans les programmes informatiques, les variables des programmes sont dans la mémoire centrale de l'ordinateur, on y accède par une adresse mémoire. Cette adresse est un nombre entier, que l'on pouvait manipuler en C ou C++ pour accéder aux variables voisines (tableaux de variables). Cette opération est dangereuse, car rien n'empêche, si la valeur de l'adresse est erronée, d'accéder aux variables d'un autre programme, ou d'écraser une partie de la mémoire par erreur. Dans un souci de simplicité, mais aussi de fiabilité, cette possibilité n'existe plus en Java. Les variables sont référencées par un nombre qui n'est pas manipulable.

- Pas d'héritage multiple. Nous reparlerons dans notre prochain chapitre de cette notion.

- Pas de surcharge des types primitifs et des opérateurs. Contrairement à d'autres langages, il n'est pas possible de redéfinir ce qu'est un entier, un nombre flottant, une chaîne de caractères, une addition, une division entière, etc.

Enfin, un mécanisme de gestion automatique de la mémoire est en charge de la libération de la mémoire non utilisée.

Une application informatique orientée objet est un ensemble d'objets instanciés en mémoire, puis supprimés de la mémoire lorsqu'ils ne sont plus utiles. Cette fonction de nettoyage peut devenir très contraignante lorsque le nombre d'objets est important. Libérer le programmeur de la lourde tâche de supprimer les objets inutiles est un apport considérable dans la simplicité des programmes.

Orienté objet

Java est orienté objet, c'est fondamental. Il permet notamment l'encapsulation du code dans des classes, ce qui facilite l'implémentation d'applications analysées par la décomposition du problème en objets.

L'objet permet aussi la réutilisation du code (classes développées pour une application, réutilisées pour une autre), la distribution d'objets (Java permet d'envoyer des objets d'une machine vers une autre).

Robuste

Java était destiné au départ pour être embarqué dans des équipements électroniques. Lorsque des milliers de ces petits équipements partent dans la nature, il est hors de question de les faire revenir pour corriger un bug.

Ne pouvant effectuer de patchs et autres services packs (comme cela se fait chez certains éditeurs...), il est nécessaire de faire les programmes les plus fiables possibles.

Pour cela, mettons le plus de chances de notre côté :

- Typage strict des données.
- Pas d'accès direct aux adresses des données en mémoire.
- Le Garbage Collector permet de récupérer toute mémoire non utilisée, c'est un gage de fonctionnement sans limite de temps, beaucoup d'applications traditionnelles nécessitaient un arrêt régulier pour cause de saturation mémoire due à des allocations non libérées après utilisation.
- La gestion des erreurs par un mécanisme d'exceptions oblige le programmeur a avoir une politique de vigilance à l'égard des erreurs possibles lors de l'exécution du programme.

Portable

Cette portabilité est réelle, et possible grâce à la notion de machine virtuelle (JVM : Java Virtual Machine). Dans les machines virtuelles, toute l'API de Java, normalisée par Sun, est implémentée pour se comporter de la même manière, quel que soit l'environnement. Nous verrons son fonctionnement.

Performant

Bien qu'interprété, ce langage est performant grâce aux optimisations du compilateur JIT (Just In Time) et à la simplicité de l'architecture.

Multitâche

C'est la possibilité d'exécuter plusieurs traitements simultanément, donc d'améliorer sensiblement les performances, mais aussi et surtout la disponibilité d'une application (traitements en tâches de fond permettant à l'utilisateur de continuer à travailler).

Sûr

La sécurité tient une place importante dans Java, au travers d'un certain nombre d'aspects :

- Le « bac à sable » que nous verrons lorsque nous parlerons des « applets », ces petits programmes Java distribués sur Internet, permet de limiter les risques d'infection par des virus. On constate aujourd'hui que pas un seul virus informatique n'a pu être conçu en Java (alors qu'ils fourmillent dans d'autres technologies concurrentes).
- La notion de police de sécurité permet de personnaliser les niveaux de droits des applications.
- Enfin, Java possède des API destinées au cryptage, à la gestion de l'authentification, des certificats, etc.

Riche

Java est probablement le langage de programmation le plus riche, avec plus de 3000 classes et interfaces.

Tous les domaines sont traités :

- Calculs.
- Entrées/sorties.
- Interface graphique.
- Réseau.
- Bases de données.
- Distribution d'objets.
- Multimédia.
- etc.

De plus, de nombreuses classes spécialisées sont disponibles sur le marché, parfois gratuitement et souvent fournies avec les sources.

Java est une véritable communauté de développeurs enthousiastes.

Évolutions de Java

- **1995: Java 1.0**
  - Langage de programmation objet et complet
- **1997: Java 1.1**
  - Introduction des composants : JavaBeans
- **1998: Java 1.2 - Java 2**
  - Introduction de Swing et des éditions J2SE, J2ME et J2EE
- **1999: Java 1.3**
- **2002: Java 1.4**
- **2004: Java 5.0**
- **2006: Java 6.0 beta**

Java démarre sa carrière commerciale en 1995. Il va naître à l'aube de la révolution d'Internet, et c'est dans ce domaine d'applications qu'il va rapidement s'imposer.

D'abord par les « applets », sortes de petites applications clientes graphiques qui tournent au sein des navigateurs, et qui apportent traitements, interactivité et animations aux documents HTML, puis par les « servlets », programmes qui s'exécutent au sein des serveurs Web pour générer dynamiquement du contenu.

Mais au cours de ses évolutions, sa qualité et sa puissance va lui permettre aussi de s'imposer dans de nombreux autres domaines de l'informatique : client/serveur, serveurs de bases de données, serveurs d'objets distribués, moniteurs transactionnels, applications embarquées (téléphones cellulaires, assistants personnels), etc.

Java possède un très grand nombre d'API normalisées, qui couvrent de plus en plus de domaines au fil des nouvelles versions.

Version 1.0

Sun lance un langage de programmation portable pour applications Client/Serveur et applets.

Les applets sont de petites applications, téléchargées sur internet dans le navigateur, et qui s'exécutent dans celui-ci au sein même du document en cours de visualisation. Le grand intérêt des applets est d'apporter des programmes à l'intérieur même des documents.

C'est surtout avec ces applets que Java va se faire connaître. Netscape implémente une machine virtuelle Java dès la version 2 de Navigator, Microsoft suit très vite en l'implémentant dans la version 3 d'Explorer.

Java comportait alors déjà une grande richesse de classes, tout ce qu'il fallait pour développer des applications classiques :

- Entrée-sorties standards.
- Structures de données (tableaux, vecteurs, hashtable…).

- Interface utilisateur graphique.
- Applets.
- Réseau.
- JDBC (accès aux bases de données relationnelles) en option.

Version 1.1

Les évolutions majeures de cette version étaient destinées à permettre l'implémentation de composants logiciels en langage Java : les JavaBeans.

- Normalisation des composants : les JavaBeans.
- Introspection des classes, qui permet d'interroger les composants sur les services qu'ils offrent.
- Sérialisation des objets qui permet de les stocker ou de les déplacer automatiquement.
- Nouvelle gestion des événements.
- RMI (Remote Method Invocation) qui permet d'invoquer les services d'un composant qui se trouve sur une autre machine du réseau.
- Fichiers JARS destinés à faciliter le déploiement des composants et des applications.
- JDBC en standard dans la JVM.

Version 1.2

Cette version va principalement apporter :

- JFC (Java Foundation Classes) : toute une collection de composants JavaBeans graphiques pour les interfaces utilisateur.
- Java 2D : le support pour la création de graphiques en deux dimensions.
- Java Sound : le support du son (Midi, Wave, etc.).
- Les servlets et les pages JSP, utilisés dans les serveurs d'applications et les serveurs web J2EE.
- JNDI (Java Naming and Directory Interface) qui permet de standardiser l'accès à des serveurs de nommage, notamment pour stocker des collections d'objets sérialisés.
- Java IDL (Interface Description Language) pour s'ouvrir au monde CORBA.
- Améliorations diverses (Sécurité, RMI, Sérialisation, JNI, JAR, JDBC…).

La liste de ces évolutions est disponible sur le site de Sun :

http://java.sun.com/products/jdk/1.2/docs/relnotes/features.html

A partir de la version 1.2 c'est aussi la déclinaison de java en trois éditions.

Java 2 : Trois éditions

Ces éditions sont fournies avec des implémentations de référence par Sun, mais d'autres éditeurs peuvent créer leur propre implémentation et la faire valider par Sun (Java Compliance).

Des éditeurs importants vont suivre, citons notamment : Allaire, Apache, BEA Systems, Borland, IBM, Oracle, Rational, Sybase...

J2SE : Java 2 Standard Edition

Cette édition est destinée aux applications clientes. On y trouve donc à la fois le noyau, l'interface graphique, le réseau, JDBC et la partie cliente de RMI.

Nous ne traiterons dans cet ouvrage que de l'édition standard (J2SE).

J2EE : Java 2 Enterprise Edition

Cette édition comprend tous les éléments pour construire des serveurs d'applications :

- La version standard de Java (sans JFC)
- Les Servlets et les pages JSP
- JNDI
- JDBC 2 (extensions pour le pooling de connexions)
- EJB (Enterprise Java Beans) qui sont les composants métier des architectures Java

J2ME : Java 2 Micro Edition

Cette édition est destinée aux environnements embarqués ou de très petites tailles (téléphones, PDA, cartes à puce, etc...).

Elle est composée de deux configurations qui correspondent aux possibilités des différents équipements :

- Connected Limited Device Configuration (CLDC) est la configuration qui correspond aux équipements limités, aussi bien en terme de CPU (16 ou 32 bits avec un minimum de 128 kilo octets de mémoire vive) qu'en terme de connexion réseau (connexions non permanente). On peut citer les téléphones mobiles, les assistants personnels d'entrée de gamme...
- Connected Device Configuration (CDC) est la configuration pour des équipements plus performants, avec notamment une connexion réseau permanente et éventuellement de haut débit. On peut citer les ordinateurs de bord, les terminaux de télévision numérique, les assistants personnels de nouvelle génération...

A cela s'ajoute une logique de profils, qui définissent les possibilités de la machine virtuelle (en termes de réseau, d'interface graphique, de connexion aux bases de données, de calculs mathématiques, etc...). Le profil le plus connu est le "Mobile Information Device Profile" (MIDP) qui est destiné aux téléphones mobiles et aux assistants personnels d'entrée de gamme. C'est en fait le successeur du WAP.

Version 1.3

Cette version apporte principalement des corrections et des évolutions (RMI, drag & drop, Java Sound, Java 2D, Swing, etc.) ainsi que l'intégration de JNDI (Java Naming and Directory Interface) sur le client.

La liste est disponible sur le site de Sun :

http://java.sun.com/j2se/1.3/docs/relnotes/features.html

Version 1.4

La version 1.4 de Java apporte de nombreuses améliorations telles que :

- Un nouveau gestionnaire d'entrées/sorties (NIO : New Input / Output).
- De nouvelles fonctionnalités dans JFC, comme la gestion de la molette de défilement de la souris ou la gestion du mode graphique plein écran, le drag&drop.
- L'intégration des API pour XML (DOM, SAX et XSLT).
- Le support d'IP V.6 dans l'interface réseau.
- Un outil de déploiement d'applications clientes en Java : Java WebStart.

Version 5

Cette version portait au départ, logiquement, le numéro 1.5.

Mais finalement, fort de la maturité de près de 10 ans d'évolutions, Sun trouvait que 1.5 faisait un peu trop « jeune ».

Déjà, 5 ans auparavant, Sun avait introduit Java 2 avec la version 1.2

La version sorite en 2006 porte donc le numéro 5, et dorénavant, l'incrémentation de la numérotation des versions se fera sur le numéro "majeur". La version suivante sera donc la 6.

Toutefois, Java 2 n'est pas fini. La dénomination exacte de la version est donc : J2SE version 5.0.

De plus, la kit de développement (SDK, ex JDK) reprend le nom original JDK (Java Development Kit). On dispose donc maintenant de :

- J2SE Development Kit 5.0 (JDK 5.0).
- J2SE Runtime Environment 5.0 (JRE 5.0).

Les principales nouveautés de cette version sont :

- De nombreuses améliorations dans la syntaxe du langage: Types génériques, simplification des boucles, autoboxing/unboxing, imports statiques, etc.
- De nouvelles fonctions dans la librairie Math.
- L'inclusion de l'implémentation de référence de JAXP 1.3 pour le support de XML.
- L'inclusion de JDBC 3.0, déclinaisons de l'interface RowSet.
- AWT: ajout de la possibilité d'obtenir la position de la souris sur l'écran plus un certain nombre de corrections de bugs.
- Swing: Le support de l'impression de la JTable.

Pour de plus amples informations, voir sur le site du Java Community Process :

http://www.jcp.org/en/jsr/detail?id=176.

Java 5

Remarque :
Tous les apports propres à la version 5 seront signalés tout au long de ce livre par le logo ci-contre.

Version 6

La version 6 est une version mineure, qui apporte bien moins de nouveautés que la 1.4 ou que la 5. Cette version n'est pas une révolution.

Les nouveautés sont surtout au niveau de l'interface graphique, dans l'intégration d'un moteur JavaScript et dans l'intégration de JDBC 4.

Interface graphique :

- Correction de l'effet « rectangle gris » par une amélioration de l'implémentation du « double buffering ».

- Look and feel GTK.

- Tri possible sur les composants JTable.

- Support des fichiers images PNG.

- Intégration de la classe SwingWorker, qui est une classe générique qui s'occupe par défaut de toute la cuisine d'une tache de fond. Sun la propose depuis longtemps, elle est maintenant disponible en natif.

- Splash Screen (image spécifiée au lancement de la JVM).

Intégration de langages de script dans Java (JSR 223) : L'intégration du moteur JavaScript Rhino permet d'exécuter du code JavaScript depuis Java (pratique depuis une applet), mais attention, ce n'est pas du mélange Java et JavaScript.

L'intérêt est par exemple de pouvoir intégrer dans son application des macros écrites par l'utilisateur en JavaScript.

Intégration des WebServices : Les API XML (JAX-WS) 2.0 sont en standard dans l'API de Java.

JDBC : L'intégration de la version 4 apporte principalement le mapping objet/relationnel qui permet de voir une base de données relationnelle comme un magasin de composants JavaBeans.

Java 6

Remarque :
Les apports propres à la version 6 qui sont traités seront signalés par le logo ci-contre.

Compilation et exécution des programmes

Environnement
de compilation

Environnement
d'exécution

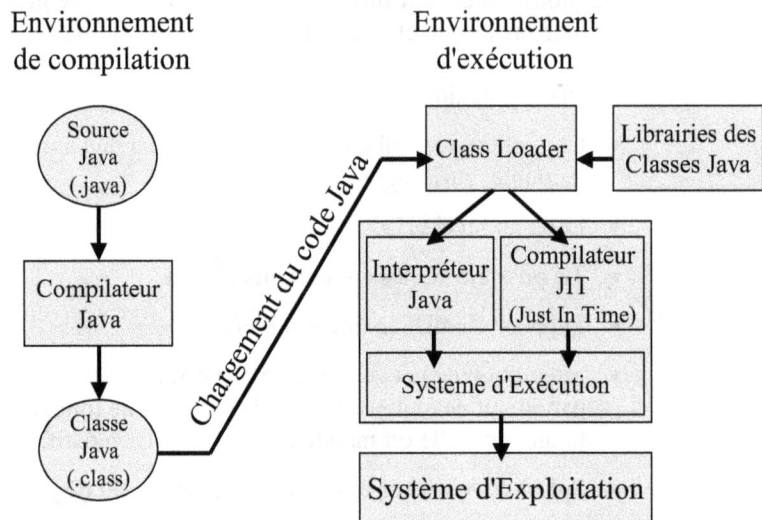

Les programmes Java sont compilés. Toutefois, le code généré n'est pas vraiment du binaire, c'est un pseudo-code qui a l'avantage d'être suffisamment générique pour être ensuite traduit en instructions d'un quelconque langage machine d'une quelconque plate-forme d'accueil, au moment de l'exécution.

La compilation

Un compilateur est un programme qui va simplement prendre un fichier **.java** (format texte) et générer un fichier **.class** (binaire) qui contiendra le pseudo-code.

Le compilateur va aussi vérifier :

- La syntaxe du programme.
- Certaines erreurs algorithmiques (instructions jamais exécutées...).
- La présence et la cohérence des librairies (packages) utilisés.

Remarque :
Le pseudo-code généré est normalisé par Sun. Les fichiers **.class** ont un format bien défini, dans lequel on conserve aussi les noms des méthodes et des attributs, ce qui peut faciliter le Reverse Engineering. Certains outils existent sur le marché pour décompiler des classes Java. C'est très efficace mais pas très légal...

Différents éditeurs proposent des compilateurs, Sun offre, dans le JDK, une implémentation de référence. C'est celle que nous utiliserons pour les exercices de ce cours.

L'exécution

Les classes sont exécutées dans la JVM (Java Virtual Machine). Ce programme, qui devra être présent sur toutes les plateformes cibles, a en charge de transformer le pseudo-code des classes en code machine pour leur exécution.

A noter que les classes utilisées lors de la compilation doivent aussi être présentes lors de l'exécution sur le poste client.

Les variables d'environnement

Pour utiliser le compilateur, comme l'interpréteur, il est nécessaire de positionner les variables d'environnement PATH et CLASSPATH :

- PATH vers le répertoire BIN du JDK.
- CLASSPATH vers les répertoires des librairies.

On peut positionner ces variables dans le système d'exploitation, ou bien créer un fichier de commandes de la forme :

```
set PATH=C:\JDK1.4\BIN;%PATH%
set CLASSPATH=.;C:\OutilsJava;%CLASSPATH%
```

Remarque :
Les entrées du CLASSPATH sont séparées par un point-virgule (;). La première entrée est un point (.) qui spécifie le répertoire courant. Cette entrée est nécessaire lorsque l'on veut compiler ou exécuter une classe qui se trouve dans le répertoire courant. Bien utile dans la phase de mise au point.

La console Java

La machine virtuelle Java est un programme en mode caractère. Il sera donc exécuté sous Windows dans un invité de commande. La sortie standard permet aux programmes Java d'afficher des chaînes de caractères, pratique lors des tests des programmes. C'est ce que l'on appelle la console Java.

Les packages

Ils permettent de stocker les classes dans différents répertoires afin de faciliter leur classement (métier ou technique).

On peut aussi stocker les classes dans un fichier JAR (Java Archive), ce qui permet un déploiement plus facile de l'application, n'ayant qu'un seul fichier à distribuer alors que l'application est peut-être constituée de centaines de classes.

Nous verrons plus loin comment fabriquer des packages et les mettre dans des fichiers JAR.

Le Garbage Collector (ramasse-miettes)

Un atout important de Java est le Garbage Collector, aussi appelé en français le ramasse-miettes.

Derrière ce nom se cache une fonction primordiale de Java, qui a pour vocation de libérer le programmeur de la lourde et importante tâche de toujours détruire les objets qu'il a créé lorsqu'il n'en a plus besoin, et ce, sous peine d'encombrer la mémoire centrale de l'ordinateur jusqu'à une saturation complète du système.

Comment cette merveille fonctionne-t-elle ? Il s'agit en fait d'un processus s'exécutant en tâche de fond de la machine virtuelle, et qui va régulièrement faire le ménage dans la mémoire en détruisant les objets dont on n'a plus besoin.

Mais, comment ce programme peut-il savoir si un objet ne sert plus à rien ? Il considèrera simplement qu'un objet ne sert plus à rien lorsqu'il ne peut plus être utilisé.

Et comment savoir s'il ne peut plus être utilisé ? Lorsque sa référence est au delà de la visibilité du code de l'application. Cela correspond aux cas suivants :

- L'objet est local à une fonction, on est sorti de la fonction.
- L'objet est référencé dans un autre objet qui a été détruit.
- L'objet n'est plus référencé car la variable qui contenait sa référence a été initialisée à partir de la référence d'un autre objet ou a été mise à "null".

Le mécanisme permettant ce prodige n'est pas nouveau, d'autres technologies l'ont déjà exploité. C'est en fait un automatisme interne à la machine virtuelle Java, qui va conserver dans une table les références de tous les objets créés, et qui va associer à chacune de ces références un compteur qui s'incrémentera à chaque nouvelle référence (assignation, passage en argument, insertion dans un tableau ou une collection…), et qui se décrémentera à chaque destruction de référence.

Par ailleurs, une tâche de fond va régulièrement consulter la table des références, et détruira de la mémoire tous les objets dont le compteur est à 0, car cela signifie qu'ils ne sont plus référencés nulle part et donc inutilisables par l'application.

Remarque :
Un objet dont on n'a plus besoin peut rester référencé accidentellement, et donc ne pas être détruit.

Le développeur a peu de contrôle sur le Garbage Collector, les spécifications de Sun n'imposent ni algorithme particulier ni fréquence de nettoyage.

Les API fournies dans Java

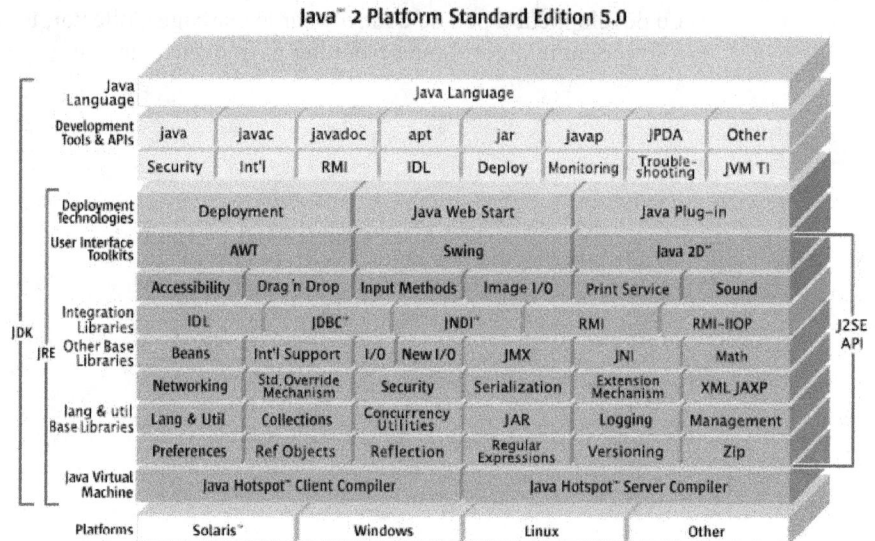

Java™ 2 Platform Standard Edition 5.0

Les API Java sont constituées de milliers de classes.

Elles sont organisées en deux parties :

- Java Core API : c'est l'API de base que l'on retrouve implémentée dans toute machine virtuelle. Ses classes font partie du package "java".
- Java Standard Extention API : ce sont les extensions, normalisées par Sun au travers d'interfaces, et qui sont implémentées par les éditeurs de solutions (serveurs d'applications, e-business, web…). Elles font partie du package "javax".

Java Core API

Elle contient les packages suivants :

- java.lang : toutes les classes de base pour le langage (String, Thread…).
- java.util : divers utilitaires (Date, Vector, Hashtable…).
- java.math : si les fonctions mathématiques sont déjà implémentées dans le package java.lang, ce package permet les calculs sur des numériques de très grande taille.
- java.io : toutes les entrées/sorties (console, fichiers, filtres, pipelines…).
- java.awt : Abstract Window Toolkit : Tout ce qui concerne l'interface graphique.
- java.applet : le support des applets.
- java.sql : l'accès aux bases de données (JDBC : Java DataBase Connector).
- java.beans : La construction de composants JavaBeans.
- java.rmi : l'invocation de méthodes d'objets distants (RMI : Remote Method Invocation).
- java.net : le support du réseau TCP/IP (sockets, UDP…).

Nous étudierons l'ensemble de ces packages dans cet ouvrage.

Java Standard Extension

Cette partie de l'API de Java est la plus évolutive. Elle correspond à des besoins nouveaux qui ont été intégrés progressivement. La particularité de ces API est qu'elles sont fondées sur des interfaces créées et donc normalisées par Sun, et dont l'implémentation est à la charge d'éditeurs tiers.

Certaines de ces API seront appelées à rejoindre la Java Core API.

Le JDK 1.4 de la version standard (J2SE) est proposé avec, en plus de la Java Core API, des extensions suivantes :

- javax.swing : l'interface graphique avancée de Java.
- javax.print : le support des impressions.
- javax.crypto : le support de la cryptographie.
- javax.security : le support de la sécurité (au niveau client).

L'ensemble de ces API sont dans des packages situés dans le fichier RT.JAR qui se trouve dans le sous-répertoire /JRE/LIB du répertoire d'installation du JDK.

Les autres API font partie principalement de la version Enterprise (J2EE) :

- javax.servlet : concerne les programmes serveurs.
- javax.naming : support du nommage et des annuaires (JNDI : Java Naming and Directory Interface). Contient une implémentation LDAP.
- javax.xml : gestion des documents XML.
- javax.mail : support des protocoles pour le courrier électronique (SMTP, POP3, IMAP).
- javax.jms : JMS : Java Messaging Services. Gestion de services de messages pour applications s'appuyant sur des MOMs (Message Oriented Middleware).
- javax.transaction : support des transactions, notamment les transactions distribuées (Commit à deux phases).
- javax.ejb : support des EJB (Enterprise Java Beans), composants métiers bénéficiant d'un environnement transactionnel et sécurisé.

Environnements de développement

- **Le JDK**
- **Les fichiers .class**
- **Javadoc**
- **Débogage d'applications**
- **Les IDE du marché**
  - IBM Eclipse et Rational Software Architect
  - Genuine, MyEclipse
  - Borland Jbuilder
  - Et les autres : Oracle J Developer, BEA Weblogic Workshop, open source, Sun NetBeans...
  - Les convertisseurs C#

Le JDK

Sun propose un kit de développement minimum : Le Java Development Kit (JDK).

On y trouve :

- Toutes les classes du Java (J2SE).
- Un compilateur : javac.exe.
- Une machine virtuelle Java : java.exe.
- Un débogueur.
- Un générateur de documentation technique : javadoc.exe.
- Un générateur de fichiers JAR (Java ARchive) : jar.exe.
- Une visionneuse d'applets : appletviewer.exe.
- Divers outils pour le RMI (Remote Method Invocation), etc.

Si l'on ajoute au JDK un éditeur de texte (à coloration syntaxique de préférence, comme par exemple JEdit), on a tout ce qu'il faut pour développer des applications, et même de grosses applications.

JEdit est probablement le plus utilisé dans le monde Java. Il est libre et gratuit, et peut être téléchargé sur le site : http://www.jedit.org/.

Si, par contre, on tient à un certain confort, mais aussi et surtout à des fonctions provenant de frameworks, on cherchera à acquérir un IDE (Integrated Development Environment), environnement de développement intégré dans lequel on trouvera beaucoup plus d'outils et de convivialité (aide en ligne, assistants, génération automatique de code...).

Les fichiers .class

Le développement d'applications consiste à écrire des fichiers sources dans un langage de programmation (par exemple Java), puis à les compiler afin de les traduire dans un langage compréhensible par l'ordinateur.

Ce dernier, appelé langage machine, permettra à l'ordinateur d'exécuter les instructions définies par le programmeur.

Le problème que l'on a depuis toujours, est que chaque marque de microprocesseur possède son propre langage machine. Les programmes en langage machine ne sont donc pas portables.

L'idée exploitée dans Java est d'inventer un nouveau langage machine, suffisamment générique pour s'adapter facilement à tous les microprocesseurs. Les programmes Java sont compilés dans ce langage.

Au moment de l'exécution de l'application, l'interpréteur (appelé machine virtuelle Java) n'a plus qu'à convertir les instructions génériques en instructions propres au microprocesseur de la plate-forme d'exécution (le "Run-Time").

Ces instructions génériques s'appellent des "op-codes". Les fichiers .class contiennent uniquement des instructions de ce type.

Pour permettre à tous les compilateurs et toutes les machines virtuelles Java d'effectuer cette traduction, le format des fichiers .class et les codes opérations sont normalisés par Sun. Ces spécifications sont détaillées dans des documents téléchargeables depuis le site de Sun : http://java.sun.com

Une application est composée d'au moins un fichier .class, sorte de programme principal, dans lequel on trouvera le point de démarrage : la méthode "main".

Un fichier .class contient une seule classe. Par conséquent, une application sera constituée d'un grand nombre de fichiers.

Javadoc

Le problème de la documentation des programmes n'est pas nouveau. Afin de faciliter le travail de groupe et la maintenance des applications, tout bon programmeur se doit de documenter le source qu'il écrit, c'est à dire expliquer clairement, dans des zones appropriées (les zones de commentaire) ce qu'il fait, comment il le fait et pourquoi il le fait ainsi.

Javadoc est un outil qui permet, en analysant les sources, de remonter certains des commentaires et de les mettre en forme dans une documentation propre et présentable (au format HTML).

C'est un outil très intéressant, aussi bien pour les développeurs que pour les chefs de projets. Pour ces derniers, la consultation des documentations générées automatiquement par Javadoc est un bon complément à une revue de code.

Un guide d'utilisation de Javadoc se trouve en annexe de ce livre. Je vous conseille de vous y reporter lorsque vous commencerez à faire des programmes afin de prendre rapidement de bonnes habitudes.

Débogage d'applications

Un débogueur mode caractère est fourni dans le JDK (programme jdb.exe).

Il peut paraître spartiate, et pourtant il est complet. D'ailleurs, certains outils graphiques s'appuient entièrement dessus, n'offrant qu'une interface graphique permettant de tracer directement dans le source lors de l'exécution pas à pas.

Les IDE du marché

Un IDE (Integrated Development Environment) est un logiciel permettant d'écrire des applications rapidement et efficacement.

On trouvera notamment dans ce type de logiciel :

- Un éditeur de sources à coloration syntaxique.
- Des assistants de préfabrication de code.
- Un explorateur de classes.
- Une aide en ligne.
- Un gestionnaire de versions.
- Un debogueur graphique.
- Un composeur de fenêtres graphiques, etc.

Il existe un grand nombre d'environnements intégrés de développement Java sur le marché. Les produits les plus utilisés sont Borland JBuilder, IBM Rational Software Architect, Sun NetBeans, Oracle JDeveloper, Genuitec MyEclipse Enterprise Workbench et BEA Weblogic Workshop.

Tous ces produits peuvent être téléchargés sur internet ; ils sont soit en open source, soit gratuits pour un usage de développement soit en version d'évaluation.

IBM Eclipse

Créé par IBM, il s'agit d'un framework de développement open source dont l'originalité est la possibilité de créer des plugins permettant de l'enrichir de fonctionnalités nouvelles.

De nombreuses sociétés se sont lancées dans la création de plugins de développement, et cette plateforme est devenue une véritable référence.

On trouvera en annexe une prise en main rapide de l'outil.

IBM Rational Software Architect

Issu du rachat de Rational par IBM, il s'appuie évidemment sur Eclipse et se caractérise par un très bon outil de modélisation UML.

Plutôt orienté applications d'entreprise, il intègre aussi le serveur d'applications J2EE WebSphere.

Il est très riche en outil, ce qui lui vaut aussi la critique d'être trop complexe.

Genuitec MyEclipse

S'appuyant sur Eclipse, cet environnement de développement est très riche en outils. On y trouvera tout ce qu'il faut pour le développement Web (JSF, MVC avec Struts, AJAX…) la modélisation UML, le mapping objet/relationnel ou même encore les interfaces clientes riches par une intégration du concepteur de formulaires de Sun : NetBeans Matisse Form Designer.

Borland JBuilder

La dernière version est la 2005. C'est un des produits phare. Il a été le premier IDE entièrement programmé en Java (il est totalement portable entre Windows, Linux…).

La maturité de ce produit (8 ans d'âge) lui confère une grande clientèle et de nombreuses fonctionnalités (parfois au détriment d'une certaine lourdeur). Mais c'est un excellent produit.

Toutefois, face à la montée en popularité du framework Eclipse, la prochaine version de JBuilder est prévue de fonctionner sur ce dernier. Il est permis de se demander s'il ne risque pas alors d'être confronté à une rude concurrence sur ce marché où l'open source règne en maître.

Oracle JDeveloper

Produit issu de JBuilder, ce produit est l'outil idéal pour travailler avec la base de données Oracle.

Si son modélisateur UML est pauvre, il possède en revanche les librairies Business Components for Java (BC4J) qui facilitent le travail avec la base de données, notamment le mapping objet/relationnel avec la base de données Oracle 9i.

BEA Weblogic Workshop

Connu pour son serveur d'applications J2EE Weblogic Server, BEA propose un environnement très orienté applications Web et d'entreprises.

Cet outil possède de très bons assistants pour créer des pages JSP, des EJB ou des Web Services.

C'est l'outil naturellement préconisé pour développer des applications sur le serveur d'applications Weblogic, notamment pour ses facilités en matière de déploiement.

Autre détail : Cet outil est gratuit pour une utilisation de développement.

Sun NetBeans

Cet IDE est très bien conçu, pratique et particulièrement agréable pour le développeur.

Il intègre notamment un très bon générateur d'interfaces graphiques de client lourd : Matisse Form Designer.

Il possède des modules complémentaires téléchargeables, notamment un profiler qui permet d'analyser les performances du code des applications.

Cet outil est gratuit. On trouvera en annexe un tutorial de prise en main de l'outil.

L'ensemble des travaux pratiques de cet ouvrage ont été réalisés avec NetBeans version 5.

On peut aussi remarquer des environnements de développement créés par de petites sociétés ou des développeurs isolés, notamment :

- IDEA de la société IntelliJ (http://www.intellij.com).
- JCreator de Wendel de Witte (http://www.jcreator.com).

Les convertisseurs C#

Le langage de Microsoft est très proche de Java. Bien que légèrement différent dans sa syntaxe, il peut s'apparenter à une sorte de clone détournant les lois de la propriété industrielle.

Une conversion de Java à C# n'est pas envisagée. Par contre, l'interopérabilité est possible au travers des Web Services.

Dans la même mouvance que le C#, notons aussi le langage J#, dont la syntaxe est exactement la même que celle de Java, mais qui s'appuie sur les classes Microsoft, et absolument pas sur celles de Sun... Inutilisable !

Technologies des compilateurs et interpréteurs

- **JIT (Just-In-Time)**
- **HotSpot**
- **Compilation native**
- **Analyse des performances**

Afin d'améliorer les performances de l'exécution des programmes, il existe actuellement trois solutions :

- La compilation Just-In-Time (JIT).
- La technologie HotSpot de Sun.
- La compilation native.

La compilation Just-In-Time

C'est une sur-couche de la machine virtuelle Java classique. Le principe d'un JIT Compiler est d'exécuter un compilateur binaire en même temps que l'interpréteur de l'application. Ainsi au pire, le code passe par l'interpréteur, au mieux, s'il est déjà compilé, c'est le code binaire qui est exécuté, donnant à l'application de bien meilleures performances.

Par contre, la compilation en code natif demande beaucoup de ressources. De plus, les performances ne sont pas aussi bonnes qu'avec des programmes compilés en code natif, comme les programmes écrits en C, C++, Cobol, etc. car la compilation en code natif doit être effectuée à chaque lancement du programme.

Un autre inconvénient est que, pour améliorer les performances lors de la compilation en code natif, certaines optimisations coûteuses en temps, que l'on trouve dans tout bon compilateur C ou C++, ne sont pas effectuées. Le code natif généré n'est donc pas aussi bien optimisé.

Enfin, le JIT Compiler ne sait pas se passer de la JVM classique, car un certain nombre de portions de code, qu'il estime inutile de compiler en natif, sont toujours interprétées par la JVM.

On peut dire aujourd'hui que la compilation Just-In-Time est une amélioration sensible, mais reste malgré tout en deçà de la compilation classique native des programmes.

La technologie HotSpot de Sun

Cette technologie développée par Sun Microsystems part du principe que seules certaines parties des programmes, appelés points chauds (Hot Spots en anglais), nécessitent une compilation native conservée en mémoire (une sorte de cache mémoire de code).

On s'apercevra que les points chauds sont relativement peu nombreux dans des applications clientes, par contre beaucoup plus visibles dans des applications serveur, comme des conteneurs de servlets ou d'EJB (Enterprise Java Beans).

C'est la raison pour laquelle on utilisera beaucoup plus souvent la technologie HotSpot pour faire tourner des programmes serveurs, comme les serveurs d'applications J2EE par exemple.

La compilation des points chauds en code natif est faite pendant le déroulement du programme, ce qui se traduit par des performances qui s'améliorent progressivement pendant l'exécution du programme. Là encore, cette technologie est plus adaptée à des programmes serveur qui sont faits pour tourner pendant des jours ou des semaines sans s'arrêter.

Java 5

Dans la version 5, les performances de la JVM HotSpot ont été améliorées, notamment au démarrage. On trouve aussi des optimisations comme le partage de données read-only entre plusieurs JVM, les classes de base (Core API) pré packées pour l'exécution.

La compilation native

La compilation native consiste à compiler le code source directement en code natif, pour une cible déterminée. Cette compilation n'est faite qu'une seule fois par le développeur de l'application, ce qui permet de prendre un peu plus de temps pour bénéficier des meilleurs algorithmes d'optimisation de code.

Les performances des programmes Java compilés de cette manière sont aussi bonnes que celles des programmes écrits en C ou C++.

Un autre avantage de la compilation native est une meilleure protection contre le reverse engineering, très facile à faire en Java car le format des fichiers des classes étant normalisé et bien connu.

L'application générée ne pourra tourner que dans l'environnement cible du compilateur. Si l'on souhaite lui permettre de tourner sur plusieurs plate-formes, il sera nécessaire d'avoir un compilateur natif pour chaque cible et de compiler l'application. On aura donc autant de programmes compilés que de cibles supportées, ce qui compliquera un peu la distribution du logiciel.

Il existe deux produits intéressants pour faire de la compilation native :

- Microsoft Visual J++ (Version 6) est un excellent outil pour créer des clients Windows en langage Java. Microsoft propose en plus, dans leur environnement, des classes spécifiques au monde Windows (et fort utiles). Attention : portabilité condamnée, au grand dam de Sun, ce qui a valu à Microsoft un retentissant procès qu'il a perdu.

- JET de la société Excelsior (http://www.excelsior-usa.com/) est un compilateur binaire intéressant, puisqu'il génère du code natif à partir de toutes les classes Java, y compris celles du JDK, ce qui le rend, en théorie, complètement transparent vis à vis de la version du JDK utilisée.

Et la portabilité ?

La compilation binaire n'est pas très appréciée dans le monde Java, car elle semble contraire à l'idée de portabilité : « Write once, run anywhere ». En effet, un programme compilé pour un environnement ne pourra s'exécuter que dans cet environnement.

Toutefois, je pense que cette crainte est infondée. En effet, la portabilité de Java ce n'est pas de dire que les classes générées et déployées peuvent s'exécuter sur toute plate-forme disposant d'une JVM, mais plutôt que les sources développés et utilisant les classes de la JVM peuvent tourner, sans aucune adaptation du code, sur n'importe quelle plate-forme.

La richesse de Java est avant tout axée sur de deux points :

- C'est un excellent langage orienté objet, apportant aux développeurs une productivité très importante.
- C'est un environnement de développement d'une richesse considérable de classes permettant de faire pratiquement n'importe quel type d'applications : graphiques, multimédias, orientées réseau, connectées à des bases de données, etc.

Les convertisseurs C++

Certaines solutions de compilations natives sont en fait des convertisseurs C++. Cela consiste à traduire le code Java en code C++.

La similarité de ces deux langages permet de le faire, mais cette traduction va générer un code C++ un peu lourd et pas forcément aussi bien écrit que si cela avait été fait par un bon programmeur C++.

L'avantage est que les compilateurs C++ existent dans pratiquement tous les environnements, la portabilité est donc assurée pourvu que l'on fournisse le run-time de bas niveau nécessaire aux classes de la JVM, elles aussi traduites en C++.

Monitoring et analyse des performances

Java 5

C'est une des clés du RAS (Reliability, Availability, Serviceability) soit en français Fiabilité, Disponibilité, Serviabilité (FDS).

Java Management eXtentions (JMX) apporte divers fonctions de monitoring, comme le Mbean qui utilise le système des événements pour permettre à un objet tiers de monitorer, depuis une autre JVM, par exemple un serveur SNMP.

Les packages à utiliser sont : javax.management et java.lang.management.

Exemple : Pour obtenir la mémoire disponible.

```java
public static void main( String[] args){
  List<MemoryPoolMXBean> pools=
ManagementFactory.getMemoryPoolMXBeans();
    for( MemoryPoolMXBean p: pools) {
      System.out.println( "Type mémoire: "+p.getType()
          +" Usage: "+p.getUsage());
    }
  }
```

Atelier

Objectifs :

- **Savoir installer et utiliser le JDK**
- **Ecrire, compiler et exécuter un premier programme simple**

Durée minimum : 20 minutes.

Exercice 1 : installer le JDK

Pour installer le JDK, lancer le programme d'installation. Par défaut il sera installé dans le répertoire:

C:\Program Files\Java\jdk1.5.0_05

De plus, la JRE sera installée dans la foulée en:

C:\Program Files\Java\jre1.5.0_05

Puis décompresser le fichier ZIP contenant la documentation dans le répertoire de votre choix.

Enfin, positionner les variables d'environnement PATH et CLASSPATH (la procédure varie suivant le système d'exploitation).

On peut aussi créer un fichier Batch dans lequel mettre les commandes :

```
set PATH="C:\Program Files\Java\jdk1.5.0_05\bin;"%PATH%
set CLASSPATH=.;%CLASSPATH%
```

Le PATH indique où se trouvent les programmes du JDK (compilateur, débogueur, javadoc, interpréteur, etc.)

Le CLASSPATH permet de spécifier les répertoires où se trouvent les classes. Par défaut, le compilateur et l'interpréteur vont chercher les classes dans le fichier rt.jar qui se trouve dans le sous-répertoire jre\lib du répertoire d'installation du JDK (dans notre exemple: C:\Program Files\Java\jdk1.5.0_05\jre\lib\rt.jar).

Remarque :
Le premier répertoire spécifié dans le CLASSPATH est le point (.), ce qui spécifie le répertoire courant dans lequel on lance la compilation ou l'exécution. Cela permettra de compiler et d'exécuter les classes directement depuis le répertoire où elles se situent.

Exercice 2 : programme "Hello World"

Prendre un éditeur de texte, créer le fichier HelloWorld.java, et taper le programme ci-dessous :

```java
public class HelloWorld {
  public static void main( String [] args) {
    System.out.println( "Hello World");
  }
}
```

Puis compiler le programme en entrant la ligne de commande :

```
javac HelloWorld.java
```

Enfin, l'exécuter en entrant la ligne de commande :

```
Java HelloWorld
```

Questions/Réponses

Q. Le JDK est–il gratuit ?

R. Oui, toutefois attention : certaines classes peuvent être la propriété de Sun ou d'autres éditeurs. Avant de commercialiser un produit écrit en Java, faites bien attention de lire les licences des différentes API utilisées.

Q. Peut-on contrôler le Garbage Collector ?

R. On a peu de possibilités pour agir sur lui. On peut seulement le lancer par une API que nous verrons plus tard.

Q. Lorsque je lance le programme, il me met l'erreur suivante :

```
Exception in thread "main" java.lang.NoClassDefFoundError :
premier (wrong name : Premier)
```

R. Attention aux majuscules et minuscules dans les noms des classes dans le fichier, mais aussi en argument à la commande de la machine virtuelle (Java), et cela même si vous êtes sur un système de gestion de fichier qui n'est pas sensible aux différences entre majuscules et minuscules (comme par exemple Microsoft Windows).

Ici, le nom de la classe entré en argument de la commande Java (premier) n'est pas le même que celui de la classe déclarée dans le fichier (Premier, avec une majuscule).

Q. Lorsque je lance le programme, il met l'erreur suivante :

```
Exception in thread "main" java.lang.NotSuchMethodError : main
```

R. Il ne trouve pas la méthode main. Si vous l'avez bien implémenté, vérifiez bien les majuscules et les minuscules (c'est bien main et non pas Main), vérifiez aussi les arguments. Il faut taper exactement :

```
public static void main( String [] args)
```

- *La syntaxe*
- *Les types*
- *Les opérateurs*
- *Le transtypage*
- *Les structures de contrôle*
- *Instructions d'interruption*
- *Les tableaux*
- *Atelier*

2

Éléments du langage

Objectifs

Nous allons maintenant découvrir tous les aspects de la syntaxe du langage.

Le langage Java s'est énormément inspiré du langage C. Cette partie peut être survolée rapidement par les personnes qui possèdent déjà une connaissance des langages C ou C++.

Contenu

- Découvrir les types primitifs : comme dans tout langage informatique, Java manipule des 0 et des 1, codés de différentes manières.
- Comprendre les opérateurs : ils nous permettront de faire un grand nombre d'opérations.
- Comprendre le transtypage : les données dans Java sont fortement typées, il est possible de transformer une donnée d'un type vers un autre.
- Connaître les instructions conditionnelles disponibles dans le langage Java.
- Savoir manipuler les tableaux, qui permettent de stocker des données sous forme d'ensembles.

Référence : les spécifications du langage sont téléchargeables gratuitement sur le site de Sun :

http://java.sun.com/docs/books/jls/html/index.html

Un peu de C dans beaucoup d'OO

■ **Java utilise la syntaxe du C**

- L'objet en plus

- L'arithmétique sur les pointeurs en moins

- Pas de liste variable d'arguments

- Les objets sont toujours manipulés par référence

Le langage Java est l'ami des programmeurs C. On retrouvera donc tous les éléments de syntaxe de ce langage.

C'est un langage OO (Orienté Objet), nous verrons les éléments de syntaxe qui permettent de faire de la programmation OO.

Syntaxe de base

Les premières règles à retenir sont les suivantes :

- Chaque instruction se termine par un point-virgule, c'est absolument obligatoire.

- Le langage est case-sensitif (sensible à la casse), il fait donc la distinction entre les lettres majuscules et les lettres minuscules.

- Les instructions peuvent être regroupées dans des blocs d'instructions, ils se délimitent par des accolades : { et }.

- Toute variable utilisée doit être au préalable déclarée.

- Toute variable déclarée doit être typée. Java est un langage fortement typé, on ne pourra pas mélanger des torchons et des serviettes.

- Les commentaires sur une ligne seront précédés d'un "double slash" (/ /).

- Les commentaires sur plusieurs lignes seront encadrés par / * au début et par * / à la fin.

Remarque :
L'outil JAVADOC, disponible dans le JDK, permet de réaliser automatiquement la documentation technique des classes à partir des sources documentées suivant une certaine norme.

Les types de base

▪ byte	8 bits	Entiers signés
▪ short	16 bits	Entiers signés
▪ int	32 bits	Entiers signés
▪ long	64 bits	Entiers signés
▪ float	32 bits	Virgule flottante
▪ double	64 bits	Virgule flottante
▪ char	16 bits	Non signés (Unicode)
▪ boolean	1 bit	true ou false

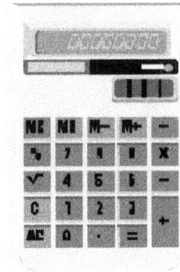

Nous verrons qu'une variable peut contenir soit la référence d'un objet, soit une valeur numérique d'un certain type, appelé type de base ou encore type primitif.

Les types primitifs de Java sont très semblables à ceux des langages C et C++. On notera toutefois un certain nombre de particularités :

- Tous les types entiers sont signés.
- Le type int est sur 32 bits, quelle que soit le processeur de la plate-forme d'accueil.
- Le type char est sur 16 bits (au lieu de 8) il sera conforme à la norme UNICODE 2.
- boolean représente un bit (binary digit), qui a donc deux valeurs possibles : vrai ou faux. Une variable de ce type aura donc une de ces deux valeurs, représentées en Java par les mots réservés true ou false.

Déclaration d'une variable

L'utilisation d'une variable nécessite obligatoirement de la déclarer.

La déclaration d'une variable se fera en spécifiant sont type, son nom et éventuellement une valeur d'initialisation.

Exemples :

```
public class StructureDeDonnees {
  int i;
  long monLong= 23L; // Entier long initialisé à 23
  int entier; // Entier décimal non initialisé
  entier= 12; // Initialisation de la variable
  int entier2= 034; // Si le nombre commence par un zéro,
                     // alors la valeur est exprimée en octal
```

```
    int entier3= 0x3A0F; // Si le nombre commence par 0x, alors
                         // la valeur est exprimée en héxadécimal
    float f= 2.634; float f1= 4.56e3; // Soit 4560
    char c= 'e'; // Code du caractère en UNICODE
    boolean vraiFaux= true; // Valeur vraie
    int a, b, c;  // Déclaration de trois variables de type int
    char c1='a', c2=65, caractere= '\n"; // Déclaration de trois
        // caractères initialisés. Le dernier utilise une
        // "séquence escape" ('\n' est un retour chariot)
}
```

Remarque :

Les variables peuvent être déclarées partout, à tout moment.

La visibilité des variables est limitée au bloc d'instruction dans lequel elles sont déclarées, et à tous les blocs qui y sont inclus (les blocs d'instruction sont encadrés par des accolades).

Les chaînes de caractères

`String` est le type chaîne de caractères. Souvent considéré comme un type primitif, il s'agit en fait d'un type objet. Mais des facilités syntaxiques permettent de le manipuler comme un type primitif lors de la déclaration avec initialisation :

```
String chaine= "Bonjour tout le monde";
```

Noter que le texte d'une chaîne est encadré des double-quotes (").

Les types génériques

Java 5

L'utilisation des types génériques permet de déclarer une variable pouvant avoir différents types. Cette possibilité est principalement utilisée dans les collections d'objets. Nous verrons cela en détails dans le chapitre 7.

Les opérateurs

- ▪ **Arithmétiques :**   +, -, *, /, %
- ▪ **Affectation :**   =, +=, =+, -=, =-, *=, =*...
- ▪ **Unaires :**   --, ++
- ▪ **Logiques bit à bit sur des entiers :**   ~, &, ^, <<, >>
- ▪ **Comparaisons logiques :**   ==, !=, <, <=, >, >=
- ▪ **Logiques sur des booléens :**   !, &&, ||
- ▪ **Ternaires :**   ? :

Les opérateurs sont très semblables à ceux du langage C. Ils s'appliquent à des arguments de mêmes types ou de types compatibles. Nous reverrons cette notion de types compatibles avec le transtypage.

Opérateurs arithmétiques

Ils permettent toutes les opérations arithmétiques sur des variables entières ou à virgule flottante.

Ils retournent une valeur d'un type identique à l'opérande de gauche.

Par exemple la division (/), pour deux opérandes de type entier, rendra une valeur entière. Le reste, aussi appelé modulo, sera obtenu par l'opérateur modulo (%).

Exemple :

```
int n1=5/2;
int n2= 5%2;
System.out.println( "5/2= "+n1+", 5%2= "+n2);
```

Retournera :

```
5/2= 2, 5%2= 1
```

Remarque :

L'opérateur + peut s'appliquer aux chaînes de caractères (String). C'est le seul opérateur arithmétique qui peut s'appliquer à ce type de données. Il prend alors la fonction d'opérateur de concaténation. Exemple :

```
String s= "Bonjour" + " tout le monde";
```

Met « Bonjour tout le monde » dans s.

Opérateurs d'affectation

Ils permettent d'affecter une valeur à une variable.

Exemple :

```
a= 3; b= c; c+=8;
```

L'opérande de gauche doit obligatoirement être une variable. L'opérande de droite peut, par contre, être une variable ou une valeur fixe ou bien encore une constante.

L'opérateur "=" couplé avec un opérateur arithmétique permet de retourner dans l'argument de gauche l'opération arithmétique de celui-ci avec l'argument de droite. Ainsi : c+=8; équivaut à c=c+8;

Remarque :
Les opérateurs d'affectation retournent une valeur : celle de l'affectation.

Cette remarque a son importance : c=8; retourne 8. On peut donc faire : b=a=5; qui mettra dans b ce que retourne l'affectation a=5 c'est à dire 5. Cela revient à faire a=5; b=5;

Cela nous permet aussi de comprendre la différence qu'il y a entre le couplage opérateur arithmétique avant ou après le signe = :

a+=3; fait la même chose que a=+3;

Par contre : c=a+=3; n'est pas identique à c=a=+3; Dans le premier cas c reçoit a incrémenté de 3, dans le second c reçoit a pas encore incrémenté.

Opérateurs unaires

Ils permettent d'incrémenter ou de décrémenter leur unique opérande.

Exemple :

```
int i= 4; int j=4;
System.out.println( "i++= "+i++ +", ++j= "+ ++j);
```

Ce qui donne :

```
i++= 4, ++j= 5
```

On voit dans cet exemple la différence entre l'incrémentation à droite ou à gauche de l'opérateur égal.

Dans le premier cas, la valeur de l'opérande est retournée avant qu'elle ne soit incrémentée, dans le second cas après.

Opérateurs logiques bit à bit

Ces opérations vont effectuer des opérations booléennes sur chaque bit des variables. Elles doivent obligatoirement être de types entiers.

- & Opérateur AND (ET).
- | Opérateur OR (OU).
- ~ Opérateur NOT (NON). Attention : c'est un opérateur unaire.
- >> Décalage à droite (On est en base 2, c'est donc une division par 2).
- << Décalage à gauche (On est en base 2, c'est donc une multiplication par 2).

Exemples :

```
System.out.println( "34 & 24= "+(34 & 24));
System.out.println( "34 | 24= "+(34 | 24));
```

```
    System.out.println( "34 & ~24= "+(34 & ~24));
    System.out.println( "34 >> 2= "+(34 >> 2));
    System.out.println( "34 << 2= "+(34 << 2));
```

Résultat :

```
34 & 24= 0
34 | 24= 58
34 & ~24= 34
34 >> 2= 8
34 << 2= 136
```

Opérateurs de comparaisons logiques

Ces opérateurs prennent en argument des variables de types quelconques, mais retourneront systématiquement une valeur booléenne, donc true ou false.

Ils seront surtout utilisés dans les boucles conditionnelles que nous verrons bientôt.

- `==` Rend `true` si les deux opérandes sont égaux.
- `!=` Rend `true` si les deux opérandes sont différents.
- `<` Rend `true` si l'opérande de gauche est strictement inférieur à l'opérande de droite.
- `<=` Rend `true` si l'opérande de gauche est inférieur ou égal à l'opérande de droite.
- `>` Rend `true` si l'opérande de gauche est strictement supérieur à l'opérande de droite.
- `>=` Rend `true` si l'opérande de gauche est supérieur ou égal à l'opérande de droite.

Remarque :
Dans certains langages, l'opérateur de test de l'égalité est composé d'un seul signe égal. En Java (comme en C et C++) il est impératif d'utiliser cette notation à deux signes égal (==), sinon c'est l'opérateur d'affectation qui sera utilisé, et qui retourne une valeur qui n'est pas forcément booléenne, puisqu'elle est du type de la donnée affectée.

Exemples :

```
    System.out.println( "34 > 12: "+ (34>12) +", 25 != 25: "+
(25!=25));
```

Résultat :

```
34 > 12: true, 25 != 25: false
```

Opérateurs logiques sur des booléens

Leurs opérandes sont exclusivement des booléens. Le résultat est aussi un booléen.

- `&&` Opérateur AND (ET).
- `||` Opérateur OR (OU).
- `!` Opérateur NOT (NON). Attention c'est un opérateur unaire.

Exemples :

```
    boolean b1= false; boolean b2=false;
    System.out.println( "false ou true: "+(false || true)
        +", !b1 && !b2: "+(!b1 && !b2));
```

Résultat :

```
false ou true: true, !b1 && !b2: true
```

Remarque :
On peut aussi utiliser l'opérateur logique bit à bit (un booléen est sur 1 bit).

Toutefois, si le résultat logique sera le même, le résultat réel pourra différer. En effet, les expressions qui utilisent des opérateurs logiques sur des booléens sont évaluées de gauche à droite, et sortent dès qu'elles connaissent avec certitude le résultat :

Lorsqu'elles tombent sur une valeur `true` dans une expression `||` elles retournent true sans évaluer l'autre opérande.

Lorsqu'elles tombent sur une valeur `false` dans une expression `&&`, elles retournent `false` sans évaluer l'autre opérande.

Exemple :

```
int a=1, b=2;
boolean resultat= ((a==1) || ((b=3)==2));
System.out.println( "b: "+b+", résultat: "+resultat);
resultat= ((a==1) | ((b=3)==2));
System.out.println( "b: "+b+", résultat: "+resultat);
```

Ce code retourne :

```
b: 2, résultat: true
b: 3, résultat: true
```

On voit donc qu'avec l'opérateur `||` b n'a pas été initialisé à 3 puisque l'opérande de gauche (`a==1`) était à `true`.

Avec l'opérateur `|` tous les opérandes ont été évalués, b prend alors bien la valeur 3 de son assignation dans l'opérande de droite.

Opérateurs ternaires

Bien connu en C et C++, il permet en une seule instruction de rendre un résultat conditionné par une relation booléenne :

condition ? expression_si_oui : expression_si_non

Exemple :

```
int g= 3; int h= 6;
int x= g > h ? g: h;
```

Dans cet exemple, la variable x recevra comme valeur la valeur maximum entre g et h (ce sera donc la valeur de h, soit 6).

Transtypage

■ **Implicite: B=A**

A $\boxed{0\,|1\,|1\,|0\,|1\,|0\,0\,0}$ ⟶ B $\boxed{0\,|0\,|0\,0\,0\,0\,0\,0\,|0\,|1\,|1\,|0\,|1\,|0\,0\,0}$

Complément à 0

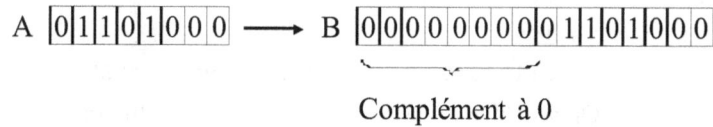

■ **Explicite: B= (byte)A**

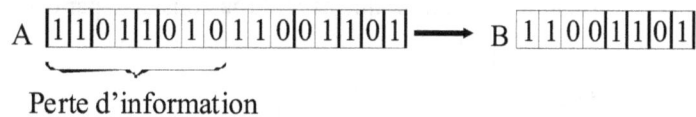

A $\boxed{1\,|1\,|0\,1\,|1\,|0\,1\,0\,1\,1\,0\,0\,|1\,|1\,|0\,|1}$ ⟶ B $\boxed{1\,1\,0\,0\,|1\,|1\,|0\,|1}$

Perte d'information

Le transtypage permet de faire passer le contenu d'une variable d'un type dans une variable d'un autre type. Il faut toutefois que ces types soient compatibles (les entiers et les flottants ne le sont pas).

Il est implicite lorsque l'on fait entrer le contenu d'une variable d'un type vers un type plus grand (par exemple mettre un `int` dans un `long`).

Sinon, il faut le déclarer explicitement. C'est ce que l'on appelle le "cast". Pour cela, on précise le type vers lequel convertir la donnée en mettant son nom entre parenthèses devant la variable à convertir :

```
int i= (int) variableLong;
```

Dans l'exemple ci-dessus, on prend le contenu de `variableLong` (qui serait par exemple de type `long`), et on le convertit en `int` afin de le faire entrer dans la variable `i`.

Remarque :
Le `cast` peut provoquer une perte d'informations si l'on cherche à mettre une valeur élevée dans un type plus petit (si la valeur est supérieure au maximum du type de la variable qui reçoit).

Exemple :

```
public class TestCast {
  public static void main( String [] args) {
    int v= 123;
    long l=v;
    System.out.println( "l= "+l);
    l=1234567890123456789L;
    v= (int)l;
    System.out.println( "v: "+v+", l= "+l);
```

```
    boolean bo= true;
    // La ligne ce dessous ne peut pas compiler: Pas compatible
    // l= (long)bo;
  }
}
```

Résultat :

```
l= 123
v: 2112454933, l= 1234567890123456789
```

On voit bien ci-dessus dans la variable v, tronquée à la taille de 32 bits d'un int.

Remarque :

Le type boolean n'est pas compatible avec les types entier et flottant.

Pour convertir un numérique en booléen, on peut contourner la limite en testant l'égalité d'un numérique avec 0 (on considère par exemple que 0 est false).

Exemple :

```
int i=23;
boolean b= (i != 0); // 0 true car i = 23 (différent de 0).
```

De la même manière, pour convertir un booléen vers un entier, on peut utiliser l'opérateur ternaire.

Exemple :

```
boolean b= false;
int i= b ? 1: 0; // Si b est true on a 1, sinon on a 0
```

Le transtypage est aussi possible pour les objets. Nous le verrons dans le prochain module.

if...else...

■ **Syntaxe:**

```
if( expression_booléenne )
  instruction_si_vrai; // ou bloc d'instructions
else
  instruction_si_faux; // ou bloc d'instructions
```

■ **Imbrications possibles:**

● Le « else » s'applique au « if » le plus proche qui n'a pas encore de « else »

```
if (expression)
  if (expression)
    instruction;
  else
    instruction;
else
  instruction;
```

Cette instruction permet d'effectuer un traitement parmi deux, en fonction de l'évaluation d'une expression booléenne passée en argument du `if`.

Il est impératif que l'expression passée en argument soit de type booléen (contrairement à d'autres langages comme le C ou l'expression peut être entière).

Exemples :

```
int a=1;
if( a==0)
  if( true)
    System.out.println( "a est à 0");
  else
    System.out.println( "On ne passe jamais ici");
else
  System.out.println( "a n'est pas à 0");
// if( a=1)
// Pas de compilation, l'expression n'est pas booléenne
//   System.out.println( "La compilation ne passe pas");
boolean b=false;
if( b=true)
// C'est une assignation qui rend un booléen. Ca compile,
// mais le résultat étant la valeur d'affectation, on sera
// toujours à true!
  System.out.println( "Je passe toujours ici");
```

Boucles while

■ **Test avant le traitement**

```
while( expression_booléenne)
    instruction; // ou bloc d 'instructions
```

■ **Test après le traitement**

```
do
    instruction; // ou bloc d 'instructions
while( expression_booléenne);
```

Ces boucles permettent la répétition d'une instruction ou d'un bloc d'instructions autant de fois qu'une condition est remplie. Afin de ne pas boucler indéfiniment, il sera nécessaire d'avoir, dans l'instruction ou dans le bloc, une condition de sortie qui changera le résultat de l'expression booléenne.

Dans le `do...while...` l'instruction ou le bloc d'instructions sera exécuté au moins une fois.

Exemples :

```
int n=0;
do {
  System.out.println( "Je le fais 5 fois");
  n++;
}
while( n < 5);
while( n < 10); // Ici le point-virgule est un bug
{              // classique. Je vais boucler tout
  n++;         // le temps car il n'y a pas
}              // d'opération dans la boucle!
System.out.println( "n= "+n);
while( true) {
  System.out.println( "Je vais boucler indéfiniment...");
  return; // Non, j'arrête là!
}
```

Boucles for

■ **Syntaxe :**

```
for( instruction_initiale;
         expression_booléenne;
         instruction_récurrente)
   Si Vrai
     instruction; // ou bloc d'instructions
   Si Faux
```

■ **C'est donc équivalent à :**

```
instruction_initiale;
while( expression_booléenne) {
     instruction; // ou bloc d'instructions
     instruction_récurrente;
}
```

Là encore, tout à fait semblable à la syntaxe du C, le `for` permet des boucles avec instruction d'initialisation.

Remarques :

Les arguments du `for` peuvent être vides. Si c'est l'expression booléenne qui est vide, alors elle sera considérée comme `true`.

On peut mettre plusieurs instructions initiales et instructions récurrentes dans les arguments du `for`, à condition de les séparer par une virgule.

Exemples :

```java
for( int x = 0; x < 5; x++)
  System.out.println( "x= "+x);
  // La visibilité de x est limitée à la boucle for
int n=0;
for( ;n<5;) { // C'est équivalent à un while
  System.out.println( "x= "+x);
  n++;
}
for(;;) { // C'est un "forever"
  System.out.println( "Boucle sans fin");
  return; // Non, j'arrête là!
}
```

Le switch

■ **Syntaxe :**

```
switch( expression_entière_ou_char) {
    case valeur_1: instructions;
                   break;          // Facultatif
    case valeur_2: instructions;
                   break;          // Facultatif
    // etc...
    default:       instructions;   // Facultatif
}
```

Le switch ne s'applique qu'à des valeurs entières ou à des char.

Chaque cas se termine en général par un break; qui permet de sortir du switch. Si on omet le break (qui est facultatif), alors les instructions du case suivant seront exécutées, et ainsi de suite jusqu'au premier break rencontré ou jusqu'à la fin du switch.

Exemple :

```
int mois= 8; int nombreDeJours;
switch( mois) {
  case '1':
  case '3':
  case '5':
  case '7':
  case '8':
  case '10':
  case '12': nombreDeJours= 31;
    break;
  case '4':
  case '6':
  case '9':
  case '11': nombreDeJours= 30;
    break;
  default:
    nombreDeJours= 28; // Attention aux années bissextiles
}
```

Instructions d'interruption

- **break quitte le bloc d'instructions**

- **continue quitte le bloc d'instructions mais revient au test**

```
while( condition_booléenne) {
      continue;
      break;
}
```

```
do {
      continue;
      break;
} while( condition_booléenne);
```

```
for( inst_init; cond_bool; inst_rec) {
      continue;
      break;
}
```

Les instructions break et continue sont disponibles dans certaines structures de contrôle.

- break permet de sortir d'une boucle.
- continue permet de sortir de la boucle, mais en retournant à la condition booléenne.

Exemple :

```
for( int n=0; n < 10; n++) {
  if( n==3) continue;
  System.out.println( "n= "+n);
  if( n==4) break;
}
```

Ce qui donne :

```
n=0
n=1
n=2
n=4
```

La boucle for s'arrête lorsque n vaut 4. Lorsqu'il vaut 3, le continue l'empêche de passer par le System.out.println.

Remarque :
Le continue n'a pas lieu d'être utilisé dans le switch. Toutefois, si le switch est à l'intérieur d'une boucle, alors cette instruction peut être utilisée, elle s'appliquera à la boucle.

Dans le cas d'imbrications, il est possible "d'étiqueter" les instructions d'interruption.

- Pour un `break label`, on arrête le traitement et on sort de la boucle étiquetée par le `label`.

- Pour un `continue label`, on arrête le traitement et on revient à l'expression booléenne de la boucle étiquetée par le `label`.

Exemple :

```
boucle: for( int n=0; n < 10; n++) {
  switch( n) {
    case 3: continue; // On revient au test du for
    case 5: break boucle; // On sort sur le label
        // boucle, c'est à dire de la boucle for
    default:
      System.out.println( "n= "+n);
  }
}
```

Ce programme fait la même chose que le précédent.

Remarque :

La présence de cette notion d'étiquette dans Java pourrait nous faire penser à l'instruction `goto`, qui est d'ailleurs un mot réservé dans Java. Toutefois, le `goto` n'existe pas en Java.

Les tableaux

- **Les éléments sont tous du même type**

- **La taille de chaque tableau est fixe**

- **Les cellules non initialisées contiennent 0 (pour des types primitifs) ou null (pour des objets)**

```
Type [] nomTableau; // Pas de tableau

nomTableau= new Type[taille]; // Création tableau

nomTableau[numeroCellule]= valeurDeType;
                         // Initialisation
```

Java permet, comme tout langage de programmation, de stocker des variables dans des tableaux.

Un tableau est composé d'un nombre déterminé de variables d'un même type (primitif ou objet).

Le tableau est donc déclaré à partir d'un type de données. Exemple :

```
String [] tableauDeChaines;
int [] tableauDEntiers;
```

Les crochets permettent de spécifier qu'il s'agit d'un tableau. La syntaxe est similaire à celle du langage C.

Toutefois, à ce niveau, ces tableaux sont déclarés, mais ils ne sont pas créés, ils n'existent pas ! Il faut donc les construire :

```
tableauDeChaines= new String[100];
tableauDEntiers= new int[6250];
```

Que ces tableaux soient composés de valeurs primitives ou d'objets, leur création se fait de la même façon à l'aide de l'opérateur `new` (syntaxe différente du C, on voit bien ici qu'en Java un tableau est un objet).

Remarque :
La taille du tableau est définie au moment de sa création, et ne peut plus être changée par la suite. Si on manque de place dans un tableau, il faut obligatoirement en créer un nouveau plus grand.

Une fois créé, le tableau est vide, les cellules sont initialisées à 0 pour les tableaux de valeurs numériques, à `false` pour les booléens, et à `null` pour les tableaux d'objets.

L'accès aux cellules se fait en spécifiant un nombre entier (de type `byte`, `char`, `short` ou `int`), **indexé à partir de 0**.

Remarque :
L'index ne peut pas être de type `long`, c'est une vérification faite à la compilation.

Exemple :

```
tableauDEntiers[0]= 24; // 24 dans la première cellule
int i= 8;
tableauDEntiers[1]= i;
i= tableauDEntiers[0]; // Maintenant i est à 24
tableauDeChaines[6]= "Coucou";
```

L'initialisation d'un tableau peut se faire par une liste statique d'initialisation comme en C et C++. Exemple :

```
int tableauDEntiers[]= { 3, 45, 1542, 1, 44513, 0, 56};
                    // 7 cellules
FormeGeometrique [] univers= { new Carre(4),
    new Rectangle(3, 6), new Cercle(6), new Rectangle(5,2)};
    //4 cellules
String [] phrases= {"Hello", "Bienvenune", "Welcome"};
                // 3 cellules
```

Remarque :
Les tableaux sont alloués dynamiquement. Leur taille peut donc être le résultat d'une expression. Exemple :

```
Personne [] famille;
Famille= new Personne[2 + nombreEnfants];
```

Un tableau est un objet

En C (comme en C++ d'ailleurs), les tableaux sont des zones mémoire, de taille déterminée, permettant de stocker des ensembles d'un même type (type primitif ou référence d'objet).

Le fait que les tableaux soient des objets en Java est important, on trouvera dans les tableaux des fonctionnalités, comme :

- un contrôle automatique de la taille du tableau, qui empêchera tout accès en dehors des limites, ce qui risquerait de corrompre la mémoire de l'ordinateur ;
- une propriété : `length`, qui retourne la taille du tableau.

Cette dernière permet de connaître, le nombre de cellules du tableau (et non pas le nombre de cellules utilisées).

Un tableau est donc la référence d'un objet un peu particulier. Il peut donc être passé en argument à une méthode. Un exemple que nous avons déjà vu précédemment est le `main` :

```
public static void main( String [] args);
```

L'argument passé dans le `main` par la machine virtuelle est un tableau de chaînes de caractères, qui représentent les arguments passés en ligne de commande au lancement du programme.

Exemple :

```
public class AfficheArguments {
  public static void main( String [] args) {
    for( int n=0; n < args.length; n++)
      System.out.println( "Argument "+n+": "+args[n]);
  }
}
```

Si l'on entre à la ligne de commande :

```
java AfficheArguments Bonjour tout le monde
```

Cela donnera :

```
Argument 0: Bonjour
Argument 1: tout
Argument 2: le
Argument 3: monde
```

Les tableaux à plusieurs dimensions

Les tableaux multidimensionnels sont simplement des tableaux de tableaux. Le nombre de dimensions est sans limite (cependant, attention à la taille en mémoire).

Exemple :

```
int [][] uneMatrice= new int[10][10];
```

On peut aussi utiliser des listes statiques d'initialisation pour des tableaux multidimensionnels :

```
int [][] tableauDeTableaux= { {23, 45, 1, 0}, {12, 3},
    {4,23,5,6562}, {2} };
```

Dans cet exemple, on a un tableau composé de tableaux dont les tailles sont différentes. C'est tout à fait autorisé.

Il est possible de créer un tableau multidimensionnel en plusieurs étapes :

```
int [][] ti;
ti= new int[2][];
ti[0]= new int[20];
ti[1]= new int[14];
```

Atelier

Objectifs :

- **Se familiariser avec le langage Java**

- **Ecrire un premier programme qui fait appel à un peu d'algorithmie**

Durée minimum : 15 minutes.

Exercice 1 : le tri à bulles

Créer une classe permettant de trier des nombres entiers dans un tableau à l'aide d'un algorithme très simple : le tri à bulles.

Le principe de ce tri consiste à parcourir le tableau, et à comparer chaque élément avec son suivant. Si le suivant est inférieur, alors on procède à une permutation dans le tableau.

Puis on recommence à parcourir le tableau, jusqu'à ce que l'on ait parcouru entièrement le tableau sans avoir eu à effectuer de permutation. Le tableau est alors trié.

Créer une classe `TriBulle` dans laquelle on crée une méthode main.

Dans cette méthode, déclarer un tableau static :

```
int [] tableau= { 34, 5, 1, 65, 100, 35, 11, 1, 5, 14, 0);
```

Utiliser les instructions de boucles pour trier le tableau.

Questions/Réponses

Q. Que se passe-t-il si l'on met dans une expression deux variables de types différents de chaque côté d'un opérateur ?

R. Java considère que le type sera celui de l'opérande de gauche. Il faudra donc que l'opérande de droite soit compatible, le `cast` sera éventuellement nécessaire.

Q. Y a-t-il un opérateur pour faire un calcul de puissance ?

R. Non, il faut utiliser une fonction de la classe `java.util.Math`. Nous en parlerons dans un prochain module.

Q. Peut-on créer des structures de données comme en C ?

R. Oui, ce sont des classes avec uniquement des propriétés (pas de méthode).

Q. Peut-on invoquer la méthode `toString();` dans un objet tableau ?

R. Oui, il rendra une chaîne de caractères contenant le type des cellules du tableau.

- *Classes et objets*
- *Les constructeurs*
- *Propriétés*
- *Les méthodes*
- *L'héritage*
- *Les interfaces*
- *Les relations*
- *Les packages*
- *Le transtypage*
- *Atelier*

3

Concepts objet avec Java

Objectifs

Java est un langage orienté objet. Il est donc nécessaire, pour bien maîtriser ce langage, de comprendre et d'assimiler les concepts de l'objet.

Ce module présente tous les aspects de l'objet : comment créer et utiliser des objets, quels sont les différents types d'objets, comment réutiliser du code objet, de quelle façon sont construites les applications orientées objet, etc.

Contenu

Nous allons voir ces concepts en partant de leur représentation en UML, et en examinant leur implémentation en Java.

- Créer des objets à partir des classes.
- Modifier les objets.
- Utiliser les services d'un objet.
- L'héritage entre les objets.
- Les classes de concepts abstraits.
- Les relations et les associations entre les objets.
- Les packages de classes.
- Le transtypage des objets.

La classe

La classe définit deux types de membres :
- les attributs ;
- les méthodes.

Les membres peuvent être privés ou publics.

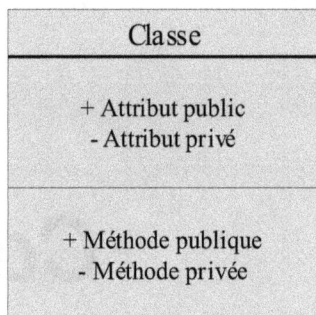

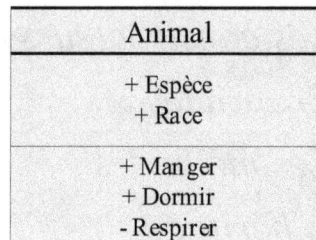

Animal
+ Espèce + Race
+ Manger + Dormir - Respirer

Classe
+ Attribut public - Attribut privé
+ Méthode publique - Méthode privée

Dans cet exemple, la classe Animal possède :
- des attributs : Espèce et Race ;
- des méthodes : Manger, Dormir et Respirer.

La méthode Respirer est privée (seule cette classe peut l'appeler).

Lorsque l'on écrit des programmes, on comprend bien la différence entre le source du programme et son instance d'exécution :

- On commence par écrire un programme (dans un langage de programmation quelconque), qui sera composé d'instructions qui sont des opérations sur des variables. Ce programme est stocké dans un fichier de caractères (les langages informatiques sont généralement proches du langage naturel que nous parlons).

- Lorsque le programme est écrit, il peut alors être exécuté. Les variables prennent leur place dans la mémoire, et les instructions sont transmises au microprocesseur.

Un programme informatique est donc construit à partir de deux choses : des variables en mémoire et des instructions.

En programmation objet, c'est la même chose. La différence réside simplement dans le fait que l'on peut (et que l'on doit) bâtir les applications à partir de briques que l'on appelle les objets.

Les objets sont de petits programmes qui possèdent leurs propres variables et leurs propres instructions.

Ainsi donc, au lieu de développer un seul gros programme, nous allons en développer de nombreux petits, qui communiqueront ensemble.

Le processus de réalisation des objets est le même que celui des programmes classiques :

- On écrit le code de l'objet. Il contient des déclarations de variables et des instructions. On appelle cela la **classe**. Une classe est donc simplement un programme source, et il tient dans un fichier.

- Puis on exécute le programme. La classe s'exécute sur l'ordinateur, son instanciation s'appelle alors un **objet**. Un objet est donc le programme tel qu'il s'exécute dans la mémoire de l'ordinateur.

Les membres

Un objet contient des variables et du code, déclarés et définis dans la classe. Ces deux composants s'appellent les membres. On a donc deux types de membres :

- Les **Attributs** : aussi appelés **Champs**, **Propriétés** ou **variables d'instance**, ce sont les variables définies (déclarées) dans la classe.

- Les **Méthodes** : les instructions du code de la classe sont regroupées dans des fonctions. On appelle ces dernières les méthodes de l'objet. On dit qu'elles définissent le **comportement de l'objet**.

En Java, les classes sont définies dans des groupes d'instructions (entre accolades) précédés de la déclaration `class` suivie du nom de la classe :

```
class NomDeLaClasse {
  // Définition des propriétés (variables) et des
  // méthodes (code) de la classe
}
```

Le nom de la classe doit être unique. C'est ce nom qui sera utilisé pour créer des objets à partir de la classe.

La notation UML

Les classes sont définies en phase de conception. On s'appuie sur cette notation pour concevoir les applications.

Comme nous le verrons, un programme objet est composé d'un grand nombre de classes (et donc d'objets) qui interagissent entre eux. De plus, les relations qui existent entre ces objets sont nombreuses et mettent en œuvre de nombreux concepts. La complexité d'une application objet peut être telle qu'une description par le langage peut s'avérer très difficile.

Comme on dit souvent, un petit schéma vaut mieux qu'une longue explication. C'est en partant de ce principe qu'a été imaginée la notation UML.

Cette notation permet de représenter tous les concepts de l'objet au travers d'une symbolique graphique. Nous verrons cette symbolique dans les transparents de ce module.

Le transparent ci-avant montre la représentation d'une classe en notation UML. Le symbole est donc un rectangle séparé en trois parties :

- En haut : le nom de la classe.

- Au dessous : la liste des propriétés.

- Encore au dessous : la liste des méthodes.

L'exemple animal qui est présenté possède deux propriétés et trois méthodes :

`Espèce` et `Race` est propre à chaque animal, et ces champs sont publics car on veut pouvoir accéder à ces informations de l'extérieur de l'objet.

`Manger`, `Dormir` et `Respirer` sont des méthodes, le code est donc le même pour tous les objets `Animal`. Les animaux mangent, dorment et respirent donc tous, et tous de la même manière.

On note que `Respirer` est privé, cette méthode est donc interne à chaque animal. En effet, la respiration est un mécanisme qui ne peut être provoqué de façon externe.

Les objets

```
              Medor: Animal
          espece= Chien
          race= Teckel


   Animal
                              Minou: Animal
+ espece: Espece
                   Les objets sont
+ race: Race                      espece= Chat
                   des instances   race=Goutière
+ Manger()         d'une classe
+ Dormir()
- Respirer()
                              Titi: Animal
                          espece= Oiseau
                          race= Canari
```

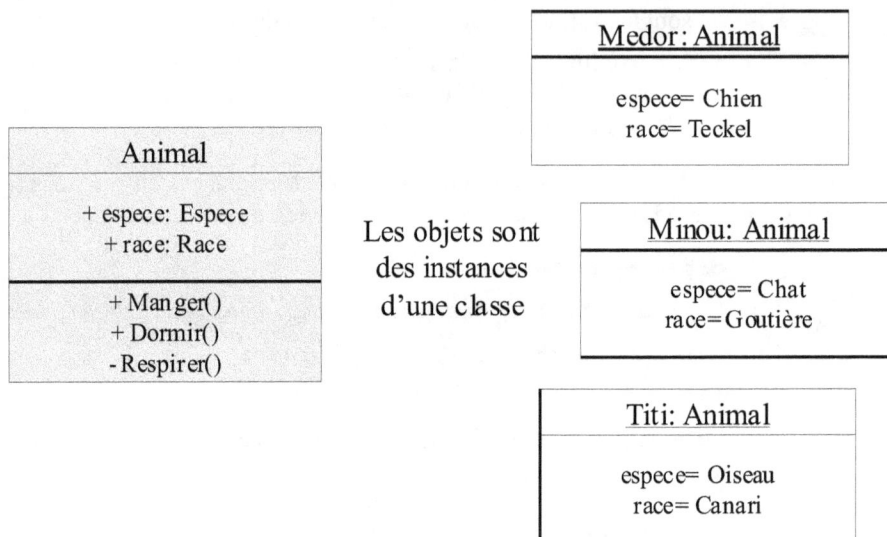

Les objets sont créés à partir des classes, la classe est donc une sorte de moule. L'objet est donc moulé à partir de la classe.

On peut aussi définir la classe comme un ensemble d'éléments (appelés objets) partageant les mêmes comportements et une même structure.

Un objet est appelé **instance de classe**. Il est créé (on dit aussi construit) à partir d'une classe, et réside dans la mémoire centrale de l'ordinateur.

Un objet est un module logiciel encapsulé. Il possède :

- Un **état** : ce sont les valeurs de ses attributs qui sont définies dans la classe.
- Un **comportement** : c'est l'ensemble de ses méthodes, définies et implémentées dans la classe.
- Une **identité** : c'est ce qui permet de l'identifier pour le manipuler.

Tous les objets issus d'une même classe ont strictement la même structure et les mêmes comportements.

Les constructeurs

En Java, c'est l'opérateur new qui permet de créer des objets. Il prend en argument le type de l'objet (c'est à dire le nom de la classe) et éventuellement des paramètres qui pourront être utilisés par la méthode de création de l'objet, ce que l'on appelle le **constructeur**.

Exemple :

```
Animal ami= new Animal();
```

Cette ligne effectue les opérations suivantes :

- Déclaration d'une variable a contenant la référence d'un objet de type Animal.
- Assignation de a : on met la référence de l'objet créé (opérateur new).

Si nous reprenons l'exemple de transparent, l'implémentation de la classe Animal sera la suivante :

```
public class Animal {
  // DéfiNition des propriétés
  public String espece; // L'espèce est définie par une chaîne
  public String race;    // La race aussi
  // Définition des méthodes
  public void manger() {
    // Instructions pour manger
  }
  public void dormir() {
    // Instructions pour dormir
  }
  private void respirer() {
    // Inspirer, expirer
  }
}
```

Accès aux membres

Pour accéder aux variables d'un objet, ou invoquer (exécuter) une de ses méthodes, on a besoin de sa référence (obtenue par le `new`).

A partir de sa référence, on va "pointer" le membre à l'aide de l'opérateur point (.).

Exemple :

```
ami.race= "Caniche"; // Initialisation
System.out.println( "Race: "+ami.race); // Récupération
ami.dormir(); // Invocation de la méthode
```

La création et l'initialisation des trois objets `Médor`, `Minoux` et `Titi` se feront de la manière suivante (dans le `main` ou dans n'importe quelle méthode d'un autre objet) :

```
// Déclaration de trois variables objet:
Animal medor;
Animal minou;
Animal titi;
// On crée les trois nouveaux animaux:
medor= new Animal();
medor= new Animal();
titi= new Animal();
// On spécifie leurs propriétés:
medor.espece= "Chien"; medor.race= "Teckel";
minou.espece= "Chat"; minou.race= "Gouttière";
titi.espece= "Oiseau"; titi.race= " Canari";
```

Les constructeurs

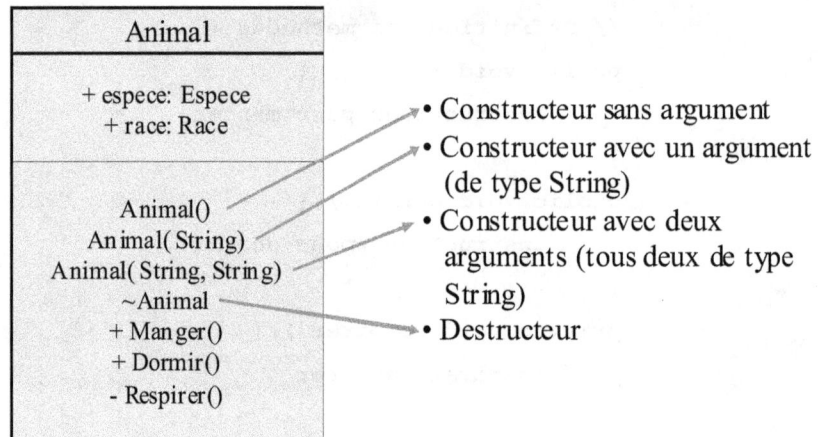

```
                ┌─────────────────────────────┐
                │           Animal            │
                ├─────────────────────────────┤
                │    + espece: Espece         │
                │    + race: Race             │
                ├─────────────────────────────┤
                │        Animal()             │
                │       Animal( String)       │
                │    Animal( String, String)  │
                │          ~Animal            │
                │        + Manger()           │
                │        + Dormir()           │
                │        - Respirer()         │
                └─────────────────────────────┘
```

- Constructeur sans argument
- Constructeur avec un argument (de type String)
- Constructeur avec deux arguments (tous deux de type String)
- Destructeur

L'opérateur new permet de créer des objets.

Le processus de création dans la machine virtuelle Java s'effectue en quatre étapes :

- Réservation de la mémoire : l'objet à créer est typé, la JVM connaît donc la taille mémoire à réserver pour y mettre l'objet.
- Création d'un objet "vierge" dans l'espace mémoire alloué (les propriétés sont initialisées à 0).

Initialisation de l'objet : appel d'un constructeur défini dans l'objet.

Renvoi de la référence de l'objet (son adresse) à l'argument de gauche de l'opérateur new, qui doit être une variable du même type que l'objet créé.

Le constructeur est une sorte de méthode, qui sera appelée uniquement au moment de la création de l'objet.

Il permet d'effectuer des opérations d'initialisation de l'objet.

Il est défini dans la classe.

On peut avoir autant de constructeurs que l'on souhaite dans une classe. Toutefois, deux constructeurs d'une même classe ne peuvent avoir le même nombre et les mêmes types d'arguments.

Exemple :

```java
class Animal {
  // Définition des propriétés
  public String espece; // L'espèce est définie par une chaîne
  public String race;   // La race aussi
  // Constructeurs
  public Animal( String e, String r) {
    espece= e; // Initialisation de la propriété espece
```

```
      race= r;    // Initialisation de la propriété race
  }
  // Constructeur sans argument
  public Animal() {
    espece=""; race="";
  }
}
```

En Java, les constructeurs doivent être définis en respectant impérativement les deux règles suivantes :

- Ils portent obligatoirement le même nom que celui de la classe (attention aux majuscules et aux minuscules, Java est "case sensitif").
- Ils sont définis comme des méthodes, toutefois ils ne sont pas typés (ils ne retournent pas de valeur).

Lors de la création d'un objet, seul un constructeur est appelé, celui qui a été utilisé lors de sa construction.

Exemple :

```
Animal medor;
// Utilisation du constructeur qui prend deux arguments
medor= new Animal( "Chien", "Teckel");
// Utilisation du constructeur sans argument:
minou= new Animal();
```

this et null

this est un mot clé qui représente l'objet dans lequel on est.

Il a deux utilisations :

- Utilisé comme référence, c'est la référence de l'objet dans lequel on est.
- Utilisé comme méthode, c'est un des constructeurs de l'objet dans lequel on est. Ce constructeur ne peut être appelé que par un autre constructeur de ce même objet.

Exemple :

```
class Animal {
  // Définition des propriétés
  public String espece; // L'espèce est définie par une chaîne
  public String race;    // La race aussi
  // Constructeurs
  public Animal( String espece, String race) {
    // Utilisation de this comme référence sur moi-même
    // Permet de faire le distingo entre espece variable locale
    // et espece variable d'instance (this.espece)
    this.espece= espece;
    this.race= race;
  }
  // Constructeur sans argument
```

```
public Animal() {
    // Appel du constructeur par défaut
    this( "", "");
    // Ci-dessous est tentant mais syntaxiquement incorrect
    // Animal( "", "");
}
}
```

`null` est la valeur d'une variable objet non initialisée.

A la création des objets, toutes leurs propriétés sont initialisées à 0. Cela signifie que :

- Les propriétés ayant un type primitif (`int`, `float`, `boolean`…) sont initialisées à 0 (pour les entiers), 0.0 (pour les nombres à virgule flottante) ou encore `false` (pour les booléens).

- Les propriétés ayant un type objet sont initialisées à `null`.

Exemple :

```
String s; // s est égal à null
String s= new String( "Hello"); // s n'est pas à null
```

Constructeur par défaut

La première classe `Animal` que nous avons fait en début de module ne possédait pas de constructeur.

Si on ne définit pas de constructeur dans une classe, alors Java nous en met un, par défaut, et de façon transparente. Ce constructeur par défaut ne possède pas d'argument.

Donc, une classe possède toujours au moins un constructeur.

Remarque :

Java ne met un constructeur par défaut que dans les classes qui n'en ont pas. Ainsi, si on définit un constructeur qui prend des arguments, cette classe n'aura alors plus de constructeur sans argument.

Le destructeur

Contrairement à certains autres langages, Java ne possède pas de destructeur. En effet, la destruction des objets est à la charge du Garbage Collector.

Toutefois, il existe une méthode qui est appelée par le Garbage Collector lorsque celui-ci va détruire l'objet.

```
public void finalize();
```

Cette méthode peut être implémentée si on souhaite y mettre du code.

Zoom sur les propriétés

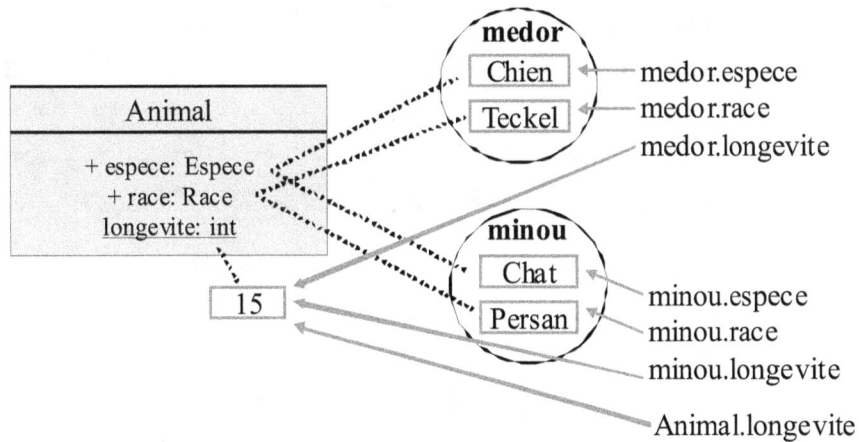

Les variables d'instance sont stockées dans les objets.
Les variables de classe sont stockées dans les classes.

Ce sont les variables internes à chaque objet créé à partir de la classe. On appelle cela aussi des **champs**, des **attributs** ou encore des **variables d'instance**.

Ces variables peuvent être de type simple, mais aussi de type objet. Elles contiennent alors des références d'autres objets.

Les modifier est aussi appelé « configurer l'objet ».

Elles sont définies dans la classe, mais initialisées dans l'objet. Chaque objet a donc des valeurs différentes dans ses champs.

Comme on le voit sur la figure, elles sont stockées dans la mémoire de chaque objet.

Attributs de classe

Une variable de classe est globale à toutes les instances de la classe. Sa valeur est donc partagée parmi tous les objets construits avec cette classe.

Sa valeur n'est pas stockée dans l'espace mémoire des objets, mais dans la classe elle même. On peut donc accéder à sa valeur en dehors de toute instance de la classe.

Sa représentation UML est symbolisée simplement par une propriété soulignée (voir le transparent).

En Java, les attributs **static** sont déclarés à l'aide du modificateur static.

Exemple :

```
class Animal {
  Espece espece; // Java est case-sensitif, d'où la
  Race race;     // distinction entre Espece et espece et
                 // entre Race et race
  static int longevite;
}
```

On peut accéder à une propriété `static` à partir d'une instance, mais aussi directement à partir de la classe :

```
Animal medor= new Animal();
medor.longevite= 15;
Animal minou= new Minou();
// minou.longevite = medor.longevite = 15
Animal.longevite= 20;
// Maintenant minou.longevite = medor.longevite = 20
```

Voici un célèbre exemple intéressant à décortiquer :

```
System.out.println( "Hello");
```

On voit dans cette ligne :

- `println` est une méthode prenant en argument une chaîne de caractères.
- `out` est un objet dans lequel est invoquée la méthode `println`.
- `System` est une classe dans laquelle out est un attribut `static`.

Remarque :
Afin de faciliter la lecture du code, et notamment de distinguer les noms des classes des noms des objets, Sun conseille de suivre la convention qui consiste à toujours donner aux classes un nom qui commence par une majuscule, et aux objets, attributs et méthodes un nom qui commence par une minuscule.
Je vous conseille vivement de suivre cette convention.

En tenant compte de cette remarque, on en déduit que `System` est bien une classe, donc `out` est obligatoirement une propriété statique.

Un autre exemple est la méthode `main`.

Le démarrage d'un programme Java passe par le démarrage de la machine virtuelle Java, en passant en argument le nom d'une classe. Cette classe doit impérativement avoir un point d'entrée sous la forme d'une méthode statique appelée `main` (ce qui veut dire principale en anglais).

La signature de cette méthode doit être précisément la suivante :

```
public static void main( String [] args);
```

Cette méthode prend en argument un tableau de chaînes de caractères qui sont les arguments passés en paramètres sur la ligne de commande.

Attributs et méthodes `final`

Le modificateur `final` permet de spécifier un membre qui ne pourra pas être modifié.

C'est tout simplement une constante. Il sera donc nécessaire de toujours l'initialiser lors de sa déclaration.

Exemple :

```
public final double PI=3.141592;
```

Zoom sur les méthodes

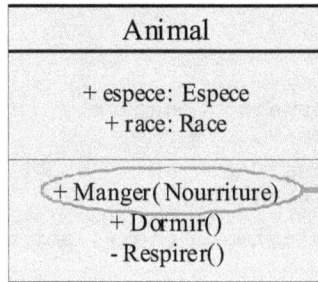

```
            Animal

     + espece: Espece
     + race: Race

   + Manger(Nourriture)
       + Dormir()
       - Respirer()
```

La signature d'une méthode :
• son nom
• le nombre d'arguments
• les types d'arguments

Les méthodes accèdent à toutes les propriétés de l'objet.
Les méthodes de classe n'accèdent qu'aux variables de classe.

Ce sont les actions élémentaires que peut effectuer un objet. On appelle cela aussi les **services de l'objet**.

L'ensemble des méthodes définissent le **comportement des objets**.

Pratiquement, ce sont des fonctions écrites à l'aide du langage de programmation.

Les méthodes permettent aux objets de communiquer entre eux. On dit souvent que les objets communiquent par messages. Le mécanisme repose sur l'appel des méthodes, les messages sont alors les arguments.

On utilise le point comme opérateur d'accès aux méthodes, comme pour les propriétés.

Exemple :

```
Animal medor= new Animal("Chien", "Teckel");
o.toString();        // Invocation de la méthode toString de o
int i= o.sonEntier;  // Accès à l'attribut sonEntier de o
```

La signature de la méthode

Elle représente son nom, mais aussi le nombre et les types de ses arguments. Dans une classe, deux méthodes ne peuvent pas avoir la même signature, ce qui veut dire que deux méthodes peuvent avoir le même nom, à condition d'avoir des arguments différents.

Exemples :

```
public class Animal {
  // Propriétés
  public String espece, race, longevite;
  // Méthodes
  public boolean estDeRaceConnue() {
```

```
      if( race != null)
        return true;
      else
        return false;
    }
    public void afficher() {
      System.out.println( "Espece: "+espece);
    }
    public void afficher( String nom) {
      System.out.println( "L'animal "+nom+" est un "+espece);
    }
    // Ci-dessous erreur car signature déjà utilisée
    public boolean afficher() {
      return true;
    }
}
```

Dans l'exemple ci-dessus, on a défini trois méthodes `afficher`.

Bien qu'elles possèdent le même nom, les deux premières n'ont pas les mêmes arguments (la première n'en a pas et la deuxième en a un de type `String`). Elles n'ont donc pas la même signature, et peuvent cohabiter dans la même classe.

Par contre, la troisième, bien qu'elle ne soit pas du même type que les deux premières (`boolean` au lieu de `void`), pose un problème car sa signature est la même que la première (pas d'argument). Ce problème sera détecté à la compilation qui ne pourra pas s'effectuer.

Le polymorphisme

Pourquoi faire plusieurs méthodes qui possèdent le même nom ?

C'est la base d'une notion que l'on appelle le polymorphisme. Ce terme vient de deux mots grecs : Poly et Morphe. On peut les traduire par "différentes formes".

Le principe est d'implémenter de différentes manières des services, destinés à faire la même chose, parce qu'ils s'appuient sur des données différentes.

Dans notre exemple, les méthodes `afficher` sont destinées à faire la même chose : afficher. Toutefois, les arguments étant différents, le code le sera aussi.

Passage des arguments

En Java, les arguments sont passés par valeur.

Cela signifie que lorsque l'on appelle une méthode en lui passant des variables en argument, c'est la valeur de la variable et non pas son adresse qui est passée. Ainsi, si la méthode modifie l'argument, la valeur initiale de la variable ne sera pas touchée.

Exemple :

```
public void ajouter( int a, int b) {
  a=a+b;
}
int e= 3; // e = 3
```

```
ajouter( e, 2);
// e = 3 et non pas 5
```

Toutefois, il y a un effet de bord intéressant à signaler : les variables objets contiennent les références (adresses) de ces objets. Passer en argument une variable objet, c'est passer son adresse (et non pas une copie).

Par exemple, supposons la classe suivante :

```
public class Entier {
  int valeur;
}
```

Examinons le code ci-dessous :

```
public void ajouter( Entier e, int montant) {
  e.valeur = e.valeur+montant;
}
Entier e;
e.valeur= 3;
ajouter( e, 2);
// e.valeur est maintenant à 5!
```

On voit bien que l'objet passé en argument a été modifié.

La variable e passée en argument n'a pas été modifiée (elle possède toujours la même référence de l'objet qu'elle pointe). Par contre, c'est le contenu de l'objet qui a été modifié par la méthode `ajouter`.

Les variables locales

On peut définir des variables de travail à l'intérieur d'une méthode. Ces variables seront soumises aux règles suivantes :

- Elles ne sont visibles qu'à l'intérieur de la méthode.
- Leur contenu est perdu dès que l'on quitte la méthode (elles ne sont pas conservées entre deux appels à la même méthode).
- Elles ne sont pas initialisées à 0 par défaut.

Exemple :

```
public class TestVarLocales {
  static int b= 0;
  public static void fonction(){
    int a= 0; // Initialisation obligatoire variables locales
    System.out.println( "a est à: "+a+" et b à: "b);
    if( a == 0) a= 1;
    if( b == 0) b= 2;
  }
  public static void main( String [] args) {
    fonction();
    fonction();
  }
}
```

Module 3 : Concepts objet avec Java

Ce programme donne :

```
a est à: 0 et b à: 0
a est à: 0 et b à: 2
```

On voit donc bien que la valeur de la variable locale a n'est pas conservée entre deux appels à la fonction, alors que celle de la variable d'instance b est bien conservée.

On remarque que la fonction et la variable b sont déclarés en static, car elles sont appelées par la méthode main qui est static aussi (nous verrons cela plus loin).

Enfin, il faut noter l'obligation d'initialiser les variables locales avant de les utiliser. Java n'initialise pas automatiquement les variables locales à 0 comme c'est le cas pour les variables d'instance. Le compilateur effectue d'ailleurs une vérification dans le code. Si on déclare une variable locale non initialisée, dès la première instruction qui cherche à récupérer son contenu, une erreur sera générée par le compilateur.

Type et retour des méthodes

Les méthodes sont typées. Elles peuvent avoir un type parmi :

- Tous les types primitifs (int, float, boolean, etc.).
- Tous les types objet (String, Date, Animal, LecteurDeMonLivre, etc.).
- void, c'est à dire qu'elles ne retournent pas de valeur.

A l'exception des méthodes de type void, les méthodes doivent obligatoirement retourner une valeur de leur type.

On utilise pour cela l'instruction return suivie de la valeur à retourner (qui peut être dans une variable).

Exemples :

```java
public int somme( int a, int b) {
  return a+b;
}
public String ditBonjourALaDame() {
  return "Bonjour Madame";
}
public Animal rendUnChien( String race) {
  Animal a= new Animal( "Chien", race);
  return a;
}
```

Remarque :
Pour les "procédures" (méthodes de type void, on peut aussi utiliser l'instruction return (sans valeur de retour) simplement pour quitter la méthode et revenir à l'appelant.

Accesseurs et mutateurs

Ce sont des méthodes permettant l'accès en lecture (accesseur) et en écriture (mutateur) aux attributs.

Il peut être intéressant de déclarer tous les attributs en privé, et de permettre l'accès à certains d'entre eux au travers de méthodes publiques.

3-14   © Eyrolles/Tsoft - Java la maîtrise

Cela permet par exemple de :

- Comptabiliser leur accès.
- Définir une logique d'accès implémentée dans la méthode.
- Tracer dans une log les accès.
- Vérifier les droits d'accès par un mécanisme de sécurité implémenté dans la méthode.

Généralement, ces méthodes portent des noms qui sont composés de `get` (en lecture) ou de `set` (en écriture) suivi du nom de la propriété.

Exemples :

```java
public class Animal {
  // Propriétés en private
  private String espece; private String race;
  // Méthodes d'accès à l'espece
  public String getEspece() {
    return espece();
  }
  public void setEspece( String espece) {
    this.espece= espece;
  }
  // Accès à la race en lecture seule (pas de set...)
  public String getRace() {
    return race;
  }
}
```

Remarque :
Une méthode `public` peut accéder à un membre `private`, et vice-versa.

Les méthodes à nombre variable d'arguments

Java 5

Cette fonctionnalité qui existe en C est maintenant supportée par Java. Elle permet de spécifier un nombre indéfini d'arguments d'un même type.

Dans cet exemple, notez la forme particulière de la boucle for pour récupérer l'ensemble des arguments disponibles :

```java
public static int somme( int ... args) {
  int somme=0 ;
  for( int x : args) {
    somme+=x;
  }
  return somme;
}
```

Cet exemple pourra être invoqué de la manière suivante :

```java
System.out.print( "somme de 3, 4, 5,12 et 7= "
    +somme(3, 4, 5, 12, 7));
```

La variable contenant les arguments sera en fait un tableau. L'exemple ci-dessus est équivalent à ceci :

```
public static int somme( int … args) {
  int somme=0 ;
  for( int n=0 ; n < args.length ; n++)  {
    somme+= args[n];
  }
  return somme;
}
```

Méthodes de classe

Elles sont spécifiées par le modificateur `static` (comme pour les variables de classes).

Ces méthodes peuvent, comme pour les variables de classe, être utilisées au travers d'une instance de la classe, ou directement dans la classe.

Cela explique qu'elles ne peuvent faire référence qu'à des variables locales ou à des variables de classe, et qu'elles ne peuvent invoquer que d'autres méthodes de classe.

Exemple :

```
import java.util.Date;
public class Random{
  private static int random= (int)(new Date().getTime());
  public static int random() {
    random= random ^ (random * random);
    return random;
  }
  public static void main( String [] args) {
    for( ;;)
      System.out.println( "Aléatoire: "+Random.random());
  }
}
```

Cet exemple est un petit générateur de nombres aléatoires.

La méthode de calcul est `static`. Elle peut donc être appelée directement à partir de la classe, c'est d'ailleurs ce qui est fait dans le main :

```
System.out.println( "Aléatoire: "+Random.random());
```

Cette ligne se trouve dans un `for( ;; )` qui est donc une boucle sans fin (il sera nécessaire de faire un CTRL+C pour stopper le défilement de nombres aléatoires).

La méthode `random()` utilise la variable `static random` (on peut donner à une propriété le même nom qu'une méthode). Cette variable, de type `int`, est initialisée à la déclaration. Cette initialisation est effectuée automatiquement dès la mie en mémoire de la classe (au démarrage de la JVM).

La valeur d'initialisation de `random` est le résultat de l'invocation de la méthode `getTime()` de l'objet créé à partir de la classe `java.util.Date`. Nous parlerons des packages et de la classe `Date` un peu plus tard, considérons simplement que la variable `random` est initialisée au nombre de millisecondes depuis le 1er janvier 1970 au moment où le programme a été démarré.

Chaque appel à la méthode `random` va modifier la variable `random` en effectuant un ou exclusif entre sa valeur et le résultat de son carré. Cela nous donnera à chaque fois une valeur différente qui peut s'apparenter à un nombre aléatoire (même si ce n'est pas tout à fait aléatoire !)

Enfin, on remarque le `cast` à l'appel de `getTime()` :

```
random= (int)(new Date().getTime());
```

En effet, `getTime()` est une méthode qui retourne un `long`. Il y aura perte d'information (cela ne nous gène pas car on cherche simplement un nombre aléatoire).

Pour résumer et bien comprendre quand les variables sont initialisées :

- Les variables d'instance déclarées avec une initialisation sont initialisées à la création de l'instance (création de l'objet avec l'opérateur `new`).
- Les variables de classe déclarées avec une initialisation sont initialisées au démarrage de la machine virtuelle (démarrage de l'application).

Les blocs d'initialisation statique

L'initialisation d'une variable peut nécessiter un code un peu plus complexe qu'une simple assignation.

Dans le cas de variables d'instance, les constructeurs sont faits pour cela.

Dans le cas de variables de classe, on dispose des blocs d'initialisation statique.

Ils permettent d'exécuter du code au moment du démarrage de la machine virtuelle Java.

Ils sont simplement positionnés dans la classe (entre deux accolades). S'il en existe plusieurs, ils seront alors exécutés en séquence.

On peut faire le parallèle entre ces blocs et les constructeurs, aux différences que :

- Ils ne reçoivent pas de paramètres (mais on peut toutefois aller les chercher dans un fichier de configuration : nous verrons notamment plus tard la classe `Property`).
- Ils ne sont exécutés qu'une fois au démarrage de la JVM (alors que le constructeur est exécuté à chaque création d'objet).

Exemple :

```
public class DebugLog {
  static OutputStream sortie; // Flux d'écriture
  static {  // Début d'un bloc d'initialisation
    sortie= System.out;
  }
}
```

Dans cet exemple, on initialise la propriété sortie à l'objet `OutputStream` qui spécifie la sortie standard (les entrées/sorties sont vues dans un prochain module).

L'héritage

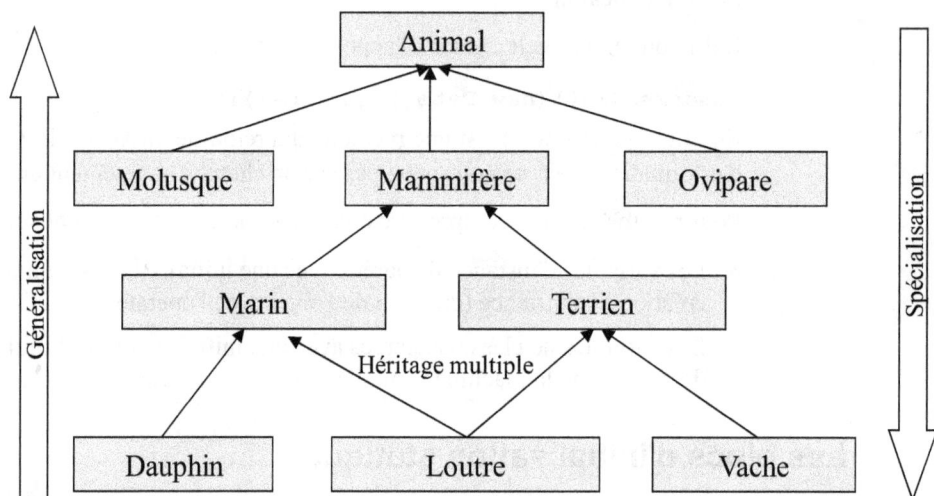

L'héritage permet de créer des classes en réutilisant des classes déjà existantes. Les nouvelles classes ainsi créées peuvent contenir de nouveaux membres (méthodes et propriétés) ou redéfinir des propriétés ou des méthodes déjà définies dans les classes dont on hérite.

Cela permet donc d'étendre les possibilités d'une classe. D'où l'emploi du terme : étendre une classe.

Remarque :

- Une classe ne peut hériter d'elle même, évidemment.
- Une classe ne peut hériter d'une classe qui elle même hérite déjà d'elle (car là on se mord la queue).

La spécialisation

Cela consiste à partir de classes très générales, et d'utiliser l'héritage pour créer des classes de plus en plus particulières.

Par exemple, partir de la classe `Humain`, l'étendre vers la classe `Travailleur`, puis `Salarié`, puis `Fonctionnaire`, etc.

La généralisation

C'est le chemin inverse de la spécialisation : on part d'un grand nombre de classes très spécialisées, et on essaie d'en extraire les concepts communs afin de construire des classes très générales dont hériteront les classes plus spécialisées.

Cette démarche peut faciliter la création de classes très réutilisables.

La recherche d'un membre dans la hiérarchie

Lorsque l'on cherche à atteindre un membre d'un objet (attribut ou méthode), la machine virtuelle le recherche d'abord dans l'objet, puis s'il n'est pas trouvé, dans le père de l'objet, et ainsi de suite jusqu'à la classe la plus haute dans la hiérarchie.

Redéfinir un membre, c'est donc l'occulter derrière le nouveau membre défini.

Les méthodes et les classes "final"

Nous avons déjà vu le modificateur `final`.

Pour une méthode, cela signifie qu'elle ne pourra pas être redéfinie dans les héritiers de la classe. Son fonctionnement sera donc figé, elle est finale.

Pour une classe, c'est la classe elle même qui ne pourra pas être étendue, elle ne pourra avoir d'héritier.

L'héritage multiple

L'héritage multiple permet d'hériter de plusieurs classes. C'est assez dangereux car cela peut générer des conflits d'implémentations.

Dans l'exemple de notre moteur, supposons que la méthode `demarrer()` soit implémentée à la fois dans `Véhicule à essence` et dans `Véhicule électrique`. Si j'invoque cette méthode dans `Voiture hybride`, et que cette méthode n'y est pas redéfinie, alors laquelle sera invoquée ?

En Java, il a été décidé de ne pas permettre l'héritage multiple.

Implémentation de l'héritage en Java

En Java on utilise le mot clé `extends` qui permet de spécifier la classe dont on hérite.

Exemple :

```java
public class Animal {
  public void seDeplacer() {

  }
}
```

```java
public class Mammifere  extends Animal {

}
```

Voici la classe `Mammifere` qui hérite de `Animal`. On remarque qu'aucune implémentation n'a été mise dans le corps de la définition de la classe `Mammifere`.

Si j'invoque la méthode `seDeplacer` dans un objet créé à partir de la classe `Mammifere`, alors c'est le code de la méthode implémentée dans `Animal` qui sera exécuté.

```java
public class Marin extends Mammifere {
  public void seDeplacer() {
    // Plouf, floc floc je nage
  }
}
```

Dans ce cas, `Marin` hérite de `Mammifere`, mais **redéfinit** la méthode `seDeplacer()`.

Le polymorphisme

L'héritage permet de favoriser le polymorphisme dynamique.

Il existe deux formes de polymorphisme :

- Le polymorphisme statique : plusieurs méthodes d'une même classe qui ont une même fonction possèdent un même nom, mais ont des arguments différents, donc une implémentation différente (nous l'avons déjà vu précédemment).

- Le polymorphisme dynamique : une méthode ayant une même signature (même nom et mêmes types d'arguments) sera implémentée dans différentes classes, donc de différentes manières suivant la logique de chaque classe.

Avec l'héritage, on peut définir des méthodes qui seront redéfinies dans toutes les classes héritières pour s'adapter à la logique des classes.

Par exemple, la méthode `seDeplacer()` définie dans `Animal` possédera évidemment une implémentation différente suivant s'il s'agit d'un `Molusque`, d'un `Mammifere Marin` ou encore d'un `Mammifere Terrien`.

Types des objets

La classe d'un objet représente aussi son type. Un objet créé à partir de la classe `Marin` est de type `Marin`.

Avec l'héritage, un objet est aussi du type des classes dont il hérite.

Dans notre exemple, un objet `Marin` est aussi de type `Mammifere` ainsi que du type `Animal`.

On peut d'ailleurs dire dans notre langage naturel : "Un mammifère est un animal".

La classe Object

Lorsqu'une classe n'hérite de rien, elle hérite en fait, par défaut, de la classe `Object`.

Cette classe définie dans Java, est la classe racine de Java. Toutes les classes héritent directement ou indirectement de la classe `Object`.

Dans l'exemple ci-dessus, `Animal` hérite de `Object`.

En Java, il existe un certain nombre de méthodes polymorphes que l'on trouve dans toutes les classes car elles sont implémentées dans `Object`. Citons par exemple :

- `public String toString();` retourne une chaîne de caractères, représentation textuelle de l'objet (le contenu dépendra donc directement de la nature de l'objet).

- `public boolean equals( Object);` permet de comparer l'objet à un autre objet. Cette implémentation dépend là aussi directement de la logique de l'objet.

- `public int hashCode();` rend un code de hashage de l'objet.

- `protected Object clone();` rend un objet copie conforme de l'objet, etc.

Toutes les méthodes ci-dessus sont implémentées dans la classe `Object`, mais peuvent être redéfinies dans les classes que l'on crée, afin de correspondre à leurs logiques.

Super

Le mot clé `super` définit l'instance de l'objet de la classe dont on hérite directement. Super, c'est le père!

On peut l'utiliser pour accéder aux membres définis dans la classe dont on hérite, on peut aussi l'utiliser pour appeler un constructeur du père.

Exemple :

```
public class Heritier extends Ancetre {
  int age;
  public Heritier( String nom) {
    super( nom);   // O.K. si ce constructeur existe dans
                   // la classe pere
  }
```

Remarque :
L'utilisation de super pour invoquer un constructeur du père doit se faire sous certaines règles et contraintes très importantes :

- On ne peut pas appeler le constructeur du père en dehors d'un constructeur.

- On ne peut appeler qu'un seul constructeur du père, et obligatoirement en première instruction du constructeur du fils (afin de respecter la règle d'ordre d'exécution des constructeurs : du plus ancien vers le plus jeune. Honneur aux anciens!).

- Par défaut, s'il n'y a pas d'appel à un constructeur du père, tout constructeur appellera obligatoirement le constructeur par défaut du père, celui qui n'a pas d'argument : `super();`.

```
public Heritier() {
  super(); // Ligne inutile (lire le point 3 de la remarque
           // ci-dessous
}
public Heritier( int n) {
  age= n;
  super(); // Erreur! Lire le point 2 de la remarque
           // ci-dessous. Il faut inverser ces 2 lignes
}
public int getAgeDuPere() {
  super();  // Erreur! Lire le point 1 de la remarque
  return super.age(); // O.K. si l'attribut age existe
                      // dans la classe Ancetre
}
}
```

Attention : une classe n'hérite pas des constructeurs de la classe qu'elle étend. Il faut nécessairement toujours définir dans une classe tous les constructeurs dont elle a besoin, même si ces derniers ne font que des appels aux constructeurs du père par `super(arguments)`.

Transtypage des objets

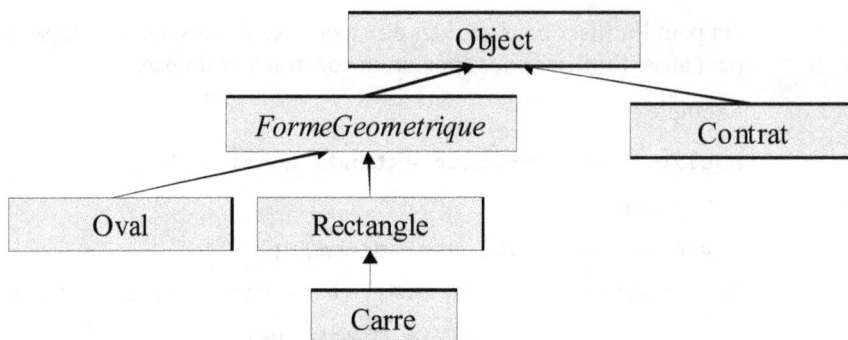

Implicite :	Explicite :	Impossible
Un carré	Une FormeGeometrique	Un Contrat
est	**peut être**	**n'est pas**
une FormeGeometrique	un Carre	une FormeGeometrique

Nous avons vu le transtypage des variables de types primitifs dans le précédent module. Le principe est de stocker dans une variable une valeur d'un autre type, qui sera "adaptée".

Le principe du transtypage des objets part du même principe : mettre la référence d'un objet d'un certain type dans une variable objet d'un autre type.

Nous allons voir qu'il existe trois possibilités de transtypage. Il peut être :

- Implicite.
- Explicite.
- Impossible.

Transtypage implicite

Comme nous l'avons vu, l'héritage permet de créer des objets ayant plusieurs types : Leur propre type et tous ceux des ancêtres.

Par exemple, un `Carre` est aussi un `Rectangle`, un `FormeGeometrique` et enfin un `Object`.

On peut donc considérer, implicitement, qu'un objet de type `Rectangle` est de type `Object`, donc peut être stocké dans une variable de ce type :

```
Object o= new Rectangle();
```

Ici, on crée un objet de type `Rectangle`, et on stocke sa référence dans une variable `Object`. Le transtypage est implicite : un `Rectangle` est bien un `Object`.

Transtypage explicite

Si un `Rectangle` est bien `FormeGeometrique`, le contraire n'est pas forcément vrai. Par exemple un `Cercle`, qui est aussi `FormeGeometrique`, n'est pas un `Rectangle`.

Supposons que l'on stocke dans une variable de type `FormeGeometrique` un objet de type `Rectangle` (transtypage implicite), et que l'on veuille récupérer cet objet (maintenant de type `FormeGeometrique`) dans une variable `Rectangle` : il faudra alors spécifier que cet objet `FormeGeometrique` est bien en `Rectangle`.

Exemple :

```
FormeGeometrique forme= new Rectangle();
Rectangle r= forme; // Cette ligne est incorrecte
```

Dans cet exemple, rien ne devrait s'opposer à ce que la variable r (de type `Rectangle`) ne reçoive la valeur de forme, qui contient un objet de type `Rectangle`. Pourtant, le compilateur n'acceptera pas une telle assignation, en effet, même si dans cet exemple forme contient bien un `Rectangle`, il pourrait tout aussi bien contenir autre chose, un `Cercle` par exemple!

Il est donc nécessaire de "forcer" l'assignation par un `cast` :

```
Rectangle r= (Rectangle) forme;
```

La syntaxe est similaire à ce que nous avons déjà vu avec les types primitifs.

Ce "casting" est de la responsabilité du programmeur, et peut provoquer des erreurs s'il est mal utilisé. Par exemple :

```
FormeGeometrique forme= new Cercle();
Rectangle r= (Rectangle)forme();
```

Syntaxiquement, ces deux lignes sont justes. Le compilateur ne détectera pas d'erreur, et pourtant, dans la logique il y a un problème : on essaie de faire passer un objet `Cercle` pour un `Rectangle`.

Ce transtypage est impossible : une erreur surviendra lors de l'exécution de l'application : une exception de type `ClassCastException` sera lancée (le prochain chapitre parlera des exceptions).

Transtypage impossible

Le transtypage est impossible lorsque les types ne sont pas compatibles, c'est à dire lorsqu'ils n'ont pas de lien de parenté par héritage.

Exemples :

```
Carre c= (Carre) new String( "Hello");
String s= (String) new Rectangle( 12, 4);
Color= (Color)new Carre( 34);
```

Une `String` n'est pas un `Carre`, un `Rectangle` n'est pas une `String`, et un `Carre` n'est pas une `Color`.

Dans ce cas, l'erreur est signalée au moment de la compilation. Même si on utilise un `cast` (comme sur les exemples ci-dessus), le compilateur ne sera pas d'accord : il vérifie l'existence d'un lien de parenté par héritage.

L'opérateur instanceof

Pour éviter les erreurs d'incompatibilités de types dans le transtypage, il est possible d'utiliser cet opérateur afin de tester si un objet est d'un certain type.

Il prend en argument de gauche un objet et en argument de droite le nom d'une classe.

Exemples :

```
Rectangle r= new Carre();
```

```
FormeGeometrique f= new Rectangle();
r instanceof Object            // Renvoie true
r instanceof FormeGeometrique  // Renvoie true
r instanceof Rectangle         // Renvoie true
r instanceof Carre             // Renvoie true
f instanceof Object            // Renvoie true
f instanceof FormeGeometrique  // Renvoie true
f instanceof Rectangle         // Renvoie true
f instanceof Carre             // Renvoie false!
```

Transtypage d'objets et invocations des méthodes

En Java, les méthodes sont toujours des fonctions virtuelles. C'est à dire que quel que soit le type de la variable contenant la référence de l'objet, la méthode invoquée sera celle de la classe réelle de l'objet.

Exemple :

```
Rectangle r= new Carre( 34);
r.paint(); // Exécute la méthode paint de la classe Carre et
           // non pas celle de la classe Rectangle (sauf si
           // cette méthode n'a pas été définie dans la classe
           // Carre)
```

Attention, pour les propriétés c'est différent, ce sont celles accessibles dans la classe correspondant au type de la variable qui sont utilisées.

Exemple :

```
public class TestHeritage {
  String s= "TestHeritage";

  public static void main( String [] args) {
    ClasseFils cf= new ClasseFils();
    System.out.println( "cf-> "+cf.s);
    TestHeritage th= cf;
    System.out.println( "th-> "+th.s);
  }
}
class ClasseFils extends TestHeritage{
  String s= "ClasseFils";
}
```

Cet exemple rend :

```
cf-> ClasseFils
th-> TestHeritage
```

Ce qui peut surprendre puisqu'il s'agit du même objet!

Tableaux d'objets

On peut stocker des objets de n'importe quel type dans un tableau, si le type de ses cellules est `Object`.

Exemple :

```
String s= "Toto";
Date d= new Date();
Object[] to= new Object[2];
to[0]= s;
to[1]= d;
// Dans l'autre sens, il faut caster:
s= (String) to[0];
d= (Date)to[1];
d= (Date)to[0]; // Ca passe à la compile,
                // mais ça casse à l'exécution
```

Lorsque l'on utilisera des collections d'objets, on vérifiera donc bien le type des objets avant de les utiliser.

Les objets numériques

```
new Byte( byte b);
new Double( double d);
new Float( float f);
new Integer( int i);
new Long( long l);
new Short( short s);
```

```
byte byteValue();
double doubleValue();
float floatValue();
int intValue();
long longValue();
short shortValue() ;
```

En Java, les nombres sont dans des variables, qui sont de simples cellules mémoire, mais pas des objets. On appelle cela des types primitifs.

Cela ne pose pas de problème en soi, lorsqu'on les utilise simplement pour faire des opérations, ou des passages de paramètres.

Mais, comme nous les verrons plus loin (dans les collections d'objets ou dans la sérialisation), cela en pose un lorsque l'on a besoin de manipuler une variable en tant qu'objet et pas seulement en tant que valeur.

Pour manipuler un entier (`int`) ou un réel (`float`) ou autre type primitif, comme s'il s'agissait d'un objet, on dispose dans java de types numériques, aussi appelés « wrappers ».

Les types Wrapper

Chaque type primitif a son pendant en objet, qui hérite de la classe Number :

byte	Byte
short	Short
int	Integer
long	Long
float	Float
double	Double

Remarque :
Le type objet porte le même nom que le type primitif, mais commence par une majuscule, à l'exception du type primitif `int` dont le type objet est `Integer`.

Pour créer un objet numérique, le constructeur prend en paramètre la valeur du numérique qu'il contiendra. Exemple :

```
public Integer( int n) ;
public Long( long l) ;
public Double( double d);
etc...
```

A noter aussi un constructeur qui prend une chaîne de caractères qu'il décodera :

```
public Integer( String s) ;
public Long( String s) ;
etc...
```

Pour récupérer la valeur du numérique qu'il contient, les méthodes ci-dessous son implémentées dans chacun des types.

```
byte byteValue();
double doubleValue();
float floatValue();
int intValue();
long longValue();
short shortValue() ;
```

L'usage des ces méthodes peut engendrer des conversions qui peuvent provoquer des troncatures ou la perte de la partie décimale lors du passage dans un entier, comme par exemple :

```
Double f= 234.643;
int i= f.intValue(); // i contiendra la valeur entière 234
```

On notera enfin les principales méthodes communes à tous ces types numériques :

```
String toString() ;
int compareTo( TypeDeLObjet objetIntegerCompare);
boolean equals( Object o);
static TypeDeLObjet valueOf( String s);
```

D'autres méthodes sont à découvrir, particulières à chaque type, comme par exemple la conversion en héxadécimal pour les entiers, la représentation en divers formats à virgule flottante pour les réels, etc. Veuillez vous reporter à la documentation des classes.

L'autoboxing

On a découvert cette possibilité dans le langage de programmation C# de Microsoft. Miracle de la concurrence : Sun l'a ajouté (JSR 201) dans la version 5 de Java !

Java 5

Jusqu'à présent, les lignes suivantes étaient incorrectes :

```
int i= new Integer( 34) ;
Integer n= 32;
```

En effet, i n'est pas un objet et n'est pas un entier.

Cela devait être codé comme suit :

```
int i= (new Integer(34)).intValue() ;
Integer n= new Integer(32);
```

Grâce à l'autoboxing, lorsque l'on cherche à mettre le contenu d'une variable primitive dans un objet ou l'inverse, les transformations et transtypages sont totalement automatiques. Exemples :

```
Long l= 42L ;
Integer i= 34 ;
Long total= i+l;
```

Remarque :
Si l'on cherche à autoboxer un objet null, alors c'est la valeur 0 qui est prise par défaut.

Exemple :

```
Integer i ; // Objet i à null
int n= i+3; // n prend la valeur 0+3
```

Il n'y a pas envoi d'une NullPointerException (vu au chapitre suivant), ce qui n'est pas très correct du point de vue Java, car un objet non initialisé cache souvent un bug.

Les classes abstraites

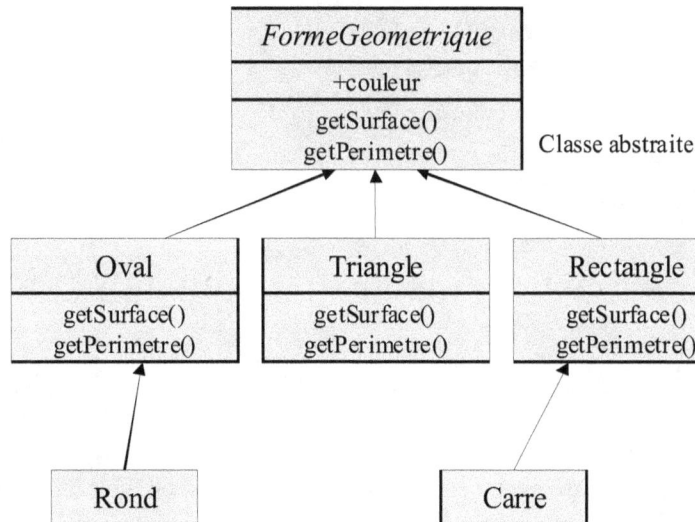

Ce sont des classes dont certaines méthodes ne sont pas implémentées.

Le rôle de ces classes est de définir des concepts au travers de méthodes qui seront obligatoirement implémentées par les héritiers.

On ne peut pas instancier une classe abstraite, puisque certaines méthodes n'ont pas de code et ne peuvent donc pas être appelées.

Les classes qui héritent d'une classe abstraite sont elles même abstraites (non instanciables) sauf si elles implémentent toutes les méthodes abstraites.

Pour créer une classe instanciable qui hérite d'une classe abstraite, on doit donc obligatoirement implémenter du code pour chaque méthode abstraite. C'est une sorte d'engagement ou de contrat.

L'exemple du transparent illustre bien ce concept avec les classes géométriques.

La classe `FormeGeometrique` représente le concept de forme géométrique. On y trouve la propriété couleur et les méthodes `getSurface()` et `getPerimetre()`.

Ces méthodes calculent la surface et le périmètre de la forme. Elles ne peuvent pas être implémentées dans la classe `FormeGeometrique` : elle est trop abstraite.

Par contre, elles seront implémentées dans les formes géométriques concrètes : `Oval`, `Triangle` et `Rectangle`.

Remarque :
En notation UML, les classes abstraites sont notées en italique.

Les classes abstraites en Java

En Java, les classes abstraites sont spécifiées par le modificateur abstract.

Les méthodes abstraites sont simplement déclarées par leurs prototypes.

Exemple :

```
public abstract class FormeGeometrique {
  Color couleur;
   // Méthodes abstraites:
  public double getSurface();
  public double getPerimetre();
   // Méthodes concrètes:
  public void setCouleur( Color coul) {
    couleur= coul;
  }
  public Color getCouleur() {
    return couleur;
  }
}
```

Ceci est la définition du concept de la forme géométrique. Une forme doit retourner sa surface, son périmètre et sa couleur, on doit aussi pouvoir modifier sa couleur.

Les calculs de sa surface et de son périmètre dépendent de sa nature. Ils seront donc implémentés en fonction de la nature de la forme qui sera définie par une classe héritant de FormeGeometrique.

Remarque :
Il est nécessaire de spécifier qu'une classe est abstraite à l'aide du mot clé abstract, sinon le compilateur refusera de compiler cette classe. C'est ce modificateur qui interdit l'instanciation avec l'opérateur new.

Voici quelques implémentations de FormeGeometrique :

```
public class Rectangle extends FormeGeometrique {
  double longueur, largeur;
  public Rectangle( double longueur, double largeur) {
    this.longueur= longueur;
    this.largeur= largeur;
  }
  public double getSurface() {
    return longueur*largeur;
  }
  public double getPerimetre() {
    return 2*(longueur + largeur);
  }
}
// Un carré est un rectangle dont la hauteur et la largeur
// sont identiques.
public class Carre extends Rectangle {
   // Tout est géré dans Rectangle que l'on étend.
   // Le constructeur prend le côté du carré en argument
   // et appelle le constructeur de Rectangle qui prend
```

```
   // en argument la longueur et la largeur du rectangle
   public Carre( double cote) {
     super( cote, cote);
   }
}
```

Dans cet exemple, Carre hérite de Rectangle, qui hérite de
FormeGeometrique. Carre est donc bien de type FormeGeometrique.

```
public class Cercle extends FormeGeometrique {
  double rayon;
  public static final double PI= 3.141592;
  public Cercle( double rayon) {
    this.rayon= rayon;
  }
  public getSurface() {
    return PI*rayon*rayon;
  }
  public getPerimetre() {
    return PI*rayon*2;
  }
}
```

On voit dans cet exemple l'utilisation d'une variable statique : PI.

Les interfaces

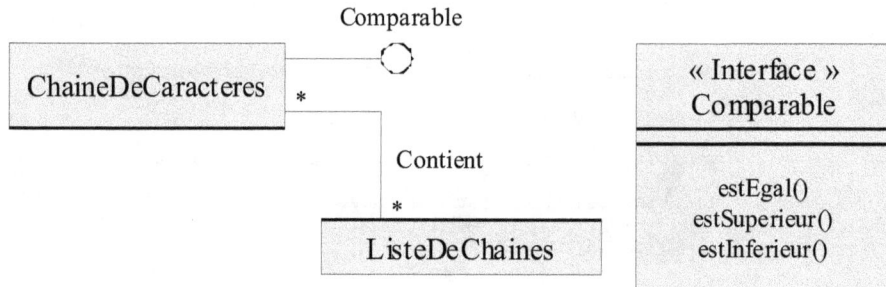

L'interface d'un objet représente sa partie visible, c'est-à-dire principalement ses méthodes publiques.

Il est possible en Java de définir, dans un fichier, une interface sans implémentation, donc simplement une liste de signatures de méthodes.

Puis il sera possible de déclarer dans une classe que l'on implémente cette interface, c'est-à-dire que l'on implémente toutes les méthodes qui y sont déclarées.

On ne peut pas parler d'héritage dans le cas des interfaces, car pour qu'il y ait héritage il faut qu'il y ait quelque chose à hériter, or les interfaces ne sont que des coquilles vides. Mais c'est en tous les cas l'obligation, pour pouvoir compiler la classe, d'implémenter **toutes** les méthodes de l'interface en les redéfinissant.

Ce principe permet de définir un comportement abstrait, qui sera implémenté par plusieurs classes.

Exemple :

```
public interface Comparable {
  boolean estEgal( Object o);
  boolean estSuperieur( Object o);
  boolean estInferieur( Object o);
}
```

Une interface se crée dans un fichier portant son nom (ici ce sera Comparable.java) et se déclare comme une classe, à l'exception du mot clé `interface` qui prend la place du mot `class`.

Dans notre exemple, cette interface permet de définir le concept de comparaison. Elle permettra de comparer, donc par exemple de trier, des objets de types de classes qui l'implémentent.

Prenons l'exemple de notre classe `Carre`. Nous allons implémenter dans cette classe notre interface `Comparable`, ce qui nous permettra de comparer deux objets de type `Carre`.

La logique de comparaison sera propre à la logique métier des classes qui l'implémentent. Par exemple, nous supposerons que deux carrés sont égaux lorsqu'ils ont la même couleur et la même dimension.

```
public Carre extends Rectangle implements Comparable{
  public Carre(  double cote) {
    super( cote, cote);
  }
  boolean estEgal( Object o) {
    Carre c= (Carre)o;
    if( Couleur.equals( c.couleur) && longueur==o.longueur)
      return true;
    else
      return false;
  }
}
```

Examinons le code :

- La première ligne déclare la classe `Carre` et spécifie qu'elle implémente `Comparable`. Une classe peut implémenter autant d'interfaces qu'on le souhaite. Elles seront spécifiées toutes à ce niveau, séparées par des virgules.

- On retrouve le code de notre `Carre` (qui se limite à un constructeur qui fait appel au père `Rectangle`), auquel s'ajoute l'implémentation de la méthode `estEgal`.

- La première chose que fait notre méthode est de déclarer un objet `c` de type `Carre`, et de lui donner comme valeur celle de l'objet `o` de type `Object`, ce qui explique le typage en `Carre` de `o` en spécifiant entre parenthèses la classe `Carre` devant `o`. En fait, la méthode `estEgal` vient d'une interface qui se veut générique (comparaison de tous types d'objets). C'est la raison pour laquelle nous utilisons le type `Object`. Il est le plus générique puisqu'au sommet de la hiérarchie des classes : tout objet, quel que soit son type, est de type `Object`.

- Enfin, la comparaison passe par une comparaison, à la fois de la longueur, mais aussi de la couleur des carrés.

Dans cet exemple, le fichier `Carre.java` ne pourra pas être compilé, car les méthodes `estSuperieur` et `estInferieur` n'ont pas été implémentées. Le compilateur lancera siumplement le message d'erreur signalant que la classe `Carre` est abstraite, et doit de ce fait être déclarée comme telle.

L'interface est un contrat

Nous voyons bien ici la notion de contrat. Si une classe implémente `Comparable`, elle s'engage à implémenter toutes ses méthodes.

On appréciera le nommage des interfaces par un nom se terminant par "able" (`Comparable`, `Triable` ou `Sortable`, `Affichable`, `Imprimable`, `Calculable`, `Serializable`, `Stockable`, etc.)

Héritage entre les interfaces

Une interface ne peut implémenter une autre interface, bien sûr, puisqu'il n'y a pas d'implémentation dans une interface.

Par contre, une interface peut hériter d'une autre interface, et même de plusieurs autres interfaces en Java. L'héritage multiple étant ici autorisé, car il n'y a pas de problème de conflits d'implémentation, et pour cause!

Lorsque dans une classe on implémente une interface qui hérite d'autres interfaces, nous devons évidemment implémenter toutes les méthodes de toutes ces interfaces. Il faut donc toutes les examiner, c'est la raison pour laquelle il vaut mieux ne pas trop utiliser l'héritage dans les interfaces.

Les types interfaces

Un objet qui implémente une interface est du type de cette interface.

Ainsi, bien que l'on ne puisse pas créer d'objet du type d'une interface, rien ne nous empêche de déclarer une variable du type d'une interface, de l'initialiser avec un objet qui implémente cette interface.

Exemple :

```
Comparable c= new Carre( 25);
```

Attention, l'objet c étant de type Comparable, seules les méthodes de l'interface Comparable peuvent être invoquées, mais certainement pas celles de Carre, bien que cet objet soit un Carre.

Nous verrons tout au long de ce cours que cette notion est très importante en Java.

Les interfaces ont des propriétés

On ne trouve pas que des méthodes dans les interfaces. On peut aussi y déclarer des propriétés.

L'héritage multiple des interfaces peut générer des ambiguïtés au niveau du compilateur (si on implémente deux interfaces qui ont chacun une propriété de même nom). Pour éviter cet effet de bord, les propriétés des interfaces sont systématiquement statiques, même si on ne les déclare pas comme telles. De plus, leur accès ne peut se faire que par le nom de l'interface (propriétés de classes).

Conclusion

Les interfaces permettent :

- L'héritage multiple de concepts.
- L'engagement d'implémenter toutes les méthodes définies dans les interfaces (notion de contrat).
- Le transtypage d'objets incompatibles vers des types interfaces. On a la notion d'ensembles d'objets.

La généricité

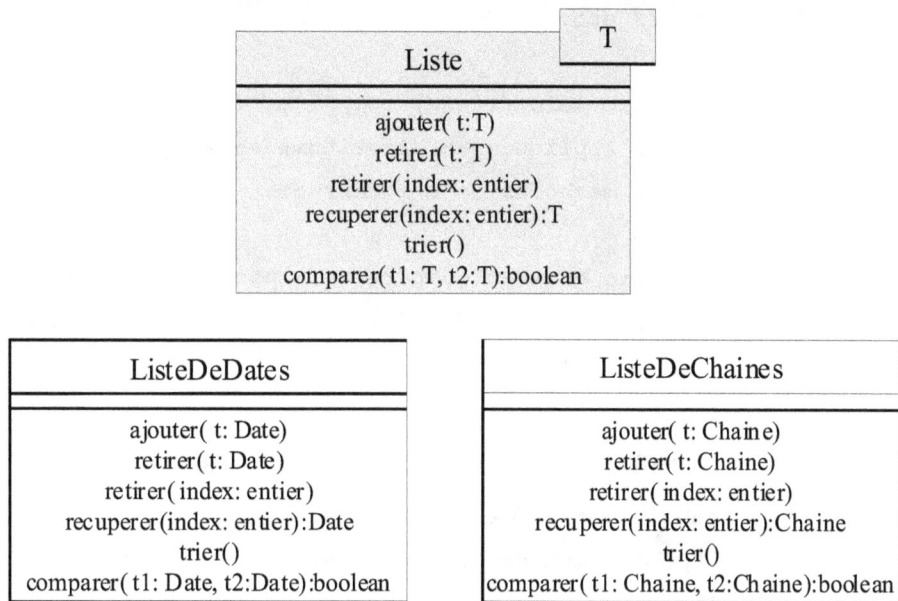

```
                    ┌───────────────────────┬──────┐
                    │         Liste          │  T   │
                    ├────────────────────────┴──────┤
                    │        ajouter( t:T)          │
                    │        retirer( t: T)         │
                    │      retirer( index: entier)  │
                    │   recuperer(index: entier):T  │
                    │            trier()            │
                    │ comparer( t1: T, t2:T):boolean│
                    └───────────────────────────────┘
```

```
┌──────────────────────────────┐     ┌────────────────────────────────────┐
│         ListeDeDates          │     │           ListeDeChaines            │
├──────────────────────────────┤     ├────────────────────────────────────┤
│       ajouter( t: Date)       │     │        ajouter( t: Chaine)          │
│       retirer( t: Date)       │     │        retirer( t: Chaine)          │
│     retirer( index: entier)   │     │       retirer( index: entier)       │
│  recuperer(index: entier):Date│     │   recuperer(index: entier):Chaine   │
│            trier()            │     │             trier()                 │
│ comparer( t1: Date, t2:Date):boolean│ comparer( t1: Chaine, t2:Chaine):boolean│
└──────────────────────────────┘     └────────────────────────────────────┘
```

La généricité permet de concevoir des classes génériques, véhiculant des concepts très sophistiqués, et qui seront implémentées de différentes manières suivant les types des objets qu'elles manipulent.

L'exemple le plus classique est la liste. Une telle classe doit être capable de manipuler des objets de différents types, avec des fonctions telles que l'insertion dans la liste, la suppression, la récupération, le tri, etc.

La généricité en Java

La généricité n'existe en Java qu'à partir de la version 5, avant, on s'en approchait avec le polymorphisme et les interfaces.

Prenons l'exemple typique de la liste. Nous voulons faire une classe Liste qui supporte le tri des éléments.

En Java, nous créerons simplement une classe qui va contenir des objets dont le type sera celui d'une interface (par exemple Comparable). Les objets que ma liste contiendra pourront être de n'importe quel type, pourvu que celui-ci implémente l'interface Comparable.

Exemple :

```java
public class Liste {
  public void ajouter( Comparable element) {
    // etc.
  }
  public void retirer( Comparable element) {
    // etc.
  }
  public void retirer( int index) {
    // etc.
```

```
  }
  public Comparable recuperer( int index) {
    // etc.
  }
  public void trier() {
    // Appliquer un algorithme en s'appuyant sur les
    // méthodes de l'interface
  }
  public boolean comparer( Comparable e1, Comparable e2) {
    return e1.estEgal( e2);
  }
}
```

L'interface `Comparable` existe déjà dans Java :

```
public interface Comparable {
  public int compareTo(Object o);
}
```

La méthode `compareTo` retourne 0 si l'objet est égal (dans sa logique) à celui spécifié en argument, un nombre négatif s'il est plus petit, et un nombre positif s'il est plus grand.

Il restera simplement à implémenter cette interface dans toutes les classes d'objets que nous voudrons faire entrer dans la liste.

On notera que l'interface `Comparable` est implémentée dans la classe `String`. On peut donc faire entrer des chaînes de caractères dans notre `Liste`.

Exemple :

```
public static void main( String [] args) {
  Liste l= new Liste();
  // On fait entrer tous les arguments de la ligne de
  // commande dans la liste
  for( int n=0; n < args.length; n++)
    l.ajouter( args[n]);
  l.trier();
}
```

Les types génériques sont apparus dans la version 5 de Java. Ils sont surtout employés dans les classes de collections d'objets que nous verrons au chapitre 7.

Si nous reprenons notre exemple de Liste, il serait implémenté comme ceci :

```
public class Liste<A> {
  public void ajouter( A element) {
    // etc.
  }
  public void retirer( A element) {
    // etc.
```

```
    }
    public void retirer( int index) {
      // etc.
    }
    public Comparable recuperer( int index) {
      // etc.
    }
    public void trier() {
      // Appliquer un algorithme en s'appuyant sur les
      // méthodes de l'interface
    }
    public boolean comparer( A e1, A e2) {
      return e1.estEgal( e2);
    }
}
```

On voit donc que l'interface Comparable qui était employée avant est remplacé par un type A qui n'existe pas. Il n'existera que sous la forme qui sera choisie par le programme au moment de son utilisation.

Exemple :

```
public static void main( String [] args) {
 Liste<String> l= new Liste<String>();
 // On fait entrer tous les arguments de la ligne de
 // commande dans la liste
 for( int n=0; n < args.length; n++)
   l.ajouter( args[n]); // Vérifications à la compilation
                        // que c'est bien une String
 l.trier();
}
```

Dans cet exemple, on utilise la classe générique Liste avec des objets String. Dans la méthode `ajouter`, la vérification que c'est bien un objet String est faite lors de la compilation. Avant, c'était uniquement une vérification sur une interface qui pouvait être implémentée par des objets de types incompatibles.

Relations entre les classes

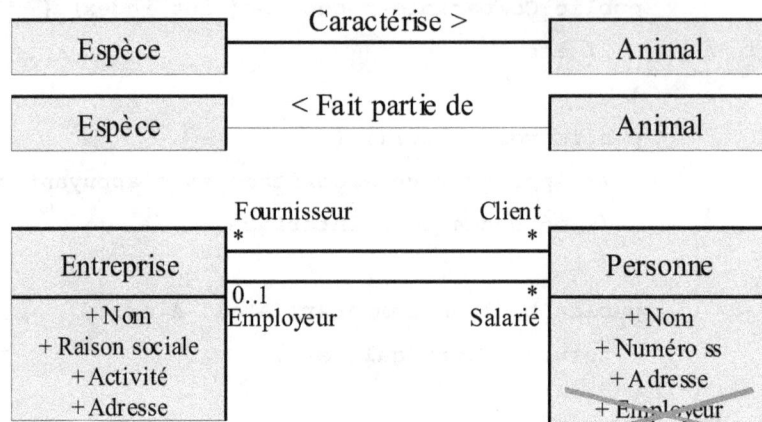

Les relations sont les liens qu'il peut y avoir entre différents objets.

Une relation peut être spécifiée en langage naturel. Par exemple, sur le premier exemple de la figure ci-dessus, on voit qu'une espèce caractérise un animal et qu'un animal fait partie d'une espèce.

Les relations peuvent avoir différents types de cardinalités (un vers un, un vers n, etc.), et on peut avoir plusieurs types de relations entre des objets.

Par exemple, le second cas du transparent montre qu'une personne peut être un client ou un salarié (ou les deux) pour une entreprise. Il y a donc là deux relations :

- Dans la première relation, une personne peut avoir un nombre indéfini d'entreprises fournisseurs et une entreprise un nombre indéfini de personnes clientes.

- Pour la seconde, une personne peut avoir zéro ou une entreprise employeur, et une entreprise peut avoir un nombre indéfini de personnes salariées.

On trouve différents types de cardinalités :

1	Un et un seul
0..1	Zéro ou un
*	De zéro à un nombre indéfini
1..*	De 1 à un nombre indéfini
n	Exactement n
m..n	De m à n

Pratiquement, les relations sont sous la forme de références vers un ou plusieurs autres objets dans une variable d'instance. Les relations sont donc des propriétés des objets.

Module 3 : Concepts objet avec Java

Par exemple, les relations que l'on a entre `Entreprise` et `Personne` seront implémentées de la façon suivante :

```
public class Entreprise {
  public String nom;
  punlic String raisonSociale;
  public String activite;
  public String adresse;
  // Une entreprise a 0, 1 ou plusieurs clients
  private Personne [] client;
  // Une entreprise a 0, 1 ou plusieurs salariés
  private Personne [] salarie;
}
```

```
public class Personne {
  public String nom;
  public String numeroSS;
  public String adresse;
  // Une personne a 0 ou 1 employeur (si c'est 0, la référence
  // de employeur est à null, sinon c'est la référence de
  // l'objet Employeur
  private Entreprise employeur;
  // Une personne a 0, 1 ou plusieurs fournisseurs
  private Entreprise [] fournisseur;
}
```

Remarque :

Dans la modélisation UML, les relations n'entrent pas dans les attributs, cela ferait double-emploi. Par exemple il ne sera pas correct d'ajouter dans la classe `Personne` l'attribut `employeur`.

Par contre, dans l'implémentation Java, `employeur` sera un attribut, dont le type dépendra du type de relation.

Les agrégations

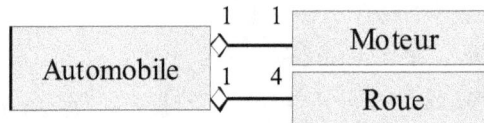

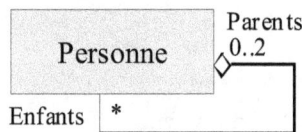

L'agrégation est un type de relation. Son concept permet à un objet de posséder d'autres objets comme attributs. Il y a une notion **d'appartenance**.

Les deux exemples de la figure ci-dessus seront implémentés en Java de la façon suivante :

```
public class Automobile {
Moteur moteur;
Roue [] roues= new Roue[4];
}
```

Pour les roues, on utilise un tableau de quatre objets de type Roue. Nous reverrons dans le prochain chapitre la syntaxe de Java pour les tableaux.

```
public class Personne {
  Personne pere;
  Personne mere;
  Personne[] enfants;
}
```

L'agrégation et la mémoire

Lorsqu'un objet n'est plus utilisé, il doit être détruit de la mémoire. S'il possède des objets agrégés, ces objets doivent aussi être détruits, sauf s'ils ont encore des relations avec d'autres objets non encore détruits.

On voit que la libération de la mémoire des objets inutiles peut vite devenir complexe, c'est aussi une source de bugs classique.

C'est la raison pour laquelle Java possède le Garbage Collector, qui prend en charge cette fonction, ce qui facilite bien la vie du développeur.

Les associations

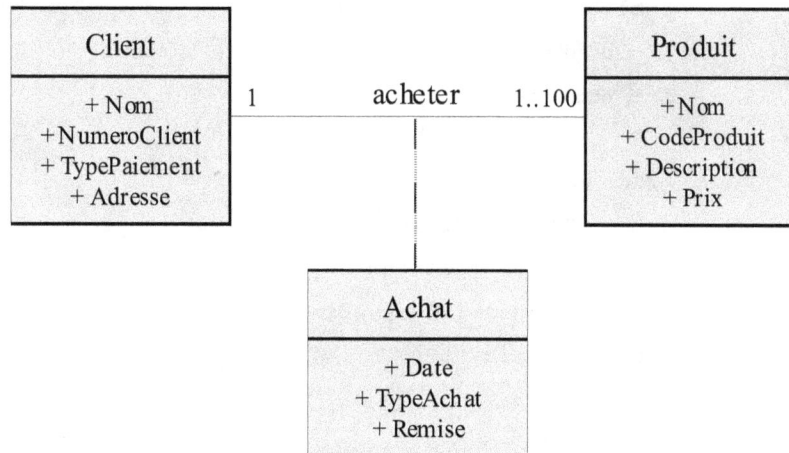

L'association est une sorte d'index. Cela permet de définir une action entre deux classes.

Dans l'exemple de la figure ci-dessus, on voit bien les objets de type `Achat` qui seront effectués entre un objet de type `Client` et un objet de type `Produit`.

On voit aussi qu'un achat est composé d'un acheteur (l'objet `Client`) et d'au moins un produit (100 maximum).

L'implémentation en Java pourrait être la suivante :

```java
public class Client {
  public String nom;
  public int numeroClient;
  public char typePaiement;
  public String adresse;
  // Les achats d'un client
  Achat[] achats;
}
```

```java
public class Produit {
  public String nom;
  public int codeProduit;
  public String description;
  public double prix;
}
public class Achat {
  public Date date;
```

```
public char typeAchat;
public float remise;
public Client acheteur;
// 100 produits maxi par achat
public Produit [] produits= new Produit[100];
// Compteur de produits dans le tableau
int nombreProduits= 0;

// Constructeur
public Achat( Client client, Produit produit) {
  this.client= client;
  this.produit[0]= produit;
  nombreProduits++;
}
// Méthode pour ajouter un produit à un achat
public void ajoutProduit( Produit produit) {
  this.produit[nombreProduits]= produit;
  nombreProduits++;
}
}
```

On voit bien ici que l'association entre client et produit est faite dans le constructeur au moment de la création de l'objet Achat.

Les packages

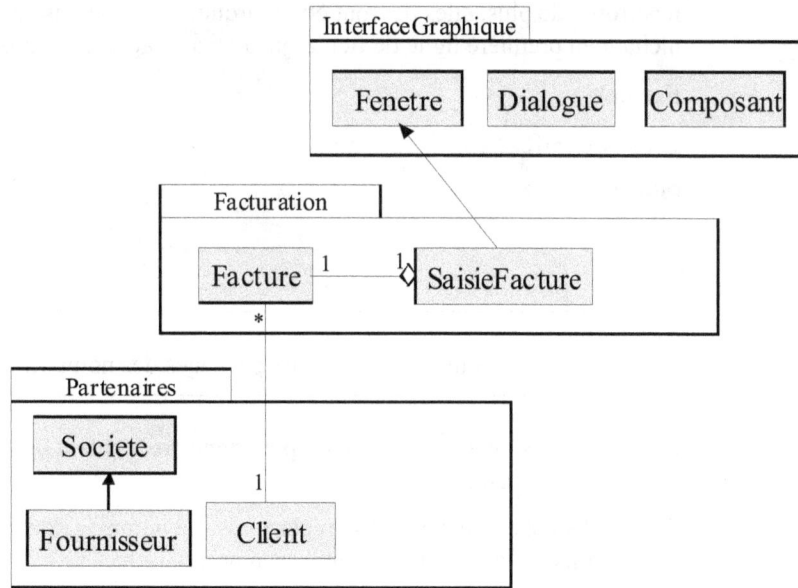

Très rapidement, le développement d'applications va générer un nombre considérable de classes, et, comme dans Java, les classes sont stockées dans des fichiers séparés, le nombre important de fichiers va forcément nuire à l'organisation de projet.

Les packages permettent de rassembler des classes ayant des liens au niveau de l'organisation du logiciel, par exemple mettre ensemble les interfaces graphiques, puis dans un autre package les classes métier, etc.

Il faut noter que rien n'empêche de faire des héritages, des associations ou des agrégations entre classes de packages différents.

Certains langages comme Java, comme nous allons le voir juste après, prennent en compte le package dans la visibilité des classes et de leurs membres.

Créer des packages en Java

Les packages sont organisés de façon arborescente, exactement comme les répertoires des fichiers. C'est sur le gestionnaire de fichiers que Java s'appuie pour stocker les classes.

Pour créer un package, il suffit simplement de créer un répertoire, visible depuis l'une des entrées de la variable d'environnement CLASSPATH. Le nom de ce répertoire sera le nom du package.

Les répertoires devront être retrouvés, à la fois par le compilateur, mais aussi par l'interpréteur, c'est à dire la machine virtuelle. Ils utilisent tous les deux le CLASSPATH.

Exemple :

Nous allons créer une nouvelle entrée dans le CLASSPATH vers un répertoire appelé `monProjet` contenant les packages de notre projet :

```
C:\>md monProjet
C:\>set CLASSPATH=c:\monProjet;%CLASSPATH%
```

Dans ce répertoire, on crée un package appelé *outils* :

```
C:\>md monProjet\outils
```

Toutes les classes qui feront partie de ce package devront être stockées dans ce répertoire, de plus, elles devront être marquées comme faisant partie de ce package en mettant en première ligne de fichier java : `package nomDuPackage;`.

Exemple :

```
package outils;
public class Test{
  // etc.
}
```

Remarque :
Il est conseillé de toujours donner aux packages des noms en minuscules.

Les packages sont arborescents, on peut donc créer autant de sous packages que l'on veut dans les packages.

Ils seront stockés dans des sous-répertoires. Le nommage des sous-packages en java se fait en utilisant le point (.) comme séparateur.

Exemple :

On va créer le sous-package `graphique` dans le package `outils`.

```
C:\>md monProjet\outils\graphique
```

On stockera dans ce nouveau répertoire les classes en faisant partie, par exemple :

```
package outils.graphique;
public class Fenetre {
  // Etc.
}
```

Remarque :
On trouve de nombreuses classes outils disponibles sur Internet, payantes, mais aussi parfois gratuites. Ces outils sont dans des packages. Pour ne pas mélanger les packages provenant de différentes sources, Sun conseille de toujours créer ses propres packages dans un package contenant le nom de domaine de sa société, nom théoriquement unique.
Ainsi par exemple, si votre société possède le nom de domaine **acme.com**, vos packages devrons être dans le package : **com.acme** .

Utiliser des packages en Java

L'accès aux packages n'est pas automatique en Java. Il est nécessaire, pour chaque classe, de spécifier les packages dont elle a besoin.

Pour cela, on utilise l'instruction `import` en début de code.

Exemple :

```
package principal;
import outils.graphique.Fenetre;
import outils.*;
import java.util.*;
```

```
public class Application {
  // Etc.
}
```

Dans cet exemple, les trois lignes import permettent respectivement de :

- Utiliser la classe `Fenetre` du package `outils.graphique`.
- Utiliser toutes les classes du package `outils`.
- Utiliser toutes les classes du package `java.util`, qui fait partie de la machine virtuelle et contient divers utilitaires (dont nous en reparlerons plus tard). Le package `java` contient toutes les classes de Java organisées par domaine.

Remarque :

L'accès aux classes d'un package n'est pas récursif dans les sous-packages. Ainsi, par exemple, le deuxième import de notre exemple importe toutes les classes qui sont dans le répertoire outils, mais pas celles de ses sous répertoires (par exemple celles du répertoire `outils\graphique`).

Les imports statiques

Cela permet d'utiliser des propriétés (ou constantes) statiques de classes sans avoir à en hériter ou à les préfixer par leur classe. C'est pratique pour gagner du temps, mais attention aux risques de confusion…

La syntaxe consiste à déclarer un import avec le modificateur `static`. Cet import spécifie le chemin complet de la classe, suivi d'un point et du nom de la propriété statique ou d'une * si l'on veut cibler toutes les propriétés statiques de la classe.

Exemple :

```
import static java.lang.System.*;

public class Test{
  public static void main( String[] args) {
    out.println( "Hello plus simple");
  }
}
```

Dans cet exemple, je peux utiliser les membres statiques de la classe System (ici j'utilise la constante out qui pointe sur la sortie standard).

Les packages de Java

La machine virtuelle Java est livrée avec de nombreux packages dont nous allons étudier les principaux dans ce cours. Citons notamment :

java.lang	Toutes les classes de base du langage (String…).
java.util	Divers outils (dates, collections…).
java.io	Entrées sorties.
java.awt	Interface graphique.
java.awt.event	Gestion des événements de l'interface graphique.
java.sql	Gestion des bases de données (JDBC).
java.beans	Support des JavaBeans.

java.applet	Création d'applets.
java.net	Gestion du réseau.
java.security	Gestion de la sécurité.

Remarque :
Il n'est pas nécessaire d'importer le package `java.lang`, il est importé par défaut.

Les fichiers JAR

Une application est donc un ensemble de classes, disséminées dans des packages, parmi lesquels on trouvera peut-être des packages achetés à l'extérieur, ainsi que des packages propres à l'environnement d'exécution de l'application (serveur d'applications par exemple). De plus, l'application aura probablement besoin de divers fichiers de données pour fonctionner (configuration, images, scripts de bases de données, données de démarrage, etc.)

En phase de déploiement ou de distribution de l'application, il pourrait être intéressant de rassembler tout cela dans un seul fichier. C'est pour cela que l'on a inventé les fichiers JAR (Java ARchive).

Ces fichiers sont au format ZIP (On peut le consulter avec n'importe quel WinZIP du marché) dans lequel sont stockés, et donc éventuellement compressés, tous les fichiers d'une application (classes, fichiers XML, etc.)

Pour être utilisé, le fichier JAR n'a pas besoin d'être décompressé. La machine virtuelle Java sait aller trouver les classes et les autres fichiers directement dedans. Il suffit simplement d'ajouter le nom complet du fichier JAR comme une entrée du CLASSPATH.

Par exemple, si l'on a stocké le fichier `MonAppli.JAR` dans le répertoire c:\applications, il suffit de l'ajouter au CLASSPATH :

```
C:\>set CLASSPATH=c:\applications\MonAppli.JAR;%CLASSPATH%
```

Pour créer les fichiers JAR, un outil est mis à notre disposition dans le JDK : JAR.EXE.

Java Web Start

C'est le nom d'un produit proposé par Sun pour faciliter le déploiement des applications écrites en Java.

C'est une application cliente, qui permet le téléchargement et l'exécution d'applications Java à partir d'un serveur Web.

On dispose, grâce à cela, des facilités des architectures Web, tout en conservant la possibilité de bâtir des applications clientes complexes mais facilement distribuables.

Pour plus d'informations, se connecter à l'url :

http://java.sun.com/products/javawebstart/

Visibilité des membres en Java

Visibilité des membres	public	protected	private protected	friendly	private
La classe elle-même	X	X	X	X	X
Une classe héritière du même package	X	X	X	X	
Une classe du même package	X	X		X	
Une classe héritière d'un autre package	X	X	X		
Une classe d'un autre package	X				

Visibilité des classes	public	protected	friendly
Une classe héritière du même package	X	X	X
Une classe du même package	X	X	
Une classe héritière d'un autre package	X	X	X
Une classe d'un autre package	X		

En Java, on a 5 possibilités pour spécifier la visibilité d'un membre :

- `public` : le membre peut être accédé de n'importe quelle autre classe.
- `protected` : le membre peut être accédé par les classes de son propre package et par les classes qui en héritent, qu'elles soient ou non dans son package.
- `aucune spécification` (appelé « friendly ») : le membre peut être accédé uniquement par les classes de son propre package.
- `private protected` : le membre ne peut être accédé que par ses héritiers, qu'ils soient ou non dans son package.
- `private` : le membre ne peut pas être accédé d'une autre classe.

Visibilité des classes

On peut spécifier deux types de classes : `public` et « friendly ».

- La classe `public` sera visible d'absolument partout. Il faut, par ailleurs, que le source de la classe soit dans un fichier ayant le même nom qu'elle.
- La classe « friendly » ne sera visible qu'à l'intérieur du même package.

Remarque :
Une classe peut aussi être `private`, mais à condition d'être interne à une autre classe.

Visibilité des membres

L'usage des différents modificateurs de visibilité suit les règles suivantes :

- `private` : pour des membres utilisés exclusivement en interne de la classe. Leur invisibilité de l'extérieur améliore l'encapsulation de la classe.

- `public` : pour des membres dédiés au monde extérieurs (propriétés de configuration de l'objet, méthodes des services).
- `protected` : pour des membres à usage interne, mais qui doivent pouvoir être éventuellement manipulés par des méthodes de classes héritières.
- « friendly » : pour des membres dédiés uniquement au monde extérieur proche, c'est à dire les classes du même package.

Redéfinition des méthodes dans l'héritage

Les modificateurs des méthodes peuvent changer lorsqu'on les redéfinit, mais dans un seul sens : du plus restrictif au moins restrictif.

Par exemple, une méthode déclarée en `private` dans une classe pourra être redéfinie en `private`, `protected`, "friendly" ou `public` dans une classe fille, mais, une méthode déclarée en `public` ne pourra être redéfinie dans une fille que en `public`.

Exemple :

```
public class TestHeritage {
  private int methode1() { return 1;}
  public int methode2() { return 2;}
}


class ClasseFils extends TestHeritage{
  public int methode1() { return 1;}
  // methode2 ne peut qu'être public
  // private int methode2() { return 2;}
}
```

Les annotations

Java 5

- **Directives spécifiées dans le code source des programmes**
  - @Override
  - @Depracated
  - @SupressWarnings
- **On peut créer ses propres annotations**
  - public @interface ToDo { ... }
- **On peut créer son propre processeur d'annotations, qui sera invoqué à la compilation**
  - Génération de warnings ou d'erreurs
  - Génération de fichiers descripteurs

Les annotations permettent d'ajouter, dans les sources des programmes, des directives à l'attention des différentes cibles du code : Compilateur, Javadoc, interpréteur, analyseur de code...

Cette nouveauté de la version 5 est une évolution logique du langage de programmation. Déjà, on connaissait les annotations destinées à la documentation des classes (voir l'annexe de cet ouvrage consacrée à Javadoc), qui permettaient d'insérer des commentaires dans une forme normalisée afin de les exploiter dans un processus de documentation automatique.

On peut maintenant aller plus loin, et aussi annoter la compilation et l'exécution du code (runtime).

Tout l'intérêt des annotations est de permettre d'insérer directement dans le code des classes des directives qui étaient jusqu'à présent mises dans des fichiers de configuration séparés (fichiers descripteurs).

Fonctionnement des opérations

Les annotations sont associées à des classes ou à des membres. Elles précèdent le modifier (**public**, **static**...).

Elles sont indiquées par un mot clé qui commence toujours par une arobase.

Exemple :

```
@Deprecated public vieilleMethode () { // etc...
```

Les annotations standards de Java

La version 5 de Java contient 3 annotations standards :

```
@Override
@Deprecated
@SuppressWarnings
```

@Override

Cette annotation s'utilise pour les méthodes uniquement, elle permet de spécifier qu'une méthode redéfinit une méthode héritée.

Elle est utile afin d'éviter les erreurs de frappe, lorsque l'on redéfinit une méthode. En effet, lors de la redéfinition, si on écrit la méthode avec un nom légèrement différent, ce sera alors une nouvelle méthode, elle ne redéfinira pas l'ancienne.

Exemple :

```
public class MonObjet extends Object {
@override
public String toStirng() {
  return "C'est moi";
}
```

On voit dans cet exemple une faute de frappe dans la méthode **toString**, écrite par erreur **toStirng**. Cette erreur sera signalée lors de la compilation puisque cette méthode n'existe pas dans la classe **Object**.

@Deprecated

Elle permet de spécifier qu'une méthode est dépréciée. Toute invocation de cette méthode entraînera un warning au moment de la compilation.

Remarque :

Il ne faut pas confondre cette annotation avec celle de javadoc : **@deprecated** (Attention, la première lettre est une minuscule dans le cas du **@deprecated** de javadoc).

La différence est importante : Dans le cas de javadoc, c'est une simple déclaration qui sera intégrée à la documentation, pour signaler que cette méthode ne doit plus être utilisée, et qui permet de documenter par exemple la raison pour laquelle cette API est dépréciée.

Dans le cas de l'annotation standard, elle impactera simplement le compilateur : Cette annotation génèrera un warning lors de la compilation si le code invoque cette méthode.

Exemple :

```
public class Societe {

    /**
    * Retourne le numéro de SIRET pour la TVA.
    * @return Numéro SIRET pour la TVA.
    * @deprecated Il faut maintenant utiliser le numéro
    * de TVA intracommunautaire. Invoquer la méthode
    * getIntraTVA()
    */
    @Deprecated
```

```
public int getSiretTVA() {
        return numeroSiret;
    }
}
```

@SuppressWarnings

Cette annotation est à destination du compilateur et permet de supprimer l'affichage des warnings spécifiés en argument.

Exemple :

```
@SuppressWarnings ("deprecated") public class
    ClasseQuiVaUtiliserDesMethodesDepreciees { // etc…
```

On voit ci-dessus le danger de cette annotation : On perd définitivement la trace, lors de la compilation, de l'utilisation d'APIs dépréciées par cette classe.

Remarque :
Cette annotation peut aussi prendre en argument un tableau de chaînes de caractères :

```
@SuppressWarnings( { "deprecated", "unchecked" } )
```

Créer ses propres annotations

Il est aussi possible de créer ses propres annotations.

C'est principalement à destination d'outils qui prendront le relai au moment de la construction du code.

Imaginons par exemple, dans le cadre de la mise en place d'un processus qualité, un mécanisme à base d'annotations qui permet, au moment de la construction de l'application, de signaler les portions de code non testées ou incomplètes.

Nous allons créer les 2 annotations suivantes :

- `@ToTest` permettra de spécifier ce qui doit être testé.
- `@ToDo` permettra, dans le code, de spécifier ce qui reste à faire.

Puis nous créerons le programme qui permettra de lire les classes et de signaler ce qui reste à faire et à tester.

La définition d'une annotation ressemble à celle d'une interface (on reconnaît l'annotation au caractère @ qui la différencie d'une interface.

Exemple :

```
public @interface ToTest {}
```

L'utilisation des annotations dans le code sera possible partout où l'on utilise les modifiers `public`, `static` ou `final` (interfaces, classes, méthodes, attributs).

Par convention, on fera toujours précéder l'annotation du modifier.

Exemple :

```
@ToTest public class NombresComplexes { // etc…
```

Une annotation peut contenir des déclarations de méthodes, qui doivent répondre aux caractéristiques suivantes :

- Elles n'ont pas d'argument.

- Elles n'ont pas de clause « **throws** ».
- Elles ne retournent que des types primitifs, des **String**, des **Class**, des annotations et des énumérations ou des tableaux de ces mêmes types.
- Elles peuvent avoir des valeurs par défaut.

Ces méthodes cachent en fait des attributs.

Exemple :

```
public @interface ToDo {
    int id() ;
    String date() ;
    String description() ;
}
```

Des valeurs par défaut peuvent être spécifiées pour chaque membre.

Exemple :

```
public @interface ToDo {
    int id() default 0;
    String date() ;
    String description() ;
}
```

L'utilisation de cette annotation se fera de la manière suivante :

```
@ToDo (
    id=137,
    date= "10/6/2007",
    description= "Implémenter les nombres négatifs"
) public class NombresComplexes { // etc…
```

Remarque :

Une annotation sans contenu (comme dans l'exemple **@ToTest**) est appelée un marqueur.

Une annotation contenant seulement un élément dont le nom est **value** est appelée une valeur.

Exemple de valeur :

```
public @interface Auteur { String value(); }
```

Qui sera utilisée ainsi :

```
@Auteur ("Jérôme Bougeault") public class MaClasse { // etc…
```

Tableau d'annotations

Il n'est pas possible de spécifier plusieurs fois la même annotation. Par exemple, le code ci-dessous n'est pas correct :

```
@ToDo(
    id=137,
    date= "10/6/2007",
    description= "Implémenter les nombres négatifs"
)
@ToDo(
    id=138,
    date= "10/6/2007",
    description= "Commenter les méthodes"
) public class NombresComplexes { // etc...
```

Pour remédier à cela, on peut faire des annotations contenant des tableaux d'annotations.

Exemple :

```
@interface TableauToDo {
    ToDo [] tableau();
}
```

qui serait utilisé ainsi :

```
@TableauToDo ( tableau= {
@ToDo(
    id=137,
    date= "10/6/2007",
    description= "Implémenter les nombres négatifs"
),
@ToDo(
    id=138,
    date= "10/6/2007",
    description= "Commenter les méthodes"
)}) public class NombresComplexes { // etc...
```

Les méta annotations

Quatre méta-annotations sont disponibles pour la création de ses propres annotations :

```
@Documented
@Inherit
@Retention
@Target
```

Leur utilisation nécessite l'inclusion du package **java.lang.annotation**.

@Documented

Ne s'applique qu'à la déclaration d'une annotation. Permet de spécifier à l'outil javadoc que l'annotation doit être présente dans la documentation générée automatiquement.

Exemple :

```
import java.lang.annotation.* ;
@Documented public @interface ToDo {
    int id();
    String date();
    public String description();
}
```

Si l'on reprend l'exemple ci dessus de la classe **NombresComplexes**, le passage au javadoc donnera le résultat suivant :

Package **Class** Use Tree Deprecated Index Help

PREV CLASS   NEXT CLASS
SUMMARY: NESTED | FIELD | CONSTR | METHOD

Class NombresComplexes

```
java.lang.Object
   └ NombresComplexes
```

```
@ToDo(id=137,
      date="10/6/2007",
      description="Impl\u00e9menter les nombres n\u00e9gatifs")
public class NombresComplexes
extends java.lang.Object
```

Constructor Summary

NombresComplexes()
Creates a new instance of NombresComplexes

Method Summary

On remarque que les accents, comme à l'accoutumée, passent très mal…

@Inherited

Par défaut, une annotation n'est pas héritée. Cela signifie qu'une classe héritant d'une superclasse ou un membre redéfinissant celui de sa superclasse n'hériteront pas des annotations de celle ci.

Cette méta-annotation permet de remédier à cela en faisant systématiquement hériter l'annotation spécifiée.

Exemple :

```
import java.lang.annotation.* ;
@Inherited @Documented public @interface ToDo {
    int id();
    String date();
    public String description();
}
```

@Retention

Elle permet de définir le périmètre de l'annotation à l'aide d'une des valeurs suivantes :

RetentionPolicy.SOURCE	L'annotation est à destination des outils qui exploitent les sources (compilateur, javadoc…).
	Elle ne sera pas écrite dans les fichiers compilés (.class).
RetentionPolicy.CLASS	L'annotation est à destination des outils qui exploitent les fichiers compilés, à l'exception de la JVM (par exemple les outils d'introspection).
	Elle est donc écrite dans les fichiers compilés.
RetentionPolicy.RUNTIME	Elle est écrite dans les fichiers compilés, mais ne sera utilisée que par la JVM au moment de l'exécution de l'application.

Exemple :

```java
import java.lang.annotation.* ;
@Retention( RetentionPolicy.SOURCE) @Inherited @Documented
public @interface ToDo {
    int id();
    String date();
    public String description();
}
```

@Target

Enfin, on peut spécifier les types d'éléments sur lesquels on souhaite voir appliquer l'annotation à l'aide de cette méta-annotation :

ElementType.ANNOTATION_TYPE	sur une annotation.
ElementType.CONSTRUCTOR	sur un constructeur.
ElementType.FIELD	sur un attribut.
ElementType.LOCAL_VARIABLE	sur une variable locale.
ElementType.METHOD	sur une méthode.
ElementType.PACKAGE	sur un package.
ElementType.PARAMETER	sur le paramètre d'une méthode.
ElementType.TYPE	sur une classe, une interface ou une énumération.

Exemple :

```java
import java.lang.annotation.* ;
@Target( ElementType.TYPE)
@Retention( RetentionPolicy.SOURCE) @Inherited @Documented
public @interface ToDo {
```

```
      int id();

      String date();

      public String description();

}
```

Remarque :

La méta-annotation **@Target** peut aussi recevoir un tableau en argument, si plusieurs types sont à prendre en compte. Exemple :

```
@Target( {ElementType.METHOD, ElementType.FIELD})
```

Annotation Processing Tool (APT)

Les annotations seront surtout destinées à renseigner, directement dans le code source, des informations susceptibles d'êtres utilisées par des outils autres que le compilateur. Par exemple des fichiers descripteurs (Descripteur de déploiement d'un EJB, classe BeanInfo d'un JavaBean…).

Cette génération automatisée de fichiers descripteurs pourra être effectuée par l'outil APT. Disponible à partir de Java 5, il fait partie des exécutables du JSDK.

La génération automatisée des fichiers descripteurs (ou autre) sera assurée par un code qu'il faudra développer, à partir de l'API « mirror ». Fournie en open source, et définie dans la JSR 269. Elle se trouve dans la package **com.sun.mirror.apt** qui se trouve dans le fichier **tools.jar** dans le répertoire **lib** du répertoire où est installé le JDK.

Pour l'utiliser avec NetBeans, choisir l'option menu « File / Project properties », puis l'option « Libraries », cliquer sur le bouton « Add Jar/Folder », et aller chercher le fichier tools.lib (par exemple en **C:\jdk1.6.0\lib\tools.jar**).

Il faudra aussi ajouter dans le processus de compilation l'invocation de la commande APT. C'est facilement réalisable si l'on utilise l'outil ANT.

Invocation d'un processeur depuis le compilateur

A partir de la version 6, l'outil APT n'est plus nécessaire. Il est possible d'invoquer un processeur directement dans la phase de compilation.

L'invocation s'effectue par l'option –processor du compilateur :

Exemple :

```
javac –processor ClasseProcesseur Programme.java
```

La classe processeur devra être présente dans le CLASSPATH au moment de la compilation.

Reprenons notre exemple d'annotation @ToDo, nous allons créer une classe processeur qui va simplement afficher, au moment de la compilation, le contenu de cette annotation à chaque fois qu'elle est trouvée dans le code à compiler.

Nous allons créer un package contenant à la fois la classe de l'annotation, et celle du processeur.

L'annotation **ToDo** ci-dessous fait partie du package **mesannotations**. Elle est utilisable soit pour une méthode, soit pour un constructeur.

```
package mesannotations;


import java.lang.annotation.*;
```

```
@Target( {ElementType.METHOD, ElementType.CONSTRUCTOR})
public @interface ToDo {
    String value();
}
```

Le processeur **ToDoProcessor** ci-dessous fera aussi partie du package
mesannotations. Il se contente d'afficher l'annotation vers la console java, et
d'envoyer un Warning.

```
package mesannotations;

import java.util.Set;
import javax.annotation.processing.*;
import javax.lang.model.SourceVersion;
import javax.lang.model.element.*;
import javax.tools.*;

@SupportedAnnotationTypes("*")
@SupportedSourceVersion( SourceVersion.RELEASE_6)
public class ToDoProcessor extends AbstractProcessor{
    /** Creates a new instance of ToDoProcessor */
    public ToDoProcessor() {
    }


    public boolean process(
            Set<? extends TypeElement> annotations,
            RoundEnvironment roundEnv) {
        for (Element e :
            roundEnv.getElementsAnnotatedWith(ToDo.class)) {
            if (e.getKind() != ElementKind.FIELD) {
                System.out.println(
                    "Traitement d'une annotation: "
                    +e.getAnnotation(ToDo.class)
                    +" dans "+e.getSimpleName());
                processingEnv.getMessager().printMessage(
                    Diagnostic.Kind.WARNING,
                    "ToDo dans: "+e.getEnclosingElement(), e);
                continue;
            }
        }
        return true;
    }
}
```

Enfin, l'utilisation de cette annotation se fera dans la classe **ClassePrincipale**, dans un autre package (**test**).

```
package test;
import mesannotations.ToDo;

public class ClassePrincipale {

    /** Creates a new instance of ClassePrincipale */
    @ToDo( "Le constructeur n'est pas encore implémenté")
    public ClassePrincipale() {
    }
    @ToDo ("Vérifier cette méthode")
    public static void main( String [] args) {
        System.out.println( "Exécution du programmme");
    }
}
```

Cette classe sera créée dans un autre projet, dont les paramètres de compilation prendront en compte l'utilisation du processeur (Aller dans les propriétés du projet « File / project properties ») :

- Aller dans l'option « Build / Compiling » et spécifier dans le champ « Additionnal Compiler Options » la ligne suivante :
  « **-processor mesannotations.ToDoProcessor** ».
- Aller dans l'option « Libraries » et cliquer sur « Add project » et choisir le projet contenant le processeur.

La compilation donnera l'affichage suivant :

```
Compiling 1 source file to C:\netbean\TestAPT\build\classes
Traitement d'une annotation: @mesannotations.ToDo(value=Le constructeur n'est pas encore implémenté) dans <init>
C:\netbean\TestAPT\src\test\ClassePrincipale.java:21: warning: ToDo dans: test.ClassePrincipale
    public ClassePrincipale() {
Traitement d'une annotation: @mesannotations.ToDo(value=Vérifier cette méthode) dans main
C:\netbean\TestAPT\src\test\ClassePrincipale.java:24: warning: ToDo dans: test.ClassePrincipale
    public static void main( String [] args) {
```

On voit dans cet exemple l'intérêt des annotations : permettre d'ajouter des actions de généralisation dans le processus de compilation du code.

Conclusion

Les annotations n'ont aucun effet sur la sémantique des programmes. Elles sont destinées à des outils lors de la construction du code.

Cette nouveauté est assez peu utilisée dans le cadre de programmes J2SE, mais beaucoup plus utile pour la programmation serveur (J2EE), notamment pour les composants métiers (EJB) et plus généralement tous composants nécessitant des directives lors de leurs assemblages (Web Services…).

Mais il est probable que leur utilisation se développera aussi dans la version standard de Java, par exemple pour la génération des interfaces graphiques.

Atelier

Objectifs :

- Mettre en pratique les concepts de l'objet (classes, objets, propriétés, méthodes, héritage, etc...)

- Bien comprendre les notions de polymorphisme et d'interface

Durée minimum : 60 minutes.

Exercice 1 : Création d'une classe

Créer une classe `Date`, qui permettra de créer des objets représentant des dates.

Cette classe dispose de trois propriétés (de type `int`) :

- Jour.
- Mois.
- An.

Exercice 2 : Création d'objets

Dans la classe `Date` créée dans le premier exercice, implémenter une méthode `main`.

Dans cette méthode, créer trois objets `Date`, les initialiser à des dates différentes.

Exercice 3 : Variable de classe

Reprendre toujours la même classe `Date`, y définir une variable statique nommée `jourDeLAn`, de type `Date` et initialisée au premier janvier.

Cette variable nous permettra de vérifier si la date de l'objet est un jour de l'an (si le jour et le mois sont identiques à ceux de la variable `jourDeLAn`).

Exercice 4 : Méthode publique

Implémenter dans `Date` la méthode :

```
public void afficher()
```

Cette méthode affiche le contenu de l'objet date sous la forme jour/mois/an.

Si la date correspond au jour de l'an, afficher en plus le message "Bonne année".

Invoquer cette méthode dans le `main`, sur les trois objets `Date` créés.

Exercice 5 : Méthode privée

Implémenter une méthode interne (`private`) de vérification de la validité de la date (on se limitera à vérifier que le mois est compris entre 1 et 12 et le nombre de jours de chaque mois, en ne prenant pas en compte les années bissextiles : février fait toujours 28 jours).

```
private boolean verifDate();
```

Cette méthode rend false si la date est fausse.

Exercice 6 : Constructeur

Créer un `constructeur` qui prend en argument le jour, le mois et l'année. Utiliser ce constructeur dans le `main` pour créer les trois objets `Date`.

Créer aussi un constructeur sans argument.

Exercice 7 : Héritage

Créer une nouvelle classe : `Evenement`, qui hérite de `Date`.

La nouveauté dans cette classe est qu'elle possède une propriété supplémentaire qui contient le texte de l'événement (par exemple "anniversaire Toto", "Noël", etc.).

Créer le `constructeur` qui renseigne la date et le texte de l'événement :

```
public Evenement( int jour, int mois, int an, String texte);
```

Exercice 8 : Polymorphisme

Implémenter dans `Date` et `Evenement` les méthodes polymorphes :

```
String toString();
boolean equals( Object o);
```

`toString` renvoie une chaîne de caractères contenant :

- Pour la classe `Date` : la date au format jour/mois/an.
- Pour la classe `Evenement` : le texte de l'événement suivi de sa date au format jour/mois/an.

`equals` renvoie true si l'objet passé en argument est identique :

- Pour la classe `Date` : les jours, mois et ans sont identiques.
- Pour la classe `Evenement` : la date et le message sont identiques (pour ce dernier, s'appuyer sur la méthode `equals` de `String`).

Remarque :
La méthode polymorphe `equals` est un peu particulière.

Exercice 9 : Association

Récupérer l'algorithme du tri à bulles pour trier cette fois-ci des chaînes de caractères.

Voir dans la documentation du JDK les méthodes de la classe `String` qui permettent de comparer deux chaînes de caractères.

La nouvelle classe de tri (que l'on nommera `TriBulle2`) ne possèdera pas de méthode `static main`, mais un constructeur qui prendra en argument un tableau de `String`, une méthode pour déclencher le tri et une méthode pour afficher le contenu du tableau :

```
public class TriBulle2 {
  private String[] tableau; // Le tableau à trier, initialisé
                            // dans le constructeur ci-dessous
  // Constructeur
  public TriBulle2( String [] tableau) {
    // continuer ici...
  }
  public void trier() {
    // Trier le tableau ici...
  }
  public void afficher() {
    // Afficher chaque ligne du tableau ici
  }
}
```

Exercice 10 : Création d'interface

Et si nous voulions pouvoir trier n'importe quel type d'objet, comment faire ?

On peut utiliser l'interface `Comparable` déjà définie dans Java.

Attention à bien vérifier si les objets à comparer sont compatibles !

Reprendre le programme `TriBulle2`, le modifier pour qu'il puisse trier des objets `Comparable` au lieu d'objets `String`.

Remarque :
La classe `String` implémente l'interface `Comparable`. Avec cette nouvelle version de `TriBulle2`, on peut donc toujours trier des `String`.

Exercice 11 : Implémentation d'une interface

Tri de dates.

Pour trier des objets `Date` avec la classe de tri créée juste avant, il faut implémenter `Comparable` dans `Date`.

Exercice 12 : Création d'un package

Nous allons maintenant créer un package `outils` dans lequel nous allons mettre la classe de tri précédemment créée.

Questions/Réponses

Q. Quelle est la différence entre une variable locale, une variable globale et une variable d'instance ?

R. Les variables locales sont déclarées dans les méthodes, elles sont stockées dans la pile de programme, et ne sont donc accessible que à l'intérieur du bloc d'instruction de la méthode dans le contexte de son appel (deux appels successifs à la même méthode ne permettent pas au second appel de retrouver les données initialisées par le premier appel).

Les variables d'instance sont déclarées dans la classe, et sont stockées dans la mémoire globale. Mais elles sont propres à chaque objet. Deux objets n'ont pas les mêmes valeurs pour les mêmes variables. Lorsque l'on appelle deux fois la même méthode **d'un même objet**, les données initialisées par le premier appel sont récupérées dans le second appel.

Enfin, les variables globales sont des variables de classe, elles sont aussi déclarées dans la classe, mais avec le modificateur `static`. Elles sont stockées dans la mémoire globale et sont **partagées par toutes les instances** de la classe. Elles sont visibles uniquement dans les objets issus de la classe dans laquelle elles sont déclarées.

Q. Est-il possible d'appeler `super.super` ?

R. Non, en effet on sait que toute classe a un père (même une classe qui n'hérite de rien explicitement, héritera implicitement de `Object`). Par contre, elle ne possèdera pas forcément un grand-père.

Est-il autorisé d'hériter d'une classe abstraite mais de ne pas implémenter toutes les méthodes non implémentées de la classe abstraite ?

Oui, mais dans ce cas vous créez une autre classe abstraite, et il faudra la déclarer en `abstract`.

Q. Peut-on avoir, dans un même projet, des classes ayant exactement le même nom ?

R. Oui, à condition que ces classes soient dans des packages différents. Si vous souhaitez utiliser ces classes homonymes, simultanément dans une même classe de votre programme, il y a alors une ambiguïté qui ne peut être levée que en spécifiant ces classes par leur chemin complet. Cela est plutôt astreignant, ce qui expliquera que l'on évitera l'usage de noms identiques pour des classes différentes.

Cela existe, malgré tout, dans les classes de Java, comme par exemple les classes `java.util.Date` et `java.sql.Date`, qui représentent respectivement une date Java et une date SQL.

Q. Peut-on avoir un package dans deux entrées du CLASSPATH ?

R. Oui, les fichiers sont vus dans l'ordre des entrées dans cette variable d'environnement. Attention aux problèmes de conflits de version !

Q. Peut-on avoir une méthode avec un nombre d'arguments variable de types différents ?

R. Non, par contre si vous définissez que le type des arguments de votre méthode est Object, alors ce peut être des types différents, puisque tous les types objet descendent de Object. Attention à bien reconnaître les types des objets reçus avant de les « caster » pour les manipuler…

Q. Peut-on déclarer un constructeur `private`, et si oui à quoi cela peut-il servir ?

R. La réponse est oui. Un exemple d'utilisation pourrait être dans le cas d'une classe dont une seule instance doit être faite dans la JVM (par exemple un driver). Dans ce cas on déclarera le constructeur en `private` pour éviter qu'on ne l'utilise, mais il sera appelé depuis une méthode statique.

Exemple :

```
static ClasseAUneInstance uneSeuleInstance;
private ClasseAUneInstance() { // Constructeur private
}
// La méthode qui n'instanciera qu'une seule fois
// et retournera toujours l'instance
public static ClasseAUneInstance getInstance() {
   if( uneSeuleInstance == null)
     ClasseAUneInstance= new ClasseAUneInstance();
   return uneSeuleInstance;
}
```

Q. Peut-on accéder à un membre statique dans une classe abstraite ?

R. Oui, rien n'empêche d'accéder à une propriété statique, ou d'invoquer une méthode statique dans une classe abstraite.

4

Les exceptions

Objectifs

Le mécanisme de gestion des erreurs retenu dans java est celui des exceptions. Il permet un traitement asynchrone, aussi bien des erreurs internes que des problèmes fonctionnels. Nous allons étudier leur principe et leur mise en œuvre.

Contenu

- Comprendre le principe des exceptions.

- Découvrir la hiérarchie des différents types d'exceptions.

- Etudier le mécanisme de propagation des exceptions.

- Savoir créer des exceptions métier pour nos propres applications.

Principe des exceptions

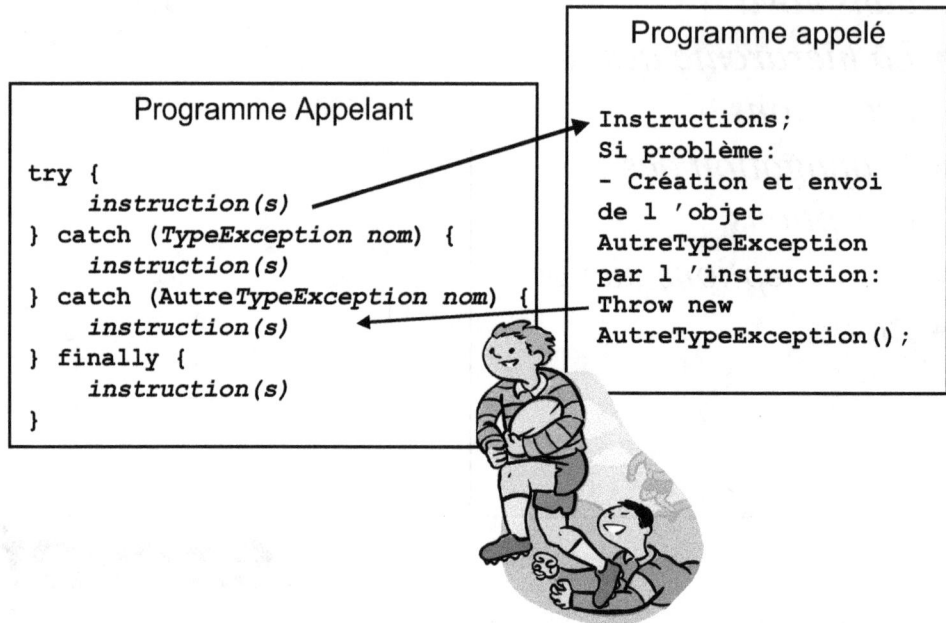

Programme Appelant	Programme appelé

```
try {
    instruction(s)
} catch (TypeException nom) {
    instruction(s)
} catch (AutreTypeException nom) {
    instruction(s)
} finally {
    instruction(s)
}
```

```
Instructions;
Si problème:
- Création et envoi
de l'objet
AutreTypeException
par l'instruction:
Throw new
AutreTypeException();
```

Définition

Une exception est un événement qui se manifeste au cours de l'exécution d'un programme et qui va perturber le déroulement normal des instructions.

Elle peut se produire parce que le programme rencontre une erreur ou un événement anormal. L'erreur peut être technique (par exemple un fichier attendu n'est pas présent) ou métier (par exemple un processus est lancé avec des arguments invalides).

Le principe repose sur l'obligation de prévoir un traitement d'erreur sur les instructions susceptibles de les provoquer.

Pour ce faire, il sera nécessaire d'isoler les instructions susceptibles de provoquer des exceptions dans un bloc d'instructions, dit "bloc de try", qui sera suivi de blocs d'instructions, appelés "blocs de catch", dans lesquels seront codés les différents traitements des différentes exceptions.

Exemple :

```
...
instructions;
try { // Début de l'essai
  instruction1;
  instruction2;
  // etc...
}
catch( MonException e) {
  // Traitement de l'exception e
}
```

Le bloc try

Toute instruction susceptible de provoquer une erreur devra être contenu dans un bloc d'instructions de ce type.

Ce bloc d'instructions peut contenir autant d'instructions que l'on souhaite, susceptibles ou non de générer des exceptions.

Les blocs de catch

Ils contiennent les différents traitements pour chaque exception. On a autant de catch que de types d'exceptions.

On parle de types d'exceptions, en effet, chaque exception est un objet, transmis par l'instruction qui l'a générée. On distinguera les différents types des exceptions en fonction des classes auxquelles elles appartiennent.

Ainsi donc, le bloc de catch reçoit en argument un objet qui représente l'exception (dans notre exemple, le nom de la variable contenant l'exception est e et il est de type MonException).

Cet objet contiendra les informations exploitables pour traiter l'erreur.

Capturer les exceptions est une obligation

L'interception de ces exceptions est obligatoire.

Tout appel d'une méthode susceptible de renvoyer une exception doit être inclus dans un bloc try. Et toutes les exceptions susceptibles d'être renvoyées par le ou les appel(s) contenu(s) dans le bloc try doivent être capturées.

Ceci est vérifié lors de la phase de compilation. Oublier de capturer une exception provoquera une erreur de compilation telle que :

```
MonProgramme.java:18: Exception java.io.FileNotFoundException
must be caught, or it must be declared in the throws clause of
this method.
```

Remarque : Pour savoir si une méthode d'un objet est susceptible d'émettre des exceptions, il suffit de consulter la documentation des classes. Chaque méthode signale toutes les exceptions qu'elle renvoie.

Le bloc finally

Ce bloc, qui est facultatif, se met après le dernier catch. Les instructions qu'il encadre vont être exécutées qu'il y ait ou non une exception.

La question que l'on est donc en droit de se poser est la suivante : à quoi cela peut-il bien servir? Quelle différence entre placer des instructions dans ce bloc ou tout simplement à la suite dans le programme?

A la différence des instructions placées à la suite des catch, si une instruction return est exécutée dans un des blocs de catch, le code contenu dans le bloc finally sera quand même exécuté avant le retour vers l'appelant.

Son usage servira principalement à remettre en état la cohérence du traitement en cas d'exception. Par exemple, refermer les fichiers utilisés lors des traitements dans le try.

Exemple d'utilisation

La méthode statique `parseInt( String)` de la classe `Integer` permet de convertir une chaîne de caractères en un entier, à condition que cette chaîne soit bien formatée. Dans le cas contraire, l'exception `NumberFormatException` est renvoyée.

Voici un exemple qui retournera 0 si la chaîne ne contient pas quelque chose de convertible :

```
String s= "environ 1423";
int i;
try {
    i = Integer.parseInt( s); // peut provoquer l'exception
} catch( NumberFormatException e) {
    // Si la chaine est mal formatée,
    // j'ai décidé de mettre 0 dans i
    i= 0;
}
System.out.println( "i= "+i);
```

Conclusion

Le mécanisme de Java tient compte de trois choses :

- Le générateur de l'exception : c'est une instruction, en fait une invocation de méthode d'un objet, qui, au cours de son exécution, va décider de s'arrêter brutalement pour signaler à l'appelant qu'un problème bloquant est apparu.

- L'exception n'est autre qu'un objet Java, qui va représenter le problème rencontré. Il sera créé et renseigné (description du problème) par le générateur, et transmis à l'appelant.

- L'appelant, qui est aussi le code d'une méthode, va appeler la méthode susceptible de transmettre l'exception, en étant isolée dans un bloc d'instructions, appelé bloc `try` (bloc d'essai), auquel seront attachés un certain nombre de blocs, appelés blocs de `catch` (bloc de récupération) qui seront chacun associés à l'une des exceptions susceptibles d'être envoyées par au moins une des instructions du bloc `try`.

Les avantages de ce mécanisme sont les suivants :

- Séparation de la gestion des erreurs du code normal de l'application : la gestion des exceptions se fait dans un bloc d'instructions séparé.

- Propagation possible des erreurs dans la pile des appels : nous verrons qu'une méthode qui ne veut pas gérer une exception peut la renvoyer vers la méthode appelante.

- Centralisation des erreurs pour une analyse plus fine : la gestion des exceptions se fait par type d'exception, c'est à dire que l'on ne mélangera pas, par exemple, les erreurs d'entrée/sortie avec celles liées à l'interface graphique.

Hiérarchie des exceptions

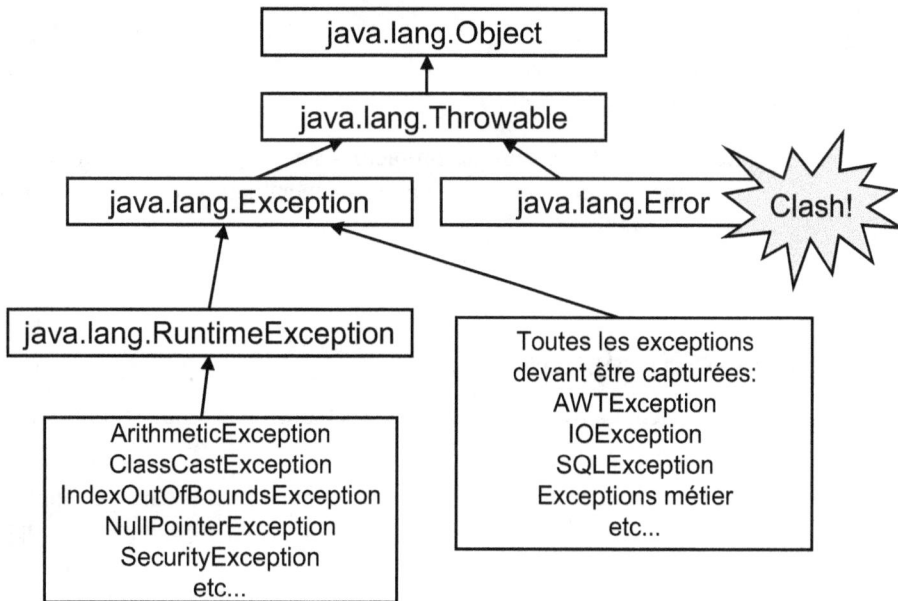

Les exceptions sont des objets dont le type permet de connaître leur origine (par exemple `IOException` pour les entrées/sorties, `NullPointerException` pour les accès à des références d'objets non créés, etc...).

On a ainsi toute une hiérarchie d'exceptions, dont la racine est la classe `Throwable`.

La classe Throwable

La classe `Throwable` est importante, puisque seuls les objets de ce type peuvent être envoyés par une instruction en erreur (à l'aide de l'instruction `throw` que nous verrons plus loin), et de la même façon, être capturés par le catch.

Ses constructeurs sont les suivants :

```
Throwable();

Throwable( String message);

Throwable( Throwable cause);

Throwable( String message, Throwable cause);
```

La chaîne de caractères contenue dans `message` contiendra le message de l'incident, exploitable dans le `catch` de l'appelant.

L'objet `cause`, de type `Throwable`, permet le chaînage des interruptions. C'est une nouveauté de la version 1.4 que nous verrons un peu plus loin.

Les principales méthodes de cette classe sont :

- **`String toString()`** : retourne une chaîne d'informations contenant généralement le type de l'exception suivi du message.

- **`String getMessage()`** : retourne le message de l'exception.

- **void printStackTrace()** : affiche la pile de la trace. Nous verrons plus loin sont utilisation.

- Throwable initCause(Throwable) et Throwable getCause() pour le chaînage des exceptions.

La classe Error

Les objets `Error` sont des problèmes sérieux, souvent liés au fonctionnement de la machine virtuelle, ou de son environnement natif (interface graphique, gestion des threads, etc.).

Ces problèmes ne sont théoriquement pas à traiter par l'application.

La classe Exception

Elle ne comporte ni nouveau constructeur ni nouvelle méthode par rapport à la classe `Throwable` dont elle hérite.

C'est la super classe de toutes les exceptions à gérer dans nos applications. C'est aussi la super classe des exceptions métier que l'on sera amené à développer.

En font partie des exceptions très utilisées comme par exemple :

- `AWTException` : tout l'environnement graphique de l'Abstract Window Toolkit.

- `IOException` : exceptions liées aux problèmes d'entrée/sortie.

- `SQLException` : pour tout ce qui touche à l'accès aux bases de données (JDBC).

Nous aurons l'occasion de revenir sur ces différentes classes lorsque nous aborderons leurs domaines.

Remarque :

Lorsque l'on va traiter plusieurs types d'exceptions à la fin d'un bloc `try`, l'ordre des `catch` est très important : il faut impérativement mettre en début les `catch` sur les exceptions les plus spécialisées, et en fin les exceptions les plus générales, la classe `Exception` étant évidemment la plus générale.

Cela est dû à la façon dont la machine virtuelle réagit en cas d'exception. En effet, pour toute exception envoyée par un appel, la JVM va prendre les `catch` dans l'ordre dans lequel ils sont mis dans le programme, et tester l'égalité de la classe de l'exception attendue dans le `catch` avec la classe de l'exception transmise.

Ainsi, si par exemple le premier `catch` se fait sur la classe `Exception`, quelle que soit la nature de l'exception, on entrera systématiquement dans ce `catch`. En effet, toute exception est construite à partir d'une classe qui hérite de la classe `Exception`.

La classe RuntimeException

Elle hérite de la classe `Exception`. Toutefois, sa particularité est que les exceptions qui en héritent n'auront pas à être obligatoirement traitées.

Les classes héritant de `RuntimeException` représentent des problèmes qui seront plus généralement traités par l'environnement d'exécution.

Quelques exemples que l'on rencontrera souvent :

- `ArithmeticException` : exemple typique : division par zéro.

- `ClassCastException` : lorsque le transtypage n'est pas possible.

- `IndexOutOfBoundsException` : pour les tableaux, accès à une cellule au delà de ses limites.

- `NullPointerException` : lorsque l'on cherche à accéder à un membre d'un objet qui n'a pas encore été créé.

- `SecurityException` : lorsque l'on effectue une opération en violation avec la politique de sécurité (accès à une ressource locale ou distante sans en avoir les droits).

On peut, si l'on veut, "catcher" une `RunTimeException`. Par contre, si on ne le fait pas, et qu'une telle exception arrive, elle sera alors gérée par la machine virtuelle Java qui affichera simplement l'exception sur la console Java.

Exemple d'utilisation d'une RuntimeException

Dans Java, les tableaux ne sont pas, comme pour les langages C ou C++, de simples adresses mémoire, ce sont de véritables objets.

L'accès à une cellule, bien que la syntaxe avec les crochets rappelle celle du C, correspond bien à l'invocation d'une méthode, dont le traitement va vérifier la validité de l'index passé par rapport à la taille du tableau décidée lors de sa construction.

Si l'on cherche à accéder à une cellule au delà des limites du tableau, ce dernier va alors renvoyer une `RuntimeException` de type `IndexOutOfBoundsException`.

Dans notre exemple, nous faisons une classe qui va représenter une collection d'objets. La méthode Object `recupereObjet( int index)` permet de renvoyer l'objet spécifié par l'index, ou `null` si l'index est au delà des limites du tableau.

```
public class TableauDObjets {
    Object [] tableau= new Object[100];
    /* Je renvoie l'objet  correpondant à l'index ou null si
       je suis au delà des limites du tableau */
    public Object recupereObjet( int index) {
        try {
            return tableau[index];
        } catch( IndexOutOfBoundsException e) {
            return null;
        }
    }
}
```

Les exceptions métier

- **La déclaration throws dans la signature de la méthode**
  - Permet au compilateur de vérifier que les appelants font un try
  - Permet à JavaDoc de spécifier les exceptions à traiter
- **L' instruction throw pour déclencher l'exception**
  - En cas d'erreur, quitte brutalement le traitement en cours dans l'appelé
  - Retourne à l'appelant dans le "catch" correspondant
- **La classe de l'exception**
  - Elle doit hériter de Exception
  - Un constructeur avec un argument String: le message
  - Une méthode public pour récupérer le message: getMessage()
  - Elle comporte les attributs et les méthodes nécessaires à son traitement

---

On assimile souvent les exceptions à des événements liés à des problèmes dans l'application (manque de ressources, problème arithmétique, problème d'entrée/sortie, etc…). Toutefois, il est possible, et même vivement recommandé de gérer aussi les anomalies fonctionnelles de vos programmes à l'aide de ce mécanisme.

Prenons l'exemple d'une application bancaire dont une des fonctions est d'opérer un virement d'un compte à un autre : le traitement consiste à débiter un compte d'une certaine somme (si le solde est suffisant) puis de créditer un autre compte. En cas de solde insuffisant, il serait judicieux d'utiliser le mécanisme des exceptions pour refuser le traitement.

Throws et throw

Les méthodes d'un objet qui sont susceptibles d'envoyer une exception doivent le déclarer dans leur signature avec le mot clé throws (avec un s à la fin : verbe à la 3eme personne du singulier en anglais).

Exemple :

```
public void debit( double montant) throws
SoldeInsuffisantException {
  // etc…
}
```

C'est ce qui va permettre au compilateur de savoir que, lorsqu'on appel cette méthode, il faut nécessairement le faire dans un try, et que la (ou les) exception(s) signalées par cette clause doivent être "catchés".

Une méthode peut renvoyer une ou plusieurs exceptions.

En cas de problème à remonter, l'envoi d'une exception se fait avec l'instruction throw (sans s : il est à l'impératif). Il est suivi par l'objet exception, qui est généralement créé à ce moment là.

Exemple :

```
public void debit( double montant) throws
SoldeInsuffisantException {
  if( montant > this.solde)
    throw new SoldeInsuffisantException( "Pas assez d'argent");
  else
    this.solde -= montant;
}
```

Les exceptions métier héritent de la classe Exception

Les exceptions métier (business exception) doivent hériter de la classe `Exception`.

Cela implique qu'elles doivent redéfinir le constructeur qui prend un message en argument, et éventuellement la méthode public String `getMessage`() qui retourne le message passé en argument de ce constructeur.

Evidemment, il est possible d'ajouter des propriétés propres à cette exception métier ainsi que des méthodes d'accès à ces propriétés, ou même, pourquoi pas, des traitements particuliers.

Remarque :
Il est possible de définir une exception de type `RunTime`, c'est à dire dont le traitement par l'appelant n'est pas obligatoire. Dans ce cas, il faut définir une classe d'exception métier qui hérite obligatoirement de la classe `RunTimeException`, et il ne faut surtout pas déclarer cette exception dans la clause `throws` de la méthode susceptible de la lancer.

Exemple :

```
public class SoldeInsuffisantException extends Exception {
// Constructeur avec un message en argument
  public SoldeInsuffisantException( String message) {
    // Appel du constructeur de Exception
    super( message);
  }
}
```

Remarque :
Il est conseillé de toujours donner aux classes d'exceptions un nom qui se termine par `Exception`, afin de pouvoir identifier toute classe dédiée à ce type de travail.

Propagation des exceptions

```
public void traitement() {          public String getNom()
  // Instructions...                     throws IOException{
  String nom;                          // Ouverture du fichier:
  try {                                // pas dans un try, en cas
    nom= obj.getNom();                 // d'IOException elle sera
    obj.verifieNom( nom);              // automatiquement remontée
  } catch( IOException e) {           FileInputStream f= new
    // Traitement de                     FileInputStream( "fichier");
    // l'exception...                    // Suite du programme...
  } catch( Exception e) {            }
    // Traitement de cette          public void verifieNom( String n)
    // autre exception...               throws Exception{
  }                                   if( n.length()== 0)
  // Suite du programme...              throw new Exception(
}                                        "Pas de nom!");
                                        // Suite de la méthode...
                                      }
```

Un aspect intéressant des exceptions est la possibilité de les chaîner. Le principe repose sur l'idée de ne pas traiter une exception, mais de la faire remonter à l'appelant.

Cela revient à faire par exemple :

```
public versement( long montant, Compte beneficiaire) throws
SoldeInsuffisantException {
  try {
    debit( montant);
    beneficiaire.crediter( montant);
  } catch( SoldeInsuffisantException e) {
    throw e;
  }
}
```

Propagation automatique

En Java, toute exception non "catchée" sera automatiquement remontée à l'appelant. L'exemple ci dessus peut devenir plus simplement :

```
public versement( long montant, Compte beneficiaire) throws
SoldeInsuffisantException {
  debit( montant);
  beneficiaire.crediter( montant);
}
```

L'invocation de la méthode debit n'est pas "catchée", si l'exception a lieu, elle remontera automatiquement à l'appelant. Cela explique la clause throws SoldeInsuffisantException dans la signature de la méthode versement. Elle est nécessaire et obligatoire pour signaler la propagation de cette exception.

Les exceptions peuvent donc être propagées au travers des différents appelants. C'est ce que l'on appelle la pile d'appels. Nous verrons plus loin qu'il est possible de l'afficher, ce qui permet aussi d'identifier l'endroit dans le programme d'où provient l'exception.

Stratégie de gestion des exceptions

Il est possible de choisir sa stratégie, en gérant par exemple les exceptions au coup par coup, ou au contraire en ne gérant rien et en propageant vers l'appelant du plus haut niveau.

Avec l'expérience, on a identifié deux façons classiques :

- Méthode de l'annulation : à l'instar des transactions, en cas de problème dans le `try`, les codes des `catch` doivent remettre le système dans son état initial (en s'aidant évidemment du `finally`).

- Escalade des exceptions : il suit la logique de spécialisation. Les exceptions de bas niveau sont renvoyées sous la forme d'exceptions métier de haut niveau. L'avantage est que l'on va cacher l'implémentation de bas niveau, qui est susceptible de changer, sans pour autant remettre en question les traitements de haut niveau (par exemple, passage d'un mécanisme de base de données vers un autre).

Cette seconde méthode est très souvent utilisée. La transformation des exceptions techniques de bas niveau vers des exceptions métier de haut niveau passe par le chaînage des exceptions.

Notion de Cause d'une exception

Si notre application doit prendre une décision face à une exception métier de haut niveau, il peut être intéressant d'en connaître la cause.

Par exemple, dans le cas du refus d'un virement, la cause peut-être une exception d'entrées/sorties, de réseau, de base de données, etc. ou tout simplement un solde insuffisant. La réponse à l'utilisateur sera différente suivant le cas.

Une technique a été largement employée, consistant à ajouter cette information dans l'objet exception de haut niveau.

A partir de la version 1.4 de Java, on trouve le support de la cause d'une exception de haut niveau. La cause est un objet `Throwable`, qui est l'exception de bas niveau à l'origine du problème.

L'utilisation de ce système passe par deux nouveaux constructeurs de la classe `Throwable` :

```
public Throwable( String message, Throwable cause);
public Throwable( Throwable cause);
```

ainsi que la méthode :

```
Throwable getCause();
```

Qui permet, à la réception d'une exception d'éventuellement récupérer sa cause. En cas d'absence d'objet `Cause`, cette méthode retourne `null`.

Les assertions

- ■ **Affirmations exprimées dans le code**
  - ● Facilitent la relecture du code
  - ● Vérification automatique à l'exécution
- ■ **Si une affirmation se révèle fausse, envoi d'une exception AssertionError**
- ■ **Jouent le rôle de clauses d'un contrat**

Java 5

Le concept d'affirmation (assertion) permet d'inclure dans le programme des conditions d'exécution, qui provoqueront une vérification pendant l'exécution d'une partie de code et éventuellement provoquer une exception.

Cette fonction était déjà opérationnelle en version 1.4, mais nécessitait l'utilisation de l'option –ea (« enable assertion ») à l'exécution du programme. En version 5, l'assertion est active par défaut.

La syntaxe est la suivante :

```
...
assert expression_booléenne: expression_retournant_une_valeur;
...
```

- ● L'expression booléenne est la condition qui doit être remplie (et qui sera vérifiée).

- ● L'expression retournant une valeur est facultative, ce qu'elle retournera sera inclus dans le message de l'exception AssertionError qui sera envoyée au cas où la condition ne serait pas remplie.

Prenons l'exemple, d'une méthode qui calcule la racine carrée d'un nombre passé en argument. Cela ne peut marcher que si le nombre est supérieur ou égal à zéro. C'est une assertion que nous coderons ainsi :

```
public static double racine( double d){
        assert d >= 0D :
"Impossible de calculer la racine d'un nombre négatif: "+d ;
        return Math.sqrt( d);
}
```

Le passage d'une valeur négative provoquera une exception d'assertion :

```
Exception in thread "main" java.lang.AssertionError: Impossible
de calculer la racine d'un nombre négatif: -4.0
        at
javaapplication2.MainFrame.racine(MainFrame.java:257)
        at javaapplication2.MainFrame.main(MainFrame.java:266)
```

L'assertion n'étant pas systématiquement activée, elle doit être utilisée uniquement à des fins de debogage ou de tests.

Il est conseillé de l'utiliser dans une logique de programmation dite « par contrat ». On considère que des conditions contractuelles doivent être remplies à différents moments du déroulement de l'application. L'assertion le vérifiera.

Des préconditions : Au début du code de la méthode, les assertions vérifient certaines conditions (par exemple, pour un calcul de prêts, si le taux d'intérêt entre dans des limites définies).

Des postconditions : Avant le retour d'une méthode, cela permet de vérifier si le résultat est cohérent. C'est un peu comme lorsque l'on vérifie une addition avec la preuve par neuf.

Des conditions permanentes de classe (« class invariant ») : C'est un traitement qui doit être fait au début et à la fin de chaque méthode publique. Ce traitement sera fait dans une méthode qui retournera un booléen et qui sera invoquée au début et avant la fin de chaque méthode publique par un `assert`.

Remarque :
L'assertion peut être désactivée par des options de compilation. Si cette fonction est absolument nécessaire pour le bon fonctionnement du programme, on peut vérifier son activation avec le code suivant :

```
public class etc...
static {
  boolean assertsEnabled = false;
  assert assertsEnabled = true; // Si l'assertion est
        // bien activée, alors assertEnabled reçoit bien true
  if (!assertsEnabled)
    throw new RuntimeException(
      "ATTENTION: L'assertion doit être activée (option -ea)");
  }
```

En conclusion, ce qu'il faut retenir des assertions, c'est que c'est un mécanisme de contrôle, qui permet d'identifier, lors de l'exécution de l'application, d'éventuelles erreurs liées à des conditions non remplies. C'est dans cet état d'esprit qu'il faut l'utiliser.

La StackTrace

■ **Pile des exceptions**

- Affichée sur la sortie d'erreur standard (System.err)
- Possibilité d'envoyer nos propres exceptions
- Contient l'historique de propagation des exceptions

■ **Récupération possible de la pile**

- Méthodes getStackTrace et setStackTrace
- Personnalisation de l'affichage

La `StackTrace` est une pile de messages transmis par :

- Les exceptions `RunTime`
- Les exceptions qui invoquent la méthode `printStackTrace()`

Cette pile s'affiche sur la sortie d'erreur standard (System.err). Notons que l'on peut redéfinir la sortie standard vers un fichier, à l'aide de la méthode statique de la classe `System` :

```
void setErr( PrintStream);
```

Il existe aussi une méthode qui permet d'envoyer la pile de traçage vers une autre entrée / sortie :

```
void printStackTrace( PrintStream);
void printStackTrace( PrintWriter);
```

A partir de la version 1.4, les méthodes `getStackTrace` et `setStackTrace` permettent de récupérer ou d'initialiser la pile des exceptions dans un tableau.

```
StackTraceElement[] getStackTrace();
Void setStackTrace( StackTraceElement[]);
```

On trouve dans la classe `StackTraceElement` tous les éléments affichés par la machine virtuelle par le `printStackTrace`.

Un des intérêts sera de permettre la sérialisation des exceptions en vue de les transmettre éventuellement sur d'autres machines.

Une autre application sera l'affichage personnalisé des exceptions.

Atelier

Objectifs :

- **Manipuler les exceptions**

- **Créer des exceptions métier**

- **Faire un affichage personnalisé des exceptions**

Durée minimum : 40 minutes.

Exercice 1 : Gestion des exceptions d'un tableau

Nous allons créer une classe de collection d'objets. Cette classe s'appellera : `Collection`.

C'est en fait une classe qui contiendra un tableau d'objets (initialisé à 100 éléments par défaut) et les méthodes :

- `public void add( Object element);` Cette méthode utilise un compteur pour ajouter tout nouvel élément en fin. Elle retourne l'exception `IndexOutOfBoundsException` si on a atteint la limite de la taille du tableau.

- `public void clear();` Elle vide le contenu du tableau (les cellules du tableau sont mises à `null` afin de libérer les objets référencés vis à vis du Garbage Collector).

- `public Object get( int index);` Elle récupère l'élément dont l'index est spécifié en argument. Elle renvoie une exception `IndexOutOfBoundsException` si on demande un élément en dehors des limites du tableau ou au delà du dernier élément (le compteur utilisé dans la méthode `add`.

Exercice 2 : Exceptions métier

On reprend la classe `Collection` du premier exercice, mais on va maintenant renvoyer une exception métier en cas de problème. On appellera la classe : `CollectionException`.

On mettra en œuvre le support de la cause dans la méthode `add` et la méthode `get` (la cause est l'exception `IndexOutOfBoundsException` à l'origine du problème).

Exercice 3 : Affichage de la trace de la pile d'appel

Nous allons faire un affichage personnalisé de l'exception à l'aide de la classe `StackTraceElement`.

On renvoie dans une chaîne de caractères le détail (nom de la classe, de la méthode et numéro de ligne) de tous les éléments `StackTraceElement` de la pile.

Questions/Réponses

Q. Un constructeur peut-il envoyer une exception ?

R. Oui, dans ce cas, l'objet qu'il est supposé construire n'existe pas puisqu'il n'a pu être construit.

Q. Est-il possible de faire un `try` sans `catch` mais avec juste un `finally` ?

R. Oui, c'est possible. Bien évidemment, il ne sera pas possible d'invoquer des méthodes susceptibles de provoquer des exceptions (sauf des `RunTimeException` dont le `catch` n'est pas obligatoire), car le compilateur le refusera. Par contre, ce peut être intéressant pour exploiter la particularité du `finally`, notamment son exécution même si le bloc `try` contient un `return`. Essayez par exemple le code suivant :

```
try {
    System.out.println( "Entrée dans le try");
    if( true) return;
    System.out.println( "Je ne passerai jamais ici");
} finally {
  System.out.println( "Passage dans le finally... Juste après le
return");
}
System.out.println( "Je ne passerai jamais ici non plus...");
```

Q. Ne pourrait-on pas être tenté de ne créer que des exceptions métier héritant de la classe `RunTimeException` pour éviter d'être obligé de systématiquement les traiter ?

R. Oui ce serait tentant, mais tout à fait "Javament incorrect". Tout d'abord, les exceptions correspondent à des événements qui peuvent réellement arriver.

L'obligation de les traiter est donc une garantie de la fiabilité du logiciel développé. Par ailleurs, les RunTimeException sont des erreurs destinées à être traitées par la JVM, qui en l'occurrence affiche simplement la "StackTrace" sur la console Java. Que vaudrait un programme qui affiche en permanence ses dysfonctionnements sur un écran au lieu de les gérer ?

Q. Y a-t-il moyen, au moment de l'exécution du programme, d'obtenir le nom du fichier et le nom de la méthode où a eu lieu l'exception ?

R. Oui, on trouve dans Throwable la méthode getStackTrace() qui renvoie l'élément StackTraceElement dans lequel sont situées ces informations, accessibles au travers des méthodes :

```
String getFileName();
String getMethodName();
int getLineNumber();
```

Q. Que se passe-t-il en cas d'exception dans un catch ou bien dans un finally ?

R. Il faut aussi faire un try/catch dans ce bloc. Rien n'empêche d'imbriquer les try/catch les uns dans les autres (mais alors, attention à la complexité de l'algorithme !).

Exemple :

```java
public class TestException {
  public void methode1() throws IOException {
  }
  public void methode2() throws SQLException {
  }
  public static void main( String[] args) {
    TestException te= new TestException();
    try {
      te.methode1();
    } catch( IOException e) {
      try {
        te.methode2();
      } catch( SQLException e2) {}
    }
  }
}
```

5

Classes utiles en Java

Objectifs

On trouve, parmi la quantité astronomique des classes Java, quelques classes très souvent utilisées pour des types d'information très courants en informatique, comme par exemple les chaînes de caractères, les dates, etc.

Nous allons les découvrir et apprendre à les utiliser.

Contenu

- Savoir faire des calculs mathématiques.

- Savoir utiliser et manipuler les chaînes de caractères.

- Découvrir la gestion des dates en Java.

- Savoir manipuler des objets représentant des monnaies.

- Connaître l'utilisation des nombres aléatoires.

- Découvrir les méthodes et attributs de la classe System.

Les calculs mathématiques

- ## La classe java.lang.Math
  - Permet les calculs trigonométriques, racines carrées, les logarithmes...
- ## La classe java.lang.StrictMath
  - Mêmes méthodes que dans la classe Math, mais implémentées 100% en Java
- ## Le package java.math
  - Contient les types numériques de grande taille

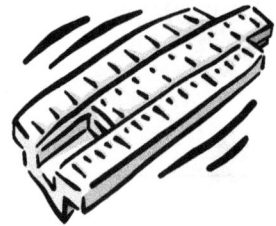

La classe java.lang.Math

En dehors des opérateurs que nous avons déjà étudiés, la classe `java.lang.Math` permet d'effectuer la plupart des opérations mathématiques complexes :

- Valeurs absolues et arrondies.
- Puissances, racines et logarithmes.
- Trigonométrie.
- Nombres aléatoires.

Remarque :
Cette classe est `final`, il n'est donc pas possible de l'étendre. Par ailleurs, toutes ses propriétés et méthodes sont `static`, on n'instanciera donc jamais d'objet de type Math.

L'implémentation de cette classe peut éventuellement s'appuyer directement sur l'interface native (pour utiliser par exemple un coprocesseur mathématique).

La classe java.lang.StrictMath

Si on souhaite une implémentation purement Java, qui ne s'appuie pas sur le processeur de la machine, il faut alors utiliser la classe `StrictMath`.

On trouve dans cette classe toutes les méthodes de la classe `Math`.

On peut voir certaines différences entre les résultats de certains processeurs mathématiques (utilisés par la classe `Math`) et les algorithmes utilisés dans `StrictMath`. Toutefois ces différences sont négligeables, et il est vivement conseillé d'utiliser la classe `Math` pour des raisons de performances.

Valeurs absolues et arrondis

Les quatre méthodes :

```
int abs( int a);
long abs( long a);
float abs( float a);
double abs( double a);
```

retournent la valeur absolue de leur argument parmi les quatre types numériques signés de Java.

Les comparaisons des numériques (maxi et mini) se font à l'aide des méthodes :

```
int max( int a1, int a2);
long max( long a1, long a2);
float max( float a1, float a2);
double max( double a1, double a2);
int min( int a1, int a2);
long min( long a1, long a2);
float min( float a1, float a2);
double min( double a1, double a2);
```

Plusieurs méthodes permettent de calculer des arrondis :

```
double ceil( double a); // Arrondis à l'entier le plus grand
double floor( double a); // Arrondis à l'entier le plus petit
double rint( double a); // Arrondis à l'entier le plus proche
long round( double a); // Arrondis le plus proche en long
int round( float a);   // Arrondis le plus proche d'un float
```

Puissances, racines et logarithmes

La méthode :

```
double pow( double a1, double a2);
```

permet de calculer l'argument 1 à la puissance de l'argument 2.

```
double sqrt( double a);
```

permet de calculer la racine carrée de l'argument.

E représente la constante e d'Euler.

```
double exp( double a);
```

Retourne l'exponentiel de l'argument passé, c'est à dire E, la constante de Euler, à la puissance de l'argument (donc, exp(1) rend E).

```
double log( double a);
```

Retourne le logarithme népérien de l'argument.

Rappel : log(exp(x)) retourne x

Trigonométrie

La propriété statique PI représente le nombre pi.

Les fonctions trigonométriques de Java utilisent des numériques à virgule flottante de type double.

Les angles sont exprimés en radians (0.0 à PI)

Les méthodes ci-dessous permettent de transformer des valeurs entre les degrés et les radians :

```
double toDegrees( double angle);

double toRadians( double angle);
```

Les fonctions de calcul ci-dessous prennent toutes en argument un angle exprimé en radians.

```
double cos( double angle); // Cosinus

double sin( double angle); // Sinus

double tan( double angle); // Tangente
```

Les fonctions inverses rendent un angle exprimé en radians :

```
double acos( double a);      // Arc-cosinus

double asin( double a);      // Arc-sinus

double atan( double a);      // Arc-tangente
```

```
double atan2( double y, double x);
```

Retourne l'angle dont la tangente a pour valeur y/x (Côté opposé d'un triangle sur le côté adjacent).

Nombres aléatoires

La méthode

```
double random();
```

rend un nombre aléatoire supérieur ou égal à 0.0 et inférieur à 1.0

Cette méthode s'appuie sur la classe java.util.Random. Cette dernière génère des suites de nombres à partir d'un nombre initial (seed) et d'un algorithme de transformation. Ainsi, deux objets Random créés à partir du même nombre initial génèreront la même suite de nombres. Un des constructeurs de Random prend en argument ce nombre initial, le second n'en prend pas, mais va le calculer en prenant l'heure courante de la machine en millisecondes.

Le package java.math

Il contient deux classes : BigDecimal et BigInteger qui contiennent toutes les méthodes pour les calculs arithmétiques sur les nombres à précision arbitraire.

Nous utiliserons ces classes pour les calculs "astronomiques".

Manipulation des chaînes de caractères

- **La classe String**

  - Représente les chaînes de caractères

- **La classe StringBuffer**

  - Est un buffer de caractères pour effectuer des manipulation

- **La classe StringTokenizer**

  - Permet le découpage en sous-chaînes

- **La classe du package java.util.regex**

  - Permet le découpage suivant des expressions régulières

Les chaînes de caractères sont représentées en Java par des objets de la classe `String`.

La syntaxe nous permet d'exprimer la valeur statique d'une chaîne de caractères en encadrant cette valeur par des doubles quotes :

```
String chaine= "Contenu de la chaine";
```

Les caractères des chaînes sont codés en UNICODE sur 16 bits.

La classe String

Cette classe est "final", c'est à dire qu'on ne peut pas l'étendre.

Si l'on examine les constructeurs, il est possible de créer un objet `String` à partir de :

- Un tableau de char.
- Un tableau de bytes.
- Une chaîne statique.
- Un objet String.
- Un objet StringBuffer.
- La méthode `int length();` retourne la taille de la chaîne, c'est à dire le nombre de caractères qui la compose.

De nombreuses autres méthodes utiles permettent un certain nombre de manipulations :

Recherche dans la chaîne

- `char charAt( int position);` Permet de récupérer un caractère à une position.
- `int indexOf(int ch);` Retourne la position du caractère passé en argument.

- int indexOf(int ch, int fromIndex) ; Retourne la position du caractère passé en argument, à partir d'une position donnée.
- int indexOf(String str) ; Retourne la position de la chaîne passée en argument.
- int indexOf(String str, int fromIndex) ; Retourne la position de la chaîne passée en argument, à partir d'une position donnée.
- int lastIndexOf(int ch) ; Retourne la position du caractère passé en argument en partant de la fin de la chaîne.
- int lastIndexOf(int ch, int fromIndex) ; Retourne la position du caractère passée en argument en partant de la fin de la chaîne à partir d'un certain index.
- int lastIndexOf(String str) ; Retourne la position de la chaîne passée en argument en partant de la fin de la chaîne.
- int lastIndexOf(String str, int fromIndex) ; Retourne la position de la chaîne passée en argument en partant de la fin de la chaîne à partir d'un certain index.
- boolean startsWith(String prefix) ; Retourne true si la chaîne commence par la chaîne spécifiée en argument.
- boolean endsWith(String suffix) ; Retourne true si la chaîne se termine bien par la chaîne spécifiée en argument.
- String substring(int beginIndex) ; Renvoie une sous-chaîne.
- String substring(int beginIndex, int endIndex) ; Idem.

Exemple : cette fonction retourne la chaîne de caractères contenue entre deux séparateurs :

```
public static String encadre( String chaine, String debut,
String fin) {
  return chaine.substring( chaine.indexOf( debut),
chaine.lastIndexOf( fin);
}
```

Comparaisons de chaînes

- boolean equals(Object unObject) ; Retourne true si la chaîne est identique à l'objet passé en argument, qui doit être obligatoirement aussi de type String.
- boolean equalsIgnoreCase(String uneChaine) ; Idem ci-dessus mais en ne faisant pas de différence entre minuscules et majuscules.
- int compareTo(String uneChaine) ; Compare avec une autre chaîne. Le résultat est à 0 si les deux chaînes sont identiques, un nombre négatif si la chaîne en argument est plus grande, un nombre positif sinon. La comparaison est alphabétique et fait la différence entre majuscules et minuscules.
- int compareTo(Object o) ; Compare avec un objet qui doit obligatoirement être de type String (voir l'interface Comparable).
- int compareToIgnoreCase(String str) ; Compare en ne faisant pas de différence entre minuscules et majuscules.
- boolean regionMatches(boolean ignoreCase, int toffset, String autreChaine, int debut, int longueur) ; Compare une partie de chaîne à une autre.

Modification et création de nouvelles chaînes

- `String replace(char oldChar, char newChar);` Remplace un caractère par un autre. Attention : cette méthode renvoie un nouvel objet String.
- `static String copyValueOf(char[] data);` Retourne un objet String créé à partir du contenu d'un tableau de char.
- `String concat(String str);` Retourne un nouvel objet String, créé à partir de la concaténation de la chaîne dans laquelle est invoquée cette méthode et de la chaîne passée en argument.

Conversions

- `byte[] getBytes();` Renvoie un tableau de bytes à partir des caractères de la chaîne. L'encodage utilise celui par défaut de la plateforme (attention à la portabilité !).
- `byte[] getBytes(String charsetName);` Idem, mais avec un jeu de caractères spécifié.
- `void getChars(int srcBegin, int srcEnd, char[] dst, int dstBegin);` Copie des caractères de la chaîne dans un tableau de char.
- `char[] toCharArray();` Idem ci-dessus.
- `String toUpperCase();` Transforme toutes les minuscules en majuscules.
- `String toUpperCase(Locale locale);` Idem, mais en s'appuyant sur les règles d'une localisation. Nous reparlerons de l'internationalisation des logiciels.
- `String toLowerCase();` Conversion en minuscules.
- String toLowerCase(Locale locale); Idem mais avec une localisation.
- `String trim();` Retourne une nouvelle chaîne de caractères sans les espaces en début et en fin de la chaîne de caractères.
- Enfin, toutes les méthodes `valueOf`, dont les nombreuses signatures permettent de récupérer les représentations en chaînes de caractères de tous les types primitifs.

Remarque :

Les expressions retournant une chaîne de caractères peuvent utiliser l'opérateur + pour concaténer des chaînes entre elles. C'est le seul cas d'utilisation d'un opérateur arithmétique pour d'autres types que des numériques.

Exemple :

```
String s= "Bonjour." + "Comment allez vous? ";
```

Par ailleurs, on peut utiliser l'opérateur + de concaténation avec n'importe quel type de données. Les types primitifs seront pris dans leur représentation sous forme d'une chaîne de caractères, et les objets par le résultat de l'invocation de la méthode `toString()`;

Exemple :

```
int numero= 15234;

Client client= new BonClient( numero);

String s= "Bonjour client numéro" + numero + "vous êtes un"
          +client;
```

La dernière ligne revient à écrire :

```
String s= "Bonjour client numéro" + String.valueOf( numero)
          + "vous êtes un" + client.toString();
```

La classe StringBuffer

Cette classe ne représente pas une chaîne de caractères, mais un outil permettant d'effectuer des manipulations, notamment de l'insertion ou de la suppression de parties d'une chaîne de caractères.

Même si l'on y trouve des méthodes aussi présentes dans `String`, il n'existe aucun lien de parenté entre ces deux classes.

La classe `StringBuffer` a été créée pour deux raisons :

Alléger le code de String (toutes les fonctions de `StringBuffer` ne sont pas nécessaire dans une utilisation normale)

- La classe `String` ne permet pas de modifier son contenu (car une chaîne peut s'exprimer de façon statique, voir la remarque du paragraphe précédent). Par contre, les manipulations des objets StringBuffer modifient leur contenu.

Les constructeurs de `StringBuffer` sont :

- `StringBuffer();` Crée un `StringBuffer` contenant un espace initial de 16 caractères.
- `StringBuffer( int taille);` Crée un `StringBuffer` contenant un espace initial dont la taille en caractères est spécifiée en argument.
- `StringBuffer( String s);` Crée un `StringBuffer` contenant un espace initial dont la taille est le nombre de caractères de la chaîne passée en argument, puis y copie la chaîne.

Les méthodes de cette classe permettent :

- L'insertion, grâce aux diverses signatures de la méthode
  `StringBuffer insert( int position, Type argument);`
  Où Type peut être de type primitif, tableau de `char`, `String` ou `Object`
- La concaténation grâce aux diverses signatures de la méthode
  `StringBuffer append( Type argument);`
- La destruction grâce aux méthodes :
  `StringBuffer delete( int debut, int fin);`
  `StringBuffer deleteCharAt( int position);`
- Le remplacement avec la méthode
  `StringBuffer replace( int debut, int fin, String chaine);`
- L'inversion de la chaîne (dernier caractère en premier, etc...) avec :
  `StringBuffer reverse();`

Remarque :
L'opérateur + de concaténation pour des objets `String` s'appuie sur la méthode append de la classe `StringBuffer`.

Par exemple, l'expression que nous avons déjà vue plus haut :

```
String s= "Bonjour client numéro" + numero + "vous êtes un"
          +client;
```

revient à faire :

```
String s= new StringBuffer().append( "Bonjour client numéro")
          .append( numero).append( client).toString();
```

Par exemple, la méthode ci-dessous permet de remplacer une partie de chaîne par une autre :

```
public static void replace( StringBuffer buf,
```

```
        String chARemplacer, String nouvChaine) {
  if( buf.indexOf( chARemplacer) >= 0)
    buf.replace( buf.indexOf( chARemplacer),
              chARemplacer.length(), nouvChaine);
}
```

Chaînes de chaînes avec le StringTokenizer

Cette classe permet de décomposer une chaîne en plusieurs chaînes à partir d'un délimiteur que l'on peut choisir.

Les constructeurs sont :

- `StringTokenizer( String chaine)` ; Délimite la chaîne passée en argument avec le caractère espace (" ").
- `StringTokenizer( String chaine, String delimiteur)` ; Délimite la chaîne en utilisant le délimiteur passé en argument.
- StringTokenizer(String chaine, String delimiteur, boolean retournDelim); Idem ci dessus, mais le délimiteur est aussi retourné si retournDelim est à true.

Les méthodes de la classe :

- `int countTokens()` ; retourne le nombre de sous-chaînes.
- `boolean hasMoreTokens()` ; retourne true s'il existe encore un élément.
- `boolean hasMoreElements()` ; Idem ci-dessus.
- `String nextToken()` ; Retourne l'élément suivant.
- `Object nextElement()` ; Idem ci-dessus, mais sous la forme d'un objet (qui est toujours une String).
- `String nextToken(String delim)` ; Idem ci-dessus, mais spécifie un nouveau délimiteur pour l'extraction suivante. Cette méthode est très intéressante lorsque l'on n'a pas un délimiteur unique mais une paire, par exemple "<" et ">" (pour "parser" le format XML).

Le package java.util.regex

`Regex` (comme Regular Expressions) permet de manipuler des chaînes de caractères avec des masques (patterns) très complexes.

Ces classes, qui faisaient défaut en Java, sont apparues avec la version 1.4.

La syntaxe des patterns vient du langage Perl. Pour en savoir plus, on peut se reporter au livre :

Mastering Regular Expressions, 2nd Edition de Jeffrey E. F. Friedl aux éditions O'Reilly (juillet 2002).

Le package s'appuie sur :

- La classe `Pattern` qui représente l'expression à compiler.
- La classe `Matcher` qui est le moteur, créé à partir du Pattern.
- L'exception `PatternSyntaxException` qui est lancée lorsque l'analyse échoue.

Exemple :

```
Pattern p = Pattern.compile("a*b");
Matcher m = p.matcher("aaaaab");
boolean b = m.matches();
```

La classe `Pattern` n'a pas de constructeur. On crée des objets `Pattern` à partir des méthodes :

```
static Pattern compile( String expression);
static Pattern compile( String expression, int flags);
```

Dans la seconde méthode, les flags permettent de spécifier certaines options (case-sensitif, multi-ligne, etc…)

La première utilisation du `Pattern` sera d'extraire les informations souhaitées à partir de l'expression. Cela se fait avec la méthode :

```
String[] split( CharSequence entree);
```

Notez que `CharSequence` est une interface qui définit simplement un ensemble de caractères. Elle est implémentée par les classes `CharBuffer`, `StringBuffer` et `String`.

Si l'on souhaite manipuler plus en profondeur les informations (modifier, retirer, insérer, etc…), la classe `Matcher` le permet. L'objet de ce type est obtenu par la méthode :

```
Matcher matcher( CharSequence entree);
```

Vois l'ensemble des méthodes dans la documentation de Sun.

Gestion des dates

- La classe Date représente un instant dans l'échelle du temps

- La classe Calendar est le concept abstrait de la représentation de la date suivant le type de calendrier

- La classe GregorianCalendar est une implémentation de la classe Calendar pour le calendrier «standard»

Au départ, on trouve dans Java la classe Date, qui représente une date et une heure. Toutefois, l'implémentation de cette date n'est pas très robuste (notamment l'internationalisation n'est pas prise en charge, et l'année est spécifiée à partir de 1900, ce qui n'est pas très pratique pour le passage à l'an 2000). Cet objet s'est vu déprécié, et est devenu un simple compteur en secondes depuis le 1er janvier 1970.

La classe Date

Si on élimine les fonctions dépréciées, la classe Date possède deux constructeurs :

```
Date( long temps); //Prend en argument le nombre de
                // millisecondes depuis le 1er Janvier 1970
Date(); // Prend comme temps par défaut celui de la machine
                // au moment de la création de l'instance.
```

Les méthodes sont les suivantes :

```
long getTime();     // Accesseur du temps en millisecondes
void setTime( long temps);   // Mutateur du temps
```

Et pour les comparaisons :

```
boolean after( Date d); // Test si l'on est postérieur à
        // la date en argument
boolean before( Date d); // Test si l'on est antérieur )
        // la date en argument
int compareTo( Date d); // Renvoie 0 si les deux dates
        // sont identiques
```

```
boolean equals( Object o); // Rend true si l'objet (qui doit
              // être de type Date) passé en argument est identique
```

La classe Calendar

Cette classe est abstraite. Elle représente le concept de date, et pourra être implémentée pour tout type de calendrier (Bouddhiste, Hébreux, Grégorien, Chinois, Révolutionnaire, etc.)

On trouve diverses implémentations de `Calendar` sur le site d'IBM (sur lequel les sources peuvent être consultées) :

http://oss.software.ibm.com/icu4j/coverage/com/ibm/icu/util/

La méthode ci-dessous :

```
Calendar getInstance();
```

Permet de récupérer un objet de type `Calendar`, c'est à dire issu d'une classe concrète implémentant toutes les méthodes abstraites de `Calendar`.

Si l'implémentation de l'objet `Calendar` que l'on va recevoir doit normalement dépendre de la localisation du logiciel, on reçoit par défaut aujourd'hui, un calendrier grégorien (voir la classe `GregorianCalendar` ci-dessous).

Il est possible de modifier la date courante de l'objet à l'aide des méthodes

```
void setTime( Date d);
void setTimeInMillis( long millisecondes);
void setTimeZone( TimeZone zone);
```

La manipulation des attributs se fait à l'aide des méthodes :

```
int get( int champ);
void set( int champ, int valeur);
void add( int champ, int delta);
void roll( int champ, int delta);
```

L'argument `champ` contient un entier dont la valeur détermine le champ. Le tableau ci-après donne la liste des valeurs possibles.

La première méthode récupère la valeur d'un champ, la seconde la modifie, la troisième ajoute la valeur à celle d'un champ et la quatrième ajoute la valeur à celle d'un champ, mais, contrairement à la méthode `add`, les champs « plus grands » ne seront pas impactés. Par exemple si l'on ajoute `13` au champ mois, la méthode `add` va incrémenter l'année mais pas la méthode `roll`.

Les champs et certaines valeurs sont prédéfinis dans des champs statiques. Les champs sont les suivants :

`HOUR`	L'heure (de 1 à 12).
`AM_PM`	AM ou PM.
`HOUR_OF_DAY`	L'heure (de 0 à 23).
`MINUTE`	Le nombre de minutes dans l'heure (de 0 à 59).
`SECOND`	Le nombre de secondes dans la minute (de 0 à 59).
`MILLISECOND`	Le nombre de millisecondes dans la seconde (de 0 à 999).

DAY_OF_WEEK	Le jour de la semaine (de 0 à 6).
DATE	Le jour du mois (de 1 à 31).
DAY_OF_MONTH	Le jour du mois.
MONTH	Le numéro du mois (Attention! Valeur de 0 à 11).
WEEK_OF_MONTH	La semaine dans le mois.
WEEK_OF_YEAR	La semaine dans l'année.
YEAR	L'année.
ERA	L'ère (AD ou BC dans le GregorianCalendar).

Citons les valeurs prédéfinies dans des propriétés statiques de la classe **Calendar** :

- Avant ou après midi : **AM** et **PM**.
- Le mois : **JANUARY**, **FEBRUARY**, etc.
- Les jours de la semaine : **MONDAY**, **TUESDAY**, etc.

L'invocation de l'une des méthodes **get**, **getTime** et **getTimeInMillis** va générer le calcul du nombre de millisecondes depuis le 1er Janvier 1970 à partir des champs, au cas où ils auraient été modifiés avant par les méthodes vues ci-dessus.

C'est aussi à ce moment que va être faite la vérification de la cohérence de la date entrée dans les champs, et éventuellement la correction si l'objet Calendar est "indulgent" (Lenient).

La méthode ci-dessous permet de savoir si notre Calendar est indulgent :

```
boolean isLenient();

void setLenient( boolean b); // Pour modifier
```

Une classe Lenient interprétera les dates incorrectes (par exemple le 32 janvier deviendra le 1er février), alors qu'une implémentation qui ne l'est pas renverra une exception.

Quelques méthodes permettent de récupérer ou de modifier des valeurs de configuration :

```
int getMaximum( int champ); // Valeur max pour ce champ
int getActualMaximum( int champ); // Valeur maxi du champ pour
        // la date actuelle de l'objet
int getLeastMaximum( int champ); // La plus petite valeur
        // maximum pour ce champ
int getMinimum( int champ); // Valeur minimum du champ
int getActualMinimum( int champ); // Valeur minimum du champ
        // pour la date actuelle de l'objet
int getFirstDayOfWeek(); // Dimanche aux USA, lundi en France
void setFirstDayOfWeek( int jour);
int getMinimalDaysInFirstWeek(); // Important pour calculer le
        // numéro de la semaine dans l'année
void setMinimalDaysInFirstWeek( int nombre);
```

La classe GregorianCalendar

C'est la seule implémentation de `Calendar` disponible à ce jour dans l'API standard de Java. Elle concerne bien évidemment le calendrier en vigueur dans la plupart des pays.

Ce sont donc des objets de ce type que l'on manipulera pour toute gestion des dates.

Cette classe tient compte de toutes les particularités historiques de notre calendrier. Nous n'entrerons pas ici dans les détails…

A noter la méthode ci dessous, particulière à cette implémentation :

```
boolean isLeapYear( int annee);
```

Elle retourne `true` si l'année est bissextile (notion propre au calendrier grégorien).

Enfin, si vous devez gérer un calendrier avec les jours fériés dans le monde, je vous conseille le site ci-dessous :

http://www.jours-feries.com/

Internationalisation des programmes

- **La classe Locale représente une région géographique, politique ou culturelle**

- **La classe ResourceBundle contient les objets spécifiques à chaque localisation**

- **La classe ListResourceBundle hérite de ResourceBundle et gère les objets dans un tableau de couples clé/valeur**

- **La classe PropertyResourceBundle utilise un objet Property pour lire les couples clé/valeur dans un fichier ASCII**

La prise en compte de l'internationalisation est apparue avec la version 1.1 de Java.

Le principe repose sur l'identification d'une localisation, à l'aide de la classe `Locale`, et la récupération des ressources propres à chaque localisation.

La classe Locale

Elle représente donc une localisation, c'est à dire un lieu à la fois géographique, politique et culturel.

Il existe déjà des normalisations de ces localisations, notamment des codes de langages et de pays par l'ISO. On peut obtenir les listes de ces codes aux adresses :

http://www.ics.uci.edu/pub/ietf/http/related/iso639.txt pour les codes des langues et
http://www.chemie.fu-berlin.de/diverse/doc/ISO_3166.html pour les codes des pays.

Il y a trois constructeurs de la classe `Locale` :

```
Locale( String langue); // La langue est le code ISO-639
                        // (voir URL ci-dessus)
Locale( String langue, String pays); // le pays est le code
                                     // ISO-3166
Locale( String langue, String pays, String variant);
        // variant est un code qui permet de spécifier un
        // type de plateforem( Mac, Windows, etc...)
```

Les méthodes de cette classe sont principalement des accesseurs sur ses propriétés. On notera les principales méthodes :

```
String getLanguage(); // Retourne le code du langage
                      // sur 2 caractères (ISO)
```

```
String getDisplayLanguage(); // Rend le nom du langage en clair
String getCountry(); // Retourne le code du pays
String getDisplayCountry(); // Rend le nom du pays en clair
String getVariant(); // Rend la propriété variant
String getDisplayVarient(); // Rend variant en clair
```

Enfin, la méthode ci-dessous qui rend l'objet `Locale` par défaut de la JVM :

```
Locale getDefault();
```

La classe `Locale` est utilisée par de nombreuses classes. Par exemple :

- La classe `GregorianCalendar`, dont un des constructeurs prend en argument un objet `Locale`, verra le calcul de certaines propriétés impactées. Par exemple le premier jour de la semaine ou la première semaine de l'année : le calcul est différent en France et aux USA.
- La classe `NumberFormat` qui permet de gérer les spécificités au niveau du format des nombres, des devises, du nombre de décimales après la virgule, etc.
- La classe `ResourceBundle` ci-dessous.

La classe ResourceBundle

La localisation d'un programme concerne principalement les messages et les textes qui seront affichés dans l'interface utilisateur.

La classe `ResourceBundle` est un outil qui permet de retrouver des objets au travers de clés. Ces objets (type `Object`) peuvent donc être de type `String` (ce qui est dans 99% le cas), mais aussi de n'importe quel autre type, par exemple `NumberFormat`, `Currency`, etc.).

Pour localiser nos applications, nous créerons une implémentation de cette classe.

Les principales méthodes de `ResourceBundle` sont :

```
Locale getLocale(); // Retourne l'objet Locale associé à
                    // cet objet
Enumeration getKeys(); // Retourne toutes les clés
Object getObject( String cle); // Retourne l'objet associé
Object getString( String cle); // Retourne l'objet associé
    // en tant que String (il doit être absolument de ce type
String [] getStringArray String cle); // Retourne l'objet
        // associé en tant que tableau de String (là encore
        // il doit être absolument de ce type.
```

Noter que les deux dernières méthodes sont susceptibles d'envoyer l'exception `ClassCastException`, au cas ou la ressource ne serait pas du type `String` ou tableau de `String`.

On trouve deux classes héritant de `ResourceBundle` :

- ListResourceBundle.
- PropertyResourceBundle.

ListResourceBundle

C'est une implémentation dans laquelle nous utiliserons un tableau d'objets à deux dimensions, et dans laquelle nous devrons implémenter, en plus des méthodes de ResourceBundle, la méthode d'accès à ce tableau :

```
Object [][] getContents;
```

Exemple :

```
public class MonResourceBundle extends ListResourceBundle {
  static final Object[][] contenu = {
    {"msg_1", "Bienvenus"},
    {"msg_2", "Chargement du programme en cours"},
    {"menu_1", "Fichier"},
    {"menu_2", "Edition"},
    {"menu_3", "Affichage"},
    {"menu_4", "Outils"},
  };
  public Object[][] getContents() {
    return contenu;
  }
}
```

PropertyResourceBundle

L'intérêt de cette classe est qu'elle va travailler à partir d'un fichier de ressources dans lequel nous pourrons écrire nos messages, sans rien modifier au code de l'application.

Nous verrons les fichiers de ce type au travers de la classe Property dans le module sur les collections d'objets.

En quelques mots, les fichiers de ressources sont des fichiers ASCII dont le format est le suivant :

- Chaque ligne contenant une nouvelle propriété commence par le nom de la propriété, puis le signe égal ('=') permet de le séparer de sa valeur.
- Si la valeur d'une propriété tient sur plusieurs lignes, chaque ligne précédant la dernière se terminera par un antislash ('\').
- Le caractère # délimite un début de commentaire jusqu'à la fin de la ligne.

La seule particularité de cette classe est son constructeur qui prend en argument un InputStream permettant de lire le fichier (ou tout autre stream) de propriétés.

La classe Currency

- **La classe Currency représente les monnaies**
- **Norme ISO 4217**
- **S'appuie sur la classe Locale**

Cette classe représente une monnaie.

Attention, les objets issus de cette classe ne contiennent pas un montant monétaire, mais simplement la description d'une monnaie.

On instancie un objet de ce type à partir d'une des méthodes statiques :

```
Static Currency getInstance( Locale l); // Retourne l'instance
// de Currency correspondant à l'objet Locale passé en argument
Static Currency getInstance( String codeMonnaie); // Récupère
// l'instance de Currency pour la monnaie dont le code
// ISO-4217 est passé en argument
```

On peut retrouver une liste des codes des monnaies sur le site :

http://www.bsi-global.com/iso4217currency

Les méthodes de cette classe sont des accesseurs à un certain nombre de propriétés :

```
String getCurrencyCode(); // Rend le code ISO-4217
int getDefaultFractionDigits(); // Rend le nombre de décimales
                                // à droite de la virgule
String getSymbol(); // Rend le symbole de la monnaie
```

Remarque :

Cette classe tient compte de la date de la machine, notamment en ce qui concerne le changement de monnaie de la zone Euro le 1er janvier 2002.

Exemple d'utilisation :

```
import java.util.*;
```

```java
public class TestCurrency {

  public static void main( String [] args) {
    // Récupération de la monnaie en France
    Currency c= Currency.getInstance( new Locale( "fr", "FR"));
    System.out.println( "Le code de la monnaie est: "
        +c.getCurrencyCode()
        +" il y a "+c.getDefaultFractionDigits()
        +" digits à droite de la virgule,"
        +" le symbole est: "+c.getSymbol());
  }
}
```

Les classes System et Runtime
Les classes System et Runtime

■ **Permettent l'accès à l'environnement d'exécution**

- Entrées/Sorties standards

- Fermeture du programme

- Le Garbage Collector

- L'environnement d'exécution de la JVM

- Les propriétés de la JVM

- La mémoire

La classe `System` est composée d'un ensemble de méthodes statiques permettant de :

- Configurer les entrées / sorties.
- Récupérer ou modifier le SecurityManager (gestionnaire de sécurité).
- Récupérer et modifier les propriétés système de la JVM.
- Charger des librairies natives.
- Lancer le Garbage Collector.
- Refermer l'application.

La classe `Runtime` permet de

- Exécuter un process.
- Créer des threads "Shutdown Hook ", qui s'exécuteront à la sortie de l'application.
- Récupérer le nombre de processeurs de la machine hôte.
- Récupérer l'espace mémoire disponible, et l'espace mémoire total.

L'objet global `RunTime` est récupéré par la méthode statique :

```
Runtime getRuntime();
```

Remarque :
Il existe un certain nombre de méthodes dans `RunTime`, qui sont aussi implémentées en statique dans `System`. Ce sont ces implémentations statiques dans `System` qu'il est préférable d'utiliser, même si, en fait, elles vont directement invoquer celles de `RunTime`.

Les entrées/sorties standards

Les propriétés statiques de la classe System : in, out et err représentent respectivement l'entrée standard (le clavier), la sortie standard (l'écran) et la sortie des erreurs (l'écran aussi).

Les méthodes de la classe System :

```
static void setIn( InputStream);
static void setOut( PrintStream);
static void setErr( PrintlnStream);
```

permettent de les rediriger vers des streams, fichiers ou sockets par exemple.

Les propriétés système

Ces propriétés sont des paramètres de la JVM. On peut aussi ajouter nos propres propriétés au lancement de l'application dans la JVM avec l'option "-D" de la commande java :

```
java –DnomPropriete=valeurPropriete NomClasse
```

On peut ensuite les obtenir par la méthode statique de la classe System :

```
Properties System.getProperties();
```

Nous reverrons la classe Properties dans un prochain module.

De plus, les méthodes suivantes permettent d'obtenir une propriété à partir de son nom :

```
static String getProperty( String nom);
static String getProperty( String nom, String valeurParDefaut);
```

La première méthode renvoie la propriété ou null si elle n'existe pas.

La seconde renvoie la propriété ou la valeur par défaut si elle n'existe pas.

Un certain nombre de propriétés sont disponibles, notons les plus importantes :

java.version	Version du RunTime java.
java.vendor	Editeur du RunTime.
java.vendor.url	Adresse du site de l'éditeur.
java.home	Répertoire d'installation de Java.
java.vm.specification.version	Version de la spécification qu'implémente la JVM.
java.vm.specification.name	Nom de la spécification de la JVM.
java.compiler	Nom du JIT Compiler.
java.class.path	Classpath de la JVM.
java.library.path	Chemins de recherche des librairies natives.
java.io.tmpdir	Répertoire par défaut des fichiers temporaires.
os.name	Nom du système d'exploitation.
os.arch	Architecture de l'OS.
os.version	Version de l'OS.

file.separator	Caractère de séparation des répertoires ("/" sous Unix", "\" sous Windows).
path.separator	Caractère de séparation des chemins (: sous Unix, ; sous Windows).
line.separator	Caractère de fin de ligne (généralement : \n).
user.name	Nom du compte utilisateur.
user.home	Répertoire "home" de l'utilisateur.
user.dir	Répertoire de travail courant.

Le garbage collector

La seule opération que l'on peut faire est de réveiller le thread de nettoyage, à l'aide de la méthode :

```
System.gc();
```

Fermeture de l'application

La méthode `exit` de la classe `System` permet d'arrêter l'application Java. Cet arrêt est brutal, puisque toutes les threads de l'application vont être stoppées et la mémoire utilisée par la JVM nettoyée.

```
static void exit( int codeRetour);
```

Le code retour sera renvoyé au système d'exploitation (il peut éventuellement être utilisé dans un test de traitement batch).

Remarque :
A la fermeture d'une application, les méthodes `finalize` des objets ne sont pas appelées, car le garbage collector ne se met pas en route : l'application se termine brutalement et la mémoire de la JVM est entièrement nettoyée par le système d'exploitation.

Il est possible toutefois d'avoir des traitements "de dernière minute" qui seront exécutés dans des threads entre la fermeture de l'application et le nettoyage de la mémoire.

La classe `Runtime` possède une méthode permettant d'ajouter à une liste, un thread qui sera lancé par la JVM juste au moment de la fermeture de l'application :

```
void addShutdownHook( Thread t);
```

La fermeture d'une application peut intervenir pour différentes raisons :

Fin de la méthode `main`, et aucun autre thread actif.

- Appel de la méthode `System.exit( codeRetour);` depuis n'importe quel thread de l'application.
- Kill de l'OS ou l'utilisateur qui interrompt la JVM en appuyant sur CTRL+C.

Toutefois, ces thread de "Shutdown" ne seront pas appelées en cas de "Kill sauvage" de l'OS (exemple : kill –9 sous Unix) ou d'appel de la méthode :

```
void halt( int codeRetour);
```

de la classe `RunTime`.

Exécution d'un process

On peut, depuis Java, lancer l'exécution d'un process, c'est à dire d'une application qui n'est pas nécessairement écrit en Java.

Il existe différentes signatures de la méthode `exec`, prenant en argument le ou les nom(s) de commande(s), mais aussi éventuellement des variables d'environnement et un répertoire d'exécution :

```
Process exec( String commande); // Exécution d'une commande
                                 // dans le PATH
Process exec( String [] commandes); // Exécute les commandes
                    // du tableau dans des process séparés
Process exec( String commande,
          String[] variablesEnvironnement);
  // En plus, on peut ici spécifier des variables
  // d'environnement dans un tableau de chaînes
Process exec( String [] commandes,
          String [] variablesEnvironnement);
Process exec( String commande, String [] varEnv,
          File repertoireExecution);
  // Ici, on spécifie en plus un répertoire courant pour
  // l'exécution du process
Process exec( String [] commandes, String [] varEnv,
          File repertoireExecution);
```

Remarque :
Chaque variable d'environnement est codée dans une `String` avec le format : `NomVariable=Valeur`.

Mémoire et nombre de processeurs

`RunTime` permet aussi d'obtenir le nombre de processeurs disponibles et la mémoire disponible et totale pour la machine virtuelle :

```
int availableProcessors();
long freeMemory(); // Mémoire restant disponible pour la JVM
long totalMemory(); // Taille totale pour la JVM
```

Remarque
La mémoire utilisée par la JVM peut être paramétrée au lancement de la commande Java à l'aide des paramètres :

* -Xms pour la taille de départ utilisée par la JVM.

* -Xmx pour la taille totale utilisable par la JVM.

Atelier

Atelier

Objectifs :

- **Manipuler les calculs mathématiques**
- **Manipuler les chaînes de caractères**
- **Manipuler les dates**
- **Manipuler les classes System et Runtime**

Durée minimum : 50 minutes.

Exercice 1 : Manipulation des calculs mathématiques

Calcul d'un prêt : créer la classe Emprunt avec trois méthodes statiques :

`int getNombreMensualites( double taux, double somme, double mensualite);` Rend le nombre de mensualités à payer à partir du taux d'intérêt, de la somme empruntée et du montant de la mensualité.

`double getMensualite( double taux, double somme, int nombreMensualites);` Rend le montant de la mensualité à partir d'un taux, d'une somme et d'un nombre de mensualités.

La formule pour ce calcul est la suivante :

Soit p= ((1+ (taux/12))puissance nombreDeMensualités)

mensualité= p x somme x (taux / 12) / (p-1)

`double getMontant( double taux, double mensualite, int nombreMensualites);` Rend le montant que l'on peut emprunter à partir d'un taux, du montant de la mensualité et du nombre de mensualités.

La formule pour ce calcul est la suivante :

Soit p= ((1+ (taux/12))puissance nombreDeMensualités)

montant= (mensualité * (p – 1)) / ((p * taux) / 12)

Exercice 2 : Nombres aléatoires

Faire une classe contenant une méthode qui génère un nombre aléatoire compris entre 1 et 49.

Module 5 : Classes utiles en Java

Exercice 3 : Manipulation des chaînes de caractères

Faire une classe dont une méthode statique retourne le nombre d'occurrences d'une chaîne dans une autre chaîne, passées en argument.

Par exemple : "bonjour, bonne journée, bonne après-midi, bonsoir".

On trouve 4 fois la chaîne "bon".

Exercice 4 : Manipulation du StringTokenizer

Faire une classe qui se construit à partir d'une chaîne de caractères (String) et qui possède une méthode qui renvoie tous les mots sous la forme d'un tableau de String :

```
String[] getWords();
```

Les séparateurs sont les espaces, tabulations, guillemets, ponctuations et apostrophes.

Exercice 5 : Manipulation des dates

Utilisation des dates : gestion des dates de valeur d'opérations bancaires.

Créer une classe Operation, dans laquelle le constructeur prend en argument le numéro de compte, le type d'opération et le montant.

Ces propriétés sont stockées, et la date de valeur est calculée par rapport à la date courante suivant le type d'opération :

- Credit virement : +1 jour.
- Débit virement : -1 jour.
- Depot chèque : +2 jours.
- Débit carte bleue : premier jour du mois suivant.

Exercice 6 : Les classes System et Runtime

Faire un programme dont la main affiche les propriétés du système suivantes :

- L'ensemble de toutes les propriétés système.
- La taille mémoire disponible.
- La taille mémoire totale.
- Le nombre de processeurs.

Tester le programme en ajoutant une propriété quelconque à la ligne de commande.

Questions/Réponses

Q. Dans le cas de l'assignation statique d'une même chaîne sur deux objets String, si je modifie le premier objet, le second sera-t-il impacté ?

Exemple :

```
String s1= "Mot"; // si et s2 sont deux objets qui pointent
String s2= "Mot"; // sur la même référence. Donc s1=s2
s1= s1.append(" suivant"); // Que devient s2?
```

R. Si vous regardez bien les spécifications des méthodes de String, aucune ne modifie le contenu. Les méthodes de modification créent en fait un nouvel objet qu'elles retournent. Dans votre exemple, à la fin s1 pointe sur un objet String ayant comme valeur "Mot suivant", quand à s2, il pointe toujours sur le même objet static initial ayant pour valeur "Mot". Donc s1 != s2.

Remarque :

Lorsque l'on effectue deux assignations statiques d'une même chaîne de caractères sur deux objets String, les deux objets possèdent la même référence vers un seul objet static. Ainsi par exemple :

```
String s1= "Information";
String s2= "Information"; // Même chaîne que ci-dessus
if( s1 == s2) // Est à true, un seul objet a été créé
```

Par contre, si l'on crée deux chaînes à l'aide de new, deux objets distincts sont créés :

```
String s1= new String( "Information");
String s2= new String( "Information");
if( s1 == s2) // Est à false: Deux objets créés
```

6

- *Package java.io*
- *Gestion des flots de données*
- *API Java spécialisées*
- *Les filtres*
- *La console Java*
- *Les fichiers*
- *Les Nouvelles API 1.4*
- *Les fichiers ZIP*
- *Atelier*

Les entrées/sorties

Objectifs

A ce niveau du cours, nous pouvons considérer que nous connaissons le langage Java. Reste à faire un peu de pratique. Nous allons maintenant nous intéresser à l'ensemble des classes de Java, qui font sa grande richesse, et nous commencerons par les entrées/sorties qui forment le package `java.io`.

Contenu

- Comprendre la gestion des entrées/sorties dans Java.
- Lire et écrire sur un flot de données.
- Connaître les règles sur les filtres.
- Lire et écrire dans un fichier.
- Découvrir les nouvelles API (NIO).
- Utiliser les API pour les fichiers ZIP.

Le package java.io

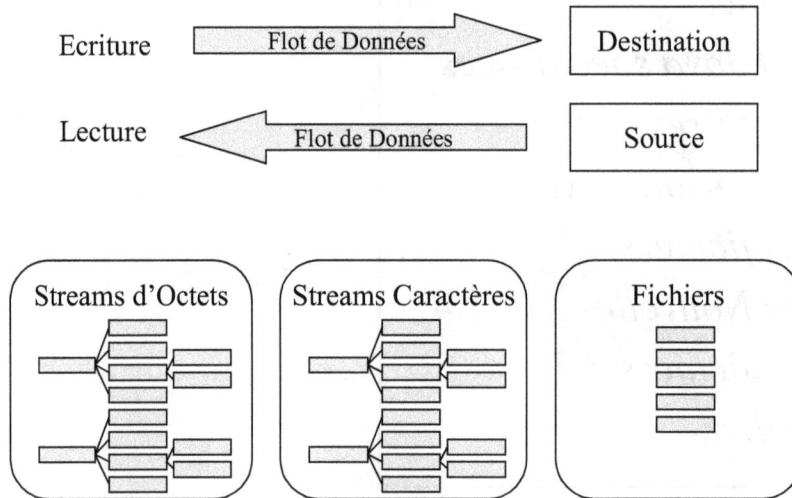

On trouve dans ce package l'ensemble des classes destinées aux entrées/sorties. Il contient près de 50 classes, des plus générales aux plus spécialisées.

Les deux classes principales sont `InputStream` et `OutputStream` : l'une pour l'entrée, l'autre pour la sortie. Elles sont abstraites, nous utiliserons donc des classes qui les étendent et qui seront plus ou moins spécialisées vers les fichiers, les données binaires, les `StringBuffer`, les filtres, etc…

Le principe d'utilisation des streams est simple :

Pour la lecture :

- Création de l'objet d'un type héritant d'`InputStream`.
- Invocation de la méthode `read`.
- Fermeture par la méthode `close`.

Pour l'écriture :

- Création de l'objet d'un type héritant d'`OutputStream`.
- Invocation de la méthode `write`.
- Fermeture par la méthode `close`.

Les méthodes de lecture et d'écriture permettent de manipuler des octets. Pour des données structurées (types primitifs de Java, données composées, textes encodés, etc…) les méthodes de lectures seront définies et implémentées dans les classes qui héritent de `InputStream` et `OutputStream`.

Par ailleurs, l'utilisation fréquente de texte (fichiers texte, protocoles applicatifs, etc…) a amené Sun à intégrer, dès la version 1.1, le pendant de `InputStream` et `OutputStream` pour les caractères : `Reader` et `Writer`.

Enfin, un certain nombre de classes permettent la gestion des fichiers. Nous allons étudier ces différentes classes et les mettre en œuvre.

Entrées/sorties en mode binaire

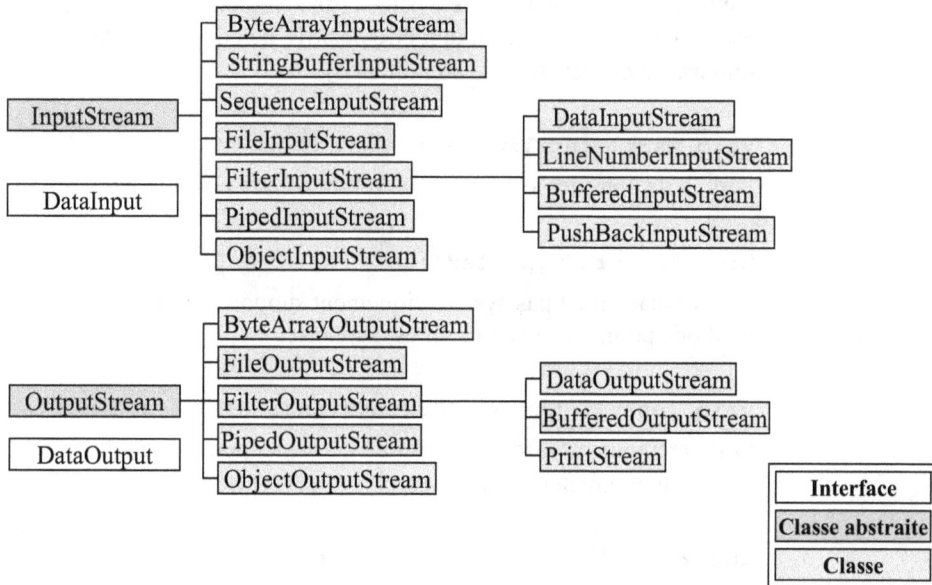

```
                    ┌─ ByteArrayInputStream
                    ├─ StringBufferInputStream
                    ├─ SequenceInputStream          ┌─ DataInputStream
    InputStream ────┼─ FileInputStream              ├─ LineNumberInputStream
                    ├─ FilterInputStream ───────────┼─ BufferedInputStream
    DataInput       ├─ PipedInputStream             └─ PushBackInputStream
                    └─ ObjectInputStream


                    ┌─ ByteArrayOutputStream
                    ├─ FileOutputStream             ┌─ DataOutputStream
    OutputStream ───┼─ FilterOutputStream ──────────┼─ BufferedOutputStream
                    ├─ PipedOutputStream            └─ PrintStream
    DataOutput      └─ ObjectOutputStream
```

Interface
Classe abstraite
Classe

Les classes `InputStream` et `OutputStream` sont abstraites, elles définissent le concept d'entrées/sorties en mode binaire. Les données lues ou écrites sont des octets, donc sur 8 bits.

Un certain nombre d'implémentations plus ou moins spécialisées sont disponibles, pour la lecture de données structurées, le filtrage, le pipelining, les fichiers, les sockets réseau, etc.

La classe InputStream

Le but de cette classe est de définir le concept de lecture. Cela se traduit par trois méthodes de lecture :

```
int read() throws IOException;

int read( byte[] tableau) throws IOException;

int read( byte[] tableau, int offset, int longueur) throws
IOException;
```

La première lit l'octet disponible dans le stream. Cet octet, bien que sur 8 bits, est stocké dans un `int` (32 bits).

La seconde lit les octets disponibles dans le stream vers le tableau de bytes passé en argument. Le nombre d'octets lus est retourné, il sera inférieur ou égal à la taille du tableau. S'il n'y a pas d'octet disponible, la valeur −1 est retournée. L'appel à cette méthode est bloquant.

Enfin, la troisième méthode de lecture est semblable à la seconde, mais va insérer les bytes dans l'espace défini par les arguments `offset` et `longueur` du tableau. Si les arguments `offset` et `longueur` sont erronés (valeurs négatives ou en dehors des limites du tableau passé en argument), l'appel à cette méthode va générer une exception de type `IndexOutOfBoundsException`.

Par ailleurs, un certain nombre de méthodes permettent de contrôler le flux :

```
long skip( long nombreOctets) throws IOException;
```

Permet de sauter un certain nombre d'octets, dont le nombre est passé en argument. La méthode retourne le nombre d'octets effectivement sautés. Notons que ce nombre est exprimé par un `long` (qui doit être positif), ce qui permet de sauter un nombre très importants d'octets (plusieurs milliards).

```
void mark( int limite);
```

Permet de marquer le flot pour un retour à cette position par la méthode `reset`.

```
boolean markSupported();
```

Le marquage n'est pas systématiquement supporté par tous les types de flux. Cette méthode permet de vérifier s'il est supporté.

```
void reset() throws IOException;
```

Cette méthode est effective après un `mark`, et permet de revenir à la position dans le stream au moment du marquage.

```
int available() throws IOException;
```

Rend le nombre d'octets disponibles dans le flux pour la lecture.

```
void close() throws IOException;
```

Permet de refermer ce flux. L'utilisation de cette méthode est importante, car même si au moment de la destruction de l'objet par le garbage collector le flux sera automatiquement refermé, on ne maîtrise pas le moment où le ramasse miettes va se mettre en route. Laisser ouvert des flux non utilisés peut poser des problèmes : aussi bien en termes de gaspillage de ressources, que de blocages si certains flux sont bloqués par des accès concurrents.

La classe OutputStream

A l'instar d'`InputStream`, elle permet l'écriture vers un flot à l'aide des trois méthodes :

```
void write( int octet) throws IOException;
void write( byte[] tableau) throws IOException;
void write( byte[] tableau, int offset, int longueur) throws
IOException;
```

Par ailleurs, deux autres méthodes permettent de contrôler le flux :

```
public void flush() throws IOException;
```

Permet d'écrire physiquement les octets du flux vers la destination. Cela est important dans certains types de flux dans lesquels peut être implémentée une bufferisation de l'écriture des données.

```
public void close() throws IOException;
```

Referme le flux.

Entrées/sorties avec la mémoire

Après avoir étudié les classes abstraites de base de lecture et d'écriture sur les flots de données binaires, nous allons étudier les classes spécialisées qui en héritent, à commencer par les entrées sorties avec la mémoire.

Le but est d'accéder à des données en mémoire (dans des buffers de bytes ou de caractères) comme s'il s'agissait de fichiers (même API).

Les classes sont :

- `StringBufferInputStream` : bien qu'existante, cette classe a finalement été décrétée "Deprecated" (dépréciée), car elle posait des problèmes de conversion des caractères du `StringBuffer` avec les octets du flux binaire. Pour ce type de lecture, voir plutôt la classe `StringReader` (vu plus loin).

- `ByteArrayInputStream` : permet la lecture binaire d'un tableau d'octets. A noter que cette classe supporte le marquage.

- `ByteArrayOutputStream` : permet l'écriture binaire dans un tableau d'octets. A noter les méthodes suivantes qui ont été ajoutées :

```
String toString();
```

Va convertir le tableau en une chaîne de caractères conforme à l'encodage de la machine.

```
String toString( String nomEncodage) throws
UnsupportedEncodingException;
```

Pour convertir dans un encodage dont le nom est nom est passé en argument. L'exception sera envoyée si le nom de l'encodage n'est pas correct.

```
byte[] toByteArray();
```

Renvoie un tableau d'octets correspondant à ce qui a été écrit dans le `ByteArrayOutputStream`.

```
void writeTo( OutputStream) throws IOException;
```

Ecrit la totalité du contenu du `ByteArrayOutputStream` vers un objet de type `OutputStream` passé en argument.

Lecture en séquence de plusieurs flux

La classe `SequenceInputStream` permet de lire plusieurs flux les uns après les autres. Ces flux lui sont passés par le constructeur. Les deux constructeurs de cette classe sont :

```
SequenceInputStream( InputStream flux1, InputStream flux2);
```

Pour lire le flux1 puis le flux2.

```
SequenceInputStream( Enumeration enumeration);
```

Pour lire les flux présents dans l'objet `Enumeration` en argument (nous verrons la classe `Enumeration` dans le prochain module).

Les pipelines

Ils sont destinés à chaîner des entrées sorties, afin de permettre à des traitements sur des flux de se faire en parallèle. Les pipelines sont utilisés conjointement avec les threads.

Les classes sont PipedInputStream et PipedOutputStream.

Les filtres

Les classes abstraites FilterInputStream et FilterOutputStream définissent le concept de filtre.

Il existe un certain nombre d'implémentations :

- `DataInputStream` et `DataOutputStream` pour les données formatées.
- `LineNumberInputStream` pour la numérotation des lignes.
- `BufferedInputStream` et `BufferedOutputStream` pour une gestion de la temporisation.
- `PushbackInputStream` pour permettre de remettre sur le flux des données que l'on vient de lire.
- `PrintStream` pour permettre d'envoyer les représentations de données de divers types primitifs.

Les fichiers binaires

La lecture et l'écriture se fait à l'aide des classes `FileInputStream` et `FileOutputStream`. Un certain nombre d'autres classes permettent une gestion complète et puissante des fichiers.

La sérialisation des objets

Cette particularité propre à Java permet en fait de rendre persistant des objets, c'est à dire de stocker le contenu de ses propriétés. Cette persistance est gérée automatiquement par la machine virtuelle Java, qui, à la sérialisation d'un objet, va envoyer dans un flux toutes ses propriétés.

Les classes ObjectInputStream et ObjectOutputStream vont permettre cela.

Un objet sera sérialisé dans un flux de type `ObjectOutputStream`, de même qu'un flux de type `ObjectInputStream` permettra de régénérer un objet.

Nous reparlerons plus en détails de cette notion dans notre chapitre sur les JavaBeans.

Entrées/sorties en mode caractères

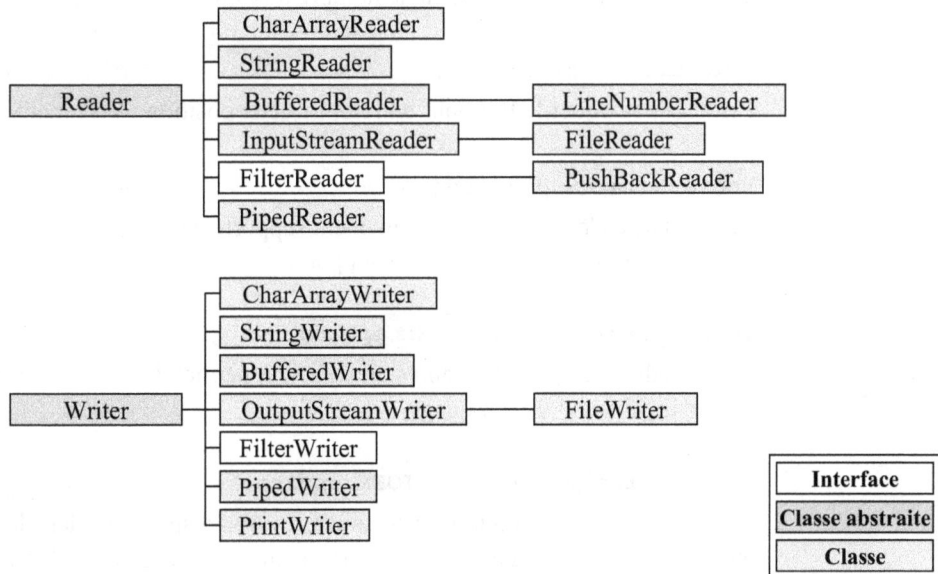

Comme pour InputStream et OutputStream, les classes Reader et Writer sont abstraites, elles définissent le concept d'entrées/sorties en mode caractère, et un certain nombre d'implémentations sont disponibles. Les caractères sont sur 16 bits en codage UNICODE.

Pour plus d'infos sur UNICODE :

http://www.unicode.org/unicode/standard/translations/french.html

La classe Reader

Très semblable à la classe InputStream, on trouve les trois mêmes méthodes de lecture, mais qui ne liront pas des octets mais des caractères qui sont codés sur 16 bits (2 octets).

```
int read() throws IOException;
int read( char[] tableau) throws IOException;
int read( char[] tableau, int offset, int longueur) throws
IOException;
```

La première lit le caractère (sur 16 bits) disponible dans le stream.

La seconde lit les caractères disponibles dans le stream vers le tableau de char passé en argument. Le nombre de caractères lus est retourné, il sera inférieur ou égal à la taille du tableau. S'il n'y a pas de caractère disponible, la valeur −1 est retournée. L'appel à cette méthode est bloquant.

Enfin, la troisième méthode de lecture est semblable à la seconde, mais va insérer les caractères dans l'espace défini par les arguments offset et longueur du tableau. Si les arguments offset et longueur sont erronés (valeurs négatives ou en dehors des limites du tableau passé en argument), l'appel à cette méthode va générer une exception de type IndexOutOfBoundsException.

Les méthodes de contrôle du flux sont les suivantes :

```
long skip( long nombreOctets) throws IOException;
```

Permet de sauter un certain nombre de caractères, dont le nombre est passé en argument. La méthode retourne le nombre de caractères effectivement sautés.

```
void mark( int limite);
```

Permet de marquer le flot pour un retour à cette position par la méthode `reset`.

```
boolean markSupported();
```

Le marquage n'est pas systématiquement supporté par tous les types de flux. Cette méthode permet de vérifier s'il est supporté.

```
void reset() throws IOException;
```

Cette méthode est effective après un `mark`, et permet de revenir à la position dans le stream au moment du marquage.

```
boolean ready() throws IOException;
```

Retourne `true` si un ou plusieurs caractères sont disponibles dans le flux pour la lecture. C'est donc la garantie que le prochain `read` ne sera pas bloquant.

```
void close() throws IOException;
```

Permet de refermer ce flux.

La classe Writer

A l'instar de `Reader`, elle permet l'écriture vers un flot de caractères à l'aide des cinq méthodes :

```
void write( int caractere) throws IOException;
void write( byte[] tableau) throws IOException;
void write( byte[] tableau, int offset, int longueur) throws
IOException;
void write( String chaine) throws IOException;
void write( String chaine, int offset, int longueur) throws
IOException;
```

Les méthodes permettant de contrôler le flux sont :

```
public void flush() throws IOException;
```

Permet d'écrire physiquement les caractères du flux vers la destination. Cela est important dans certains types de flux dans lesquels peut être implémentée une bufferisation de l'écriture des données.

```
public void close() throws IOException;
```

Referme le flux.

Entrées/sorties avec la mémoire

Les classes `CharArrayReader` et `CharArrayWriter` permettent de travailler sur des tableaux de caractères.

Les constructeurs de `CharArrayReader` permettent de passer le tableau à lire ou écrire :

```
CharArrayReader( char[]tableau);

CharArrayReader( char[]tableau, int offsetDebut, int longueur);
```

Les méthodes sont celles de la classe `Reader`.

Les constructeurs de `CharArrayWriter` sont :

```
CharArrayWriter();

CharArrayWriter(int tailleInitialeTableau);
```

En plus des méthodes de la classe `Writer`, on trouve les méthodes :

- `void reset();` permet de réinitialiser le tableau pour une nouvelle utilisation, sans pour autant détruire le tableau. L'usage de cette méthode peut s'avérer intéressant dans certains cas d'optimisation.
- `int size();` rend la taille du tableau de caractères.
- `char [] toCharArray();` retourne une copie de ce tableau de caractères.
- `String toString();` convertit les données entrées en une chaîne de caractères.
- `void writeTo( Writer) throws IOException;` pour envoyer ce flux de caractères vers un autre, passé en argument.

De même que pour les tableaux de caractères, on peut travailler en flux avec des chaînes de caractères avec les classes `StringReader` et `StringWriter`.

Le constructeur de `StringReader` prend une chaîne de caractères en argument :

```
StringReader( String chaineDuFlux);
```

Les méthodes sont celle de `Reader`.

Les constructeurs de `StringWriter` sont :

```
StringWriter();

StringWriter( int tailleInitiale);
```

En plus des méthodes de `Writer`, on trouve :

- `StringBuffer getBuffer();` Retourne le contenu du flux sous la forme d'un `StringBuffer`.
- `String toString();` Retourne le contenu du flux sous la forme d'une chaîne de caractères.

Les pipelines

On peut aussi créer des pipelines en mode caractère à l'aide des classes `PipedReader` et `PipedWriter`. Nous verrons ces classes plus loin.

Les filtres

Les filtres de caractères d'appuient sur les classes abstraites `FilterReader` et `FilterWriter`, dont une implémentation est le filtre `PushBackReader`.

Utilisation des flux binaires pour les caractères

Pour utiliser ces flux d'octets comme des flux de caractères, il est nécessaire d'avoir des classes de conversion, sortes de ponts entre le monde binaire et le monde caractère.

Les classes InputStreamReader et OutputStreamWriter ont été développées à cette fin.

La première va permettre la lecture en mode caractère d'un flux binaire, et le seconde l'écriture de caractères vers un flux binaire.

`InputStreamReader` a les constructeurs suivants :

```
InputStreamReader( InputStream in);

InputStreamReader(InputStream in, String nomCharset) throws
UnsupportedEncodingException;

InputStreamReader(InputStream in, Charset cd);

InputStreamReader(InputStream in, CharsetDecoder cd);
```

Le premier utilise le jeu de caractères par défaut de la machine.

Le second utilise le jeu de caractères dont le nom est spécifié en argument. L'exception `UnsupportedEncodingException` est envoyée si ce jeu n'est pas présent sur la machine.

Les deux derniers utilisent respectivement un jeu de caractère et un décodeur passés en argument. Nous reparlerons de ces classes au prochain paragraphe.

En plus des méthodes de la classe `Reader`, notons la méthode :

```
String getEncoding();
```

qui retourne une chaîne de caractères contenant le nom de l'encodage utilisé par ce flux.

`OutputStreamWriter` permet l'écriture vers un flux binaire. Les constructeurs sont similaires, ainsi que la méthode `getEncoding` qui s'ajoute aux méthodes héritées de la classe `Writer`.

Encodage et jeu de caractères

La conversion de caractères vers des flux binaires nécessite un encodage. De nombreux encodages existent, plus ou moins complexes.

La classe `Charset` permet de définir un encodage. Elle possède les méthodes d'encodage et de décodage.

Les jeux de caractères doivent être déclarés dans la machine virtuelle par un nom unique.

Remarque :
Une procédure d'enregistrement des noms de jeux de caractères est défini sur l'internet par la RFC 2278 : http://ietf.org/rfc/rfc2278.txt

---

Par défaut, la machine virtuelle possède les jeux de caractères suivants :

- US-ASCII : ASCII standard sur 7 bits (il n'y a donc pas d'accent et autres caractères spéciaux).

- ISO-8859 : alphabet latin ISO : On y trouve tous les accents de notre alphabet, ainsi que tous les caractères spéciaux des différentes langues européennes.
- UTF-8 : Format UCS sur 8 bits. Voir la RFC 2279 : http://ietf.org/rfc/rfc2279.txt.
- UTF-16 : Format UCS sur 16 bits, avec ses deux formats de transformation pour les mondes MAC et PC : UTF-16BE (Big Endian : Poids fort à la fin) et UTF-16LE (Little Endian : Poids faible à la fin). Voir la RFC 22781 : http://ietf.org/rfc/rfc2781.txt.

Les fichiers en mode caractère

Sur tous les systèmes d'exploitation, les fichiers sont composés d'octets. La conversion se fera donc à l'aide des classes `InputStreamReader` et `OutputStreamWriter` dont héritent respectivement `FileReader` et `FileWriter`.

Nous verrons la gestion des fichiers dans un prochain paragraphe.

Lectures et écritures temporisées

Le principal intérêt de la lecture temporisée, à l'aide de la classe `BufferedReader`, est la méthode

```
String readLine();
```

qui va lire une ligne de texte, c'est à dire qui va rendre dans une chaîne tous les caractères lus dans un flux de caractères jusqu'au premier caractère de contrôle de fin de ligne (CR : retour chariot ou LF : saut de ligne).

A l'inverse, la classe `BufferedWriter` possède une méthode à la fonction semblable :

```
void newLine();
```

qui écrit dans le flux un caractère de fin de ligne.

Ecriture de représentations formatées de types primitifs

Dernière classe intéressante pour les flux de caractères : `PrintWriter`.

Elle permet d'envoyer dans un flux de caractères des données issus de types primitifs Java codés en chaînes de caractères.

Les constructeurs de `PrintWriter` permettent de construire un tel objet à partir d'un `OutputStream` ou d'un `Writer` :

```
PrintWriter( OutputStream fluxSortie);
PrintWriter( OutputStream fluxSortie, boolean autoFlush);
PrintWriter( Writer fluxCaracteresSortie);
PrintWriter( Writer fluxCaracteresSortie, boolean autoFlush);
```

Les méthodes que l'ont trouve en plus de celles de `Writer` dont elle hérite sont diverses signatures de `print` et `println`. Cette dernière ajoute simplement un caractère de fin de ligne :

```
void print( boolean);
void print(  char);
void print(  char[]);
void print( double);
```

```
void print( float);
void print( int);
void print( long);
void print( Object);
void print( String);
```

Pour ces méthodes, la transformation de ces données en caractères se fait à l'aide de la méthode statique de la classe String `ValueOf` qui a aussi des signatures pour chacun de ces types.

La classe StreamTokenizer

Elle permet de décoder les caractères d'un `Reader`, passé en argument au constructeur.

Ce décodage tient compte de cinq types de caractères :

- Espaces.
- Alphabétiques.
- Numériques.
- chaînes de caractères entre quotes.
- Commentaires.

On peut récupérer chaque élément séparément.

Le constructeur de cette classe prend en argument un objet de type `Reader` :

```
StreamTokenizer( Reader);
```

Les méthodes qui permettent de spécifier les cinq types de caractères sont :

```
void commentChar( int char);
```

De plus un certain nombre de méthodes permettent de spécifier certaines options :

```
void eolIsSignificant( boolean);
```
Pour spécifier si l'on doit tenir compte de la fin de ligne.

```
void lowerCaseMode( boolean);
```
Pour spécifier si les tokens doivent être convertis en minuscules

La lecture des tokens se fait avec la méthode

```
int nextToken();
```

Enfin, des méthodes permettent de renseigner certaines informations au cours de la lecture des tokens :

```
int lineno();
```
Retourne le numéro de la ligne

Les entrées/sorties de la console Java

Il est possible d'écrire ou de lire sur la console Java, qui est en fait l'application en mode texte de la machine virtuelle Java.

Pour cela, il y a trois propriétés statiques de la classe `System` :

- `System.in` pour l'entrée standard.
- `System.out` pour la sortie standard.
- `System.err` pour la sortie des erreurs.

Pour écrire sur la sortie standard ou la sortie des erreurs, les propriétés sont de type `PrintStream`, ce qui permet d'utiliser la méthode `println` :

```
System.out.println( "Message à afficher");
```

Par contre, pour la saisie des informations entrées au clavier, `System.in` étant de type `InputStream`, cela nécessite l'utilisation d'un `InputStreamReader` pour effectuer la transformation en caractères, puis un `BufferedReader` pour lire toutes les entrées séparées par un caractère de fin de ligne à l'aide de la méthode `readLine`.

Exemple :

```
import java.io.*;

public class TestEntree {
  public static void main( String[] args) {
    BufferedReader in;
    in= new BufferedReader(new InputStreamReader(System.in));
    System.out.print( "Entrez des phrases suivies de Entree");
    System.out.println(" Puis une chaine vide pour finir");
    try {
      while( true) {
        String chaine= in.readLine();
        if( chaine.length()==0)
          System.exit(0);
        System.out.println( "Vous avez entré: "+chaine);
      }
    } catch( IOException e) {
      System.out.println( "Exception I/O: "+e.getMessage());
    }
  }
}
```

Les entrées/sorties formatées

Java 5

Comme dans le langage C, à partir de la version 5, Java permet cela à l'aide de la méthode **printf** implémentée dans les classes **PrintStream** et **PrintWriter**.

Cela est aussi rendu possible grâce à la nouvelle possibilité d'avoir des méthodes à nombre d'arguments variable.

Son utilisation est la même que pour le langage C. Exemple :

```
out.printf( "Hello World %02d\nBravo !", 3);
```

Remarque :
Le caractère de fin de ligne UNIX "\n" est aussi accepté. Toutefois, pour un support multi-plateforme (Windows par exemple), il est conseillé de plutôt utiliser le standard Java : "%n".

A l'inverse, en lecture, il est aussi possible de décoder une entrée d'un **InputStream**, mais de façon différente du C : On utilise la classe **java.util.Scanner**.

L'objet Scanner est créé à partir d'un objet **String**, **File**, **InputStream** ou encore **Readable** (interface implémentée notamment par **BufferedReader**, **InputStreamReader**, **StringReader**...).

Puis les méthodes suivantes permettent de lire les données formatées :

```
String nextLine() ;
int nextInt() ;
long nextLong() ;
short nextShort() ;
etc pour tous les types …
```

Ces méthodes sont bloquantes. Pour éviter les blocages, on peut au préalable utiliser des fonctions **hasNext** :

```
boolean hasNext() ;
boolean hasNextLine() ;
boolean hasNextInt() ;
boolean hasNextLong() ;
boolean hasNextShort() ;
etc…
```

Ou encore:

```
boolean hasNext( String pattern) ;
```

Qui permettra de tester qu'une saisie en entrée, compatible avec le « pattern », est bien disponible.

Exemple :

```
public static void main(String[] args) throws IOException {
  Scanner s = null;
  try {
    s = new Scanner( System.in);
    while (s.hasNext()) {
      System.out.println(s.next());
    }
  } finally {
    if (s != null) {
      s.close();
    }
  }
}
```

Par défaut, l'espace, le caractère de tabulation ou le saut de ligne est considéré comme délimiteur.

La classe **Scanner** permet de définir d'autres délimiteurs par défaut à l'aide des méthodes :

```
Scanner useDelimiter(Pattern pattern);
Scanner useDelimiter(String pattern);
```

Remarque :
En cas de mauvais formatage, une exception est lancée depuis la méthode next :

```
java.util.InputMismatchException
```

Les exceptions des entrées/sorties

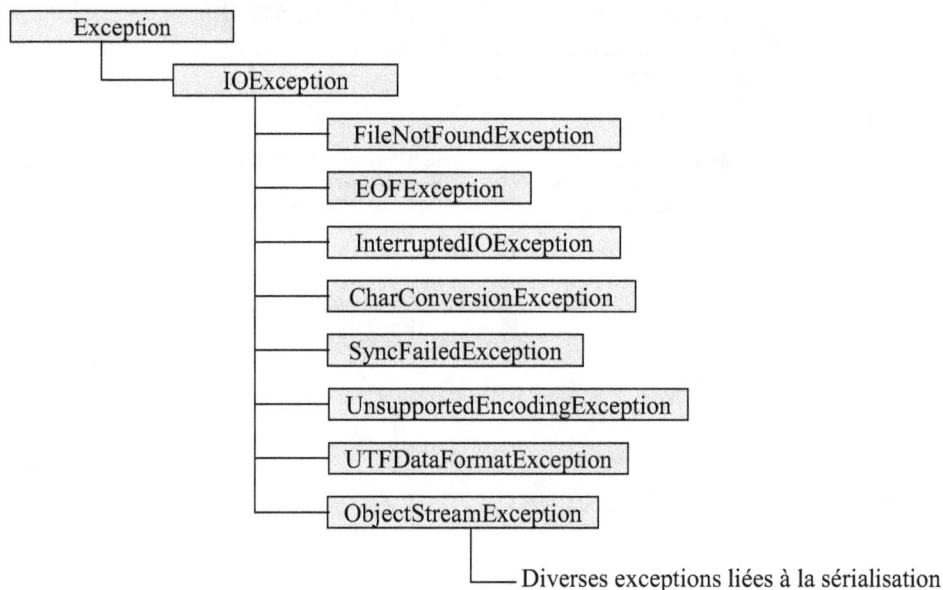

```
┌─────────────────────┐
│     Exception       │
└──┬──────────────────┘
   │  ┌─────────────────────┐
   └──┤     IOException      │
      └──┬──────────────────┘
         │   ┌──────────────────────────────┐
         ├───┤     FileNotFoundException      │
         │   └──────────────────────────────┘
         │   ┌──────────────────────────────┐
         ├───┤     EOFException               │
         │   └──────────────────────────────┘
         │   ┌──────────────────────────────┐
         ├───┤     InterruptedIOException     │
         │   └──────────────────────────────┘
         │   ┌──────────────────────────────┐
         ├───┤     CharConversionException    │
         │   └──────────────────────────────┘
         │   ┌──────────────────────────────┐
         ├───┤     SyncFailedException        │
         │   └──────────────────────────────┘
         │   ┌──────────────────────────────┐
         ├───┤     UnsupportedEncodingException │
         │   └──────────────────────────────┘
         │   ┌──────────────────────────────┐
         ├───┤     UTFDataFormatException     │
         │   └──────────────────────────────┘
         │   ┌──────────────────────────────┐
         └───┤     ObjectStreamException      │
             └──┬───────────────────────────┘
                └────── Diverses exceptions liées à la sérialisation
```

La plupart des méthodes faisant appel aux entrées/sorties sont susceptibles de renvoyer une exception de type `IOException`.

On trouve cependant un certain nombre d'exceptions sous-jacentes qui la spécialisent :

- `FileNotFoundException` en cas de tentative d'ouverture en lecture seule d'un fichier qui n'existe pas.
- `EOFException` lorsque l'on détecte le caractère de fin de fichier au cours d'une lecture.
- `InterruptedException` en cas d'interruption sur une opération d'entrée/sortie.
- `SyncFailedException` lorsque l'écriture physique ne peut se faire (par exemple par la méthode `flush`).
- `CharConversionException`.
- `UnsupportedExceptionException`.
- `UTFDataFormatException`.
- `ObjectStreamException` est lié à tout ce qui est sérialisation des objets. Nous verrons en détails cette exception dans le chapitre sur les JavaBeans.

Les pipelines

- **Chaînage de traitements**
- **Multi-thread**
- **Flux de données**

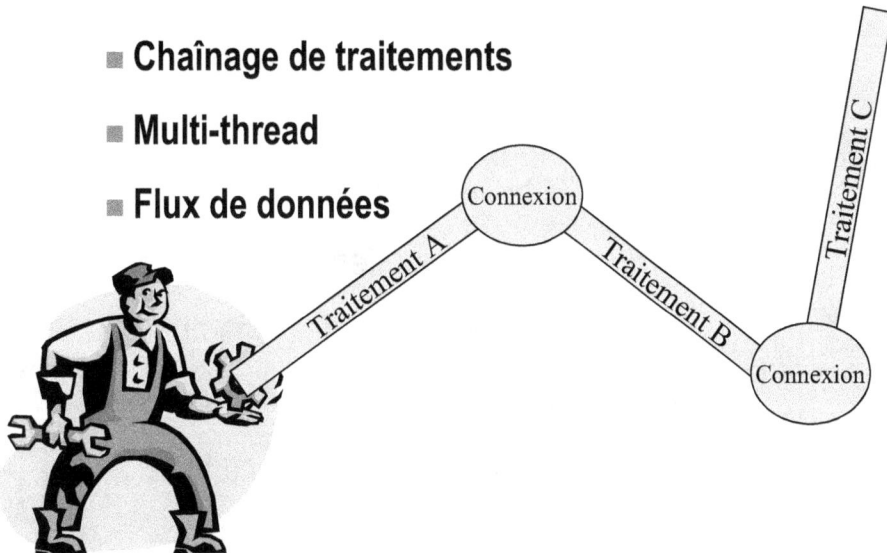

Le principe est de permettre des traitements parallèles (multi-thread) sur un flot de données binaire.

Chaque pipe possède une entrée et une sortie. La connexion entre deux pipes permet de passer la sortie de l'un vers l'entrée de l'autre.

Les deux classes PipedInputStream et PipedOutputStream permettent de faire des pipes en lecture et en écriture.

Un des constructeurs de ces classes prend en argument un `PipedOutputStream` pour le `PipedInputStream` et inversement. C'est cet argument qui permettra la connexion. Toutefois, cela n'empêche pas cette connexion d'être prise en charge ultérieurement à l'aide de la méthode `connect`, qui prend en argument un `PipedOutputStream` pour le `PipedInputStream`, et inversement.

La tentative de connexion sur un pipe déjà connecté renvoie l'exception `IOException`.

On utilise en principe les pipes entre deux tâches qui s'exécutent en même temps (multi-thread).

Le traitement de chaque pipe doit être dans un thread afin de permettre à tous les pipes de s'exécuter en même temps et en parallèle.

Nous verrons plus en détails le multi-thread dans un de nos prochains chapitres, ainsi qu'un exemple de pipe.

Les filtres

■ **Les Filtres étendent les flux**

- FilterInputStream

- FilterOutputStream

■ **Ajout de nouvelles méthodes**

- Lecture/écriture de types primitifs

- Modification des données du flux

- Temporisation de la lecture, etc.

Les filtres ont un point commun avec les pipes : ils prennent un flux en entrée. Toutefois, il n'y a pas la notion de multi-thread, ni de connexion.

En effet, un filtre est en fait une surcharge d'un flux, proposant de nouvelles méthodes pour des utilisations particulières.

Les classes `FilterInputStream` et `FilterOutputStream` définissent ce concept de filtre. Elles n'ont pas de méthode nouvelle par rapport à `InputStream` et `OutputStream` dont elles héritent respectivement, mais ont un constructeur qui prend en argument le flux qu'elles vont filtrer :

```
FilterInputStream( InputStream);
FilterOutputStream( OutputStream);
```

Il existe diverses implémentations dans Java que nous allons étudier.

Filtre sur les types primitifs Java

Les classes `DataInputStream` et `DataOutputStream` permettent de lire et d'écrire dans un flux des données de types primitifs java.

Ces données seront formatées en caractères suivant le codage UTF-8.

On trouvera donc les méthodes de lectures suivantes :

```
boolean readBoolean();
byte readByte();
char readChar();
double readDouble();
float readFloat();
int readInt();
long readLong();
```

```
short readShort();

int readUnsignedByte();

int readUnsighedShort();
```

ainsi que les méthodes de lecture de chaînes de caractères :

```
String readUTF();

static String readUTF( DataInput in);   // Méthode de classe
```

Remarque :
La méthode `readLine()` qui renvoie une chaîne de caractères a été dépréciée, car elle posait des problèmes de conversion de bytes vers caractères. Il est donc conseillé de ne plus l'utiliser. Pour lire des chaînes de caractères terminées par des codes de fin de ligne, il faudra utiliser la classe `BufferedReader`.

A l'inverse, pour l'écriture, la classe `DataOutputStream` possède plusieurs méthodes pour les différents types :

```
void writeBoolean( boolean);

void writeByte( byte);

void writeChar( int);

void writeDouble( double);

etc...
```

Filtre à temporisation

Ils sont destinés à améliorer l'optimisation de l'utilisation des entrées/sorties par une bufferisation des données en mémoire.

Les classes `BufferedInputStream` et `BufferedOutputStream` n'ont pas de nouvelles méthodes, mais ont des constructeurs qui vont créer le tampon mémoire :

```
BufferedOutputStream( OutputStream fluxSortant, int
tailleBuffer);

BufferedOutputStream( OutputStream); // Le buffer aura comme
                              // taille par défaut 512 octets.

BufferedInputStream( InputStream fluxEntrant, int
tailleBuffer);

BufferedInputStream( InputStream fluxEntrant);
```

La gestion de ce tampon est automatique, mais on peut activer la méthode `flush()` pour forcer l'écriture.

Filtre de comptage du numéro de ligne

Le comptage de lignes ne peut s'appliquer qu'aux lignes de caractères. C'est la raison pour laquelle, la classe `LineNumberInputStream` qui travaille sur des flux pouvant être binaires (`InputStream`) a été dépréciée à partir de la version 1.1 de Java. Maintenant il faut utiliser la classe `LineNumberReader`, qui ne fonctionne qu'avec des flux de caractères.

Cette classe permet de lire dans un `Reader` passé en argument au constructeur, tout en ayant une gestion des numéros des lignes par les méthodes :

- `int getLinenumber();` Rend le numéro de la ligne (la première ligne porte le numéro 0).
- `void setLineNumber( int numeroLigne);` permet de se positionner sur une certaine ligne.

Filtre avec possibilité de remise dans le flux

Ces filtres ne fonctionnent qu'en lecture, pour des flux binaires ou de caractères avec les classes `PushbackInputStream` et `PushbackReader`.

Le principe est d'avoir la possibilité, après lecture, de remettre dans le flux des informations (octets ou caractères) qui seront récupérées lors de la lecture suivante.

Remarque :
Cette possibilité n'étant pas supportée par les flux classiques, elle est émulée dans ces classes. Les données remises dans le flux ne sont donc pas réellement remises dans le flux passé en argument du constructeur, mais dans un espace de mémoire tampon.

La classe `PushbackInputStream` possède des constructeurs auxquels on passe un `InputStream` en argument, et des méthodes de "pushback" :

```
void unread( int octet) throws IOException;

void unread( byte[] tableau) throws IOException;

void unread( byte[] tableau, int offsetDebut, int longueur)
throws IOException;
```

La classe `PushbackReader` prend un `Reader` en argument du constructeur, et possède les méthodes de "pushback" suivantes :

```
void unread( int caractere) throws IOException;

void unread( char[] tableau throws IOException;

void unread( char[] tableau, int offsetDebut, int longueur)
throws IOException;
```

PrintStream

Cette classe permet d'envoyer vers un flux binaire des représentations en mode caractère de différents types primitifs Java. Cette classe est beaucoup utilisée.

A noter deux points particuliers sur cette classe :

Les méthodes de lecture ne renvoient pas d'`IOException`. En cas d'erreur, un flag doit être testé par nous à l'aide de la méthode

```
boolean checkError();
```

Par ailleurs, le flush est invoqué automatiquement après toute écriture d'un tableau, ou bien d'un caractère de fin de ligne (dont l'invocation des méthodes `println`).

Les méthodes d'écriture sont diverses signatures de `print` et `println`, cette dernière ajoutant un caractère de fin de ligne en fin de donnée :

```
void print ( boolean);

void print ( char);

void print ( char []);

void print ( double);
```

```
void print ( float);
void print ( int);
void print ( long);
void print ( String)
void print (Object);
```

Pour la dernière méthode qui écrit un objet, il ne s'agit pas de sérialisation mais de l'envoi de la représentation sous forme d'une chaîne de caractères de l'objet à l'aide de sa méthode `toString`.

Les fichiers
Les fichiers

■ **La classe File**

- Représente un fichier ou un répertoire

■ **Les classes FileInputStream et FileOutputStream**

- Représentent le flux d'accès au contenu des fichiers

■ **La classe RandomAccessFile**

- Accès aléatoire

- Lecture et écriture

La gestion des fichiers dans Java est simple, elle s'appuie en partie sur le mécanisme des flux que nous venons d'étudier.

On dispose d'un ensemble de classes. Elles sont portables, quel que soit l'environnement. Elles s'appuient directement sur le système d'exploitation, ce qui leur confère de bonnes performances.

Il y a trois types de classes :

- Les classes des propriétés des fichiers et des répertoires.
- Les classes de gestion du contenu par flux.
- Les fichiers à accès aléatoire.

La classe File

La classe `File` permet une représentation objet d'un fichier ou d'un répertoire. Nous verrons plus loin comment faire la distinction entre fichier et répertoire.

Cette classe possède un certain nombre de constructeurs, dans lesquels nous allons passer le nom du fichier ainsi que le répertoire dans lequel il se situe :

```
File( String pathname);
File( File repertoire, String pathname);
File( String repertoire, String pathname);
File( URI uri);
```

Dans le premier constructeur, on passe le nom complet du fichier avec son répertoire.

Dans le second, un objet `File` qui représente le répertoire de travail, et une chaîne de caractères contenant le nom du fichier.

Le troisième est semblable au second, mais le répertoire n'est pas passé en argument par un objet `File` mais par une chaîne de caractères.

Remarque :

Le pathname doit être entré en suivant les règles du système d'exploitation, notamment pour le séparateur des noms des répertoires ("/" en UNIX et "\" en Windows).

Ce caractère peut être connu, il est stocké dans la propriété statique : `separator`).

Enfin le dernier constructeur prend en argument un objet de type URI (uniform ressource identifier).

Cela a l'avantage de permettre d'utiliser une norme de nommage des fichiers qui n'est pas particulière à un système d'exploitation. Nous verrons la classe URI dans un prochain chapitre traitant du réseau et d'Internet.

Remarque :

Le fait de créer un objet de type `File` ne crée pas systématiquement le fichier. La méthode : `boolean exists();` permet de tester son existence.

Pour créer un fichier, il faut invoquer la méthode `boolean createNewFile();`

La classe `File` ne représente pas le contenu du fichier, mais ses caractéristiques, qui peuvent être interrogées à l'aide des méthodes :

```
String getName; // Le nom du fichier
String getPath(); // Le chemin des répertoires
String getCanonicalPath(); // Retourne le nom complet
int length(); // La taille du fichier en octets
URL toUrl(); // Retourne une URL sur ce fichier
long lastModified(); // Retourne la date de dernière
    // modification du fichier sous la forme d'un long étant
    // égal au nombre de millisecondes depuis le 1/1/1970
boolean isHidden(); // Permet de tester si le fichier est caché
boolean canRead(); // Permet de savoir si on a le droit de lire
boolean canWrite(); // Permet de savoir si on a le droit
    // d'écrire
```

Par ailleurs, certaines caractéristiques peuvent être modifiées :

```
boolean renameTo( File); // Change le nom du fichier
setLastModified( long); // Modifie la date de modification
setReadOnly( boolean); // Modifie l'attribut de lecture seule
```

La destruction d'un fichier s'effectue avec les méthodes :

```
boolean delete(); // Détruit immédiatement le fichier
void deleteOnExit(); // Détruira le fichier à la sortie de la
    // JVM (intéressant pour faire des fichiers temporaires).
```

Enfin, la comparaison entre deux objets `File` se fait avec la méthode polymorphe

```
boolean equals( Object);
```

Attention, cette méthode ne compare pas les contenus de deux fichiers, mais si les deux objets `File` pointent sur le même fichier.

Les répertoires

Un objet `File` représente un fichier, mais aussi éventuellement un répertoire. Pour distinguer un "File fichier" d'un "File répertoire", on dispose des méthodes suivantes :

```
boolean isDirectory(); // Rend true si c'est un répertoire
boolean isFile(); // Rend true si c'est un fichier
```

Les méthodes que nous allons voir dans ce paragraphe ne s'appliquent qu'aux objets `File` qui représentent un répertoire.

Pour créer un répertoire, on dispose des méthodes :

```
boolean mkdir(); // Crée un répertoire
boolean mkdirs(); // Crée un répertoire et ses parents
                  // non encore créés
```

La première crée un répertoire, la seconde le crée ainsi que les répertoires intermédiaires, non encore créés et dans lesquels le répertoire à créer doit se situer.

La lecture du contenu des répertoires se fait à l'aide des méthodes :

```
String [] list(); // Rend un tableau de String contenant
                  // les noms des fichiers et sous répertoires
File [] listFiles(); // Rend un tableau de Files représentant
                     // les fichiers du répertoire
File [] listRoots(); // Rend la liste des fichiers et
                     // répertoires de la racine du système de
                     // fichiers de l'ordinateur
```

Il est possible de faire une recherche sur un critère particulier, à l'aide des méthodes :

```
String [] list( FilenameFilter);
File [] listFiles( FileFilter);
File [] listFiles( FilenameFilter);
```

`FilenameFilter` et `FileFilter` sont des interfaces à implémenter pour faire une recherche sous critère. La première travaille sur le nom du fichier alors que la seconde travaille sur l'objet `File` qui représente le fichier.

Ces interfaces implémentent chacune une seule méthode :

- Pour FilenameFilter : boolean accept(File repertoire, String fichier);
- Pour FileFilter : boolean accept(File pathname);

Exemple : pour lister tous les fichiers ayant pour extension .EXE.

```
import java.io.*;

// La classe Dir affiche les fichiers ayant pour extention .exe
public class Dir {
  public static void main( String [] args) {
    try {
      File f= new File("."); // Ouverture du répertoire courant
      if( f.isDirectory()) { // Si c'est un répertoire,
```

```
                                 // on le liste
       System.out.println( "Répertoire courant: "
                              +f.getCanonicalPath());
       String [] ts= f.list( new ExeFileFilter());
       for( int n=0; n < ts.length; n++)
          System.out.println( "-> "+ts[n]);
     }
   } catch( IOException e) {
     System.out.println( "Problème IO: "+e.getMessage());
   }
  }
}
// Ce filtre test si le nom se termine par ".exe"
class ExeFileFilter implements FilenameFilter {
  public boolean accept( File dir, String nom) {
    if( nom.substring( nom.length()-4).compareToIgnoreCase(
          ".exe")==0)
      return true;
    else
      return false;
  }
}
```

Remarque :
Pour implémenter des classes complexes à partir de FilenameFilter, on peut
s'appuyer sur les APIs de gestion d'expressions régulières (java.util.regex)
déjà étudiées dans le module sur les classes utiles de Java.

La gestion du contenu des fichiers par les flux

Les classes FileInputStream et FileOutputStream sont des implémentations de
InputStream et OutputStream, et serviront à la gestion de fichiers binaires.

Les classes FileReader et FileWriter sont des implémentations de Reader et
Writer pour gérer des fichiers de texte.

Les différents constructeurs prennent toujours : soit un objet de type File, soit une
chaîne de caractères représentant le pathname du fichier.

Les méthodes close() ou flush() doivent bien être invoquées à la fin de toute
écriture, sous peine de voir les données écrites perdues.

Exemple : classe copiant un fichier dans un autre :

```
import java.io.*;


public class Copy {
  public static void main(String[] args) {
```

```
try {
  File inputFile = new File("farrago.txt");
  File outputFile = new File("outagain.txt");


  FileReader in = new FileReader(inputFile);
  FileWriter out = new FileWriter(outputFile);
  int c;
  while ((c = in.read()) != -1)
    out.write(c);
  in.close();
  out.close();
} catch( IOException e) {
  System.out.println( "Problème I/O: "+e.getMessage());

}

}
```

Fichiers à accès aléatoire

La classe RandomAccessFile permet de lire ou écrire dans un fichier sur des positions aléatoires.

Les constructeurs sont les suivants :

```
RandomAccessFile( File fichier, String mode);
RandomAccessFile( String pathname, String mode);
```

L'argument mode permet de choisir le type d'accès :

- r en lecture seule (toute invocation d'une méthode write engendrera l'envoi d'un IOException).
- rw en lecture et écriture.

Ces constructeurs renvoient l'exception FileNotFoundException. En effet, cette classe ne peut être utilisée que sur un fichier existant (mais pouvant être vide). La classe File permet de créer un nouveau fichier vide.

L'accès aléatoire se fait à l'aide des méthodes :

long getFilePointer(); // Retourne la position du pointeur.

long length(); // Retourne la taille du fichier (en octets).

void seek(long position); // Modifie la position du pointeur.

Les méthodes de lecture et d'écriture sont semblables aux autres classes :

- Lecture / écriture de types primitifs.
- Lecture / écriture de tableaux de bytes.
- Lecture / écriture de chaînes de caractères. Attention : la méthode readLine ne supporte pas UNICODE. Pour cela, utiliser la méthode readFully(byte[]); etc.

Exemple :

Nous allons créer un fichier dans lequel nous stockerons des enregistrements comprenant chacun :

- Un entier (le code du client par exemple).
- Une chaîne de 20 caractères maxi (le nom du client).
- Une chaîne de 256 caractères maxi (son adresse email).
- Un double (son solde en euros).

Nous utiliserons donc les méthodes

```
void writeInt( int);
void write( byte[] b);
void writeDouble( double);
```

Dans la documentation, nous pouvons lire que la première méthode écrit un entier sur 4 octets, la troisième un double sur 8 octets. Quand à la seconde, nous savons que chaque caractère UNICODE est codé sur 2 octets (Utilisation du jeu de caractères "UTF-16BE", BE voulant dire Big Endian, codage propre à la plateforme Intel, et aussi la plus répandue).

La taille totale de chaque enregistrement sera donc de 4+40+512+8 soit 564 octets.

Programme d'écriture :

```java
import java.io.*;


public class Ecrit {
  public static void main( String [] args) {
    if( args.length < 4) {
      System.out.println( "java Ecrit codeclient nom email
montantSolde");
      System.exit( 0);
    }
    try {
      RandomAccessFile rf= new RandomAccessFile( "Test.bin",
"rw");
      rf.seek( rf.length());
      // Ecriture de l'enregistrement
      rf.writeInt( Integer.parseInt( args[0]));
      ecritEtComplementeAZero( rf, args[1], 20);
      ecritEtComplementeAZero( rf, args[2], 256);
      rf.writeDouble( Double.parseDouble( args[3]));
    } catch( IOException e) {
      System.out.println( "Erreur IO: "+e.getMessage());
    }
  }


  // Permet d'écrire une chaine, en la tronquant à la limite
```

```
    // de la taille du champ, ou en la complémentant à 0
    static void ecritEtComplementeAZero( RandomAccessFile rf,
            String ch, int ta) throws IOException {
      System.out.print( "Position initiale: "
        +rf.getFilePointer());
      byte[] tVide= new byte[512]; // Tableau vide pour
          // complémenter les chaînes de taille inférieure
      if( ch.length() >= ta)
        rf.write( ch.getBytes(), 0, ta*2);
      else {
        rf.write( ch.getBytes( "UTF-16BE")); // Encodage UNICODE
      System.out.print( "Position inter: "+rf.getFilePointer());
        rf.write( tVide, 0, (ta - ch.length())*2);
      }
      System.out.println( " Position finale:
"+rf.getFilePointer());
    }
}
```

Programme de lecture :

```
import java.io.*;

public class Lit {



  public static void main( String [] args) {
    if( args.length < 1) {
      System.out.println( "java Lit numeroEnregistrement");
      System.exit( 0);
    }
    try {
      RandomAccessFile rf= new RandomAccessFile( "Test.bin",
          "r");
      int pos= Integer.parseInt( args[0]);
      System.out.println(
          "lecture de l'élément en position: "+pos);
      rf.seek( pos*564); // 564: La taille d'un enregistrement
      // Lecture de l'enregistrement
      int codeClient= rf.readInt();
      System.out.println( "code client: "+codeClient);
      byte[] b= new byte[40];
      rf.readFully( b);
      System.out.println( "Nom: "+new String( b, "UTF-16BE"));
```

```
        b= new byte[512];
        rf.readFully( b);
        System.out.println( "Email: "+new String( b,
                "UTF-16BE"));
        double solde= rf.readDouble();
        System.out.println( "Solde: "+solde);
    } catch( IOException e) {
        System.out.println( "Erreur IO: "+e.getMessage());
    }
  }

}
```

La compression des données

- **ZipFile : Représente un fichier ZIP en lecture**

- **ZipEntry : Représente une entrée du ZIP**

- **ZipOutPutStream : Représente un fichier ZIP en écriture**

La compression de données existe dans Java depuis l'introduction des fichiers JAR, compatibles avec le format ZIP (dès la version 1.1 de Java).

Le package `java.util.zip` contient les API qui permettent de gérer la compression de fichiers ZIP directement. Cette compression utilise les algorithmes ZLIB.

Les principales classes sont :

- `ZipFile` qui représente un fichier ZIP.

- `ZipEntry` qui représente chaque fichier compressé dans le fichier ZIP.

- `ZipOutputStream`, qui hérite de `FilterOutputStream` et qui permet d'écrire dans un fichier ZIP.

La classe ZipFile

Elle représente un fichier ZIP pour la lecture.

Les constructeurs sont :

```
ZipFile( String nomFichier);
ZipFile( File fichier);
ZipFile( File fichier, int mode);
```

Pour ce dernier, le mode peut être :

- OPEN_READ pour une lecture seule.

- OPEN READ | OPEN_DELETE pour une destruction du fichier ZIP mais en gardant les données accessible jusqu'à la fermeture de l'objet `ZipFile` (méthode `close()`). Cela permet notamment de recréer le fichier à partir de son contenu initial, pour le mettre à jour par exemple.

Les principales méthodes de lecture sont :

```
Enumeration entries(); // Retourne toutes les entrées (classe
                       // ZipEntry)
ZipEntry getEntry( String nom); // Retourne une entrée
int size(); // Rend le nombre d'entrées dans le fichier ZIP
InputStream getInputStream( ZipEntry entree); // Permet de
                            // lire le contenu d'une entrée
```

La classe ZipEntry

Elle représente toutes les informations d'une entrée d'un fichier ZIP à l'aide des principales méthodes :

```
String getName(): // Rend le nom
String getComment(); // Rend le commentaire
Long getCrc(); // Retourne le checksum CRC-32
byte[] getExtra(); // Rend le "champ extra d'informations"
                   // ou null s'il n'y en a pas
Long getSize(); // Rend la taille non compressé
long getCompressedSize(); // Rend la taille compressée
int getMethod(); // Rend la méthode de compression
```

La classe ZipOutputStream

Elle permet de construire un fichier ZIP. Elle hérite de `FilterOutputStream`, on peut donc directement écrire dedans par les méthodes `write`.

Elle possède un constructeur qui prend en argument un objet `OutputStream` (ce qui veut dire que l'on peut écrire sur autre chose qu'un fichier : un socket ou un champ de base de données par exemple).

```
ZipOutputStream( OutputStream out);
```

Les principales méthodes sont :

```
void setComment(); // Met un commentaire dans le ZIP
void putNextEntry( ZipEntry entree); // Ajoute une nouvelle
                                     // entrée
void write( byte[], int index, int longueur); // Compresse et
        // écrit le tableau d'octets dans l'entrée courante.
```

Le package java.nio (New I/O)

- ▪ **La classe Buffer : I/O en mémoire**
  - ● ByteBuffer
  - ● CharBuffer
- ▪ **L'interface Channel : représente une connexion**
  - ● FileChannel
  - ● SocketChannel
  - ● DatagramChannel
- ▪ **Les codages de caractères avec la classe CharSet**
  - ● Jeux UTF sur 8 ou 16 bits

Ce nouveau package intitulé `nio` (New I/O) a été introduit dans la version 1.4 de Java.

Son objectif est principalement d'améliorer les performances sur la gestion des fichiers, des buffers et du réseau.

Il est composé de :

- APIs fichier et socket permettant la bufferisation des données en mémoire.
- Support de nouvelles fonctions du système de fichiers, notamment le verrouillage de fichiers.
- Encodeurs/décodeurs pour les conversions de caractères.

Nous verrons les fonctions concernant les sockets dans le chapitre sur le réseau.

La classe Buffer

Un buffer est un conteneur dont la taille est définie, et qui permet de manipuler des données d'entrées/sorties, répliquées en mémoire à partir d'un pointeur.

Les méthodes de cette classe abstraite sont :

```
boolean isReadOnly(); // Retourne true si le buffer est en
                      // lecture seule
int capacity(); // Retourne le nombre d'éléments du buffer
int limit(); // Retourne un pointeur juste après celui du
             // dernier élément
Buffer limit( int nouvelleLimite); // Modifie la limite du
                 // Buffer. Toutefois, la nouvelle limite de
```

```
                          // peut excéder l'ancienne.
Buffer flip(); // Tronque le buffer à partir de la position
                 // courante et ne garde que ce qui est avant,
                 // repositionne le pointeur au début.
Buffer clear(); // Vide le contenu du buffer et remet le
                  // pointeur à 0
Buffer mark(); // Marque le position courante pour un reset
Buffer reset(); // Revient à la position marquée par le mark
int position(); // Retourne la position courante
Buffer position( int nouvellePosition); // Change la position
Buffer rewind(); // Remet la position au début du buffer
boolean hasRemainding(); // Rend true s'il reste encore des
                            // éléments après la position courante
```

Les implémentations de la classe `Buffer` ont été faites pour les types primitifs de Java :

- ByteBuffer.
- CharBuffer.
- DoubleBuffer.
- FloatBuffer.
- IntBuffer.
- LongBuffer.
- ShortBuffer.

C'est la classe `ByteBuffer` que nous utiliserons le plus souvent, car elle permet la manipulation de données binaires.

Examinons la classe `ByteBuffer` :

Pour créer un nouveau `ByteBuffer`, on peut utiliser les méthodes statiques :

```
ByteBuffer allocate( int capacité);
ByteBuffer wrap( byte[] tableau);
ByteBuffer wrap( byte[] tableau, int offset, int longueur);
```

Les méthodes `wrap` créent un buffer à partir d'un tableau. Toute modification sur le tableau sera impactée dans le buffer et vis-versa.

Pour le manipuler, en plus des méthodes de Buffer que nous venons de voir, on dispose de méthodes pour :

- Lire ou écrire (`get` et `put`) des bytes, mais aussi des types primitifs avec conversion.
- Faire des transferts de volume (`bulk get` et `bulk put`).
- Dupliquer ou créer des vues.
- Comparer deux `ByteBuffer`.

La lecture s'effectue à l'aide des méthodes `get`. Cette méthode est prévue pour tous les types primitifs, et pour chaque type il existe deux signatures : une sans argument qui lit à la position courante, l'autre avec un argument qui spécifie la positon.

Exemple pour le type `int` :

```
int getInt( int index); // Lecture à la position en argument
int getInt(); // Lecture à partir de la position courante
```

L'écriture s'effectue de la même manière avec les méthodes put.

Exemple pour le type `int` :

```
ByteBuffer putInt( int valeur);
ByteBuffer putInt( int position, int valeur);
```

Les transferts s'effectuent à l'aide des méthodes :

```
ByteBuffer get( byte[]); // Copie du buffer vers le
                         // tableau d'octets
ByteBuffer get( byte[], int index, int longueur); // Spécifie
                                          // une partie du buffer
ByteBuffer put( byte[]); // Copie du tableau vers le buffer
ByteBuffer put( byte[], int index, int longueur); // Copie
                    // une partie du tableau vers le buffer
```

Ces méthodes peuvent envoyer les exceptions :

- `IndexOutOfBoundsException` si le buffer est plus grand que le tableau.
- `BufferUnderflowException` si le buffer est plus petit que le tableau (pour les `get`).
- `BufferOverflowException` si le buffer n'est pas assez grand (pour le `put`).
- `ReadOnlyBufferException` si le buffer est en lecture seule (pour le `put`).

Les vues permettent de manipuler ces buffers au travers de diverses interfaces. Le principe est la création d'un objet d'un autre type, dans lequel toute modification sera impactée dans le `ByteBuffer` et vice-versa.

```
CharBuffer asCharBuffer(); // Crée un CharBuffer à partir
                           // du ByteBuffer
DoubleBuffer asDoubleBuffer(); // Buffer de double (8 bytes)
FloatBuffer asFloatBuffer(); // float (4 bytes)
IntBuffer asIntBuffer(); // int (4 bytes)
LongBuffer asLongBuffer(); // long (8 bytes)
ShortBuffer asShortBuffer(); // short (2 bytes)
```

La méthode `slice` permet de créer une vue d'une partie d'un buffer : cette partie démarre à la position courante jusqu'à la fin.

```
ByteBuffer slice(); // Crée une vue à partir de la position
                    // courante
```

Pour créer une vue en lecture seule du `ByteBuffer` :

```
ByteBuffer asReadOnly();
```

Enfin, la méthode ci-dessous permet de créer une copie du buffer. Il faut noter que les éléments sont partagés, la seule chose qui diffère est le pointeur d'accès, propre à chaque `ByteBuffer`.

```
ByteBuffer duplicate();
```

La comparaison se fait à l'aide des méthodes :

```
boolean equals( Object o);

int compareTo( Object o);
```

Ces méthodes polymorphes bien connues vont comparer chaque octet du buffer.

Remarque :

Les octets d'un `ByteBuffer` sont codés par défaut en `BigIndians`, et ce, quel que soit le processeur de la plateforme d'exécution. On peut changer ce codage à l'aide de la méthode `ByteBuffer order( ByteOrder);` et obtenir le codage courant par la méthode `ByteOrder order();`

L'interface Channel

Les objets qui implémentent cette interface représentent des connexions vers des périphériques (sockets, fichiers, autre…) On obtient, au travers de cette interface, l'état de la connexion : ouverte ou fermée.

Les méthodes sont les suivantes :

```
Boolean isOpen(); // Tester si le canal est ouvert

Void close(); // Fermeture du canal
```

On trouve diverses implémentations, citons notamment :

- FileChannel pour les fichiers.
- SocketChannel et DatagramChannel pour le réseau.
- `SelectableChannel` qui permet de gérer des channels en mode non bloquant.

Cette dernière implémentation permet de gérer des événements I/O en asynchrone, à partir d'un objet de type `Selector`.

L'avantage de cette technique est de pouvoir séparer de façon asynchrone l'observation des I/O et les traitements à associer à chaque opération.

La classe `Selector` est abstraite, elle doit être implémentée pour chaque opération.

La classe Charset

Elle permet de gérer les jeux de caractères codés sur un ou plusieurs octets.

Des méthodes `static` permettent de connaître les jeux disponibles sur la JVM et d'en utiliser :

```
static SortedMap availableCharsets(); // Liste les jeux
                         // disponibles dans un Map trié
static boolean isSupported( String nom); // Rend true si le
         // jeu spécifié en argument est supporté par la JVM
static Charset forName( String nom); // Rend le jeu spécifié
                                     // en argument
```

Les jeux sont connus par les noms :

"US-ASCII"	ASCII sur 7 bits	7 bits
"ISO-8859-1"	ISO Latin alphabet numéro 1	8 bits
"UTF-8"	Format UCS 8 bits	8 bits
"UTF-16-BE"	UTF Big Endian	16 bits
"UTF-16-LE"	UTF Little Endian	16 bits
"UTF-16"	UTF par défaut Big Endian	16 bits

Nous utilisons par défaut dans Java le format "UTF-16-BE". Pour plus d'informations, consulter les RFC 2279 et RFC 2781 ainsi que le site :

http://www.unicode.org

Pour encoder et décoder dans un buffer, on dispose des méthodes :

```
ByteBuffer encode( CharBuffer buffer); // Pour encoder un
                            // CharBuffer dans un ByteBuffer
ByteBuffer encode( String chaine); // Pour encoder une chaîne
                          // de caractères dans un ByteBuffer
CharBuffer decode( ByteBuffer buffer); // Pour décoder les
            // octets d'un ByteBuffer vers un CharBuffer
```

Remarque :
Les objets `Charset` sont utilisés ailleurs que dans les Buffers. Par exemple dans la classe `String` : voir la méthode `getBytes` que l'on a d'ailleurs utilisé dans l'exemple de la classe `RandomAccessFile`.

Atelier

Objectifs :

- **Manipuler la classe File**
- **Savoir utiliser les fichiers à accès aléatoire**

Durée minimum : 40 minutes.

Exercice 1 : lister les tailles des fichiers

Faire un programme qui va scanner le disque dur récursivement et donner les tailles de tous les répertoires.

Ce programme est dans la méthode main d'une classe appelée `TailleRep.class`

Il est lancé en passant le nom complet du répertoire en argument, ou prend le répertoire courant d'exécution si aucun répertoire n'est spécifié.

Exemples :

```
java TailleRep
java TailleRep "c:\Program files"
```

On veillera à utiliser le caractère espace pour tabuler les sous répertoires. Exemple :

```
Program Files ............................  627 089 ko
  Accessoires ...........................      633 ko
   Hyper Terminal .......................        0 ko
   Chat ................................      125 ko
Fichiers Communs ........................   52 249 ko
  InstallShield .........................    1 254 ko
  odbc ..................................  135 octets
   Data Sources.........................  135 octets
```

Exercice 2 : créer une base de données

A l'aide d'un éditeur de texte, construire les fichiers textes :

- NOMS.TXT
- PRENOMS.TXT
- RUES.TXT

Ces fichiers contiendront chacun une entrée par ligne (une trentaine de lignes par fichiers).

Exemple pour NOMS.TXT :

```
Valjean
Thénardier
Javert
```

etc...

Le fichier RUES.TXT contiendra le nom de la rue, le code postal et la ville sur chaque enregistrement, séparés par un point-virgule. Exemple :

```
place Louis XV;75004;Paris
rue de Rivoli;75004;Paris
```

etc.

Faire un programme, que l'on appellera `CreeBaseClients.class`, qui va récupérer les trois fichiers ci-dessus, et qui va créer une base de données de 1000 personnes, à partir du résultat aléatoire des noms, prénoms, numéro de rue, et nom de rue.

Le fichier résultant, que l'on appellera CLIENTS.DATA, sera composé d'enregistrements ayant comme format :

NOM sur 15 caractères

PRENOM sur 15 caractères

ADRESSE sur 20 caractères

Exercices 3 : lire la base de données

Faire le programme de lecture de la base clients.

Ce programme, qui s'appellera `LitBaseClient.class`, prend en argument le numéro de l'enregistrement, et l'affiche sur la console.

Exemple :

```
java LitBaseClient 357
```

Donnera :

```
Gaspard Valjean
23, Place Louis XV
75004 Paris
```

Questions/Réponses

Q. Y-a-t-il moyen de savoir sur quel type de File System tourne l'application ?

R. Une propriété du système : `os.name` permet de connaître le nom du système d'exploitation. Voir le module précédent sur les classes utiles, la classe `System`.

Q. Peut-on énumérer les unités disque en Java ?

R. Oui mais attention, l'accès aux unités est différent selon le système d'exploitation. Par exemple sous Windows, ce sont les entrées de la racine du système d'exploitation, sous Unix ce sont les fichiers du répertoire.

Il faut utiliser la méthode `static File [] listRoots();` de la classe `File`. Voici un exemple :

```java
import java.io.*;
public class AnalyseFileSystem {
  public static void main( String [] args) throws IOException {
    File [] tf= File.listRoots();
    for( int n=0; n < tf.length; n++) {
      System.out.println( "Entrée: "+tf[n]);
      String [] ts= tf[n].list();
      for( int m=0; m < ts.length; m++)
        System.out.println( "-> "+ts[m]);
    }
  }
}
```

Q. Que se passe-t-il si on utilise le slash (/) et non pas l'antislash (\) comme séparateur de répertoires sous Windows ?

R. Cela ne fait rien, le slash sera converti automatiquement par Java pour être compatible avec le File System.

Q. Quelle est la limite de taille des fichiers pouvant être gérés avec Java ?

R. Dans la classe `RandomAccessFile`, les méthodes de positionnement du curseur prennent en argument une position dans un long. On peut donc adresser 2 puissance 64 octets, ce qui nous donne une limite théorique d'environ 18 milliards de milliards d'octets. La limite est bien entendu fixée - beaucoup plus bas - par le système d'exploitation.

Q. Peut-on créer notre propre jeu de caractères (donc une classe `Charset`) ? Si oui, comment l'installer dans la JVM ?

R. Oui, pour cela il faut implémenter une classe qui hérite de la classe `java.nio.charset.spi.CharsetProvider` et la déployer d'une façon particulière. Reportez vous à la documentation des APIs de Java à la classe `CharsetProvider`.

Q. Les performances des APIs d'entrées/sorties sont elles suffisamment bonnes pour créer de grosses applications de gestion de données ?

R. Les APIs reposent directement sur le système d'exploitation. Donc leurs performances sont directement liées à celles de l'OS.

Par contre, vous parlez d'applications de gestion de données. Ce type d'application ne fait pas que des accès aux entrées/sorties, mais aussi des traitements en mémoire. Pour ces derniers, méfiez-vous des tableaux, dont les accès sont contrôlés par du code (susceptible de lancer des exceptions), ce qui ralentit forcément l'exécution.

7

Les collections d'objets

Objectifs

La programmation objet pose un problème fondamental : comment stocker, classer, manipuler les collections d'objets, comment comparer des objets entre eux. Java répond avec une API aussi complète que performante.

Nous allons comprendre cette API et la mettre en pratique au travers d'exemples.

Contenu

- Que sont les collections ?
- Les classes de base de Java.
- Le framework des collections.
- La comparaison des objets entre eux et les possibilités de tri implémentées dans Java.

Les collections d'objets

■ **Opérations de base :**

    ● Ajout d'un objet

    ● Suppression d'un objet

    ● Récupération d'un objet

Collection

Objet 1

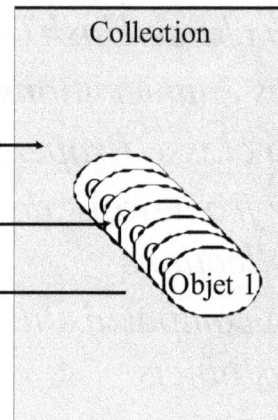

Les collections d'objets sont aussi parfois appelées des « conteneurs d'objets ». Ce sont des objets contenant les références d'un ensemble d'autres objets.

Les opérations de base d'une collection sont :

- L'insertion d'un nouvel objet.
- La suppression d'un objet.
- La récupération de la référence d'un objet.
- Parfois même des requêtes de recherches d'un ou plusieurs objets à l'aide de critères.

Les types de collections

On peut en classifier un certain nombre, couramment utilisés dans l'informatique :

- Les vecteurs : ensembles d'objets pouvant être retrouvés par leur référence.
- Les listes : ensemble d'objets classés par une position.
- Les ensembles : ensemble d'objets d'un même type.
- Les tables de hachage : ensemble d'objets classés à l'aide d'une clé qui est elle même un objet.
- Les piles : ensemble d'objets pouvant être simplement posés ou retirés (push et pull).

Le principe est toujours le même : stocker puis retrouver des objets.

Java propose un support complet des collections

Comme nous l'avons vu précédemment, Java propose les tableaux, qui peuvent évidemment contenir des références vers des objets, mais aux deux contraintes près que :

- tous les éléments d'un tableau doivent être d'un même type.
- le nombre maximum d'éléments est décidé à sa création.

Pour palier à ces limites, Java propose d'autres classes de base depuis la version 1.0.

Ces classes de base de Java sont :

- Vector.
- HashTable.
- Enumeration.
- Properties.

Apparu à partir de la version 1.2, la "collection framework" est une API beaucoup plus riche, et surtout proposant des interfaces qui nous permettront de définir nos propres classes et algorithmes de collections.

A partir de cette version, les classes de la version 1.0 (`Vector`, `HashTable`...) intégreront ce framework, ce qui les enrichira de nouvelles méthodes.

Enfin, à partir de la version 5 de Java, un certain nombre de nouveautés viennent encore plus faciliter le travail du développeur, avec notamment :

- Les boucles `foreach`.
- Les énumérations.

Les types des objets stockés

Une collection doit permettre de stocker n'importe quel type d'objet. Comme nous l'avons déjà vu, le type le plus générique est le type `Object`. Tout objet Java est de type `Object`.

Jusqu'à la version 5, les collections géraient des objets de ce type. Toutes les méthodes que nous examinerons ensemble prenaient en argument ce type.

Exemples :

```
public void addElement( Object objetAAjouter);
public Object getElement( int indexDeLElementARecuperer);
```

Dans ce cas, il faut faire appel au `cast` pour transtyper les objets contenus dans les collections vers leur type original.

Mais cela peut poser des problèmes d'erreur de transtypage qui ne sont pas forcément détectées lors de la compilation, mais interviennent à l'exécution.

Pour palier à cela, la version 5 de Java intègre la notion de type générique, qui apporte à la fois la sécurité de la vérification des types lors de la compilation, et supprime la nécessité d'utiliser le casting pour rétablir le type original des éléments. Nous verrons la mise en œuvre de cette nouveauté dans les différentes classes de collections.

Les classes Vector et HashTable

■ **Classe Vector**

- Les éléments sont des objets
- Doublons autorisés
- Récupération par numéro d'index ou valeur de l'objet

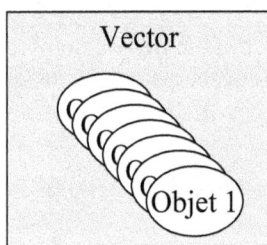

■ **Classe HashTable**

- Paires clé/valeur
- Les clés sont des objets
- Récupération par la valeur de la clé ou par la valeur de l'objet

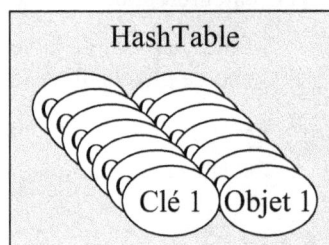

La classe Vector

Cette classe permet de faire des collections d'objets de n'importe quels types.

Elle possède trois constructeurs :

- **Vector()** ; Construit un vecteur.

- **Vector(int taille)** ; Construit un vecteur en spécifiant une taille. Cette taille sera utilisée pour la construction de son tableau interne, en effet cette classe s'appuie sur un tableau d'objets. Si cette limite est atteinte, alors un nouveau tableau est créé afin d'augmenter sa capacité.

- **Vector(int taille, int incrementation)** ; Permet de spécifier, en plus de la taille initiale, la taille d'incrémentation du vecteur. Ces arguments, bien que rarement utilisés, permettent d'optimiser les performances dans certains cas d'utilisation des Vectors.

Les méthodes sont les suivantes :

- **addElement(Object)** ; Permet d'ajouter un objet au Vector.

- **insertElementAt(Object element, int index)** ;

- **void setElementAt(Object element, int index)** ; Remplace l'élement positionné à l'index passé par celui passé en argument. Cette méthode est similaire à : void set(int index, Object element) ; .

- **void copyInto(Object [] tableau)** ; Ajoute au Vector tous les objets contenus dans le tableau.

- **void removeElementAt(int index)** ; Supprime l'élément positionné à l'index passé.

- **boolean removeElement(Object element)** ; Supprime la première occurrence d'un objet égal à celui passé en argument. Retourne true si un objet a bien été trouvé,false sinon. Cette méthode est identique à : boolean remove(Object);.

- **void removeAllElements()** ; Supprime tous les éléments du Vector. Cette méthode est semblable à la méthode : void clear();.

- **boolean contains(Object)** ; Test l'existence d'un objet dans le Vector.

- **Object firstElement()** ; Rend le premier élément duVector.

- **Object lastElement()** ; Rend le dernier élément.

- **Object elementAt(int index)** ; Permet de récupérer l'élément positionné à l'index passé en argument.

- **int indexOf(Object element)** ; Rend la position du premier objet égal (méthode boolean equals(Object) de la classe Object ou redéfinie) à l'objet passé en argument dans le Vector.

- **int indexOf(Object element, int index)** ; Idem ci-dessus, mais en partant de l'index spécifié en argument. Cette méthode servira à parcourir l'ensemble du Vector pour retrouver toutes les occurrences d'un élément.

- **int lastIndexOf(Object element)** ; Rend la position du dernier objet égal à l'objet passé en argument.

- **int lastIndexOf(Object element, int index)** ; Idem ci-dessus mais en partant de l'index spécifie en argument. Cela permet une énumération à partir de la fin du Vector.

- **Enumeration elements()** ; Rend les objets du Vector dans un objet implémentant l'interface Enumeration. Cette interface est détaillée plus bas.

- **void removeAllElements()** ; Supprime tous les éléments du Vector. Cette méthode est semblable à la méthode : void clear();

- **int size()** ; Retourne le nombre d'éléments insérés dans le Vector.

De plus, un certain nombre de méthodes permettent la gestion de la capacité du Vector :

- **int capacity()** ; Rend le nombre d'éléments pouvant être contenus dans ce Vector. C'est en fait la taille du tableau d'objets qui est protected.

- **void ensureCapacity(int capaciteMini)** ; Permet d'augmenter la capacité du Vector si elle est inférieure à l'argument capaciteMini.

- **void setSize(int taille)** ; Permet de modifier la capacité du Vector. Si la taille passée est supérieure à la taille actuelle, les cellules ajoutées sont mises à null. Si la taille passée est inférieure, alors les éléments au dela de la nouvelle capacité sont retirés du tableau.

- **void trimToSize()** ; Ajuste la taille du tableau interne du vecteur au nombre de ses éléments. Cette méthode sera utilisée pour optimiser l'utilisation de la mémoire par le Vector.

A partir de la version 1.2, Vector va en plus implémenter les interfaces du "framework de collections" : Collection et List, dont nous reparlerons un peu plus loin.

La classe HashTable

Cette classe permet des gérer des paires clé/valeur. La particularité réside dans le fait que la clé est un objet Java quelconque.

Généralement, la clé sera de type String, mais il sera possible d'utiliser n'importe quel type Java. Attention, toutefois, si vous utilisez un de vos propres types, veillez à bien implémenter les méthodes `int hashCode()` et `boolean equals( Object);` (voir la remarque ci-dessous)

Les principales méthodes de la classe sont :

- **`int size()`** ; Retourne le nombre d'éléments dans la table.

- **`boolean isEmpty()`** ; Rend `true` s'il n'y a aucun élément.

- **`boolean contains( Object valeur)`** ; Retourne `true` s'il existe un élément identique à celui passé en argument.

- **`boolean containsKey( Object cle)`** ; Retourne `true` s'il existe une clé identique à celle passé en argument.

- **`Object get( Object cle)`** ; Récupère l'objet dont la clé est identique à celle passée en argument.

- **`Object put( Objetc cle, Object valeur)`** ; Ajoute une paire clé/valeur. S'il existant déjà un objet associé à la clé passée en argument, il sera alors retourné et remplacé par celui passé en argument.

- **`Object remove( Object cle)`** ; Retire la paire clé/valeur dont la clé est passée en argument. La valeur retournée est l'objet supprimé ou `null` s'il n'existait pas dans la `HashTable`.

- **`void clear()`** ; Efface la totalité du contenu de la table.

- **`Enumeration keys()`** ; Renvoie une énumération de l'ensemble des clés.

- **`Enumeration elements()`** ; Renvoie une énumération de tous les éléments.

Remarque :
L'accès aux éléments se faisant par la clé (méthodes `get` et `remove`), un index interne au `HashTable` a été créé à partir des `hashCodes` des objets clés pour augmenter les performances. Cela peut expliquer, que pour certaines tables de grande taille, on remarque un différence de performances entre les méthodes `containsKey( Object cle)` et `contains( Object valeur)` qui n'est pas optimisée.

A partir de la version 1.2, `HashTable` va en plus implémenter l'interface `Map` du "framework de collections" que nous verrons un peu plus loin.

Exemple :

```java
import java.util.*;


public class ExempleHashtable {
  public static void main( String [] args) {
    Hashtable h= new Hashtable();
    System.out.println( "Ancien nom: "+h.put( "Nom",
        "Dupont"));
    h.put( "Prenom", "Jean");
    System.out.println( "Ancien nom: "+h.put( "Nom",
        "Dupuis"));
```

```
    System.out.println( "Nouveau nom: "+h.get( "Nom")+","
        +h.get( "Prenom"));
  }
}
```

L'interface Enumeration

Elle permet de faciliter la lecture de tous les éléments d'une collection. On obtient un objet implémentant cette interface dans les classes `Vector` et `HashTable` à l'aide des méthodes `elements()` et `keys()`.

La classe contient les méthodes suivantes :

* **boolean hasMoreElements();** Test si l'on est arrivé à la fin de l'énumération.
* **Object nextElement();** Retourne l'élément suivant.

Exemple typique d'utilisation :

```
Enumeration e= vecteur.enumeration();
while( e.hasMoreElements()) {
  String s= (String)e.nextElement();
  System.out.println( "Element: "+s);
}
```

Dans cet exemple, on suppose que le Vector `vecteur` est rempli avec des objets qui sont toujours de type `String` (attention à la `ClassCastException`).

La classe Properties

■ **Classe Properties**

- Les éléments sont des paires nom/valeur

- Uniquement des chaînes de caractères

- Une valeur par nom

- Support des valeurs par défaut

- Entrées/sorties par les streams (stockage fichier, réseau, etc...)

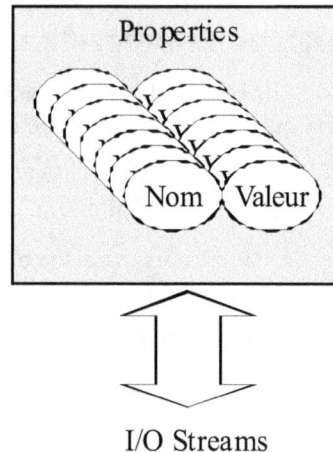

Elle a été créée comme outil pour gérer des collections de propriétés.

Une propriété est en fait un couple nom/valeur. Ces objets sont de type `String`.

La classe possède deux constructeurs :

- **`public Properties()`** ; Crée un objet vide,

- **`public Properties( Properties defaut)`** ; Crée un objet vide, mais les valeurs des propriétés de l'objet passé en argument seront prises par défaut.

Méthodes de manipulation des données

L'utilisation de ce type d'objets passe par les méthodes `setProperty` et `getProperty` dont les signatures sont les suivantes :

- **`Object setProperty( String cle, String valeur)`** ; Permet d'ajouter ou de remplacer une propriété par une nouvelle. Cette méthode fait simplement appel à la méthode `put` du `HashTable` dont la classe hérite. Elle rend ce que rend cette méthode, c'est à dire un objet représentant l'ancien objet en cas de remplacement. Cet objet sera donc de type `String`.

- **`String getProperty( String cle)`** ; Rend la valeur de la propriété dont la clé est passée en argument. Si aucune propriété n'est trouvée sous cette clé, alors elle est recherchée dans l'objet `Properties` par défaut s'il existe, et ce de façon récursive. Si finalement aucune propriété n'est trouvée, alors elle retourne la valeur `null`.

- **`String getProperty( String cle, String valeurDefaut)`** ; Rend la valeur de la propriété dont la clé est passée en argument. Recherche aussi dans l'objet `Properties` par défaut, et si finalement aucune propriété n'est trouvée, rend la valeur par défaut spécifiée en argument.

- **`Enumeration propertiyNames()`** ; Renvoie toutes les clés dans une énumeration.

> **Remarque :**
> La classe `Properties` hérite de `HashTable`, ce qui rend possible l'utilisation des méthodes `put` et `putAll`. Toutefois, ces méthodes acceptant n'importe quel type d'objets, leur utilisation est fortement déconseillée car un objet `Properties` de sait gérer que des chaînes de caractères.

Sauvegarde et restauration dans un fichier

Il sera souvent nécessaire de stocker les propriétés dans un fichier, ou dans n'importe quel autre système de persistance. Aussi, une fonctionnalité intéressante de cette classe est le support de la sauvegarde et de la restauration de ses données par le mécanisme des flots de données de Java (dont nous parlerons dans un prochain chapitre).

Les données échangées seront de type texte, et leur format assez classique :

- les commentaires sont sur chaque ligne à droite du signe dièse (#) ;
- chaque propriété est sur une ligne, le nom est à gauche du signe égal (=) et la valeur à droite ;
- les espaces et les retours chariot sont remplacés par des séquences escape (\ et \n).

Exemple :

```
#Donn\u00E9es de TOTO
#Fri May 17 17:35:26 CEST 2002
Adresse\ postale=Batiment 1\n1, rue Mozart
Ville=Paris
cp=75006
Pr\u00E9nom=Andr\u00E9
Nom=Dupont
```

> **Remarque :**
> Le jeu de caractères unicode ISO 8859 est utilisé pour la sauvegarde des objets `Properties`. Une conversion peut être éventuellement nécessaire lors de l'utilisation de ces fichiers dans d'autres systèmes.

La manipulation des ces objets `Properties` au travers des entrées/sorties d'effectue à l'aide des méthodes suivantes :

- **void list(PrintStream flotSortie);** Envoie le contenu des propriétés dans le flot de sortie de type `PrintStream`.
- **void list(PrintWriter);** Envoie le contenu des propriétés dans le flot de sortie de type `PrintWriter`.
- **load(InputStream);** Charge le contenu de l'objet `Properties` à partir d'un flot d'entrée (fichier ou autre…)
- **store(OutputStream flotSortie, String en-tete);** Sauvegarde le contenu de l'objet `Properties` vers le flot de sortie après avoir envoyé la chaîne de caractères en-tête sous forme d'un commentaire.

Exemple :

```
import java.util.*;
```

```java
import java.io.*;

public class TestProperties {

  public static void main( String [] args) {
    Properties p1, p2, p3;

    // Remplissage manuel d'un Properties et sauvegarde
    p1= new Properties();
    p1.setProperty( "Nom", "Dupont");
    p1.setProperty( "Prénom", "André");
    p1.setProperty( "Adresse postale", "Batiment 1\n1, rue
Mozart");
    p1.setProperty( "Ville", "Paris");
    p1.setProperty( "cp", "75006");
    try {
      p1.store( new FileOutputStream( "test.props"), "TOTO");
    } catch( IOException e) {
      System.out.println( "Pb I/O: "+e.getMessage());
    }

    // Crétion d'un Properties et remplissage à partir d'un
fichier
    p2= new Properties();
    try {
      p2.load(  new FileInputStream( "test.props"));
    } catch( IOException e) {
      System.out.println( "Pb I/O: "+e.getMessage());
    }
    System.out.println( "Nom: "+p2.getProperty( "Nom"));

    // Création d'un Properties avec valeurs par défaut
    p3= new Properties( p2);
    p3.setProperty( "Nom", "Dupuis");
    System.out.println( "Nom: "+p3.getProperty( "Nom"));
    System.out.println( "Ville: "+p3.getProperty( "Ville"));
  }
}
```

Le framework de collections

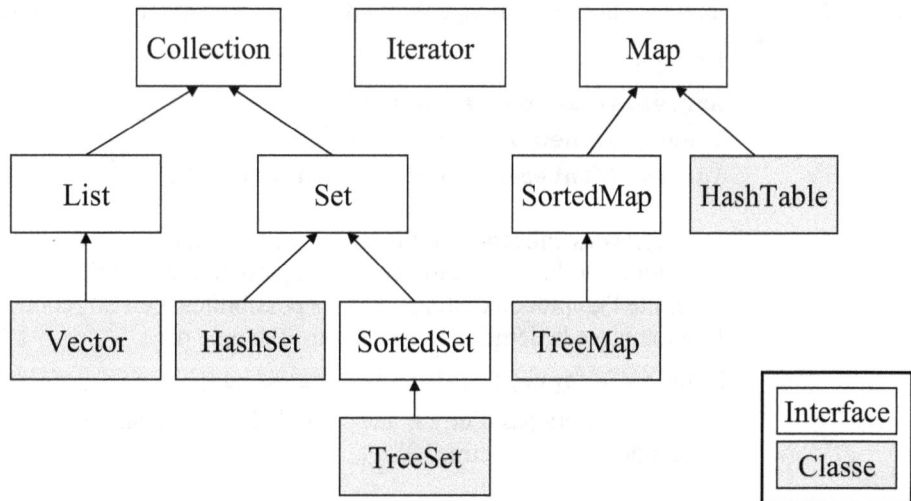

Le framework est destiné à apporter des fondations solides à tous les types d'ensembles d'objets, par le biais d'interfaces spécifiant les fonctionnalités de chacun de ces types.

Les particularités de ces interfaces sont les suivantes :

- **Collection** représente un groupe d'objets, et autorise les doublons.
- **List** est une Collection dans laquelle entre la notion de position de chaque élément.
- **Set** est une Collection mais qui interdit les doublons.
- **SortedSet** est un Set d'objets pouvant être triés.
- **Map** représente un groupe de paires d'objets.
- **SortedMap** est une Map de paires triables.
- **Iterator** est une interface semblable à Enumeration.
- **Comparable** est une interface permettant de rendre des objets comparables.

On trouvera dans le framework un certain nombre de classes implémentant ces interfaces :

- **Vector** que nous avons déjà vu
- **HashSet** et **TreeSet** (objets Comparable) qui implémentent Set
- **ArrayList** (équivalent d'un Vector 1.0) et **LinkedList** (équivalent d'une Stack 1.0) qui implémentent List
- **HashTable** (que nous avons déjà vu) et **TreeMap** (équivalent d'un **Properties** 1.0) qui implémentent Map.

Les types génériques

Pour faciliter l'emploi de tous types d'objets dans ces collections, la notion de type générique est apparue dans la version 5 de Java.

Java 5

Ce qu'apporte principalement cette facilité, c'est la vérification de la bonne utilisation du type à la compilation, et la fin de la nécessité d'avoir recours au casting.

Exemple :

```
ArrayList l= new ArrayList() ;
l.add( 0, new Integer(2));
int i= ((Integer)l.get(0)).intValue();
```

Les objets des collections utilisent le type Object, comme s'il s'agit d'un type générique. Or, la vérification des types, particulièrement rigoureuse dans Java, nécessite l'emploi du casting, avec les possibilités d'erreur, comme par exemple, si l'on remplace la dernière ligne de notre exemple par :

```
byte b= ((Byte)l.get(0)).byteValue() ;
```

Ceci ne générera pas d'erreur à la compilation, mais par contre une exception à l'exécution du programme.

L'utilisation de types génériques se traduit dans notre exemple par :

```
ArrayList<Integer> l= new ArrayList<Integer>() ;
l.add( 0, new Integer(2));
int i= l.get(0).intValue();
```

Et dans ce cas, le remplacement de la dernière ligne par:

```
Byte b= l.get(0).byteValue() ;
```

générera immanquablement une erreur à la compilation.

L'utilisation des types génériques est aussi possible avec les objets Map (qui possèdent une clé qui est aussi d'un type Object).

Exemple :

```
Map<Integer, String> m= new TreeMap<Integer, String>() ;
m.put( 12, "Hello numéro douze");
```

L'utilisation des types génériques n'est pas limitée aux classes de collections disponibles dans Java. Il est aussi possible de definir ses propres classes utilisant les types génériques.

Exemple :

```
public class TriGenerique<A> {
  ArrayList<A> tableau;
  public TriGenerique() {
    tableau= new ArrayList();
  }

  public void addElement( A element) {
    tableau.add(element);
  }
}
```

L'usage d'une lettre (A dans notre exemple) permet de spécifier un type non défini à la programmaiton, mais qui sera déterminée à la compilation par les classes utilisatrices.

L'interface Collection

Elle représente un groupe d'objets qui autorise les doublons.

Elle permet de définir les fonctionnalités de base (ne pas la confondre avec la classe `Collections` – avec un s à la fin – dont nous reparlerons plus loin).

Les méthodes sont les suivantes :

Manipulation du contenu :

- **boolean add(Object element)** ; Ajoute un élément à la fin du Vector.

- **void add(int index, Object element)** ; Insert un élément à la position indiquée dans le `Vector`. Cette méthode est similaire à : `void insertElementAt( Object, int);`.

- **void setElementAt(Object element, int index)** ; Remplace l'élement positionné à l'index passé par celui passé en argument. Cette méthode est similaire à : `void set( int index, Object element);`.

- **void addAll(Collection c)** ; Ajoute en fin du **Vector** tous les éléments de l'objet implémentant `Collection`. Nous verrons plus loin cette interface.

- **void addAll(int index, Collection c)** ; Insère la collection à l'index passé en argument.

- **void copyInto(Object [] tableau)** ; Ajoute au `Vector` tous les objets contenus dans le tableau.

- **Object remove(int index)** ; Supprime l'élément spécifié par l'index, et retourne cet élément.

- **void removeElementAt(int index)** ; Supprime l'élément positionné à l'index passé.

- **boolean removeElement(Object element)** ; Supprime la première occurrence d'un objet égal à celui passé en argument. Retourne `true` si un objet a bien été trouvé, `false` sinon. Cette méthode est identique à : `boolean remove( Object);`.

- **boolean removeAll(Collection c)** ; Supprime tous les éléments identiques à ceux de l'objet `Collection` passé en argument. Retourne true si au moins un élément a été supprimé.

- **boolean retainAll(Collection c)** ; Supprime tous les éléments qui ne sont pas dans l'objet `Collection`.

- **void removeAllElements()** ; Supprime tous les éléments du `Vector`. Cette méthode est semblable à la méthode : `void clear();`.

- **int size()** ; Retourne le nombre d'éléments insérés dans le `Vector`.

- **boolean isEmpty()** ; Teste si le Vector est vide.

- **boolean contains(Object element)** ; Permet de savoir si l'objet passé en argument est contenu dans le `Vector`.

- **boolean containsAll(Collection c)** ; Retourne `true` si tous les éléments de la collection sont contenus dans le `Vector`.

- **int indexOf(Object element)** ; Rend la position du premier objet égal (méthode `boolean equals( Object)` de la classe `Object` ou redéfinie) à l'objet passé en argument dans le `Vector`.

- **int indexOf(Object element, int index)** ; Idem ci-dessus, mais en partant de l'index spécifié en argument. Cette méthode servira à parcourir l'ensemble du `Vector` pour retrouver toutes les occurrences d'un élément.

- **int lastIndexOf(Object element)** ; Rend la position du dernier objet égal à l'objet passé en argument.

- **int lastIndexOf(Object element, int index)** ; Idem ci-dessus mais en partant de l'index spécifié en argument. Cela permet une énumération à partir de la fin du `Vector`.

- **Object firstElement()** ; Rend le premier élément du `Vector`.

- **Object lastElement()** ; Rend le dernier élément.

- **Object elementAt(int index)** ; Permet de récupérer l'élément positionné à l'index passé en argument.

- **Object[] toArray()** ; Retourne tous les éléments du `Vector` dans un tableau d'objets.

- **Object[] toArray(Object[] tableau)** ; retourne tous les éléments du vecteur dans le tableau passé en argument, si sa capacité le permet. Sinon, un nouveau tableau est créé.

- **List subList(int indexDebut, int indexFin)** ; Rend un objet List à partir du `Vector`.

- **Enumeration elements()** ; Rend les objets du `Vector` dans un objet implémentant l'interface `Enumeration`.

- **Iterator iterator()** ; Rend les objets de la collection dans un objet implémentant l'interface `Iterator`. Cette interface est détaillée plus bas.

Gestion de la capacité du Vector :

- **int capacity()** ; Rend le nombre d'éléments pouvant être contenus dans ce **Vector**. C'est en fait la taille du tableau d'objets qui est `protected`.

- **void ensureCapacity(int capaciteMini)** ; Permet d'augmenter la capacité du `Vector` si elle est inférieure à l'argument `capaciteMin`.

- **void setSize(int taille)** ; Permet de modifier la capacité du **Vector**. Si la taille passée est supérieure à la taille actuelle, les cellules ajoutées sont mises à `null`. Si la taille passée est inférieure, alors les éléments au delà de la nouvelle capacité sont retirés du tableau.

- **void trimToSize()** ; Ajuste la taille du tableau interne du vecteur au nombre de ses éléments. Cette méthode sera utilisée pour optimiser l'utilisation de la mémoire par le `Vector`.

L'interface Iterator

Elle est très semblable à la classe `Enumeration`, mais permet en plus la suppression d'éléments. Les méthodes sont les suivantes :

- **boolean hasNext()** ; Renvoie `true` s'il existe encore au moins un élément à récupérer à l'aide de la méthode `next`.

- **Object next()** ; Retourne l'élément suivant.

- **void remove()** ; Supprime le dernier élément retourné avec `next`.

Le « foreach »

Probablement poussé par le fait qu'il existe dans C#, il est apparu dans la version 5 de Java. Il est dédié aux collections et permet de remplacer l'usage d'un `Iterator`.

L'exemple ci-dessous utilise `Iterator` :

```
public void paintAll( Collection<Forme> c) {
  Iterator<Forme>i= c.iterator() ;
  while( i.hasNext())
    Itr.next().repaint() ;
}
```

Avec cette nouveauté, il sera remplacé par:

```
public void paintAll( Collection<Forme> c) {
  for( Forme f : c) f.repaint() ;
    // On pronnoncera "for Forme f in c"
    // Pour info, l'équivalent C# est :
    // foreach( Forme f in c) f.repaint() ;
}
```

Autre exemple:

```
ArrayList<FormeGeometrique> l=
      new ArrayList<FormeGeometrique>();
  for( Iterator<FormeGeometrique> i=l.iterator();i.hasNext();){
    FormeGeometrique n= i.next();
  }
```

Pourra être remplacé par :

```
ArrayList<FormeGeometrique> l= new
ArrayList<FormeGeometrique>();
  for( FormeGeometrique i : l) {
    FormeGeometrique n= i;
  }
```

L'interface List

Un certain nombre de ses méthodes font double emploi avec l'interface `Collection` dont elle hérite. Elles ont été créées car leurs noms et leurs signatures sont plus proches des conventions que l'on a cherché à promouvoir à partir de la version 1.1 de Java.

Cette interface sera utile notamment pour créer des objets Swing représentant graphiquement des objets `List`. Nos reviendrons dessus lorsque nous étudierons l'interface graphique de Java.

Les méthodes propres à cette interface sont :

- **`List subList( int index_debut, int index_fin)`** ; Renvoie une sous-liste.
- **`ListIterator listIterator()`** ; Renvoie les éléments de la liste dans un objet **`ListIterator`**.
- **`ListIterator listIterator( int index)`** ; Renvoie les éléments de la liste à partir de l'index spécifié dans un objet `ListIterator`.

> **Remarque :**
> L'interface **ListIterator** permet de naviguer dans une liste (en avant, en arrière) et de permettre une modification à la volée de cette liste (voir la documentation du JDK).

La classe `Vector` implémente cette interface, ainsi que, depuis la version 1.2, les classes `ArrayList` et `LinkedList`. Ces deux dernières seront utilisée de préférence, mais en faisant attention aux spécifications dues à leur implémentation :

- **ArrayList** est implémentée à partir d'un tableau, les performances sont donc les meilleures, mais des variations importantes de taille peuvent devenir pénalisant (la taille des tableaux est fixe).
- **LinkedList** est implémentée à partir de listes chaînées, cela prend plus de place en mémoire, mais peut s'avérer plus rapide.

L'interface Set

Elle hérite aussi de `Collection`, elle représente un ensemble d'objets, donc il n'y a pas de doublon.

Notons les classes qui implémentent cette interface :

- **HashSet** qui est une implémentation de `Set`.

La classe TreeSet

Elle implémente l'interface `Collection`, et a les particularités suivantes :

- N'accepte que des objets comparables, c'est-à-dire implémentant l'interface `Comparable`.
- N'autorise pas les doublons d'objets, ayant la même référence mais aussi étant identiques par la méthode `compareTo` de l'interface `Comparable`.

Exemple d'utilisation de `TreeSet` :

```java
import java.util.*;

public class TestTreeSet implements Comparable{
  int valeur;

  public TestTreeSet( int valeur) {
    this.valeur= valeur;
  }

  public int getValeur() {
    return valeur;
  }

  public int compareTo( Object o) {
    System.out.println( "Comparaison de: "+this+" avec "+o);
    TestTreeSet t1= (TestTreeSet)o;
```

```
      return valeur - t1.valeur;
   }


   static public void main( String args[]) {
     TreeSet ts= new TreeSet();
     TestTreeSet t1, t2;
     t1= new TestTreeSet( 34);
     t2= new TestTreeSet( 34);
     ts.add( t1);
     ts.add( t2);
     ts.add( t1);
     ts.add( t1);
     Iterator i= ts.iterator();
     while( i.hasNext()) {
       TestTreeSet t= (TestTreeSet)i.next();
       System.out.println( "Elément: "+t.getValeur());
     }
   }
}
```

Cet exemple montre bien qu'à chaque ajout d'un élément, il est comparé à chaque élément déjà existant dans le `TreeSet`, afin de détecter d'éventuels doublons (invocation du `compareTo`).

Après les quatre ajouts, l'énumération montre qu'un seul élément seulement a été stocké.

L'interface Map

Elle représente un ensemble de paires d'objets. On trouvera notamment comme implémentation les classes `HashSet` et `HashTable`.

Les méthodes sont les mêmes que la classe `HashTable`, avec en plus :

- **void putAll(Map)** ; Permet d'ajouter le contenu d'un autre objet `Map`.
- **Set entrySet()** ; Retourne un objet `Set` contenant toutes les entrées du `Map`. Les entrées sont des objets de type `Map.Entry`, classe interne à la classe `Map`, permettant, entre autre, d'obtenir la clé et la valeur de la paire ainsi que de modifier la valeur.
- **Set keySet()** ; Retourne un objet `Set` contenant toutes les clés du `Map`.
- **Collection values()** ; Retourne un objet `Collection` contenant toutes les valeurs.

Remarque :
Les valeurs sont retournées dans un objet `Collection`, car cette classe autorise les doublons, or un même objet peut être présent derrière plusieurs clés. Par contre, une clé étant unique, l'ensemble des clés seront retournées dans un `Set`.

Des tables de hachage triées avec l'interface SortedMap

Cette interface hérite de `Map`, et ajoute la notion de tri. Le tri s'effectue sur les clés.

Ces clés doivent donc implémenter l'interface `Comparable`, ou bien être acceptées par un objet `Comparator` passé dans le constructeur (ce constructeur n'est pas précisé dans l'interface, car on ne peut pas spécifier de constructeur dans une interface).

Normalement, un objet qui implémente `SortedMap` doit avoir quatre constructeurs :

- Un constructeur sans argument. Le tri s'appuie alors sur les clés qui doivent implémenter l'interface `Comparable`.

- Un constructeur avec un argument de type `Comparator` qui se chargera de la comparaison des clés, deux par deux.

- Un constructeur avec un argument de type `Map`. Tous les éléments de cet objet `Map` seront insérés et triés selon leur implémentation de `Comparable`.

- Un constructeur avec un argument de type `SortedMap`. Le nouvel objet créé possèdera les mêmes éléments et la même logique de tri que celui passé en argument.

Le tri des objets sera visible lorsque l'on récupèrera les éléments à l'aide des méthodes `entrySet`, `keySet` `values`.

Les méthodes de `SortedMap`, en plus de celles de `Map` sont les suivantes :

- **`Comparator comparator()`** ; Retourne l'objet `Comparator` en charge du tri des clés, null s'il n'en existe pas (les clés sont alors comparables).

- **`Object firstKey()`** ; Retourne la plus petite clé.

- **`Object lastKey()`** ; Retourne la plus grande clé.

- **`SortedMap subMap( Object cleDebut, Object cleFin)`** ; Retourne un `SortedMap` contenant les éléments dont les clés sont comprises entre les clés passées en argument (`cleDebut` incluse, `cleFin` non incluse).

- **`SortedMap headMap( Object cle)`** ; Retourne tous les éléments dont la clé est strictement inférieure à la clé passée en argument.

- **`SortedMap tailMap( Object cle)`** ; Retourne tous les éléments dont la clé est supérieure ou égale à la clé passée en argument.

La classe `TreeMap` implémente cette interface.

Exemple :

```java
import java.util.*;

public class TestTreeMap {
  public static void main( String [] args) {
    TreeMap tm= new TreeMap();
    tm.put( "Toto", "Toto1");
    tm.put( "Ayayaye", "Ouille");
    tm.put( "Hello", "Bonjour");
    tm.put( "Toto", "Toto2");
    tm.put( "Zou!", "Et vlan!");
    Iterator i= tm.entrySet().iterator();
```

```
    while( i.hasNext())
        System.out.println( i.next());
    }
}
```

Ce programme donne le résultat suivant :

```
Ayayaye=Ouille
Hello=Bonjour
Toto=Toto2
Zou!=Et vlan!
```

Des outils de manipulation avec la classe Collections

Elle est exclusivement composée de méthodes statiques, permettant toutes sortes de manipulations sur des objets `Collection`, `List`, `Set` et `Map` :

- Copies.
- Recherches.
- Tris, etc.

Pour plus d'infos, voir la documentation des API de Java.

La comparaison et le tri des objets

■ **L'égalité entre deux objets est logique**

  ● A définir dans la logique de l'objet par la méthode polymorphe:

  ```
  boolean equals( Object o);
  ```

  ● Seuls deux objets d'un même type peuvent être comparés

■ **L'opérateur == ne permet pas de comparer l'égalité logique de deux objets mais l'égalité des références de deux objets**

  ● objet1 == objet2 ; Ce sont en fait les mêmes objets !

■ **La comparaison quantitative (pour le tri par exemple) se fait avec l'interface Comparable**

  ● Une seule méthode :

  ```
  int compareTo( Object o);
  ```

La méthode de comparaison

L'opérateur = = permet de comparer l'égalité entre deux valeurs numériques.

Lorsqu'il est appliqué aux objets, il ne retourne pas `true` lorsque les deux objets sont identiques, mais lorsque les deux références pointent sur le même objet.

Pour tester l'égalité logique entre deux objets, on trouve dans la classe `Object` la méthode polymorphe `equals` :

```
public boolean equals( Object objetAComparerAvecMoi);
```

Cette méthode doit être redéfinie dans chaque classe qui veut supporter cette possibilité.

Par exemple, la classe `String` va tester l'égalité de chaque caractère. La classe `Vector` va tester l'égalité (aussi par le méthode `equals`) de chaque élément. Un objet métier représentant un salarié pourrait tester l'égalité du numéro de sécurité sociale, etc.

Exemple :

```
String s1= new String( "Toto"); String s2= new String( "Titi");
if( s1.equals( s2))
  System.out.println( "Les deux chaînes ont la même valeur");
```

Remarque :

Seuls deux objets d'un même type peuvent être comparés entre eux. Cette obligation doit être implémentée dans la méthode `equals` : la première chose qu'elle doit faire est de tester, avec l'opérateur `instanceof`, si l'objet passé en argument est de même type.

Le tri des objets

Pour trier des objets, une nouvelle notion apparaît : la notion de « plus grand que » et de « plus petit que ».

Cette notion peut prendre des significations très différentes d'un type d'objet à un autre. Par exemple, pour une chaîne de caractères, l'ordre alphabétique semble un bon moyen de la trier. Par contre, pour des objets représentant les fournisseurs d'une entreprise, quel critère permettrait de les trier ? Les choix sont nombreux : le nom de l'entreprise, le numéro SIRET, le chiffre d'affaires, département du siège sociale, etc. Ce choix devra être fait dans l'application, et sera appliqué dans l'implémentation de l'interface `Comparable`.

L'interface Comparable

Comme son nom l'indique, on dit qu'un objet issu d'une classe qui implémente l'interface `Comparable` est un objet… comparable.

Elle possède une seule méthode :

```
int compareTo( Object o);
```

qui rend 0 si les deux objets sont identiques, un entier négatif si l'objet est plus petit que l'objet passé en argument, et un entier positif s'il est plus grand.

Cette interface trouvera son utilité dans les classes de collections permettant le tri des objets, celles qui implémentent les interfaces `SortedSet` ou `SortedMap` (classes `TreeSet`, `TreeMap`).

Un certain nombre de classes de Java implémentent cette interface, comme par exemple `String`, les types wrappers de types primitifs (`Integer`, `Long`, `Float`...), `Date`, `File`, etc.

L'interface Comparator

Elle permet de créer des objets dont le rôle est de comparer d'autres objets. Cela permet, à partir d'objets qui ne sont pas à priori comparables, de définir des règles de comparaisons.

Cela permet aussi d'implémenter plusieurs logiques de comparaisons pour un même type d'objets. Par exemple, pour la classe `OperationBancaire`, on peut comparer des opérations en vue de les trier par date, montant, compte, etc. On fera un `Comparator` pour chaque cas.

La classe Arrays

Elle est composée exclusivement de méthodes statiques, qui effectuent diverses opérations sur les tableaux :

- Recherche binaire.
- Test d'égalité.
- Remplissage.
- Tri.

Elle sait gérer des tableaux de valeurs primitives ou d'objets.

Ce qui nous intéresse en elle, c'est la possibilité de trier des tableaux d'objets. On dispose des méthodes :

```
void sort( Object[]);
void sort( Object[], Comparator c);
```

La première prend en argument un tableau d'objets, qui devront obligatoirement être tous d'un même type, et d'un type qui implémente `Comparable`.

La seconde prend en argument un tableau d'objets qui devront tous être d'un même type, et un objet d'un type qui implémente `Comparator`.

Exemple :

```java
import java.util.*;


public class TestArrays {
  public static void main( String[] args) {
    Arrays.sort( args);
    System.out.println( "Arguments triés:");
    for( int n=0; n < args.length; n++)
      System.out.println( args[n]);
  }
}
```

Si l'on teste cet exemple en passant en argument des mots dont certains commencent par une majuscule et d'autres par une minuscule, on s'apercevra que les mots commençant par une majuscule seront triés en premier, les autres ensuite.

Cet effet est dû au codage des caractères : les codes des majuscules ont une valeur inférieure aux minuscules.

Pour éliminer cet effet, on trouve dans `String` la méthode : `compareToIgnoreCase`. On peut donc l'utiliser dans un `Comparator` :

```java
class StringComparator implements Comparator {
  public int compare( Object o1, Object o2)
      throws ClassCastException{
    if( !((o1 instanceof String) && (o2 instanceof String)))
      throw new ClassCastException();
    String s1= (String) o1;
    String s2= (String) o2;
    return s1.compareToIgnoreCase( s2);
  }
}
```

Pour utiliser ce `Comparator`, il suffit de remplacer la ligne

```java
    Arrays.sort( args);
```

dans le `main` de notre programme par :

```java
    Arrays.sort( args, new StringComparator());
```

Énumérations

```
Inventaire petitArticle ;
void setPetitArticle( Inventaire i) {
  this.petitArticle= i ;
}
```

```
public class Prevert {
  public enum Inventaire {
        une_pierre,
        deux_maisons,
        trois_ruines,
        quatre_fossoyeurs,
        un_jardin,
        des_fleurs,
        un_raton_laveur,
        une_douzaine_d_huitres,
        un_citron,
        un_pain,
        un_rayon_de_soleil,
        une_lame_de_fond,
        six_musiciens,
        };
```

```
setPetitArticle( Inventaire.deux_maisons);
```

Java 5

Si les énumérations à la Prévert sont célèbres, celles du langage C le sont un peu moins, et celles du langage Java ne sont apparues qu'en version 5.

D'un point de vue syntaxique, elles ressemblent au C. Mais dans leur utilisation objet, elles sont beaucoup plus puissantes.

On peut considérer l'énumération Java comme une sorte de classe collection de valeurs réservées, exprimées par un entier ou un mot.

Exemple simple :

```
public class TestEnum {
  public enum JoursSemaine{ lundi, mardi, mercredi, jeudi,
        vendredi, samedi, dimanche };
  public static void main(String[] args) {
    out.print( "Premier jour de la semaine: "
        +JoursSemaine.lundi);
  }
}
```

Cet exemple affichera à l'écran :

```
Premier jour de la semaine : lundi
```

Une énumération est considérée comme un type. Ainsi, on peut définir des variables dont le type est l'énumération :

```
JoursSemaine js= JoursSemaine.mardi;
```

Des méthodes peuvent prendre en argument un type énumération :

```
JoursSemaine today ;
void setToday( JoursSemaine td) {
  this.today= td ;
}
```

Ou en rendre en retour :

```
JoursSemaine getToday() {
  Return today ;
}
```

Une énumération est une sorte de classe, ayant notamment par défaut les méthodes:

```
int compareTo( SonPropreType) ;
booelan equals( Object) ;
int hashCode() ;
String toString();
```

La méthode **values()** permet de retourner un tableau contenant toutes les valeurs de l'énumération.

On peut redéfinir les méthodes. Mais on ne peut pas hériter d'une énumération.

On peut aussi l'enrichir de nouvelles méthodes. Exemple :

```
public static boolean isJourOuvre( JoursSemaine js){
        switch( js) {
            case lundi:
            case mardi:
            case mercredi:
            case jeudi:
            case vendredi: return true;
            case samedi:
            case dimanche: return false;
        }
        return false;
    }
}
public static void main(String[] args) {
  out.print( "Lundi est il un jour ouvré?"
    +JoursSemaine.isJourOuvre(JoursSemaine.lundi));
}
```

Qui rendra

```
Lundi est il un jour ouvré? true
```

Enfin, on peut aussi lui ajouter des constructeurs. Exemple :

```
public enum JoursSemaine{ lundi(1), mardi(2), mercredi(3),
jeudi(4), vendredi(5), samedi(6), dimanche(7);
    private int ordinalSemaine;
    JoursSemaine( int ordinalSemaine) {
        this.ordinalSemaine= ordinalSemaine;
    }
    int getOrdinalSemaine() {
        return this.ordinalSemaine;
    }
}
```

Qui serait utilisé par exemple comme ceci :

```
out.println( "Mercredi est le "
    +JoursSemaine.mercredi.getOrdinalSemaine()
    +" e jour de la semaine") ;
```

Une énumération Java est donc une sorte de classe dont l'objectif est de contenir une liste de valeurs possibles.

Mais elle permet aussi de déclarer des attributs et des méthodes. On notera que ses membres ne sont pas statiques, bien qu'un objet de ce type ne soit pas instancié avec l'opérateur **new**.

Atelier

Objectifs :

- **Manipuler les collections d'objets**
- **Utiliser le tri d'objets de la classe Arrays**

Durée minimum : 20 minutes.

Exercice 1 : Implémentation de Comparable

En reprenant le fichier CLIENTS.DATA créé dans le précédent module, nous allons créer un collection triée de clients.

Pour cela, créer la classe `Clients.class`, et y implémenter l'interface `Comparable`. On triera les clients par :

- Nom.
- Prénom.
- Adresse.
- code postal.

Exercice 2 : Tri d'un tableau à l'aide de Arrays

Coder dans le `main` de `Client` la lecture du fichier et créer autant d'objets `Client` que d'enregistrements.

Stocker ces objets `Client` dans un tableau, puis les trier à l'aide de la classe `Arrays`, puis les afficher dans l'ordre dans lequel ils ont été triés.

Questions/Réponses

Q. Peut-on utiliser les crochets de la syntaxe des tableaux sur un objet `Map` ou un objet `Collection` ?

R. Non, bien que ces classes fonctionnent souvent avec un tableau interne, ce ne sont pas pour autant des tableaux.

Q. Les classes que nous venons de voir utilisent la méthode `boolean equals (Object)` pour tester l'égalité de deux objets (notamment pour éviter les doublons), mais est-il possible de changer cela ? Faut-il redévelopper nos propres classes ?

R. Oui, on peut bien sûr implémenter nos propres algorithmes à l'aide des interfaces du Framework, mais il y a déjà des classes prévues à cet effet : voir notamment `ArrayList` pour les vecteurs et `IdentityHashMap` pour les tables de hachage.

Q. En cas de sérialisation d'un vecteur, les objets qu'il contient sont ils sérialisés aussi ?

R. Vous parlez de la notion de sérialisation propres aux JavaBeans dont nous parlerons plus loin dans ce cours. La réponse est oui, n'oubliez pas qu'un vecteur contient des références d'objets. Elles seront donc automatiquement sérialisées.

Q. En terme de performances, vaut-il mieux mettre dans un `Hashtable` une clé de type `Integer` plutôt que de type `String` ou d'un tout autre type plus complexe encore ?

R. Cela revient au même. Ce qui est important, c'est que le type de la clé ait une bonne implémentation de la méthode `int hashCode();`.

Q. Pourquoi l'emploi du mot for et non pas de « foreach … in » comme en C# ?

R. D'après Joshua Bloch, architecte qui a eu en charge l'API des collections dans l'équipe de développement Sun, l'apport d'un nouveau mot clé dans le langage pose des problèmes de compatibilité avec les anciennes versions. En effet, le mot foreach n'ayant jamais fait partie des mots clés réservés avant la version 5, il se peut que du code existant l'utilise pour des identifieurs (noms de variables, de méthodes…), sans parler du mot clé in, déjà tant utilisé (comme par exemple System.in).

- *La classe Thread et l'interface Runnable*
- *Cycle de vie des threads*
- *Priorités d'exécution*
- *Synchronisation*
- *Communication entre les threads*
- *Groupes de threads*
- *Concurrence*
- *Atelier*

8

Java et le multi-thread

Objectifs

Le multi-thread permet à plusieurs programmes de s'exécuter en même temps dans un même environnement. Il est facile d'imaginer les avantages que cela peut apporter, tant en termes de performances que d'ergonomie. Java est multi-thread, ce qui veut dire qu'il est possible, au sein d'une même machine virtuelle, de lancer un nombre important de traitements en parallèle.

Nous allons étudier en détail l'API Java et les particularités de la mise en œuvre des threads dans nos applications.

Contenu

- La classe `Thread` : comment hériter de l'implémentation des threads en Java.

- L'interface `Runnable` : héritage du multi-thread par implémentation.

- Cycle de vie des threads : les états d'un thread et comment le gérer.

- Gestion des priorités : comment des threads vont "plus vite" que d'autres.

- Synchronisation des threads : accès concurrents à des ressources non partageables.

- Communication entre threads : faire travailler des threads ensemble.

- Groupes de threads : les threads d'une même partie d'application.

- Concurrence : gérer la concurrence entre les threads.

- Les timers : déclencher des traitements différés.

Introduction aux threads

- **Thread= Une entité d'exécution**
  - Portion de code
  - S'exécute en parallèle des autres threads
  - Dans un environnement
  - Possède un état et un nom (non unique)
- **Au moins un thread dans un programme**

Thread ou Process ?

Lorsque l'on parle de traitement en parallèle, on évoque souvent la notion de process. Un process et un thread ne sont pas de la même nature.

Un process est une application. Les systèmes multi-tâches comme UNIX ou Windows 32 bits (N.T., 9X, 2000, XP...) permettent l'exécution simultanée de plusieurs applications. Par exemple il est possible de lancer son traitement de textes en même temps que son logiciel de consultation de mail. Il est possible de passer de l'un à l'autre, sans que cela n'interrompe l'autre : je peux saisir du texte alors que mon client mail est en train de recevoir les courriers en provenance de ma boite aux lettres.

Chacune de ces applications aura son propre environnement d'exécution, ses propres ressources (mémoire, fichiers, accès bases de données, liens réseau, clavier, écran ou fenêtre(s), souris, etc.) et se partagera le microprocesseur par un multiplexage dans le temps : chaque application possède un "pointeur programme" qui exécute les instructions pendant un certain laps de temps avant d'être interrompue pour laisser les autres pointeurs de programmes des autres applications utiliser à leur tour le microprocesseur.

Ce "pointeur de programme" est aussi appelé un thread. C'est une entité d'exécution, c'est à dire qu'elle ne représente qu'un contexte d'exécution géré au niveau du microprocesseur (pointeur programme, variables locales dans la pile d'exécution, registres du processeur), et qui pointe quelque part dans le programme.

Rien n'empêche alors une application de posséder plusieurs pointeurs, pointant sur différentes parties du programme pour effectuer différentes tâches. C'est ce que l'on appelle le "multi-threading".

Une application multi-thread est simplement un programme possédant plusieurs pointeurs s'exécutant simultanément, sur différentes parties du programme, ou même sur une même partie (ce qui pourra engendrer des problèmes de conflits d'accès à la mémoire dont nous reparlerons).

- Un thread fait partie d'un process ;
- Un process possède au moins un thread ;
- Tous les threads d'un process partagent toutes les ressources du process.

Le principal avantage des threads par rapport aux process est le gain d'espace mémoire (peu de ressources propres à chaque thread) et le passage rapide d'un thread à l'autre par le gestionnaire de threads (le contexte du thread à sauvegarder à chaque alternance est de petite taille).

Avantages et inconvénients de la programmation multi-thread

Les avantages de ce type de programmation sont :

- La parallélisation des tâches donne de meilleures performances, car elle limite le nombre de blocages liés à des traitements longs.
- Séparation de traitements spécifiques (par exemple l'interface graphique, les contrôles d'intégrité, les accès aux bases de données, les impressions…).
- Meilleure disponibilité, notamment pour les programmes serveurs qui peuvent gérer simultanément plusieurs clients.
- Exploitation des bénéfices apportés par les machines multiprocesseurs.

A l'inverse, un certain nombre d'inconvénients ne devront jamais être perdus de vue :

- Un nombre trop important de threads risque de demander beaucoup de traitements au processeur, et donc une dégradation de l'ensemble de l'application.
- Les problèmes de conflits d'accès aux ressources sont liés au fait qu'elles sont partagées par tous les threads : leur accès devra parfois être sérialisé.
- La gestion des priorités risque d'affecter fortement le comportement du programme (des threads peu prioritaires risquent de ne jamais avoir la main, alors qu'à l'inverse, des threads très prioritaires risquent de monopoliser le processeur et donc de bloquer l'ensemble de l'application).
- Le débogage risque de devenir difficile : l'exécution du programme devenant asynchrone, l'ordre des tâches ne sera plus le même en phase de débogage, ce qui changera certains comportements.

Remarque :
Le multi-thread n'est pas géré directement par la machine virtuelle. En effet, pour des raisons de performances, il a été décidé que la JVM s'appuierait directement sur l'interface native des threads du système d'exploitation.
Cela explique que l'on ne trouvera pas de JVM sur des systèmes d'exploitation qui ne supportent pas le multi-thread (MS-DOS, Windows 3.x, etc.)

Mais cela veut aussi dire que les différences de comportement d'un système à l'autre seront perceptibles lors du portage d'une application multi-thread. Heureusement, ces différences sont mineures, mais elles peuvent toutefois avoir un impact sur les performances d'applications exploitant beaucoup les threads, comme par exemple les serveurs d'applications et autres conteneurs d'objets. Une adaptation de certains organes de ces applications sera à prévoir.

Classe Thread et interface Runnable

■ **La classe java.lang.Thread**

- Fournit un thread minimal qui ne fait rien

- Il faut la sous-classer (en hériter)

- Redéfinir la méthode void run(); qui contiendra le code du thread

■ **L'interface java.lang.Runnable**

- Alternative destinée aux classes qui héritent déjà d'une autre classe

- Une seule méthode à implémenter: void run(); qui contiendra le code du thread

- Le thread de l'objet est lancé par un objet de type Thread

La classe Thread

Cette classe est le support de base du multi-thread. C'est elle qui va s'appuyer sur l'interface native de système d'exploitation pour exploiter les possibilités de multi-thread.

Un objet Thread peut être construit avec divers constructeurs proposant pratiquement toutes les combinaisons des arguments suivants :

- **Runnable** : un objet cible qui peut être "threadé". Nous verrons cela avec l'interface Runnable au prochain paragraphe.
- **String** : un nom de thread. Cela permet par exemple de gérer des pools de threads nommés pour les reconnaître plus facilement.
- **ThreadGroup** : cet argument permet de regrouper plusieurs threads. Nous reparlerons de cette possibilité un peu plus loin

Pour construire un objet multi-thread, il faut donc le créer à partir d'une classe qui hérite de Thread et donc de ses méthodes, notamment la méthode :

```
public void run();
```

qu'il faudra redéfinir pour y implémenter le code qui sera exécuté en parallèle.

La création d'un objet de ce type ne suffira pas à lancer le thread, il faudra invoquer la méthode start().

Cette dernière, implémentée dans la classe Thread, comporte le code qui va créer un thread système, et lui donner comme pointeur de programme celui de la méthode run.

Remarque :

Il est possible d'invoquer directement la méthode run dans l'objet. Mais dans ce cas, son code ne sera pas exécuté dans un nouveau thread, mais de façon synchrone.

Il est absolument nécessaire de passer par la méthode start pour créer un nouveau thread.

Voici un exemple de mise en œuvre du multitâche en Java :

```
class MaThread extends Thread {
  public void run() {
  // Ici le code d'exécution
  }

  public static void main( String [] args) {
    MaThread t1= new MaThread();
    t1.start();
    MaThread t2= new MaThread();
    t2.start();
  }
}
```

On note deux choses importantes :

- Un thread doit être créé, puis démarré,
- Il y a un thread possible par instance de la classe qui hérite de Thread (dans cet exemple, le démarrage de deux threads t1 et t2 a nécessité la création de deux objets).

Le problème qui peut se poser est le suivant : je souhaite rendre une classe multi-thread, mais celle-ci hérite déjà d'une autre classe. L'héritage n'étant pas multiple en Java, je ne peux donc pas hériter de Thread.

La réponse est l'utilisation de l'interface Runnable.

L'interface Runnable

Cette interface ne possède qu'une seule méthode :

```
public void run();
```

Elle sert simplement à assurer que la classe qui l'implémente possède bien cette méthode, qui contiendra le code à exécuter en parallèle.

Puis on va encore utiliser la classe Thread. Cette dernière possède un constructeur qui prend en argument un objet de type Runnable, c'est à dire du type d'une classe qui implémente cette interface.

Le fait d'appeler ce constructeur fait qu'à l'invocation de la méthode start, le thread va prendre comme méthode run celle de l'objet Runnable passé en argument.

Exemple de mise en œuvre :

```
class ActiviteMultiThread extends Activite implements Runnable{
  public void run() {
```

```
    // Ici le code d'exécution
    }
    // Et aussi les attributs et les méthodes de la classe...
}
ActiviteMultiThread b= new ActiviteMultiThread ();
Thread t1= new Thread( b);
t1.start();
Thread t2= new Thread( b);
t2.start();
```

Là encore, il faut créer un objet Thread par thread.

En revanche, on voit dans cet exemple la création d'un seul objet b de type
ActiviteMultiThread pour deux threads t1 et t2. C'est possible, mais
attention : dans ce cas les deux threads t1 et t2 vont partager les mêmes variables
d'instance de l'objet b. Des problèmes de conflits d'accès à ces attributs peuvent se
poser.

Nous verrons comment gérer ces problèmes à l'aide de la synchronisation un peu plus
loin.

Cycle de vie des threads

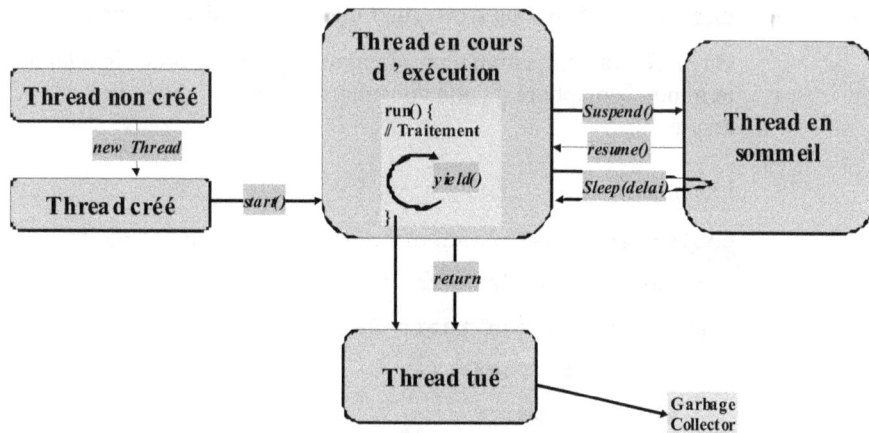

Un thread est avant tout un objet Java. La première chose à faire après la création, c'est le démarrage par la méthode void `start()`.

Ce démarrage peut être fait par l'objet lui même (dans un constructeur), par l'objet qui a créé cet objet `Thread` (en utilisant sa référence), ou par n'importe quel objet de la machine virtuelle (la méthode start est `public`).

Cette méthode, implémentée dans la classe `Thread` exécute donc la méthode `run()` dans un nouveau thread. Elle n'est donc pas bloquante, et rend la main immédiatement après le démarrage du nouveau thread.

Mise en sommeil

Un thread peut stopper son exécution à l'aide de deux méthodes statiques (donc appelables de n'importe quel objet du thread) :

- **`sleep( long delai)`** ; met le thread en sommeil pour une durée passée en argument en millisecondes.
- **`yield()`** ; rend la main au scheduler (nous reverrons l'utilisation de cette méthode plus loin lorsque nous étudierons les priorités des threads). En fait, cette méthode est semblable à un `sleep(0L);`.

Pilotage des threads

Des méthodes permettent d'influer sur l'exécution des threads :

- **`void suspend()`** ; Arrête l'exécution du thread mais ne le tue pas,
- **`void resume()`** ; Reprend l'exécution du thread,
- **`void stop()`** ; Arrête l'exécution du thread et le tue.

Ces méthodes sont spécifiées « deprecated ». Elles sont donc toujours présentes dans Java, mais il est déconseillé de les utiliser.

Cela provient de nombreux problèmes que les développeurs d'applications ont rencontrés lors de leur utilisation, notamment des problèmes de « dead-locks » (verrous mortels) et de perte de cohérence des traitements.

Par ailleurs, l'utilisation de la méthode `stop()` peut aussi provoquer des problèmes évidents de cohérence des traitements, puisqu'elle permet de stopper un thread alors même qu'il est en train d'effectuer un ensemble d'opérations.

On préfèrera l'utilisation d'un sémaphore permettant de signaler au thread de se terminer, sémaphore qu'elle consultera lorsque la cohérence des traitements est assurée.

Exemple :

```java
public void MaThreadPouvantEtreTuee extends Thread {
  // Sémaphore de demande d'arrêt
  private boolean tuer= false;
  public void run() {
    while (true) {
    // Début du traitement à ne pas interrompre
    // suite...
    // Fin du traitement à ne pas interrompre
    if( tuer)
      return;
    }
  }
  public void stop() {
    // Redéfinie stop(); de super qui tue la thread
    tuer= true;
  }
}
```

Remarque :
Comment récupérer le thread en cours ?

Dans la méthode `run()`, le thread en cours d'exécution est `this` dans le cas où l'on hérite de `Thread`.

Dans le cas où l'on implémente `Runnable`, on a la possibilité de la récupérer à l'aide de la méthode statique de la classe `Thread` :

```java
public static Thread currentThread();
```

Capturer les événements de fin de vie des threads

L'erreur `ThreadDeath` est envoyée au thread lorsqu'il est tué par la méthode `void stop();`

Si on souhaite effectuer des traitements de fin, on peut simplement faire un `catch` de cette erreur.

Cette classe hérite de `Error` et non pas d'`Exception`, afin d'éviter qu'un `catch( Exception)` ne l'intercepte par erreur.

Si elle n'est pas interceptée, alors rien ne se passera, aucun message ne sera affiché sur la console.

Les démons

Un thread peut être "utilisateur" ou "démon" ("daemon").

Les threads démon ne résistent pas à l'arrêt de la JVM.

La JVM ne peut s'arrêter tant qu'au moins un thread "utilisateur" s'exécute. Par contre, dès que tous ces threads sont terminés, elle se referme arrêtant alors tous les threads "daemon".

La méthode `setDaemon( boolean);` permet de modifier le type de thread.

Un thread de type démon qui créera un nouveau thread en créera un de ce type, et inversement.

Par défaut, toute application Java crée un thread non démon qui exécutera le code contenu dans la méthode `static void main( String [] args)` de la classe dont le nom est passé en paramètres.

La machine Java s'arrêtera dès que tous les threads non-démon seront terminés.

Exemple :

```
public class TestDaemon extends Thread {
  public void run() {
    for( int n=0; ; n++)
      System.out.println( "Boucle numéro "+n);
  }

  public static void main( String[] args) {
    TestDaemon d= new TestDaemon();
    d.setDaemon( true);
    d.start();
  }
}
```

On voit bien dans cet exemple la boucle sans fin qui s'arrêtera au bout de dix à vingt itérations (sortie du `main`). Passez `false` à la méthode `setDaemon`, et la boucle ne s'arrêtera jamais (malgré la sortie du `main`).

Gestion des priorités

> ■ **Le gestionnaire des tâches (Scheduler) est celui de l'environnement système**
>
> > ● *L'algorithme de la gestion des priorités peut varier*
>
> ■ **setPriority(int Priorite): Permet de modifier la priorité du thread.**
>
> ■ **La priorité varie de MIN_PRIORITY (0), NORM_PRIORITY(5) à MAX_PRIORITY (10)**
>
> ■ **int getPriority(): Rend la priorité courante du thread**

La possibilité de donner des priorités aux threads va permettre de mettre en place des architectures logicielles ayant une hiérarchie d'importance des tâches.

Il y a dans Java trois grands niveaux de priorités :

- **MIN_PRIORITY** pour les threads effectuant des tâches de fond, ils seront exécutés uniquement lorsque les autres seront inactifs.
- **NORM_PRIORITY** la priorité par défaut, ils seront exécutés chacune leur tour, sauf si un thread de priorité supérieure vient à se lancer.
- **MAX_PRIORITY** pour les threads effectuant des tâches très importantes. ils gardent la main jusqu'à ce qu'ils décident de la rendre. Ce type de thread doit donc être exceptionnel, et le traitement de très courte durée, sans quoi l'ensemble de l'application sera pénalisée.

La méthode `setPriority( int)` permet de modifier ce niveau. Un thread peut à tout moment modifier son niveau, ce qui peut être utile lorsque l'on entre dans un traitement hautement prioritaire.

Comportements de threads concurrents

Lorsque plusieurs threads s'exécutent simultanément, le plus prioritaire conservera la main jusqu'à :

- La fin de son exécution ;
- La modification de son niveau de priorité vers un niveau plus bas ;
- L'appel d'une fonction d'entrées/sorties ;
- L'attente d'un autre thread (voir la communication entre les threads plus loin).

Dans le cas de threads de priorités identiques (le cas le plus fréquent), le thread en cours sera régulièrement interrompu par le scheduler pour laisser la main à ses homologues. Ce délai est défini par le système d'exploitation, et est souvent appelé le MaxWait (Attente Maxi).

Lorsqu'un thread effectue un traitement en boucle (ce qui est très souvent le cas), il est conseillé de ne pas attendre l'interruption de scheduler mais de lui rendre la main à chaque occurrence.

Cela peut être fait à l'aide de la méthode `sleep( long delai)` en passant en argument un délai à 0, ou par la méthode `yield()` qui ne prend pas d'argument mais fait la même chose.

Exemple :

```java
class MesDeuxThreads extends Thread {
  static int nbThreads= 0;
  int numThread;

  public MesDeuxThreads() {
    numThread= ++nbThreads;
  }
  public void run() {
  for( int n=0; n < 10; n++) {
    System.out.println( "Hello from thread "+numThread);
    // Avec ou sans le yield, cela change le comportement
    yield();
    }
  }
  public static void main( String [] args) {
    MesDeuxThreads t1= new MesDeuxThreads();
    t1.setPriority( MAX_PRIORITY);
    t1.start();
    MesDeuxThreads t2= new MesDeuxThreads();
    t2.start();
  }
}
```

Dans cet exemple, commencez par retirer les instructions `yield()` dans le `run()` et `t1.setPriority( MAX_PRIORITY)` dans le `main`.

Les deux threads ont une priorité égale, `t1` est lancé en premier, et va donc exécuter ses 10 boucles avant que ne puisse le faire à son tour le thread `t2`, démarré en second.

En fait, `t1` ne fera pas toutes les boucles, en effet, au moment du MaxWait du scheduler, celui-ci va forcer `t1` à stopper pour rendre la main à `t2`.

Si maintenant vous remettez l'instruction `yield()`, alors le comportement change : à chaque occurrence de la boucle, le scheduler rechercher le thread le plus prioritaire, et à égalité de priorité va donner la main au thread qui s'est exécuté le moins longtemps. Le résultat est une alternance entre `t1` et `t2` à chaque occurrence de la boucle.

Ajoutez maintenant l'instruction `t1.setPriority( MAX_PRIORITY)`. Le thread `t1` s'exécutera alors intégralement, et `t2` devra attendre patiemment que `t1` daigne s'arrêter.

Synchronisation des threads

■ **Objectif : Éviter les conflits d'accès concurrents de plusieurs threads**

■ **Sur une méthode**

```
public class MaClasse {
  synchronized void methode1() {
    //instructions
  }
}
```

■ **Sur un objet**

```
MaClasse obj1 = new MaClasse();
synchronized (obj1) {
  //instructions
}
```

La grande problématique du multi-thread est le partage des ressources. L'utilisation simultanée d'une même ressource par plusieurs threads peut provoquer des problèmes importants.

Prenons simplement l'exemple d'une écriture à la fin d'un fichier : elle s'effectuera en quatre phases : ouverture du fichier, positionnement en fin, écriture et enfin fermeture du fichier. On peut imaginer le résultat si deux threads exécutent en même temps ces opérations sur le même fichier.

Pour parer à ces éventualités, la seule possibilité est l'utilisation d'un verrou logique, qui bloquera l'entrée du traitement pendant qu'un thread est déjà en train de l'exécuter.

Java utilise une logique de moniteurs pour permettre la synchronisation des threads. Cette synchronisation se fera sur les objets. Pour chaque objet créé dans la JVM, c'est à dire chaque instance, un verrou est créé.

L'utilisation de ces verrous se fait à l'aide de l'instruction synchronized :

```
Object verrou= new Object();

synchronized( verrou) {

  // Instructions

}
```

Le premier thread accédant à ce bloc entrera, le second attendra que le premier en soit sortie. Une file d'attente est ainsi gérée dans le moniteur.

Les verrous sont donc destinés à arbitrer l'accès à une variable. Mais de quel type de variable ?

- Les variables locales sont situées dans la pile, propre à chaque thread. Il n'y a donc pas de danger qu'un thread utilise les variables locales d'un autre.

- Les variables d'instance sont allouées dans la mémoire "heap" : chaque thread qui possède la référence d'un objet peut accéder à ses membres.

- Les variables de classe `static` sont situées dans la zone des méthodes : tous les threads peuvent accéder aux membres `static` d'une classe.

Pour protéger les propriétés d'un objet, on utilisera généralement sa propre référence (`this`). Exemple :

```
synchronized( this) {
  this.fichier= new RandomAccessFile( "fichier");
  // Positionnement
  //ecriture
  //fermeture
}
```

Pour protéger les propriétés d'une classe, il faudra utiliser un objet particulier, qui est instancié pour chaque classe au moment de démarrage de la machine virtuelle : l'objet `Class`. Exemple :

```
sychronized( this.getClass()) {
  MaClasse.variableStatique= 2;
  // Etc…
}
```

Exemple d'utilisation :

```
public class TestSynchronized implements Runnable{
  public void run(){
    String nom= Thread.currentThread().getName();
    System.out.println( nom+": Démarrage");
    synchronized( this) {
      System.out.println( nom+": Entrée bloc 1");
      try { Thread.sleep( 1000);
      } catch( InterruptedException e) {}
    }
    System.out.println( nom+": Sortie bloc 1");
    synchronized( this) {
      try { System.out.println( nom+": Entrée bloc 2");
      Thread.sleep( 1000);
      } catch( InterruptedException e) {}
    }
    System.out.println( nom+": Sortie bloc 2");
    System.out.println( nom+": Fin");
  }

  public static void main( String[] args) {
    TestSynchronized ts= new TestSynchronized();
    Thread t1= new Thread( ts, "première");
    Thread t2= new Thread( ts, "seconde");
    t1.start();
```

```
        try { Thread.sleep( 500);
        } catch( InterruptedException e) {}
     t2.start();
  }
}
```

Dans cet exemple, on crée deux threads à partir d'une seule instance d'un objet `Runnable` (utilisation du nom d'un thread pour les traces à l'écran).

Résultat :

```
première: Démarrage
première: Entrée bloc 1
seconde: Démarrage
première: Sortie bloc 1
seconde: Entrée bloc 1
seconde: Sortie bloc 1
première: Entrée bloc 2
première: Sortie bloc 2
seconde: Entrée bloc 2
première: Fin
seconde: Sortie bloc 2
seconde: Fin
```

Le premier thread entre dans le bloc 1, le second attend que le premier en sorte.

Ce qui est intéressant, c'est que juste après le second thread entre dans le bloc 1, et oblige le second thread à attendre qu'il en sorte avant de pouvoir entrer dans le bloc 2.

On voit bien ici que le verrou n'est pas au niveau du bloc, mais bien de l'objet utilisé dans le `synchronized`.

Si on enlève maintenant les `synchronized`, et le `sleep` entre les deux `start` du `main`, on remarquera le résultat suivant :

```
première: Démarrage
première: Entrée bloc 1
seconde: Démarrage
seconde: Entrée bloc 1
première: Sortie bloc 1
première: Entrée bloc 2
seconde: Sortie bloc 1
seconde: Entrée bloc 2
première: Sortie bloc 2
première: Fin
seconde: Sortie bloc 2
seconde: Fin
```

On voit bien que les deux threads sont dans les blocs à peu près en même temps.

L'accès aux méthodes peut aussi être synchronisé, plus simplement, à l'aide du modificateur `synchronized` :

```
public synchronized void nomMethode( String argument) {
  // Traitement
}
```

La synchronisation des méthodes se fait sur l'objet dans lequel elle est invoquée. Cela revient donc à :

```
public void nomMethode( String argument) {
  synchronized( this {
    // Traitement
  }
}
```

Les méthodes statiques peuvent aussi être synchronisées, elles le sont alors sur l'objet `Class` de leur classe.

Notons que le verrouillage d'une classe ne provoque pas de verrou sur l'objet. Ces deux verrouillages sont bien distincts.

Remarque :
Les appels à des méthodes synchronisées sont beaucoup plus lents que ceux à des méthodes non synchronisées, du fait de la vérification du verrou. C'est un rapport de 1 à 100. Il faudra donc limiter le plus possible l'utilisation du `synchronized`.

Synchronisation sur une chaîne de caractères

C'est une astuce pas très connue : lorsque nous avons parlé de la classe `String`, nous avons vu que la déclaration de chaînes statiques identiques générait la création d'un seul objet dans la JVM. On peut récupérer cette particularité pour la synchronisation :

```
synchronized( "mon verrou") {
  // Code synchronisé sur ce verrou unique
}
```

Partout où nous spécifierons une synchronisation sur la chaîne de caractères "mon verrou", on se synchronisera sur le moniteur du même objet.

Cela permet finalement d'utiliser des verrous nommés.

Communication entre les threads

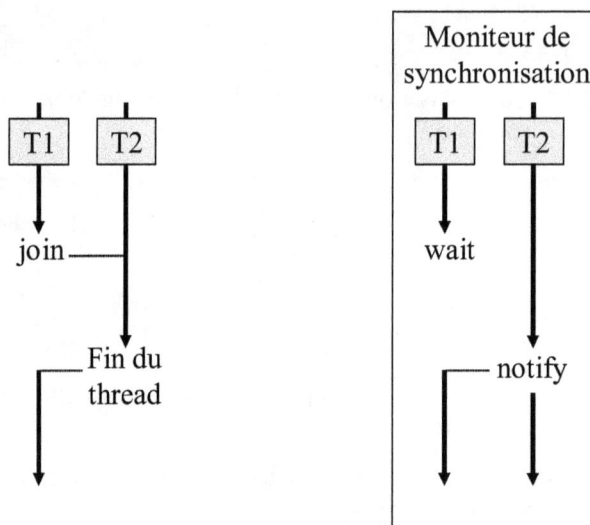

Il y a deux façons possibles pour que les threads s'accordent :

- L'un peut attendre la fin de l'autre.
- L'un peut attendre un signal de l'autre.

La méthode join

Lorsque l'on invoque, depuis un thread, la méthode `join()` d'un autre thread, on est bloqué jusqu'à la fin de son exécution.

Exemple :

```java
public class TestJoin extends Thread {
  Thread t;
  public TestJoin( String nom, Thread t) {
    super( nom);
    this.t= t;
  }
  public void run(){
    String nom= Thread.currentThread().getName();
    System.out.println( nom+": Démarrage");
    try { Thread.sleep( 1000);
    } catch( InterruptedException e) {}
    if( t!=null ) {
      System.out.println( nom+": Attente fin de l'autre");
      try {
        t.join();
```

```
            } catch( InterruptedException e) {}
        System.out.println( nom+": Fin de l'attente");
        }
    System.out.println( nom+": Sortie");
    }
  public static void main( String[] args) {
    TestJoin t2= new TestJoin( "second", null);
    TestJoin t1= new TestJoin( "premier", t2);
    t1.start();
        try { Thread.sleep( 500);
        } catch( InterruptedException e) {}
    t2.start();
    }
}
```

Ce programme crée deux threads, dont l'un possède la référence de l'autre.

Celui qui a la référence de l'autre fait un `join`.

Le résultat est le suivant :

```
premier: Démarrage
second: Démarrage
premier: Attente fin de l'autre
second: Sortie
premier: Fin de l'attente
premier: Sortie
```

On voit bien le premier thread qui démarre, attend un peu, le temps que le second démarre à son tour, fait un `join` qui le bloquera jusqu'à la fin de l'exécution de l'autre.

La méthode `join` possède plusieurs signatures :

```
public void join();  // Attend la fin du thread
public void join( int delai); // Attend la fin du thread,
    // mais pas au delà du délai spécifié dans l'argument
    // en millisecondes
public void join( int delai, int precision); // Idem ci-dessus,
    // mais ajoute au délai un nombre de nanosecondes spécifié
    // dans le second argument
```

Remarque :
L'exception `InterruptedException` doit être gérée. Cette interruption est provoquée lorsque le thread est stoppé (ce qui provoque inévitablement l'arrêt du traitement).

Les méthodes wait, notify et notifyAll

Elles sont implémentées dans la classe `Object`.

La méthode `wait()` permet d'attendre un événement. Elle possède trois signatures :

```
public void wait(); // Attente d'un notify
public void wait( int delai); // Attente d'un notify,
    // mais pas au delà du délai spécifié dans l'argument
    // en millisecondes
public void wait( int delai, int precision); // Idem ci-dessus,
    // mais ajoute au délai un nombre de nanosecondes spécifié
    // dans le second argument
```

L'événement attendu est l'appel de la méthode `notify` ou `notifyAll` par un autre thread.

Remarque :

Les méthodes `wait`, `notify` et `notifyAll` s'appuient sur le moniteur de synchronisation des objets. Elles doivent donc être appelées à l'intérieur d'un bloc `synchronized`.

Lorsque la méthode `wait` est appelée, le verrou de la synchronisation est relâché (ce qui permet aux autres threads d'effectuer des traitements puis un `notify`. Lors de l'invocation de cette dernière méthode, le verrou est relâché et le thread qui avait fait le `wait` reprendra son exécution lorsque le scheduler lui rendra la main.

Exemple : le ping-pong

```java
public class TestWait implements Runnable {
  public synchronized void run(){
    String nom= Thread.currentThread().getName();
    System.out.println( nom+": Démarrage");
    while( true) {
      notify();
      System.out.println( nom);
      try {
        wait();
      } catch( InterruptedException e) {}
    }
  }
  public static void main( String[] args) {
    TestWait tw= new TestWait();
    Thread t1= new Thread( tw, "ping");
    Thread t2= new Thread( tw, "pong");
    t1.start(); t2.start();
  }
}
```

Groupes de threads

■ **Les threads sont dans des groupes:**

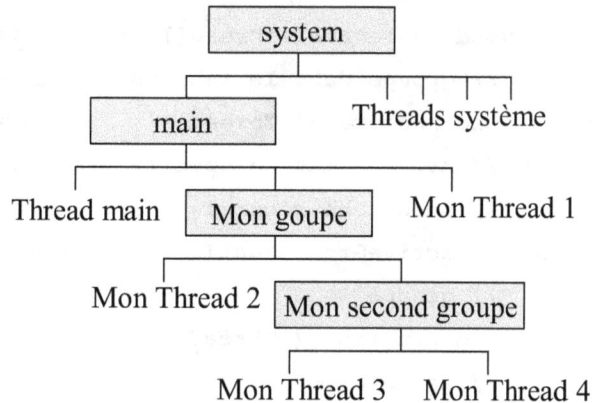

```
                        ┌──────────┐
                        │  system  │
                        └──────────┘
                ┌──────────┐       Threads système
                │   main   │
                └──────────┘
        Thread main   ┌────────────┐   Mon Thread 1
                      │ Mon goupe  │
                      └────────────┘
           Mon Thread 2  ┌──────────────────┐
                         │ Mon second groupe │
                         └──────────────────┘
                      Mon Thread 3   Mon Thread 4
```

La classe `ThreadGroup` représente un groupe de threads. Il contient des threads ou d'autres groupes. Toutes les opérations faites sur un groupe affectent les threads qui en font partie.

Cela permet de classer des threads en fonction d'organes dont les contraintes ne seront pas les mêmes. Par exemple, dans un programme serveur de bases de données, on pourrait identifier quatre groupes de threads : ceux qui gèrent les connexions réseau (forte priorité), ceux qui gèrent les requêtes (priorité moyenne), ceux qui gèrent les accès au disque dur (priorité un peu plus basse) et ceux qui gèrent les traces (faible priorité).

Un groupe de threads peut être construit avec un nom et un groupe parent :

```
public ThreadGroup( String nom);

public ThreadGroup( ThreadGroup pere, String nom);
```

Pour créer un thread dans un groupe, il faut utiliser le constructeur de `Thread` suivant :

```
public Thread( ThreadGroup gt, String nom);
```

Gestion de la priorité maximale

Chaque thread de chaque groupe ne peut avoir de priorité supérieure à celle du groupe :

```
public final int getMaxPriority(); // Rend la priorité maximale
        // qui peut être donnée à un thread de ce groupe
public final void setMaxPriority( int p); // Spécifie la
        // priorité maximale des threads
```

Enumération des threads d'un groupe

Les méthodes suivantes permettent de récupérer les threads ou les sous-groupes d'un groupe :

```
public int activeCount(); // Nombre de threads dans ce groupe
        // et les groupes qu'il contient
public void enumerate( Thread[] t); // Enumère les threads du
        // groupe dans le tableau de Threads passé en argument
public void enumerate( Thread[] t, boolean recursif); // Idem
        // mais permet de spécifier si on effectue une
        // recherche récursive dans les sous-groupes
public int activeGroupCount(); // Nombre de groupes dans le
        // groupe
public void enumerate( ThreadGroupList[] t); // Enumère tous
        // les groupes fils
public void enumerate( ThreadGroupList[] t, boolean recursif);
        // Idem mais permet de spécifier si on effectue
        // une recherche récursive
```

Ces méthodes permettent la navigation au travers des parents :

```
public final ThreadGroup getParent(); // Rend le parent ou null
public final boolean parentOf( ThreadGroup g); // Rend true si
le groupe passé en argument est un parent
```

Groupes de démons

Un groupe de threads peut forcer ses threads à être ou non des démons :

```
public final boolean isDaemon(); // Rend true si le groupe est
        // un groupe de threads démons.
public final void setDaemon( boolean b); // Met le groupe en
        // démon ou non
```

Divers

Récupération du nom d'un groupe :

```
public final String getName(); // Rend le nom du groupe
```

Suspension des threads d'un groupe :

```
public boolean allowThreadSuspension( b boolean); // Autorise
la suspension de threads par Java en cas de manque de mémoire
```

Test si le groupe a été détruit :

```
public synchronized boolean isDestroyed(); // Rend true si ce
groupe a été détruit
```

Remarque :
On dispose, dans `ThreadGroup`, des méthodes `suspend`, `resume` et `stop`. Elles sont "deprecated" pour les mêmes raisons que dans `Thread`.

La concurrence

■ **Synchronisation**

- Sémaphore

(**Java 5**)

- Barrière cyclique
- Latch
- Echangeur
- Verrou

■ **Variable Atomique**

■ **Collection concurrente**

En version 5, on voit apparaître dans Java tout un framework de classes apportant des outils très éllaborés pour gérer la concurrence des threads.

Aucune de ces classes n'apporte de possibilités qui n'auraient pu être réalisées auparavant par programmation. Elles apportent simplement l'implémentation d'algorithmes connus, afin d'éviter que chacun ne réinvente de la roue.

Elles sont spécifiées dans la JSR-166 et sont contenues dans le package `java.util.concurrent`.

Les outils apportés sont les suivants :

- Des synchroniseurs (sémaphores, dispositifs d'exclusion mutuelle, barrières, latches, échangeurs).
- Des verrous.
- Des variables atomiques.
- Des collections concurrentes (queues, map, listes).
- Un framework d' execution (Task Scheduling Framework).
- Un dispositif de granularité temporelle à la nanoseconde.

Les synchroniseurs

Les sémaphores

Le sémaphore est le plus connu d'entre eux. Le principe est de bloquer un thread tant qu'une autre ne rend pas la main. La premier thread à « saisir » le sémaphore prend la main, la suivante attend que la première le relâche avant qu'elle ne puisse le saisir à son tour.

La classe **Semaphore** s'utilise de la façon suivante :

Creation de l'objet **Semaphore** à l'aide du constructeur :

```
public Semaphore( int permits, boolean fair) ;
```

permits spécifie le nombre initial de permissions (généralement 1, mais peut aussi être négatif)

fair spécifie si (à **true**) le sémaphore garantira l'octroi au premier dedans, premier sorti (FIFO). Dans le cas contraire, l'ordre d'arrivée des threads ne sera pas le même que l'ordre des servies.

Les méthodes suivantes attendent la disponibilité de la ressource, le thread est bloquée mais peut être interrompue :

```
acquire() ;
acquire( int permits) ;
```

Les méthodes suivantes attendent aussi la disponibilité de la ressource et ne peuvent pas être interrompues :

```
acquireUninterruptibly() ;
acquireUninterruptibly(int permits) ;
```

Les suivantes permettent de s'enquérir de la disponibilité

```
tryAcquire() ;
tryAcquire(int permits) ;
```

Ainsi que celles-ci, mais qui attendront tout de même le délai spécifier si la ressource n'est pas disponible :

```
tryAcquire(long timeout, TimeUnit unit) ;
tryAcquire(int permits, long timeout, TimeUnit unit) ;
```

Dans cette dernière, il est possible de spécifier une unité de temps dans le second paramètre, par exemple **TimeUnit.SECONDS**.

Exemple d'utilisation :

```
final private Semaphore sem= new Semaphore( 1, true) ;
sem.acquireUninterruptibly() ; // bloque en attendant d'avoir
la main
try {
  // Ici le code lorsqu'il aura la main
} finally {
  sem.release() ; // Rend la main
}
```

Remarque :
L'exclusion mutuelle, ou Mutual Exclusion (MUTEX) est un sémaphore dont le compteur est à un.

La barrière cyclique

Très utile pour la programmation parallèle, la classe **CyclicBarrier** apporte un point de synchronisation réinitialisable.

Le principe est d'attendre qu'un ensemble de threads aient toutes atteintes un certain point avant de relâcher les traitements de ces threads.

La barrière est cyclique, car elle peut être réutilisée ensuite par une réinitialisation.

Les constructeurs sont :

```
CyclicBarrier(int parties) ;
CyclicBarrier(int parties, Runnable barrierAction) ;
```

L'argument parties spécifie le nombre de tâches qui atteindront la barrière, et **barrierAction**, dans le second constructeur, permet de spécifier un objet **Runnable** qui sera exécuté au moment où tous les threads auront atteint la barrière.

La méthode ci-dessous permet, à la fin du traitement de chaque tâche, d'informer l'objet **CyclicBarrier** :

```
void await();
```

Cette méthode est susceptible d'envoyer, en plus de l'exception **InterruptedException**, une exception **BrokenBarrierException** au cas où la barrière serait cassée.

Enfin, la méthode suivante permet de réinitialiser la barrière pour la réutiliser :

```
void reset() ;
```

Les latches

Permet de démarrer des threads dès qu'un nombre déterminé sont prêtes. Cela ressemble un peu à la barrière, si ce n'est que la condition de déclenchement n'est pas l'arrivée des threads à un point mais une condition programmée.

Un latche n'est pas réutilisable.

Un objet **CountDownLatch** se crée avec le constructeur suivant :

```
void CountDownLatch( int ) ;
```

L'argument passé est le nombre de thread qu'il faudra attendre pour lancer le signal de départ.

Dans l'exemple ci-dessous, Nous allons créer 10 threads « coureurs », mais qui ne devront démarrer leur course que dès qu'ils seront tous les 10 prêts.

```java
import java.util.concurrent.*;

public class LatchCoureur {
  private static final int NOMBRE_COUREURS = 10 ;
  private static class Coureur implements Runnable {
    CountDownLatch topDepart;
    CountDownLatch arrive;
    String nom;
    Coureur(CountDownLatch topDepart,
            CountDownLatch arrive, String nom) {
      this.topDepart = topDepart;
      this.arrive = arrive;
      this.nom = nom;
    }
    public void run() {
```

```
        System.out.println( nom+" est prêt") ;
        try {
          // Attente du signal de départ
          topDepart.await() ;
        } catch (InterruptedException e) {
          e.printStackTrace() ;
        }
        System.out.println("Coureur parti: " + name);
        // Ligne d'arrivée atteinte:
        arrive.countDown();
    }
}

public static void main(String args[]) {
    CountDownLatch topDepart = new CountDownLatch(1);
    CountDownLatch arrive  = new CountDownLatch(NB_COUREURS);
    // Création et démarrage des coureurs
    for (int n=0; n<NB_COUREURS; n++) {
      new Thread(
        new Worker(topDepart, arrive,
            "Coureur "+n).start();
    }
    System.out.println("Go !");
    topDepart.countDown();
    try {
      // On attend l'arrivée du dernier coureur
      arrive.await();
    } catch (InterruptedException e) {
      e.printStackTrace();
    }
    System.out.println("Course terminée");
  }
}
```

Les échangeurs

Permet à deux threads de s'échanger un objet à un point de rendez-vous. C'est typiquement utilisé dans des logiques de pipeline.

L'échange se fera sur un objet d'un type choisi lors de la déclaration de l'objet **Exchanger<A>** (type générique).

La classe **Exchanger<A>** s'utilise comme suit (dans cet exemple on échange deux chaines de caractères) :

```
Exchanger<String> e= new Exchanger();
...
```

```
// thread qui envoie l'objet
try {
  String recu = e.exchange("Voila");
} catch (InterruptedException ex) {
  // etc ...
}


// thread qui reçoit en échange
try {
  String recu= e.exchange("Merci");
} catch (InterruptedException ex) {
  // etc ...
}
```

Les verrous

Le principe consiste à verrouiller un thread en attendant qu'une condition soit remplie.

Il existe plusieurs types de verrous, implémentés dans le package **java.util.concurrent.locks**.

L'interface **Lock** est un modèle de verrou qui permet l'équivalent d'un bloc ou d'une méthode **synchronized**, mais avec en plus la possibilité de mettre une condition.

Les principales méthodes sont :

- **void lock()** ; Permet de verrouiller.
- **boolean tryLock()** ; Permet de verrouiller si possible.
- **Condition newCondition()** ; Retourne une nouvelle condition de verrouillage.
- void unlock(); Déverrouille.

La classe **ReentrantLock** est une implémentation de l'interface **Lock**.

Elle apporte en plus la possibilité, lors du verrouillage, de donner la main au thread qui attend depuis le plus longtemps. Pour cela, on utilisera le constructeur suivant en lui passant **true** en argument :

```
ReentrantLock( boolean fair) ;
```

Enfin, elle apporte aussi la possibilité de tester si le verrou est fermé et la longueur de la queue d'attente des threads avec les méthodes :

- **boolean isLocked()** ; Retourne true si verrouillé.
- **int getQueueLength()** ; Retourne le nombre de threads en attente.

Un autre type de verrou très employé est le « reader/writer », défini dans l'interface **ReadWriteLock**. Cela permet de faciliter l'implémentation de codes permettant plusieurs lectures en parallèle, mais un seul accès exclusif en écriture.

Cette interface a les deux méthodes suivantes :

- **Lock readLock()** ; Retourne le verrou de la lecture.
- **Lock writeLock()** ; Retourne le verrou de l'écriture.

La classe **ReentrantReadWriteLock** implémente cette interface.

Les variables atomiques

Le package `java.util.concurrent.atomic` contient des classes permettant de représenter des variables totalement compatibles avec la programmation multitâche.

Ces variables peuvent être assimilées à de super variables **volatile** multitâches. En effet, une variable **int** par exemple, même définie en volatile, mettra plusieurs instructions pour par exemple s'incrémenter (opérateur **++**), et donc pourra être interrompue lors de ce traitement. Un entier atomique sera protégé pendant tout traitement lui afférent.

On comprendra donc qu'il existe une classe par type primitif :

AtomicBoolean, AtomicInteger, AtomicLong, etc…

Ainsi qu'une classe **AtomicReference<A>**, générique, pour n'importe quel type d'objet.

Les méthodes de ces classes permettent de récupérer la valeur ou de la modifier (**get** et **set**) plus certaines opérations de comparaisons, incrémentations, etc. suivant le type.

Voici un exemple de générateur de clés de séquence supportant le multitâche :

```java
import java.util.concurrent.atomic.*;


public class SequenceGenerator {
    private AtomicLong number = new AtomicLong(0);
    public long next() {
        return number.getAndIncrement();
    }
}
```

Les collections concurrentes

Elles s'appuient sur l'interface **BlockingQueue<E>** (qui elle même hérite de l'interface **java.util.Queue<E>**), qui spécifie une file d'attente bloquante.

Les méthodes sont les suivantes :

- **boolean add(E o)** ; Ajoute l'élément passé en argument à la queue. Si cela n'est pas possible, l'exception **IllegalStateException** est envoyée.
- **boolean offer(E o)** ; C'est la même chose que la méthode **add**, mais si l'ajout est impossible, il n'y a pas envoi d'exception mais la méthode retourne **false.**
- **void put(E o)** ; Ajoute l'élément à la queue, mais attend si nécessaire (méthode bloquante).
- **E take()** ; Récupère et enlève l'élément de tête de la queue, attend si pas d'élément disponible (méthode bloquante).
- **E poll(long timeout, TimeUnit unit)** ; Même chose que la méthode **take**, mais permet de spécifier un timeout.
- **int drainTo(Collection<? super E> c)** ; Vide entièrement la queue dans un objet **Collection** passé en argument.

Cette interface est implémentée par diverses classes :

- **ArrayBlockingQueue<E>** Qui est l'implémentation de base, permet de paramétrer un accès équitable (« fair ») des threads.

- **LinkedBlockingQueue<E>** permet d'avoir une capacité fixée au départ.

- **DelayQueue<E extends Delayed>** permet d'avoir des éléments de type **Delayed**, qui ne pourront être retirés qu'après le délai de chacun.

- **SynchronousQueue<E>** Capacité fixée à 1. Donc, tout élément à ajouter doit attendre, s'il y a déjà un autre élément, que ce dernier soit retiré.

- **PriorityBlockingQueue<E>** Permet d'ajouter les éléments dans un ordre de tri spécifique

Les timers

■ **Classe java.util.Timer**

- C'est le gestionnaire du timer

- Il gère une tâche

- La tâche est un objet de type TimerTask passé par le constructeur

- La méthode schedule

■ **Classe java.util.TimerTask**

- Toute tâche est faite à partir d'une classe héritant d'elle

- La méthode void run(); doit être redéfinie avec le traitement de la tâche

---

La problématique du timer est assez classique pour certains types d'applications. L'idée est de pouvoir déclencher un traitement à un certain moment défini par avance.

Java propose une API qui s'appuie sur le mécanisme des threads, mais qui simplifie le développement de ce type de fonctions.

Les classes Timer et TimerTask

Ces classes ont été ajoutées dans le package `java.util` à partir de la version 1.3.

La classe `Timer` permet de créer un objet qui prendra en charges une ou plusieurs tâches à exécuter. Ces tâches sont des objets de type `TimerTask`.

La classe `TimerTask` implémente l'interface `Runnable`, ce qui est logique puisque l'on s'appuie sur le mécanisme des threads de Java.

Pour créer une tâche, il sera nécessaire de développer une classe qui héritera de `TimerTask` et qui redéfinira la méthode void `run()` dans laquelle sera codé son traitement.

La classe `Timer` a deux méthodes importantes : `cancel()` qui permet de terminer le timer, et `schedule()` qui permet de programmer des tâches.

Remarque :
La méthode `run()` contient un code exécuté dans un thread, il est donc nécessaire de faire attention au partage de certaines ressources, et éventuellement faire appel à la synchronisation.

La programmation des tâches

Les méthodes `schedule` et `scheduleAtFixedRate` de la classe `Timer` ont plusieurs signatures permettant de programmer des tâches de différentes manières :

```
schedule( TimerTask, tache, long delai);
schedule( TimerTask tache, Date date);
```

permettent de programmer une tâche après un délai exprimé en millisecondes ou à un moment exprimé par un objet `Date` (date et heure).

Il est aussi possible de programmer des tâches répétitives, en passant en argument, en plus du `TimerTask` et du moment (délai ou date), une période de relance définie en millisecondes.

```
schedule( TimerTask tache, long delai, long periode);
schedule( TimerTask tache, Date date, long periode);
scheduleAtFixedRate( TimerTask tache, long delai, long
periode);
scheduleAtFixedRate( TimerTask tache, Date date, long periode);
```

Quelle différence y a-t-il entre les méthodes `schedule` et `scheduleAtFixedRate` ?

La durée de la période est exprimée de façon très précise, en millisecondes, mais il est évident qu'une telle précision ne pourra être tenue par le système. Des retards dus à un manque de priorité de thread, ou à une entrée/sortie un peu lente peuvent engendrer un retard sur un des déclenchements.

La méthode `schedule` va reproduire la tâche en prenant le délai à partir de la dernière exécution, alors que la méthode `scheduleAtFixedRate` va prendre le délai en prenant la première exécution comme référence.

La méthode `schedule` sera plus appropriée pour des traitements graphiques par exemple, où un retard n'a pas d'incidence sur la suite des traitements.

Par contre, dans le cas d'événements devant être précisément positionnés dans le temps (une action à faire tous les jours à une certaine heure par exemple), nous préférerons utiliser la méthode `scheduleAtFixedRate`.

Exemple :

```java
import java.util.*;
public class DemoTimer {
  Timer t;
  public DemoTimer(int delai) {
    t = new Timer();
    t.schedule(new AFaire(), delai*1000);
  }

  public static void main(String args[]) {
    System.out.println("Programmé pour dans 3 secondes");
    new DemoTimer(3);
  }
}
```

La classe `AFaire` contient le code à exécuter :

```
class AFaire extends TimerTask {
  public void run() {
    System.out.println("Exécution de la tache programmée");
  }
}
```

Terminer un Timer

Pour terminer une tâche programmée, il est conseillé d'utiliser la méthode `cancel()`, invocable aussi bien dans l'objet `Timer` que dans les objets `TimerTask`.

L'invocation de cette méthode dans une tâche la supprimera, alors que dans un timer, elle supprimera toutes les tâches de ce timer.

Pour détruire un timer, il existe par ailleurs d'autres solutions :

- Créer un `Timer` "daemon", avec le constructeur `Timer( boolean)`; auquel on passe la valeur true. Dans ce cas, le thread sera détruit à la sortie normale du programme.

- En supprimant toute référence sur l'objet `Timer`. A ce moment, dès la dernière tâche terminée, le garbage collector se chargera du nettoyage.

Timer associé à un thread nommé

Il est possible de donner un nom de thread associé au timer au moment de sa création à l'aide des contructeurs suivants :

Java 5

- `Timer(String name)` ; Nom du thread passé en argument.

- `Timer(String name, boolean isDaemon)` ; Possibilité en plus de spécifier le mode de fonctionnement du thread.

Atelier

Objectifs :

- ▪ **Comprendre la gestion des priorités**

- ▪ **Savoir développer une application multitâche: Exemple avec le mécanisme des Pipes**

- ▪ **Tester les groupes de threads**

Durée minimum : 30 minutes.

Exercice 1 : Gestion de la synchronisation

Écrire un thread qui boucle sur l'ouverture d'un fichier, se positionne en fin, écrit son nom suivi d'un nombre aléatoire, puis referme le fichier.

Lancer dix fois ce thread. Veiller à bien protéger l'accès au fichier par une synchronisation.

Exercice 2 : Utilisation des threads dans les pipes

Utilisation des `PipedInputStream` et `PipedoutputStream` en multi-tâche

L'objectif est de trier un flux de caractères en ordre de terminaison. Pour cela, il faut trier les mots après les avoir inversés.

Faire deux pipes :

- Un pipe inverseur (nous l'appellerons la classe `ReversePipe`) qui prend chaque ligne en entrée et inverse les lettres (la première à la fin, la dernière au début, etc.).

- Un pile de tri (nous l'appellerons la classe `SortPipe`) qui prend toutes les lignes en entrée (jusqu'à la fin du stream) puis qui les trie par ordre alphabétique.

Connecter les pipes de la façon suivante :

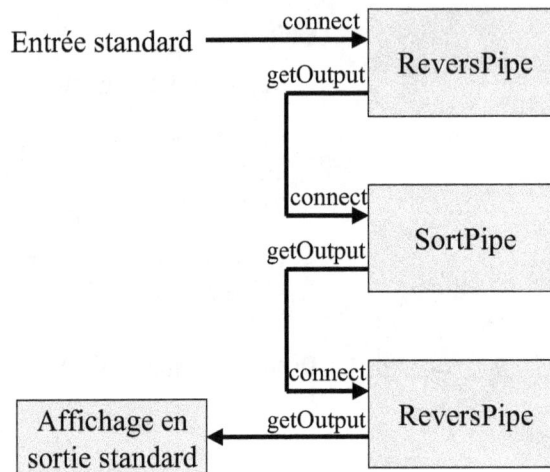

Exercice 3 : Liste des threads d'une application

Lister les groupes de threads de la JVM.

On procédera en deux temps :

Récupération du thread courant, de son groupe, et remontée sur le groupe au sommet (celui qui n'a pas de père).

Invoquer la méthode `list()` qui affichera tous les threads sur la console.

Questions/Réponses

Q. Chaque objet Java est-il exécuté dans un thread différent ?

R. Non, car une application normale va utiliser tellement d'objets, que s'il y avait autant de threads que d'objets, le système tomberait vite en mode dégradé. Il faut utiliser les threads de façon logique, ni systématiquement ni modérément. Cette logique est à votre charge, c'est à vous, développeur, de décider de l'architecture des threads de votre application.

Q. Le multitâche de Java est il préemptif ou non ?

R. Certains systèmes ne s'appuient pas sur un multitâche préemptif, mais sur un système à base d'événements. C'est le cas par exemple de l'interface graphique de Windows 16 bits. L'inconvénient majeur de ce type de multitâche est que chaque traitement invoqué par un événement aura la totalité du temps CPU jusqu'à ce qu'il rende la main. On imagine facilement le problème si un de ces traitements oublie de rendre la main (boucle infinie, attente d'un événement d'un autre traitement…)

Ce type de multitâche n'est donc ni puissant ni fiable. C'est pour cette raison que Java utilise un multitâche préemptif, ce qui explique que l'on ne trouvera Java que dans des environnements de ce type (le multitâche du noyau N.T. de Windows 32 est préemptif).

Q. Que ce passe-t-il, si le programme se termine alors que des threads sont encore en train de s'exécuter ?

R. Tout dépend de la façon dont s'arrête le programme. Si l'on arrive à la fin du `main()` alors le programme attend la fin de l'exécution du dernière thread pour se terminer. Si par contre on utilise l'instruction `System.exit(int);` alors tous les threads sont tués et le programme se termine immédiatement.

Q. Peut-on faire plusieurs `start` sur un même objet `Thread` ?

R. Non. Par contre, vous pouvez créer plusieurs threads à partir d'un même objet `Runnable`. Attention dans ce cas aux accès concurrents sur les variables d'instance.

Q. De quelle façon la méthode `suspend` peut-elle générer un dead-lock ?

R. `Suspend` est un générateur de dead-locks. Étudions l'exemple ci-dessous :

```
public class TestSuspend extends Thread {
  String nom;
  Thread autre;
  static Object semaphore= new Object();

  public TestSuspend( String nom, Thread autre) {
    this.nom= nom;
    this.autre= autre;
  }
  public void run() {
    System.out.println(nom+": Démarrage");
    if( autre!=null) {
      autre.suspend();
      System.out.println(nom+": L'autre est suspendu");
    }
      synchronized( semaphore) {
        System.out.println(nom+": Entrée dans code synchron.");
      System.out.println( nom+": yield-> Je rend la main");
      yield();
        System.out.println(nom+": Sortie du traitement");
      }
    if( autre!=null) {
      autre.resume();
      System.out.println(nom+": Libération de l'autre");
    }
  }

  public static void main( String [] args) {
    TestSuspend t1= new TestSuspend( "premier", null);
    TestSuspend t2= new TestSuspend( "second", t1);
    t1.start();
    t2.start();
  }
}
```

On a ici un exemple typique de cas de verrou mortel. Ce programme affiche le résultat suivant :

```
premier: Démarrage
premier: Entrée dans le code synchroni.
premier: yield-> Je rend la main
second: Démarrage
second: L'autre est suspendu
```

Puis le programme est figé.

Analysons ce qui se passe : un premier thread démarre, entre dans une portion de code synchronisé (qui empêche deux threads de l'exécuter en même temps), puis rend la main au scheduler (yield). Le second thread qui a alors la main, va suspendre le premier, puis attendre à l'entrée du bloc synchronisé la libération par le premier, qui n'aura jamais lieu puisqu'il est bloqué.

Et pourtant, la méthode suspend pourrait être bien utile dans certains cas. En effet, il est parfois nécessaire que des threads s'attendent mutuellement. Deux cas sont les plus typiques :

- Un thread doit attendre la fin d'un autre avant de commencer un traitement dont un des paramètres dépend de l'issue de l'autre,
- Un thread doit attendre la fin de l'utilisation d'une ressource non partageable par un autre thread.

Nous avons vu que Java possède des mécanismes permettant de répondre à ces besoins.

9

AWT et le développement d'interfaces graphiques

Objectifs

Le développement d'interfaces utilisateur graphiques est fondamental dans des applications informatiques. Java propose un ensemble de classes permettant de construire n'importe quel type d'interface. L'objectif de ce module est d'apporter les bases de l'AWT afin de pouvoir construire n'importe quel type d'applications graphiques.

Contenu

- Les principaux composants : tour des contrôles graphiques.

- Les containers : comment assembler des composants ensemble.

- Les fenêtres : création d'applications à base de frames et de boîtes de dialogue.

- Les menus : créer des menus dans des fenêtres et sur des composants.

- Les layouts : stratégies de positionnement des composants.

- Les composants personnalisés : faire de nouveaux contrôles graphiques.

- Utiliser les polices de caractères.

- Faire du graphisme : règles pour les animations graphiques.

Le package java.awt pour l'interface graphique

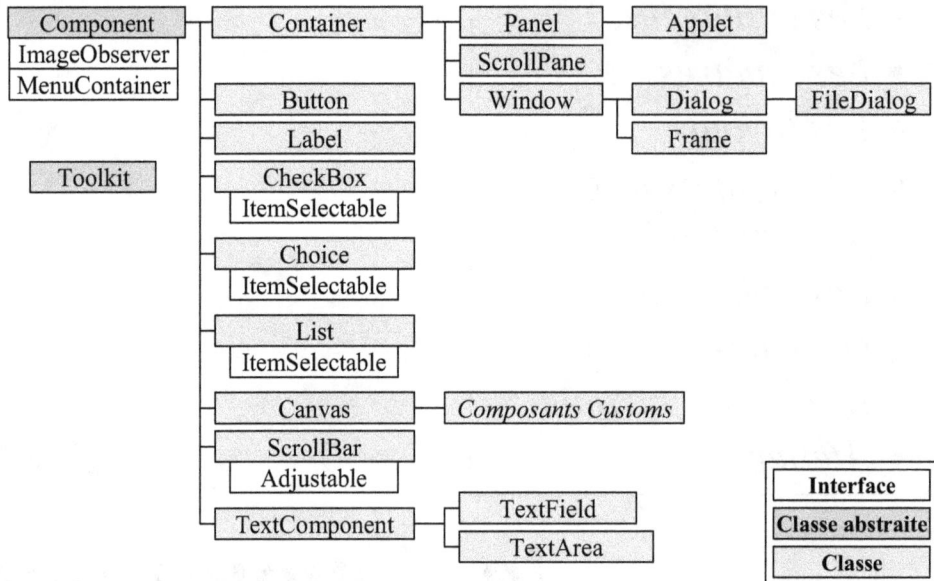

Component ImageObserver MenuContainer	Container	Panel	Applet
		ScrollPane	
	Button	Window	Dialog → FileDialog
	Label		Frame
Toolkit	CheckBox ItemSelectable		
	Choice ItemSelectable		
	List ItemSelectable		
	Canvas	*Composants Customs*	
	ScrollBar Adjustable		
	TextComponent	TextField	
		TextArea	

Interface
Classe abstraite
Classe

Parmi toutes les classes de ce package, celles qui permettent de construire des interfaces graphiques héritent toutes de la classe abstraite `Component`.

Elles sont implémentées en s'appuyant directement sur l'interface graphique native du système d'exploitation. Cela explique qu'elles prennent l'aspect de la plate-forme hôte. Cela a aussi l'avantage de bonnes performances.

Une application écrite avec AWT est totalement portable.

On trouvera le plus petit dénominateur commun de toutes les plates-formes graphiques du marché. Cela comprend donc :

- Les fenêtres (frames et boîtes de dialogues).
- Les menus déroulants.
- Les boutons, check-box, boutons radio.
- Les champs de saisie de texte, mono ou multi-ligne.
- Les listes et les combo-box.
- Les champs de texte fixe.
- Les champs graphiques (pour construire nos propres composants).

Cet ensemble est suffisant pour des applications classiques, mais peut s'avérer insuffisant pour des applications riches et sophistiquées (nous verrons les JFC dans un prochain module).

La classe Component
La classe Component

■ **Tous les objets graphiques de l'AWT en héritent**

■ **Gère**

- l'affichage
- les polices de caractères
- l'invalidation
- le focus (voir les events)

- l'invisibilité
- le pointeur souris
- le positionnement
- les menus

■ **Possède un toolkit pour des outils divers**

Tous les objets graphiques d'AWT héritent de Component. Cette classe contient donc des fondations importantes.

La gestion de l'affichage

C'est le gestionnaire des fenêtres (AWT) qui va prendre en charge la décision de peindre ou repeindre les composants (parce qu'ils apparaissent, changent de dimension, passent en dessous puis en dessus d'autres composants, etc.

AWT signale au composant qu'il doit se repeindre en invoquant la méthode paint. C'est donc au composant de se repeindre lui même, mais dans un espace graphique que AWT lui passe en argument :

- **void paint(Graphics g);**
- **void update(Graphics g);**

La méthode update est appelée, son implémentation par défaut efface la zone graphique, puis invoque la méthode paint.

Lorsqu'un composant estimera qu'il devra être repeint (parce qu'il a lui même des propriétés qui doivent changer son aspect), il peut invoquer une des méthodes repaint :

- **void repaint();**
- **void repaint(int x, int y, int largeur, int hauteur);**
  Repeint une partie du composant.
- **void repaint(long timeout);** Repeint sauf au delà d'un time out précisé en millisecondes.
- **void repaint(long timeout, int x, int y, int larg, int haut)** ; Une partie du composant avec time out.

Il ne faut surtout pas redéfinir ces méthodes, car leur implémentation dans Component demande à AWT d'invoquer la méthode paint.

C'est le seul moyen de redessiner un composant, en effet, l'objet `Graphics` passé par AWT au `component` ne doit pas être réutilisé. Son utilisation doit se limiter au code de la méthode `paint`.

Les couleurs d'un composant

Chaque composant dispose d'un certain nombre de couleurs par défaut, que l'on peut modifier à loisir :

- **`boolean isBackGroundSet()`** ; Permet de savoir si la couleur de fond a été initialisée.
- **`Color getBackground()`** ; Retourne la couleur de fond.
- **`void setBackgroundColor( Color)`** ; Modifie la couleur de fond.
- **`boolean isForegroundSet()`** ; Retourne `true` si une couleur d'affichage est spécifiée.
- **`Color getForeground()`** ; Retourne la couleur de l'affichage.
- **`void setForegroundColor( Color)`** ; Modifie cette couleur.

Remarque :
La couleur d'affichage ("foreground color") est la couleur par défaut dans laquelle sont affichés les motifs issus des ordres de dessin.

Les dimensions d'un composant

Il est possible de récupérer ou de modifier les dimensions d'un composant à l'aide des méthodes :

- **`Rectangle getBounds();`**
- **`void setBounds( Rectangle);`**
- **`Dimension getSize();`** .
- **`Void setSize( Dimension);`**
- **`int getHeight();`**
- **`int getWidth();`**

Les polices de caractères

De même que pour les couleurs, les composants ont une police de caractère par défaut, modifiable aussi à loisirs :

- **`boolean isFontSet();`** Retourne `true` si la police a été initialisée.
- **`Font getFont();`**
- **`void setFont( Font);`**

Nous verrons plus loin comment travailler avec les polices de caractères.

Visibilité, utilisabilité et focus sur un composant

Les composants ont aussi des propriétés concernant leur visibilité (ils peuvent être visibles ou non), leur utilisabilité (un composant non utilisable est inactif, c'est à dire que l'utilisateur ne peut effectuer d'opération dessus) et le focus.

Les méthodes ci-dessous permettent de gérer ces propriétés :

- `boolean isVisible;`
- `void setVisible( boolean);`
- `boolean isEnabled.`
- `void setEnabled( boolean);`

Le focus permet à un composant de recevoir certains événements, notamment les événements clavier.

On dispose des méthodes ci-dessous :

- `boolean hasFocus();` Retourne `true` si le composant a le focus.
- `boolean isFocusable();` Retourne `true` si le composant peut avoir le focus.
- `void setFocusable( boolean);` Permet de spécifier si le composant peut avoir le focus (généralement, ce sont les composants de saisie qui peuvent avoir le focus).
- `void requestFocus();` Réclame le focus sur le composant.
- `void requestFocusInWindow();` Réclame le focus sur le composant, si la fenêtre du composant a le focus.
- `void transferFocus();` Passe le focus au composant suivant dans le cycle de passage des composants.
- `void transferFocusBackward();` Passe le focus au composant précédent.

Pour pouvoir recevoir les événements relatifs aux changements de focus, on dispose d'un support événementiel dont nous parlerons dans le prochain module.

Le pointeur souris

Il est possible de modifier la forme du pointeur de la souris :

- `boolean isCursorSet();`
- `void setCursor( Cursor pointeur);`
- `Cursor getCursor();`

La classe `Cursor` permet d'obtenir des curseurs du système d'exploitation en spécifiant dans le constructeur un entier représentant un type de curseur. Les entiers disponibles sont :

DEFAULT_CURSOR	La flèche par défaut.
HAND_CURSOR	La main.
MOVE_CURSOR	La double flèche.
TEXT_CURSOR	Le pointeur de zone de saisie.
WAIT_CURSOR	Le sablier.
CROSSHAIR_CURSOR	La quadruple flèche.
N_RESIZE_CURSOR	Le changement de taille vers le haut.
E_RESIZE_CURSOR	Le changement de taille vers la droite.
NE_RESIZE_CURSOR	Le changement de taille vers le haut à droite.
W_RESIZE_CURSOR	Le changement de taille vers la gauche.

NW_RESIZE_CURSOR	Le changement de taille vers le haut à gauche.
S_RESIZE_CURSOR	Le changement de taille vers le bas.
SE_RESIZE_CURSOR	Le changement de taille vers le bas à droite.
SW_RESIZE_CURSOR	Le changement de taille vers le bas à gauche.
CUSTOM_CURSOR	Pointeur personnalisé.

Pour créer un `Cursor` personnalisé, il faut utiliser une méthode statique de la classe `Toolkit` (dont nous reparlerons plus loin) :

```
Toolkit.createCustomCursor( Image i, Point hotSpot, String
nom) ;
```

- `i` est un objet image représentant la forme du pointeur.
- `hotSpot` est le point central du pointeur.

La position de la souris

A partir de la version 5, la méthode suivante permet de connaître la position de la souris à l'intérieur du composant :

```
public Point getMousePosition() throws HeadlessException
```

L'objet Point retourné continent simplement les coordonnées X et Y.

Remarque :
L'exception **HeadlessException** est envoyée lorsque l'ordinateur hôte ne supporte pas la souris ou lorsqu'elle n'est pas connectée.

Gestion du positionnement

Le positionnement des composants dans des conteneurs est géré de façon particulière en Java. Nous en reparlerons en détail un peu plus loin.

On dispose dans la classe `Component` de méthodes permettant de connaître la position d'un composant :

- `Container getParent()` ; Rend le conteneur du composant.
- `Point getLocation()` ; Rend la position du composant dans son conteneur.
- `Point getLocationScreen()` ; Rend la position par rapport à l' écran.

Dimensions préférées d'un composant

Le conteneur, comme nous le verrons plus loin, a en charge le positionnement des composants, mais leur affecte aussi une dimension appropriée. Pour l'aider, chaque composant peut lui spécifier, en fonction de ses contraintes techniques (par exemple les composants graphiques qui s'appuient sur des images), ses dimensions
« préférées » en répondant au conteneur à l'aide des méthodes suivantes :

- `Dimension getMinimumSize()` ; Rend la taille minimum du composant.
- `Dimension getMaximumSize()` ; Taille maxi.
- `Dimension getPreferredSize()` ; Taille "normale".

A partir de la version 5, il est possible de modifier ces paramètres dans un composant, à l'aide des méthodes :

- `public void setPreferredSize(Dimension preferredSize)` ; Modifie la taille préférée.

- `public boolean isPreferredSizeSet()` ; Retourne true si la taille préférée a été modifiée.

- `public void setMinimumSize(Dimension minimumSize)` ; Modifie la taille minimum.

- `public boolean isMinimumSizeSet()` ; Retourne true si la taille minimum a été modifiée.

- `public void setMaximumSize(Dimension maximumSize)` ; Modifie la taille maximum.

- `public boolean isMaximumSizeSet()` ; Retourne true si la taille maximum a été modifiée.

Remarque :
Pour revenir aux valeurs par défaut, il faut invoquer la méthode set avec **null** en argument.

Support des menus

Chaque composant peut disposer d'un menu contextuel ("Popup Menu"). Pour cela on dispose des méthodes :

```
add( PopupMenu);

remove( MenuComponent);
```

La classe `PopupMenu` hérite de la classe `Menu` que nous verrons en détails un peu plus loin. Cette classe permet d'avoir toute une arborescence de menus et de sous menus.

Composant léger ou composant lourd ?

On appelle composant lourd un composant qui s'appuie directement sur le système d'exploitation. Les composants de base d'AWT sont des composants lourds.

Les composants légers sont des composants dont toute la logique et l'apparence a été développée en Java (Composants Swing que nous verrons dans un prochain chapitre). Leur principal avantage est évidemment la portabilité.

La méthode `isLightweight` permet de savoir si un composant est léger ou non :

```
boolean isLightweight() ;
```

Méthodes diverses

Enfin, on notera quelques méthodes diverses :

- `void setName( String nom)` ; Donne un nom au composant.

- `String getName()` ; Rend le nom du composant.

- `void list()` ; Affiche sur la sortie standard les propriétés du composant.

- `Toolkit getToolkit()` ; Rend le `Toolkit` (nous en reparlerons plus loin).

Les composants de base de AWT

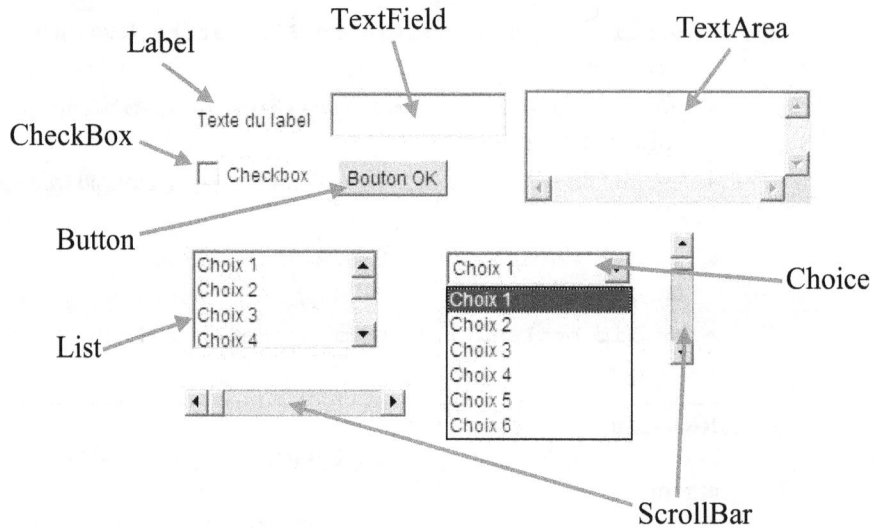

Ces composants sont des contrôles graphiques de l'interface utilisateur. Ils héritent tous de Component, gèrent certains événements et ont des propriétés particulières.

Les événements, dont on reparlera dans le prochain module, sont :

- **Action** : cela représente une action de l'utilisateur destinée à lancer un traitement. Par exemple cet événement apparaît lorsque l'on appuie sur un bouton, sur une check-box. Il apparaît aussi lorsque l'on double-clique ou lorsque l'on appuie sur la touche « Entrée » dans un TextField ou dans une List.
- **Item** : cet événement ne concerne que les listes de choix (Choice et Lists). Il signale un changement dans la sélection.
- **Text** : uniquement pour les héritiers de TextComponent (TextField et TextArea). Il signale que le texte a été modifié par l'utilisateur. Cela peut être utile pour du contrôle de saisie.
- **Adjustment** : pour la ScrollBar uniquement. L'utilisateur a effectué une opération sur la barre (glissement, déplacement d'une position, etc.).

Les propriétés sont toujours initialisables dans un constructeur, mais peuvent par la suite être modifiées (un bouton peut voir son label changer dans le temps).

Ces composants sont tous des composants lourds, car ils s'appuient sur l'interface native. Leur aspect sera donc celui du système d'exploitation dans lequel s'exécutera l'application.

Classe	Propriétés	Evénements	Observation
Button	Label	Action	Bouton poussoir.

Classe	Propriétés	Evénements	Observation
Checkbox	Label State CheckboxGroup	Item	Case à cocher ou bouton radio si checkBoxGroup n'est pas à null.
Choice	Item SelectedIndex	Item	Boîte à choix.
List	Item MultipleMode SelectedIndex VisibleIndex MinimumSize PreferedSize	Action Item	Liste d'éléments. La sélection multiple est possible.
Label	Text Alignment		Simple texte.
TextComponent	Text SelectedText Editable	Text	Classe mère de TextField et TextArea.
TextField	Columns EchoCar	Action	Champ de saisie mono-ligne.
TextArea	Columns Rows		Champ de saisie multi-ligne.
ScrollBar	Orientation Value Minimum Maximum VisibleAmount	Adjustment	Barre de défilement.

Exemples :

```
Label lbl= new Label( "Texte du label");
Button b= new Button( "O.K.");
b.setLabel( "Annuler"); // Changement de message sur le bouton
TextField tf= new TextField();
tf.setColumns( 10); // 10 colonnes de large
List lst= new List();
lst.add( tf.setText());
lbl.setText( lst.getItem( 0));
```

Les conteneurs

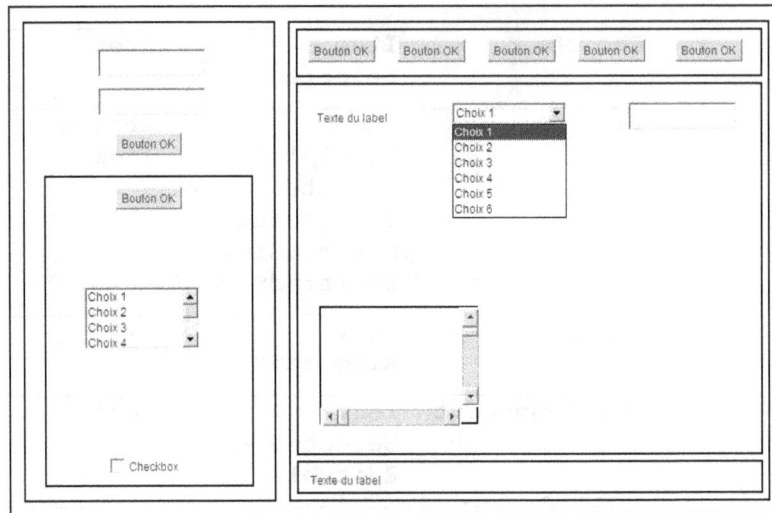

Les conteneurs sont des composants particuliers, puisque leur principale fonction est de contenir d'autres composants.

Un conteneur est donc constitué de composants, lesquels peuvent être aussi des conteneurs. On peut donc imbriquer autant de conteneurs que l'on veut les uns dans les autres, avec pour chacun un gestionnaire de positionnement particulier (nous les verrons un peu plus loin).

La classe Container

C'est une classe abstraite. Elle est implémentée par deux types de conteneurs : les panneaux (classe `Pannel`) et les fenêtres (classe `Window`).

Les principales méthodes de cette classe permettent d'ajouter un composant, de récupérer un composant à un certain emplacement et de supprimer un composant.

- **`Component add( Component c)` ;** Ajout d'un composant. La position sera déterminée automatiquement.
- **`Component add( Component c, int index)` ;** Ajout d'un composant à un certain index.
- **`void add( Component c, Object contrainte)` ;** Ajout d'un composant et d'une contrainte qui lui est propre et permettra au layout-manager de la positionner.
- **`void add( Component c, Object contrainte, int index)` ;** Ajout avec contrainte et index.
- **`Component getComponent( int index)` ;** Renvoie le composant à l'index spécifié.
- **`Component getComponentAt( int x, int y)` ;** Renvoie le composant situé aux coordonnées passées en argument.
- **`Component getComponentAt( Point position)` ;** Idem ci-dessus avec un objet de type Point.

- **int getComponentCount()** ; Rend le nombre de composants du container.
- **Component[] getComponents()** ; Renvoie tous les composants du container dans un tableau.
- **void remove(Component c)** ; Retire le composant spécifié.
- **void remove(int index)** ; Retire le composant à l'index spécifié.
- **void removeAll()** ; Retire tous les composants.

Nous parlerons des méthodes relatives aux "Layout Managers" (gestionnaires de positionnement) un peu plus loin.

Remarque :
Container hérite en plus et bien évidemment de toutes les méthodes de la classe Component.

La classe Panel

C'est une implémentation de Container. Le Panel servira simplement à contenir des composants (dont d'autres Panels) afin d'obtenir des interfaces graphiques complexes par des imbrications.

Les constructeurs sont :

- **Panel(LayoutManager)** ; Construit un panneau avec le gestionnaire de positionnement spécifié en argument.
- **Panel()** ; Construit un panneau avec par défaut un gestionnaire de positionnement de type FlowLayout.

Les fenêtres

```
java.lang.Object
   |
   +--java.awt.Component
           |
           +--java.awt.Container
                   |
                   +--java.awt.Window
                           |
                           +--java.awt.Frame
                           |
                           +--java.awt.Dialog
```

Les fenêtres ont la particularité d'être des conteneurs autonomes dans l'environnement graphique de l'ordinateur.

Elles ont donc des propriétés particulières, comme par exemple une barre de titre, un menu système, une icône, etc.

On distingue deux types de fenêtres :

- Les « frames » sont des fenêtres applicatives (elles sont indépendantes les unes des autres et peuvent avoir une barre de menu),
- Les boîtes de dialogue sont des fenêtres créée depuis une « frame » ou une autre boîte de dialogue, elles ont donc la notion de mère (qui n'a rien avoir avec l'héritage objet).

Ces concepts sont implémentés dans Java au travers des classes Window, Frame et Dialog.

La classe Window

Elle hérite de Container, on peut donc y déposer des composants. Ces composants seront disposés dans une zone, appelée zone client, qui se trouve au dessous de la barre de titre (ou de la barre menu le cas échéant).

On n'utilisera pas directement cette classe, mais une de ses héritières : Frame ou Dialog.

La classe Frame

Une Frame est construite à partir des constructeurs :

- `Frame();`
- `Frame( String TitreDeLaBarre);`

Lorsqu'une `Frame` est créée, elle est invisible, afin de permettre le positionnement de son contenu avant son affichage.

Pour la rendre visible, on utilise la méthode `setVisible` :

- **`void setVisible( boolean visible)`** ; à `true` pour la rendre visible.
- **`boolean isVisible()`** ; Renvoie `true` si la `Frame` est visible.

Sa taille et sa position doivent aussi être initialisées par la méthode :

- **`void setBounds( int x, int y, int largeur, int hauteur)`** ;
- **`Rectangle getBounds()`** ;

Ces deux méthodes sont héritées de la classe `Component`.

Une `Frame` possède un certain nombre d'attributs modifiables :

- **`String getTitle()`** ; Rend le titre de la `Frame`.
- **`void setTitle( String titre)`** ;
- **`boolean isResizable()`** ; Rend `true` si sa dimension peut varier.
- **`void setResizable( boolean )`** ;
- **`int getState()`** ; Rend l'état de la `Frame` : soit `Frame.ICONIFIED` soit `Frame.NORMAL`.
- **`void setState( int etat)`** ;

Une `Frame` possède une icône, qui représente par défaut une tasse de café fumante... Il peut être élégant de la remplacer par autre chose :

- **`Image getIconImage()`** ;
- **`void setIconImage( Image icone)`** ;

Nous reparlerons plus loin de la classe `Image`.

La gestion des menus se fait à l'aide de :

- **`MenuBar getMenuBar()`** ;
- **`void setMenuBar( MenuBar)`** ;
- **`void remove( MenuComponent)`** ; Supprime la `MenuBar` ou un `MenuItem`.

Nous verrons sur le prochain chapitre comment créer les menus.

Enfin, la méthode :

```
static Frame [] getFrames();
```

permet de récupérer dans un tableau l'ensemble des `Frames` qui ont été créées dans l'application. Cette fonction peut servir à la communication entre plusieurs `Frames`.

La classe Dialog

Très semblable à la classe `Frame`, la particularité majeure d'une boîte de dialogue est qu'elle possède un père, lui même `Frame` ou `Dialog`, qui est défini dès la construction de la fenêtre. Il apparaît donc dans les constructeurs :

- **`Dialog( Dialog pere)`** ; Père de type `Dialog`.
- **`Dialog( Dialog pere, String title)`** ;

- `Dialog( Dialog pere, String title, boolean modal);`
- `Dialog( Frame pere);` Père de type `Frame`.
- `Dialog( Frame pere, String title);`
- `Dialog( Frame pere, String title, boolean modal);`

Pour refermer la boîte, utiliser la méthode :

`void dispose() ;`

Une boîte de dialogue peut-être modale ou non. Par défaut elle ne l'est pas.

Pour ouvrir une boîte de dialogue, il faut, après l'avoir créée, la rendre visible (méthode `setVisible( true)`).

- Si elle n'est pas modale, cette méthode rend la main. La boîte de dialogue restera toujours en avant plan devant son père, puis elle disparaîtra à l'appel de la méthode `dispose()`.
- Si elle est modale, cette méthode ne rend pas la main. La boîte de dialogue restera toujours en avant plan devant son père, puis elle disparaîtra et la méthode `setVisible` rendra la main à l'appel de `dispose()`.

Cet attribut "modal" apparaît dans certains constructeurs. Par ailleurs, il peut être consulté ou modifié à l'aide des méthodes :

- `boolean isModal();`
- `void setModal( boolean);`

Enfin, une boîte de dialogue possède à peu près les mêmes attributs qu'une `Frame` :

- `String getTitle();`
- `void setTitle( String titre);`
- `boolean isResizeable();`
- `void setResizable( boolean);`
- `void setVisible( boolean);`
- `boolean isVisible();`

Remarque :
Pour passer des paramètres entre le père et une boîte de dialogue, on utilise une signature du constructeur de la boîte (qui hérite de `Dialog`) avec ces arguments.

Pour que la boîte rende des paramètres au père, on peut implémenter des méthodes d'accès. Ces méthodes peuvent être invoquées après le dispose, en effet, cette méthode ne détruit pas la boîte de dialogue, mais c'est le garbage collector, après que le père ait perdu la référence vers se fille.

Exemple :

Création d'une boîte de dialogue, passage d'arguments, récupération d'un retour :

```
import java.awt.*;

public class TestDialog extends Frame {

  public TestDialog( String t) {
    super( t);
    System.out.println( log");
```

```
        Boîte d= new Boîte( "Toto", this);
        d.setBounds( 50, 50, 700, 500);
        d.setVisible( true);
        System.out.println( "Dialog rendue visible");
        d.dispose();
        // Récupération d'un argument de la boîte
        String s= d.getMessage();
        System.out.println( "Message de la boîte de dialogue: "+s);
    }

  public static void main( String args[]) {
      TestDialog td= new TestDialog( "Hello");
      td.setBounds( 0, 0, 800, 600);
      td.setVisible( true);
  }
}

class Boîte extends Dialog {
  String message;

  public Boîte( String argument, Frame pere) {
    super( pere);
    System.out.println( "Argument: "+argument);
    message= "Bonjour!";
    System.out.println( "La boîte est refermée");
  }
  public String getMessage() {
    return message;
  }
}
```

La classe FileDialog

Cette classe permet d'afficher une boîte de dialogue déjà construite pour sélectionner un fichier dans le gestionnaire de fichier du système d'exploitation.

Cette boîte de dialogue est celle existante dans le système, ce qui expliquera les différences d'apparence et de possibilités d'une OS à un autre.

Les constructeurs prennent en argument le père, le texte à mettre dans la « title bar » et un mode (ces deux derniers arguments sont facultatifs suivant le constructeur employé).

```
FileDialog( Frame pere, String Titre, int mode);
```

Mode spécifie si la boîte est pour des fichiers en chargement ou en sauvegarde. La valeur peut être `FileDialog.LOAD` ou `FileDialog.SAVE`.

Quelques méthodes :

- **void setDirectory(String)** ; Spécifie un répertoire de travail.
- **String getDirectory()** ; Renvoie le répertoire sélectionné par l'utilisateur.
- **void setFile(String)** ; Spécifie un nom de fichier par défaut.
- **String getFile()** ; Récupère le nom du fichier choisi par l'utilisateur.
- **void setFilenameFilter(FilenameFilter)** ; Spécifie un masque de recherche qui ne permettra d'afficher dans la liste de fichiers que ceux qui s'y accordent.
- **FilenameFilter getFilenameFilter()** ; Renvoie le masque de recherche.
- **void setMode(int)** ; Il existe deux modes (LOAD ou SAVE).
- **int getMode()** ;

Exemple d'utilisation :

```java
import java.awt.*;
public class TestFileDialog extends Frame {
  public void ouvreFileDialog() {
    FileDialog fd= new FileDialog( this,
      "Chargement d'un fichier", FileDialog.LOAD);
    fd.setDirectory( "C:\\");
    fd.setFile( "*.jpg");
    fd.setVisible( true);
    System.out.println(fd.getDirectory()
        + fd.getFile());
  }
  public static void main( String[] args) {
    TestFileDialog tfd= new TestFileDialog();
    tfd.setBounds( 0, 0, 600, 400);
    tfd.setVisible( true);
    tfd.ouvreFileDialog();
  }
}
```

La gestion des menus

▣ **MenuBar : uniquement dans une Frame**

▣ **Menu**

● Dans un MenuBar ou dans un Menu

● Contient des MenuItem ou des Menu

▣ **MenuItem**

● Elément sélectable

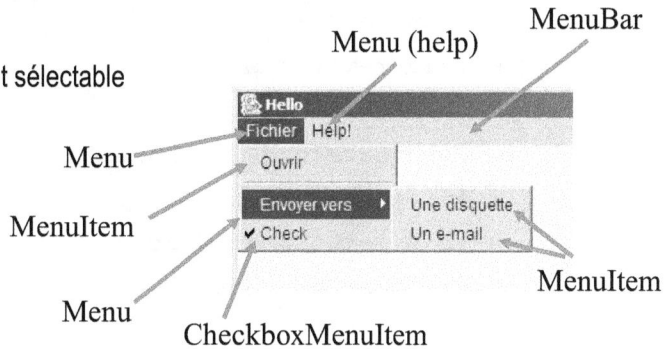

Les menus des `Frames` sont composés d'une barre de menus, dans laquelle sont disposés des menus et des sous-menus, dans lesquels on trouvera des `MenuItems`, objets sélectionnables par l'utilisateur.

Nous verrons comment gérer les événements issus des menus dans le prochain module.

La classe MenuComponent

Toutes ces classes : `MenuBar`, `Menu`, `MenuItem`, etc... héritent d'une classe abstraite qui définie le concept de composant menus : `MenuComponent`.

On trouve dans cette classe les méthodes d'accès aux propriétés :

* **`String getName();`**
* **`void setName( String);`**
* **`Font getFont();`**
* **`void setFont( Font);`**
* **`MenuContainer getParent();`**

Remarque :
Les classes qui implémentent l'interface `MenuContainer` sont `Frame` (pour la barre menu) et `Component` (pour les menus contextuels : `PopupMenu`).

La classe MenuBar

L'objet de ce type est mis sur une `Frame` uniquement, à l'aide de la méthode

```
void setMenuBar( MenuBar);
```

Remarque :
On peut créer plusieurs objets `MenuBar`, et utiliser successivement la méthode `setMenuBar`, afin de modifier les options du menu. Cette technique sera notamment utilisée pour des applications présentant des menus changeant suivant le contexte de son utilisation.

Le constructeur de la classe `MenuBar` ne prend pas d'argument.

Un `MenuBar` est constitué de menus, ainsi qu'éventuellement un menu d'aide. Cela est géré à l'aide des méthodes :

- **`Menu add( Menu);`**
- **`void remove( Menu);`**
- **`void remove( int index);`**
- **`Menu getMenu( int index);`**
- **`int getMenuCount();`**
- **`void setHelpMenu( Menu);`.**
- **`Menu getHelpMenu();`.**

La particularité d'un menu d'aide (`HelpMenu`) est qu'il est positionné à droite dans la barre de menu.

Nous verrons que les options des menus peuvent avoir des raccourcis claviers (shortcuts).

Remarque :
On ne peut mettre un menu plusieurs fois dans une barre menu. Toute invocation de la méthode `add` avec un composant menu déjà existant dans le menu retirera cet élément de sa position initiale pour le mettre à sa nouvelle position.

La classe Menu

Elle représente un menu. Elle est constituée principalement d'un label et de sous menus (classe `Menu`) et/ou d'option (classe `MenuItem`).

Un des constructeurs permet de spécifier le label du menu.

Ses méthodes permettent principalement d'insérer ou d'enlever des sous-menus :

- **`MenuItem add( MenuItem);`**
- **`void insert( MenuItem, int position);`**
- **`void addSeparator();`**
- **`void insertSeparator( int position);`**
- **`void remove( int position);`**
- **`void remove( MenuComponent);`**
- **`MenuItem getItem( int positon);`**
- **`int getItemCount();`**

Remarque :
La classe `Menu` hérite de `MenuItem`. On peut donc insérer des sous menus de la classe `Menu`.

Les séparateurs permettent de séparer des menus ou des options menus par un trait horizontal. Ils sont insérés avec la méthode :

```
void insertSeparator( int position);
```

On peut aussi insérer un séparateur sous la forme d'un `MenuItem` dont le label est un signe moins (–).

La classe MenuItem

Les objets de ce type représentent des options sélectionnables par l'utilisateur. Ils sont principalement caractérisés par :

- Un label : le texte qui s'affiche dans le menu à destination de l'utilisateur.
- Un « ActionCommand » : un texte choisi par le développeur pour éventuellement reconnaître le menu lors de son actionnement par l'utilisateur.
- Un état actif ou non : un menu non actif apparaît en grisé, l'utilisateur ne peut l'actionner.
- Un raccourci clavier qui permet l'actionnement d'un menu par une combinaison de touches du clavier.

Ces propriétés sont accessibles par les méthodes :

- `String getLabel();`
- `void setLabel( String);`
- `String getActionCommand();`
- `void setActionCommand( String);`
- `boolean isEnabled();`
- `void setEnabled( boolean);`
- `void deleteShortcut();`
- `MenuShortcut getShortcut()`
- `void setShortcut( MenuShortcut);`

On notera la classe `MenuShortCut` qui permet de spécifier une combinaison de touches du clavier. Cette classe permet de spécifier à la fois un caractère ou une touche de fonction, et l'appui sur une touche d'extension (Shift, Ctrl, Alt…).

Nous reverrons le codage des touches du clavier dans le prochain module, lorsque nous parlerons des événements du clavier.

La classe CheckboxMenuItem

C'est une variante de `MenuItem` (elle en hérite). Lorsque l'utilisateur sélectionne cet item de menu, il change son état qui se traduit par l'apparition ou la disparition d'un petit symbole à côté de son label.

Cet état peut être consulté ou modifié à l'aide des méthodes :

- `void setState( boolean);`
- `boolean getState();`

Exemple :

```
import java.awt.*;


public class TestMenus extends Frame {
```

```java
public TestMenus( String t) {
    super( t);
    System.out.println( "Création dialog");
    MenuItem mio= new MenuItem( "Ouvrir");
    Menu me= new Menu( "Envoyer vers");
    me.add( new MenuItem("Une disquette"));
    me.add( new MenuItem("Un e-mail"));
    Menu mf= new Menu( "Fichier");
    mf.add( mio);
    mf.add( new MenuItem( "-"));
    mf.add( me);
    mf.add( new CheckboxMenuItem( "Check", true));
    MenuBar mb= new MenuBar();
    mb.add( mf);
    mb.setHelpMenu( new Menu("Help!"));
    setMenuBar( mb);

}

public static void main( String args[]) {
    TestMenus td= new TestMenus( "Hello");
    td.setBounds( 0, 0, 800, 600);
    td.setVisible( true);
}
}
```

Les menus contextuels

Ils sont créés à partir des classes PopUpMenu, Menu et MenuItem, puis associés à n'importe quel type de Component par la méthode :

```java
void add( PopUpMenu);
```

Il est important d'utiliser un composant de type PopUpMenu, car cette classe, qui hérite de Menu, possède une méthode importante et nécessaire au fonctionnement d'un menu contextuel :

```java
void show( Component origine, int x; int y);
```

Cette méthode permet d'afficher le menu popup à la position spécifiée par rapport au composant origine.

Elle sera appelée dans un "handler" de la souris (généralement le click droit).

Exemple :

```java
import java.awt.*;
```

```java
public class TestPopupMenu extends Frame {

  public static void main( String[] args) {
    TestPopupMenu tpm= new TestPopupMenu();
    TextField tf= new TextField();
    PopupMenu pm= new PopupMenu();
    pm.add( new MenuItem( "Sélection 1"));
    pm.add( new MenuItem( "Sélection 2"));
    pm.add( new MenuItem( "Sélection 3"));
    pm.add( new MenuItem( "Sélection 4"));
    tf.add( pm);
    tpm.add( tf);
    tpm.setBounds( 0, 0, 600, 400);
    tpm.setVisible( true);
    pm.show( tf, 10, 10);
  }
}
```

La gestion du positionnement avec les layouts

■ **Les layouts managers : 5 types**

- FlowLayout (par défaut)

- BorderLayout

- GridLayout

- GridBagLayout

- CardLayout

Il est d'usage, généralement, de placer les composants d'une fenêtre en leur donnant une position spécifiée dans un système trigonométrique dont l'unité est le pixel.

Toutefois, des problèmes de repositionnement divers peuvent intervenir, si l'on modifie la taille de la fenêtre, si l'on change de résolution de l'écran, etc.

Pour pallier ce genre de soucis, Sun a développé dans Java une logique de "layouts".

Le principe est que le positionnement des composants n'est pas assuré par le composant lui même, mais par un objet tiers, associé à chaque conteneur, et qui décidera de son propre arbitrage où et dans quelle disposition chaque composant sera positionné.

Afin de permettre de prévoir à peu près tous les cas de figure, Sun a imaginé un certain nombre de classes de "layout", qui implémentent tous l'interface `LayoutManager`.

Ces "layout managers" sont associés aux conteneurs. Chaque conteneur peut avoir un et un seul `LayoutManager` (toutefois il peut en changer en cours de route).

L'initialisation d'un layout se fait à l'aide de la méthode de la classe `Container` :

```
void setLayout( LayoutManager) ;
```

Il existe 5 types de `LayoutsManagers` :

- **FlowLayout** : positionnement de gauche à droite,
- **BorderLayout** : positionnement sur les bordures et au centre,
- **GridLayout** : positionnement sur une grille,
- **GridBagLayout** : positionnement sur une grille avec des contraintes,
- **CardLayout** : positionnement les uns derrière les autres,

Nous verrons d'autres logiques de positionnement dans l'interface graphique `Swing` proposée dans JFC (Java Foundation Classes).

> **Remarque :**
> Si on souhaite ne pas utiliser ces layouts, qui sont assez complexes à mettre en œuvre, on peut toujours positionner les composants en coordonnées au pixel. Pour cela, il faut initialiser le layout à `null` :
>
> ```
> setLayout( null) ;
> ```
>
> Puis, pour positionner un composant, utiliser la méthode `setBounds` de la classe `Component`.

Méthodes des layouts dans les Container

Les méthodes suivantes permettent de modifier ou de récupérer le layout d'un `Container` :

```
setLayout( LayoutManager); // Changer de gestion de position
LayoutManager getLayout(); // Rend le layout du Container
```

Lorsque l'on ajoute ou retire un composant, ou qu'on lui change ses contraintes, il est nécessaire de signaler au layout de recalculer les positions en invoquant la méthode :

```
public void validate();
```

L'interface LayoutManager

Elle doit être implémentée par tout layout. Il y a cinq méthodes à implémenter :

```
public void addLayoutComponent( String nom, Component c);
```

Cette méthode est appelée par la méthode `add( String nom, Component c)` de la classe `Container`.

```
public void removeLayourComponent( Component c);
```

Supprime le composant passé en argument.

```
public Dimension preferredLayoutSize( Container conteneur);
```

Elle est appelée par la méthode `preferredSize()` du conteneur.

```
public Dimension minimumLayoutSize();
```

Appelée par la méthode `minimumSize()` du conteneur

```
public void layoutContainer( Container conteneur);
```

C'est la méthode qui repositionne les composants, elle est invoquée à chaque fois que le conteneur change de dimension. Les composants doivent être repositionnés à l'aide de la méthode `void setBounds( int x, int y, int largeur, int hauteur);`

Le FlowLayout

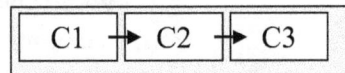

```
┌─────────────────────────┐
│ C1 ─► C2 ─► C3 │
└─────────────────────────┘
```

- **Constructeurs**

```
FlowLayout()
FlowLayout( int alignement)
FlowLayout( int align, int hGap, int vGap)
```

- **Méthodes**

```
setVgap( int) et int getVgap()
setHgap( int) et int getHgap()
int getLayoutAlignmentX()
et int getLayoutAlignmentY()
```

Ce layout est le plus simple : il va ajouter les composants de gauche à droite.

Les composants posséderont leur taille préférée, qu'ils indiquent dans la méthode `getPreferredSize()`.

Pour changer l'orientation, on peut s'appuyer sur les méthodes (héritées de `Component`) :

```java
public void setComponentOrientation( ComponentOrientation o);
```

Exemple :

```java
import java.awt.*;
public class TestFlowLayout extends Frame {
  public static void main( String[] args) {
    TestFlowLayout tfl= new TestFlowLayout();
    tfl.setLayout( new FlowLayout());
    tfl.setComponentOrientation(
      ComponentOrientation.RIGHT_TO_LEFT);
    tfl.add( new Button( "premier"));
    tfl.add( new Button( "second"));
    tfl.add( new Button( "troisieme"));
    tfl.setBounds( 0, 0, 600, 400);
    tfl.setVisible( true);
  }
}
```

Ce qui donne :

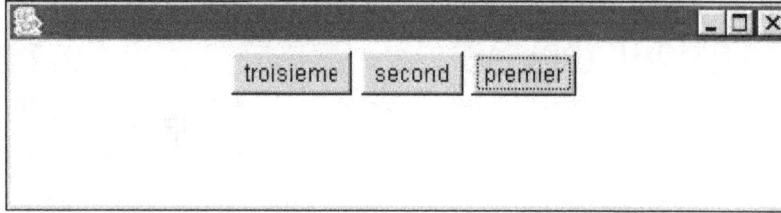

On remarque bien le positionnement des composants de droite à gauche (par défaut c'est dans l'autre sens).

Les méthodes d'espacement

Il se peut, dans certains cas ou certains layouts, que les composants se touchent. Pour aérer certains écrans, il est possible de spécifier un espace minimum (mesuré en pixels) autour de chaque composant.

Cela peut être spécifié à l'aide des méthodes :

- **void setVgap(int nombrePixels);** Espace vertical.
- **void setHgap(int nombrePixels);** Espace horizontal.

et récupéré avec :

- **int getVGap();**
- **int getHGap();**

Alignement des composants

Il peut être spécifié à l'aide de la méthode :

```
void setAlignment( int alignement);
```

et connu à l'aide de la méthode :

```
int getAlignment();
```

L'argument peut prendre une des valeurs :

- **FlowLayout.LEFT** : alignement à gauche.
- **FlowLayout.RIGHT** : alignement à droite.
- **FlowLayout.CENTER** : alignement au centre.
- **FlowLayout.LEADING** : récupère l'éventuelle place inoccupée au début.
- **FlowLayout.TRAILING** : récupère l'éventuelle place inoccupée en fin.

Le BorderLayout
Le BorderLayout

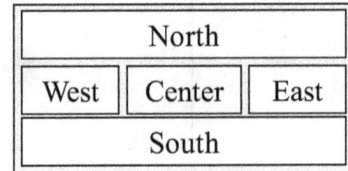

North		
West	Center	East
South		

- **Constructeurs**

  ```
  BorderLayout()
  BorderLayout( int hGap, int vGap)
  ```

- **Méthodes**

  ```
  setVgap( int) et int getVgap()
  setHgap( int) et int getHgap()
  ```

- **Ajout de composants par le panel :**

  ```
  panel.add( "North", Component);
  ```

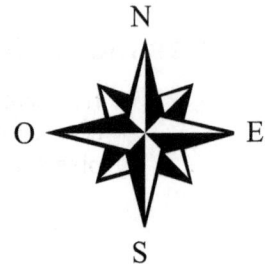

Le `BorderLayout` est un des plus simples à utiliser. Le principe est de diviser le conteneur en cinq parties correspondant aux points cardinaux et au centre.

Noter qu'il n'est pas nécessaire de remplir chaque zone, et que le nombre de composants est forcément limité à 5.

Exemple :

```java
import java.awt.*;

public class TestBorderLayout extends Frame {

  public static void main( String[] args) {
    TestBorderLayout tbl= new TestBorderLayout();
    BorderLayout bl= new BorderLayout();
    bl.setVgap( 2);
    bl.setHgap( 10);
    tbl.setLayout( bl);
    tbl.add( new Button( "premier"));
    tbl.add( "North", new Button( "second"));
    tbl.add( new Button( "troisieme"), BorderLayout.WEST);
    tbl.setBounds( 0, 0, 600, 400);
    tbl.setVisible( true);
  }
}
```

Ce qui donne :

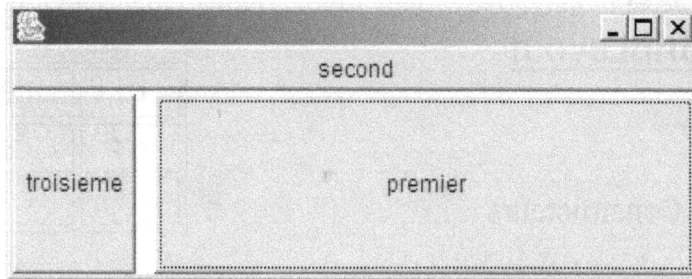

On remarquera dans l'exemple ci-dessus, trois appels à trois signatures différentes de
la méthode `add` :

- La première avec simplement en argument le composant. Ce dernier est positionné
  par défaut au centre.

- La seconde avec en premier argument le nom. Cette valeur sera au choix :
  `"North"`, `"South"`, `"East"`, `"West"` ou `"Center"`.

- La troisième avec en seconde argument un objet qui représente la contrainte, qui
  dans le cas de ce layout sera une des propriétés statiques : `NORTH`, `SOUTH`, `EAST`,
  `WEST` ou `CENTER`.

Ce type de layout sera souvent utilisé pour le cadre d'une application, où l'on
positionnera par exemple :

- Au nord une barre d'outils.

- Au sud une barre de status.

- A l'ouest une liste d'éléments.

- A l'est, peut-être une autre barre d'outils.

- Au centre le cœur de l'application.

Les méthodes d'espacement

On retrouve ici aussi les méthodes permettant de spécifier un espacement horizontal
ou vertical entre les composants :

- **`void setVgap( int nombrePixels);`** Espace vertical.

- **`void setHgap( int nombrePixels);`** Espace horizontal.

- **`int getVGap();`**

- **`int getHGap();`**

Le GridLayout
Le GridLayout

C1	C2	C3
C4	C5	C6
C7	C8	C9

■ Constructeurs

```
GridLayout()

GridLayout( int lignes, int cols)

GridLayout( int lignes, int cols, int
hGap, int vGap)
```

■ Méthodes

```
setVgap( int) et int getVgap()

setHgap( int) et int getHgap()

set/get Rows et Columns
```

Il permet de positionner les composants de façon alignée, sur une grille invisible. Il faut spécifier le nombre de colonnes et de lignes (au constructeur ou par la suite avec les méthodes set/get Rows ou Columns).

Exemple :

```java
import java.awt.*;
public class TestGridLayout extends Frame {
  public static void main( String[] args) {
    TestGridLayout tgl= new TestGridLayout();
    GridLayout gl= new GridLayout(2, 3);
    gl.setVgap( 5);
    gl.setHgap( 5);
    tgl.setLayout( gl);
    tgl.add( new Button( "premier"));
    tgl.add( new Button( "second"));
    tgl.add( new Button( "troisieme"));
    tgl.add( new Button( "quatrieme"));
    tgl.add( new Button( "cinquième"));
    tgl.add( new Button( "sixième"));
    tgl.add( new Button( "septième"));
    tgl.add( new Button( "huitième"));
    tgl.setBounds( 0, 0, 600, 400);
    tgl.setVisible( true);
  }
}
```

Ce qui donne :

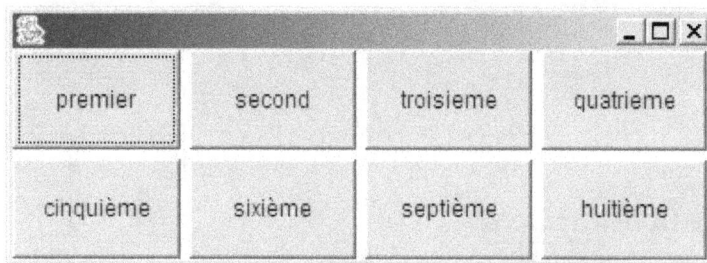

On remarque que l'on a défini un `BorderLayout` de 2 lignes sur 3 colonnes. Cela n'empêche pas d'avoir plus de 6 composantes (2x3).

Il y a dans cet exemple 8 composants. Le nombre de colonnes a été automatiquement étendu à 4.

En fait, le nombre de lignes est toujours constant, alors que le nombre de colonnes s'adapte en fonction du nombre de composants à positionner.

Le nombre de lignes et de colonnes peut être consulté ou modifié à l'aide des accesseurs :

- `int getRows();`
- `void setRows( int lignes);`
- `int getColumns();`
- `void setColumns( int colonnes);`

Les méthodes d'espacement

Ici encore, on a les méthodes permettant de spécifier un espacement horizontal ou vertical entre les composants :

- `void setVgap( int nombrePixels);` Espace vertical.
- `void setHgap( int nombrePixels);` Espace horizontal.
- `int getVGap();`
- `int getHGap();`

Le GridBagLayout

C1	C2	
C3	C4	C5
	C6	C7

■ Constructeurs

```
GridBagLayout()
```

■ Méthodes

```
GridBagConstraints getConstraints( Component)
void setConstraints( Component, GridBagConstraints)
```

C'est le plus complexe, mais aussi le plus puissant.

L'idée est de s'appuyer sur une grille, mais de permettre aux composants de s'étaler sur plusieurs lignes ou colonnes, en fonction de contraintes assez puissantes (taille, poids, place disponible dans les cellules, etc.)

Ces contraintes sont spécifiées dans les propriétés d'un objet de type GridBagConstraint associé à chaque composant. Pour faire de belles interfaces graphiques avec ce layout, il est nécessaire de bien comprendre chacune des propriétés de ce layout.

La classe GridBagConstraint

Un objet de ce type doit être associé à chaque composant.

Les propriétés de ce type de contrainte sont les suivants :

- **gridx** et **gridy** : spécifient la colonne et la ligne où sera placé le composant.
- **gridheight** et **gridwidth** : spécifient le nombre de lignes de la hauteur du composant et le nombre de colonnes de la largeur du composant.
- **anchor** : si le composant est plus petit que l'espace qui lui est alloué, cette propriété spécifie où il se positionnera. Les valeurs peuvent être : CENTER, NORTH, NORTHEAST, EAST, SOUTHEAST, SOUTH, SOUTHWEST, WEST, ou NORTHWEST.
- **fill** : si le composant est plus petit que l'espace qui lui est alloué, cette propriété spécifie comment il sera éventuellement réajusté. Les valeurs peuvent être : NONE (le composant n'est pas réajusté. Valeur par défaut), HORIZONTAL (la largeur du composant sera ajustée pour qu'il tienne toute la place), VERTICAL (la hauteur du composant sera ajustée pour qu'il tienne toute la place) et BOTH (le composant prend toute la place disponible).
- **insets** : spécifie l'espace à conserver autour du composant.

- **ipadx** et **ipady** : augmentent en largeur ou en hauteur la taille minimale du composant du nombre de pixels spécifié.
- **weightx** et **wrighty** : le poids en largeur ou en hauteur (valeur de 0.0 à 1.0). Chaque colonne ou ligne possède le poids le plus élevé de tous ses composants. L'espace supplémentaire disponible en largeur ou en hauteur sera partagé entre les colonnes ou les lignes, proportionnellement au poids de chacune.
  Gérer weightx ou weighty est tout un art. Armez-vous de patience si vous commencez à les manipuler.

Un cas d'utilisation typique et simple est de n'utiliser que les propriétés gridx, gridy (position) et gridwidth et gridheight (taille) sur un GridBagLayout. Cela permet un positionnement proportionnel à la taille de la fenêtre.

Exemple :

```java
import java.awt.*;

public class TestGridBagLayout extends Frame {

  public static void main( String[] args) {
    TestGridBagLayout tgbl= new TestGridBagLayout();
    GridBagLayout gbl= new GridBagLayout();
    tgbl.setLayout( gbl);

    Button b1= new Button( "premier");
    Button b2= new Button( "second");
    Button b3= new Button( "troisième");
    Button b4= new Button( "quatrième");
    Button b5= new Button( "cinquième");
    Button b6= new Button( "sixième");

    GridBagConstraints gbc= new GridBagConstraints();
    gbc.fill= GridBagConstraints.BOTH; // Le bouton
                // prendra la taille de sa cellule
    gbc.anchor= GridBagConstraints.CENTER;
    gbc.gridx= 1; gbc.gridy=1; // Position
    gbc.gridwidth= 4; gbc.gridheight= 1; //Taille
    gbl.setConstraints( b1, gbc);
    tgbl.add( b1);
    gbc.gridx= 5; gbc.gridy=1; // Position
    gbc.gridwidth= 2; gbc.gridheight= 3; //Taille
    gbl.setConstraints( b2, gbc);
    tgbl.add( b2);
    gbc.gridx= 1; gbc.gridy=3; // Position
    gbc.gridwidth= 2; gbc.gridheight= 1; //Taille
    gbl.setConstraints( b3, gbc);
```

```
            tgbl.add( b3);
            gbc.gridx= 1; gbc.gridy=4; // Position
            gbc.gridwidth= 2; gbc.gridheight= 4; //Taille
            gbl.setConstraints( b4, gbc);
            tgbl.add( b4);
            gbc.gridx= 4; gbc.gridy=4; // Position
            gbc.gridwidth= 5; gbc.gridheight= 1; //Taille
            gbl.setConstraints( b5, gbc);
            tgbl.add( b5);
            gbc.gridx= 3; gbc.gridy=6; // Position
            gbc.gridwidth= 3; gbc.gridheight= 2; //Taille
            gbl.setConstraints( b6, gbc);
            tgbl.add( b6);

            tgbl.setBounds( 0, 0, 600, 400);
            tgbl.setVisible( true);
        }
}
```

Le résultat est :

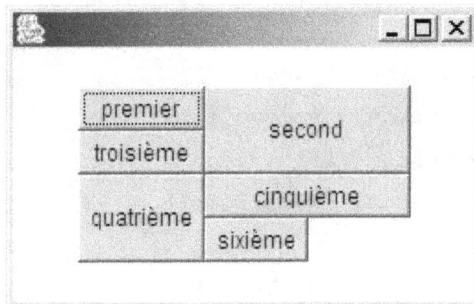

La contrainte d'un composant peut influer sur la visibilité, les dimensions et la position d'un ou plusieurs autres composants.

La mise au point d'un écran avec ce layout est particulièrement délicate, et de nombreux essais devront être réalisés avant d'arriver à un résultat satisfaisant!

Pour limiter la complexité, on évitera de faire des panels avec beaucoup de composants, mais de faire de petits panels (3 à 5 composants maxi) que l'on imbriquera dans d'autres panels (3 à 5 panels maxi).

Le CardLayout

Le CardLayout

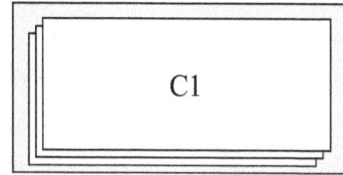

C1

- **N'affiche qu'un composant à la fois**

- **Constructeurs**

```
CardLayout()
CardLayout( int hGap, int vGap)
```

- **Méthodes**

```
setVgap( int) et int getVgap()
setHgap( int) et int getHgap()
void first( Container pere), next, previous et last
show( Container pere, String nomComposant)
```

Le principe de ce layout est de n'afficher qu'un seul composant à la fois. Le composant affiché prend toute la place du conteneur.

Des applications types seront :

- Des écrans dynamiques (dont certaines parties changent en fonction des données entrées par l'utilisateur.
- Des panneaux à onglets.

Le passage d'un composant à l'autre s'effectuera à l'aide des méthodes :

- **void first(Container pere)** ; Passage au premier.
- **void next(Container pere)** ; Passage au suivant.
- **void last(Container pere)** ; Passage au dernier.
- **void previous(Container pere)** ; Passage au précédent.

Il est possible de passer directement à un composant, mais il faut connaître son nom (qui doit avoir été associé lors de l'appel de la méthode add(String nom, Component) dans la classe Container) :

```
public void show( Container pere, String nom);
```

La classe Toolkit

- ■ **Récupération par**
  - getToolkit() dans Component
  - Toolkit.getDefaultToolkit();
- ■ **Gestion des images**
  - JPEG, GIF, PNG
- ■ **Accès au système Window**
  - Dimension getScreenSize()
  - Clipboard getSystemClipboard()
  - String[] getFontList()
  - PrintJob getPrintJob()
  - Void beep()

La méthode `getToolkit()` dans `Component` renvoie le toolkit. Cet objet est une sorte de fourre-tout proposant un ensemble d'utilitaires.

Gestion des images

Il est possible de créer des images à partir de contenus de fichiers ou en mémoire :

- **Image getImage(String Fichier)** ; Formats supportés : GIF, JPEG, PNG.
- **Image getImage(URL url);**
- **Image createImage(byte[] buffer);**

Informations sur l'écran

Taille et résolution de l'écran :

- **Dimension getScreenSize();**
- **int getScreenResolution()** ; En points par pouces.

Utilisation du clip-board

Deux méthodes permettent de récupérer le clipboard :

- **Clipboard getSystemClipboard();**
- **Clipboard getSystemSelection();**

Divers

- **void beep()** ; Emet un signal sonore.
- **String[] getFontList()** ; Liste des fontes du système.
- **PrintJob getPrintJob()** ; Pour imprimer.

La souris

La souris

- **MouseInfo**

  - Nombre de boutons
    ```
    static int getNumberOfButtons();
    ```

  - Infos sur le pointeur
    ```
    static PointerInfo getPointerInfo();
    ```

- **PointerInfo**

  - Espace graphique
    ```
    public GraphicsDevice getDevice();
    ```

  - Position du pointeur
    ```
    public Point getLocation();
    ```

Java 5

La classe **java.awt.MouseInfo** permet d'avoir certaines informations sur la souris de l'ordinateur.

Elle possède les deux méthodes statiques suivantes :

- **static int getNumberOfButtons()** ; qui retourne le nombre de boutons de la souris.

- **static PointerInfo getPointerInfo()** ; qui renvoie la position du pointeur.

Ces deux méthodes renvoient l'exception java.awt.HeadlessException lorsqu'il n'y a pas de souris sur l'ordinateur.

La classe **java.awt.PointerInfo** permet de connaître l'espace graphique sur lequel pointe la souris, et d'avoir ses coordonnées à l'écran.

- **public GraphicsDevice getDevice()** ; Renvoie le GraphicDevice de la souris au moment de la création de cet objet.

- **public Point getLocation()** ; Renvoie la position de la souris sur l'écran

Composants personnalisés: la classe Canvas
Composants personnalisés: la classe Canvas

- **La classe Canvas**

  - Permet de dessiner

  - Possède la méthode paint(Graphics g)

  - Attention à la gestion de la taille

    getPreferredSize

    getMinimumSize

  - Idéal pour définir des objets graphiques

```
public class monDessin extends Canvas {
  public void paint( Graphics g) {
    g.setColor( Color.yellow);
    g.fillRect( 12, 12, 25, 25);
  }
}
```

Cette classe ne fait rien, elle ne demande qu'à être étendue. C'est de cette classe qu'il faudra hériter pour concevoir des composants personnalisés.

On peut imaginer de nombreux nouveaux types de composants : images, boutons à icône, liste arborescente, etc.

Pour implémenter correctement un composant graphique, il faudra toujours redéfinir les trois méthodes :

- **public Dimension getPreferredSize()** ; Rend la taille optimale du composant,
- **public Dimension getMinimumSize()** ; Rend la taille minimum du composant,
- **public void paint(Graphics g)** ; Affiche le composant.

Les deux premières méthodes permettent au layout de décider quelle taille donner à votre composant, par rapport aux autres composants du Container d'accueil.

Il est important de les implémenter, sinon, dans certains cas de layout votre composant pourrait devenir invisible.

La méthode `paint` permet de définir l'affichage du composant. C'est bien évidemment le point central de notre composant personnalisé.

L'argument passé est un objet de type `Graphics`. Il représente la feuille dans laquelle nous allons dessiner le composant. Comme nous allons le voir, il existe dans la classe `Graphics` toutes les fonctions graphiques nécessaires.

Exemple : un composant qui affiche une sinusoïde

```
import java.awt.*;


public class Sinusoide extends Canvas {
```

```java
public Dimension getMinimumSize() {
  return getPreferredSize();
}
public Dimension getPreferredSize() {
  // Renvoi d'un taille arbitraire
  return new Dimension( 60, 30);
}
public void paint(Graphics g) {
for (int x = 0 ; x < getSize().width ; x++)
  g.drawLine(x, (int)f(x), x + 1, (int)f(x + 1));
}
private double f(double x) {
return (Math.cos(x/10)+1) * getSize().height / 2;
}
public static void main( String[] args) {
  Frame f= new Frame( "Test de la sinusoide");
  Sinusoide s= new Sinusoide();
  f.add( s);
  f.setBounds( 0, 0, 300, 150);
  f.setVisible( true);
}
}
```

Résultat :

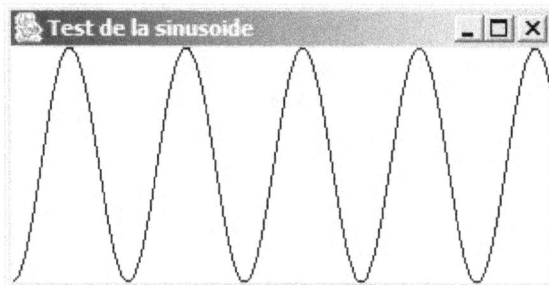

Un composant peut se redimensionner en cours d'existence. Dans ce cas, il faut que les méthodes getPreferredSize et getMinimumSize rendent les nouvelles valeurs, et demander au layout du conteneur de repositionner les composants avec la méthode validate().

Le dessin et la classe Graphics

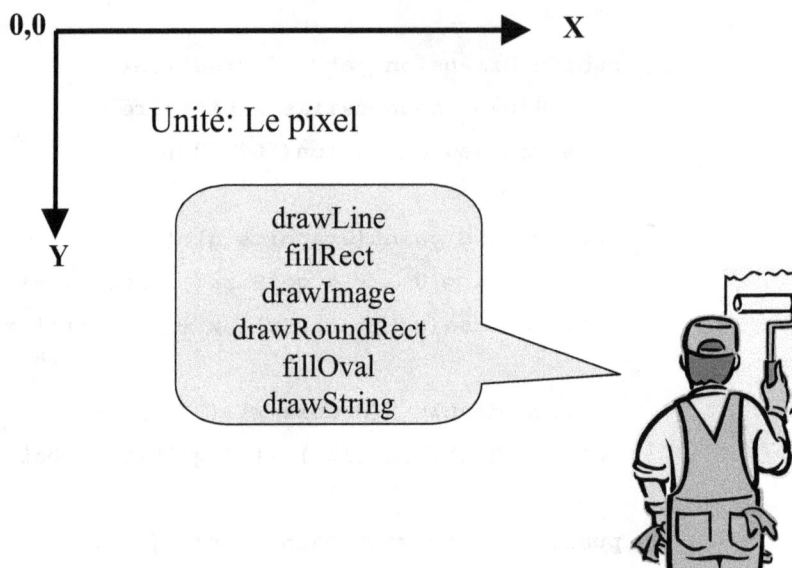

Elle représente une zone où il est permis de dessiner. Des méthodes permettent de prendre en charge les diverses possibilités de dessin.

Les principales méthodes de `Graphics` :

- `void drawLine ( int x1, int y1, int x2, int y2);`
- `void drawRect ( int x1, int y1, int x2, int y2);`
- `void fillRect ( int x1, int y1, int x2, int y2);`
- `void drawRoundRect ( int x1, int y1, int x2, int y2, int largeurArc, int hauteurArc);`
- `void fillRoundRect ( int x1, int y1, int x2, int y2, int largeurArc, int hauteurArc);`
- `void drawOval ( int x, int y, int largeur, int hauteur);`
- `void fillOval ( int x, int y, int largeur, int hauteur);`
- `void drawArc( int x, int y, int larg, int haut, int angleDepart, int angleArc);`
- `void fillArc( int x, int y, int larg, int haut, int angleDepart, int angleArc);`
- `void drawPolygon( int[] xPoints, int[] yPoints, int nbPonts);`
- `void fillPolygon( int[] xPoints, int[] yPoints, int nbPonts);`
- `void drawImage( Image image, int x, int y, ImageObserver io);`

- **void drawString(String chaine, int x, int y);**
- **void clearRect (x, y, largeur, hauteur);**
- **void copyArea(x, y, largeur, hauteur, nx, ny);**

Exemple de dessins de polygones :

```
public class Polygone extends Canvas {

  public Dimension getMinimumSize() {
    return getPreferredSize();
  }
  public Dimension getPreferredSize() {
    // Renvoi d'un taille arbitraire
    return new Dimension( 70, 110);
  }
  public void paint(Graphics g) {
    int listeX[]={20,10,50,70,25};
    int listeY[]={10,30,60,30,20};
    int listeY2[]={60,80,110,80,70};
    int nbrXY=listeX.length;
    g.drawPolygon(listeX, listeY, nbrXY);

    g.fillPolygon(listeX, listeY2, nbrXY);
  }
  public static void main( String[] args) {
    Frame f= new Frame( "Test de la sinusoide");
    Polygone p= new Polygone();
    f.add( p);
    f.setBounds( 0, 0, 150, 150);
    f.setVisible( true);
  }
}
```

Ce qui donne :

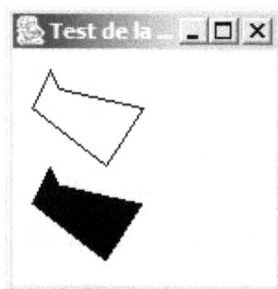

La gestion des couleurs

Les composants disposent de deux propriétés qui définissent la couleur du dessin et la couleur du fond.

Ces propriétés sont accessibles à l'aide des méthodes :

- **void setBackground(Color)** ; Couleur du fond.
- **Color getBackground()** ;
- **void setForeground(Color)** ; Couleur d'avant-plan, c'est à dire ce qui est écrit.
- **Color getForeground()** ;

La classe Color permet de définir les couleurs en RGB 24 Bits (16 millions de couleurs).

Plusieurs constructeurs permettent de créer un objet Color. Citons les plus courants :

- **Color(int rouge, int vert, int bleu)** ; Chaque composante variant de 0 à 255.
- **Color(int rouge, int vert, int bleu, int alpha)** ; Idem avec en plus une valeur d'opacité variant de 0 (transparent) à 255 (opaque).
- **Color(int rgb)** ; rgb est une valeur entière (32 bits) spécifiant les trois composantes sur les 24 premiers bits.

Par ailleurs, un certain nombre de couleurs sont définies en variables statiques :

white, lightGray, gray, darkGray, black, blue, cyan, green, yellow, orange, red, magenta, pink.

La classe Image

C'est une classe abstraite. On dispose dans la classe Component d'un certain nombre de moyens de créer des objets de type Image :

`Image createImage( int largeur, int hauteur);`

permet de créer une image "off screen", c'est à dire en mémoire.

Par ailleurs, dans le "Toolkit" des composants, il existe, comme nous l'avons vu, des méthodes pour créer des images à partir de fichiers ou d'URL.

Une méthode intéressante de la classe Image est :

`Graphics getGraphics();`

Elle permet de récupérer un objet Graphics sur cette image, pour, par exemple, la retoucher.

L'affichage d'une image se fait avec la méthode drawImage de Graphics.

Ecrire du texte

On utilise la méthode :

`void drawString( Chaine, x, y);`

La police de caractères peut être changée en cours d'utilisation. On a les méthodes :

`void setFont( Font);`

`Font getFont();`

Gestion des polices de caractères

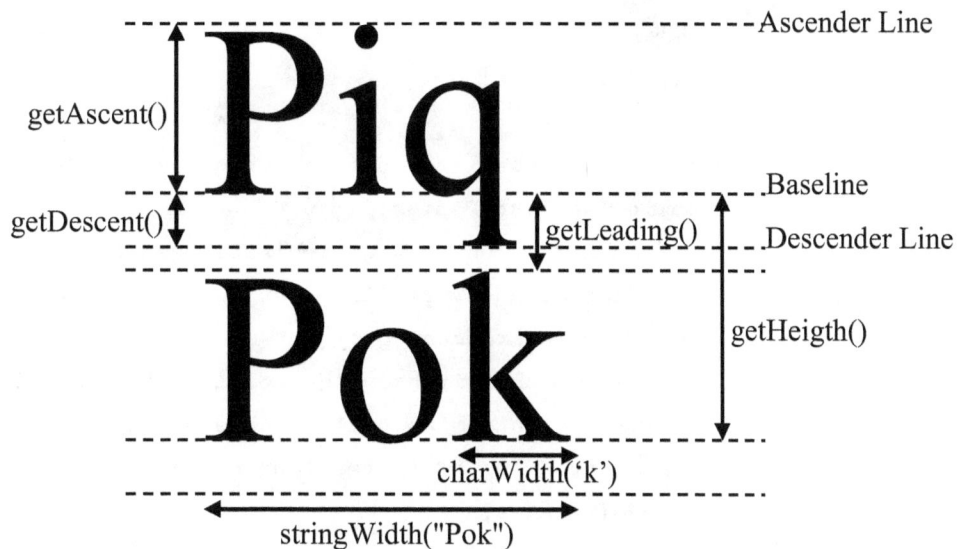

Les polices de caractères sont représentées par des objets de type `Font`.

Chaque composant possède sa propre fonte, par une propriété de type `Font`.

La classe Font

Un objet de ce type est construit à l'aide du constructeur :

```
Font( String nomPolice, int attributs, int taille);
```

Les arguments sont :

- Le nom de la police : `"Helvetica"`, `"Courier"`, `"Times Roman"`, `"Serif"`, `"SansSerif"`, etc.
- Les attributs : ce sont des valeurs entières définies en static dans la classe `Font` : `PLAIN`, `BOLD` et `ITALIC`.
- La taille : valeur en points (8, 10, 12…).

Un autre constructeur prend en argument un objet `Map` qui contiendra toutes les propriétés de la fonte que l'on souhaite utiliser.

Les méthodes permettent d'accéder aux propriétés et de faire diverses opérations de transformations.

Liste des fontes disponibles

Il est possible de lister les fontes disponibles.

La méthode `getFontList()` du "Toolkit" propose uniquement les « grandes familles » (serif, sans serif, Monospaced, etc…) que sait gérer Java dans tous les environnements. C'est un peu limité, d'ailleurs la méthode est devenue « deprecated ».

La nouvelle technique consiste en utiliser le `GraphicsEnvironment` local, dans lequel a été implémentée la nouvelle méthode `getAvailableFontFamilyNames()` qui retourne tous les noms de toutes les fontes disponibles sur la machine, ce qui est nettement mieux.

Exemple :

```java
import java.awt.*;

public class TestListeFontes extends List {
  public TestListeFontes() {
    // String[] fontes = getToolkit().getFontList();
    // Deprecated et remplacé par le code ci-dessous:
    GraphicsEnvironment ge;
    ge= GraphicsEnvironment.getLocalGraphicsEnvironment();
    String[] fontes= ge.getAvailableFontFamilyNames();
    for (int n= 0; n< fontes.length; n++)
      add( fontes[n]);
  }
  public static void main( String[] args) {
    Frame f= new Frame( "Test des fontes");
    TestListeFontes tlf= new TestListeFontes();
    f.add( tlf);
    f.setBounds( 0, 0, 300, 300);
    f.setVisible( true);
  }
}
```

Ce qui donnera :

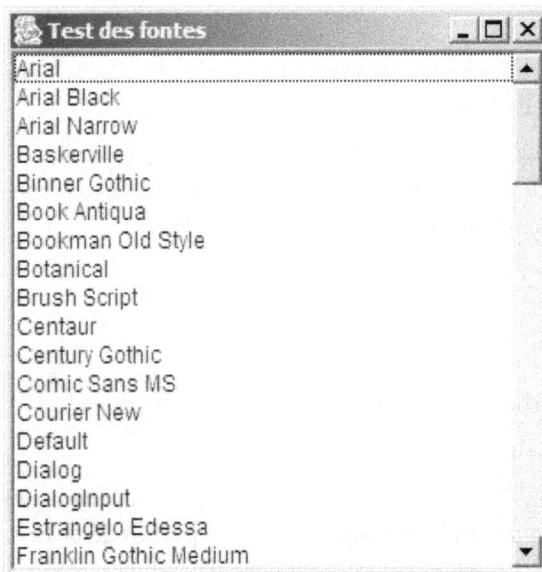

Les propriétés des polices: La classe FontMetrics

On peut récupérer les propriétés métriques d'un objet `Font` à l'aide d'une méthode de la classe `Component` :

```
FontMetrics getFontMetrics( Font);
```

Ces propriétés sont accessibles par les méthodes :

- `int getAscent()` ; hauteur de la police au dessus de la ligne de base,
- `int getDescent()` ; hauteur de la police en dessous de la ligne de base,
- `int getLeading()` ; espace entre les lignes,
- `int getHeight()` ; hauteur total de la police.

De plus, des méthodes permettent d'obtenir les largeurs des textes, ce qui est bien pratique lorsque l'on utilise des polices proportionnelles (les caractères n'ont pas tous la même largeur) :

- `int stringWidth( String chaine)` ; largeur d'une chaîne de caractères.
- `int charWidth( char caractere)` ; largeur d'un caractère.

Exemple : centrage d'un texte.

```java
import java.awt.*;


public class TestCentrageTexte extends Canvas {

  String texte;

  public TestCentrageTexte( String texte) {
    this.texte= texte;
  }

  public Dimension getMaximumSize() {
    return getPreferredSize();
  }


  public Dimension getPreferredSize() {
    // On retourne les dimensions du texte
    return new Dimension( getLargeurTexte(),
        getFontMetrics(getFont()).getHeight());
  }


  public void paint( Graphics g) {
    FontMetrics fm= getFontMetrics( getFont());
    g.drawString(texte,
      (getSize().width -getLargeurTexte())/2,
```

```
          ((getSize().height - fm.getHeight())/2)
          +fm.getAscent());
    }


    int getLargeurTexte() {
      return getFontMetrics(getFont())
          .stringWidth( texte);
    }


    public static void main( String[] args) {
      if( args.length == 0) return;
      Frame f= new Frame( "Test des fontes");
      TestCentrageTexte tct= new TestCentrageTexte( args[0]);
      f.add( tct);
      f.setBounds( 0, 0, 600, 300);
      f.setVisible( true);
    }
}
```

Le texte passé en argument à la ligne de commande s'affichera au centre du composant comme ceci :

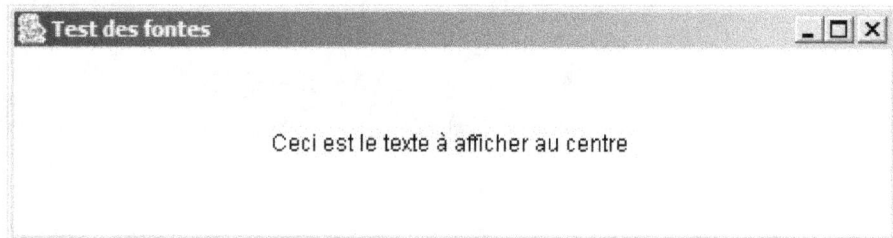

Les images animées et le double buffering

- **Invocation de repaint() par une Thread**
- **Implémentation de la méthode update()**
- **Utilisation d'une image « off-screen »**

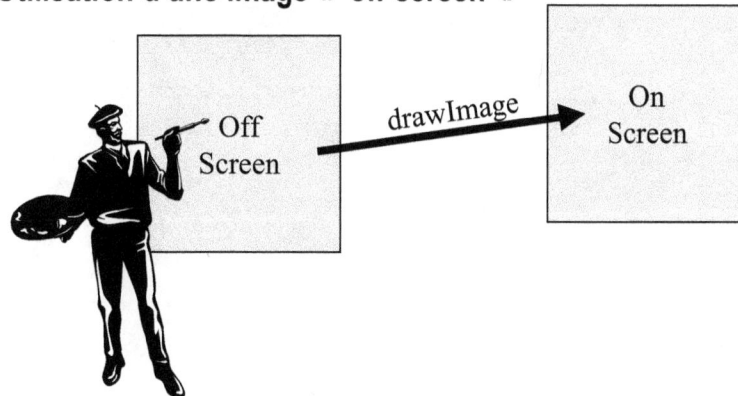

Il peut être intéressant de réaliser des composants graphiques dont le contenu change souvent automatiquement (animation, texte défilant, texte clignotant, etc.).

Le principe, pour construire ce type de composant, réside dans un thread (démarré par le composant), qui va régulièrement invoquer la méthode `repaint()` du composant, ce qui engendre l'appel de la méthode `paint( Graphics)` dans laquelle est implémentée la gestion de l'affichage.

Par exemple, le composant qui affiche un texte que nous avons développé juste avant, peut être modifié, pour faire clignoter le texte, comme ceci :

```java
import java.awt.*;


public class TestCentrageTexteClign extends Canvas
           implements Runnable {
  String texte;
  boolean on; // Trigger du clignottement


  public TestCentrageTexteClign( String texte) {
    this.texte= texte;
    Thread t= new Thread( this);
    t.start(); // Création et démarrage du thread
  }


  // Méthode de la thread prenant en charge la demande
  // de repeinture
```

```
public void run() {
  while( true) {
    if( on)
      on=false;
    else
      on=true;
    repaint(); // Provoquera le paint
    try {
      Thread.sleep( 500); // 1/2 seconde
    } catch( InterruptedException e) { }
  }
}


public Dimension getMaximumSize() {
  return getPreferredSize();
}
public Dimension getPreferredSize() {
  // On retourne les dimensions du texte
  // comme taille préférée de notre composant
  return new Dimension( getLargeurTexte(),
      getFontMetrics(getFont()).getHeight());
}


// Affichage et effacement en alternance
public void paint( Graphics g) {
  if( on) { // Si on on affiche le texte
    FontMetrics fm= getFontMetrics( getFont());
    g.drawString(texte,
      (getSize().width -getLargeurTexte())/2,
      ((getSize().height - fm.getHeight())/2)
        +fm.getAscent());
  } // On ne gère pas le else, car par défaut
    // le repaint provoque l'effacement de la zone
}


int getLargeurTexte() {
  return getFontMetrics(getFont())
      .stringWidth( texte);
}


public static void main( String[] args) {
  if( args.length == 0) return;
```

```
    Frame f= new Frame( "Test des fontes");
    TestCentrageTexteClign tctc= new TestCentrageTexteClign(
        args[0]);
    f.add( tctc);
    f.setBounds( 0, 0, 600, 300);
    f.setVisible( true);
  }
}
```

On observe :

- Notre classe implémente `Runnable`, afin de pouvoir lancer sa méthode `run` dans un nouveau thread.
- Le `paint` affiche le texte une fois sur deux. Dans l'autre cas, il ne fait rien, en effet le `repaint` efface automatiquement le contenu de la zone avant d'appeler `paint`.

Le double buffering

Dans le cas d'animations rapides, et dont le contenu est un petit peu compliqué, apparaît un « effet flash », qui est du à deux choses :

- L'effacement automatique du `Graphics` avant l'invocation de la méthode `paint`.
- L'inertie liée au temps mis par la méthode `paint` pour afficher le contenu.

Le premier point peut être résolu grâce à la méthode `update( Graphics g);`.

Lorsque l'on invoque la méthode `repaint`, la JVM crée l'objet `Graphics`, puis le passe d'abord à la méthode `update`, dont l'implémentation par défaut efface le contenu de l'espace graphique, puis invoque la méthode `paint`.

Pour des animations graphiques, il peut être judicieux de ne pas effacer l'espace à chaque affichage, mais de le faire évoluer. La solution consiste donc à ne plus implémenter la méthode `paint`, mais à implémenter la méthode `update`.

Le second point peut être largement amélioré en effectuant les opérations graphiques dans un espace graphique en mémoire plutôt que directement sur l'espace graphique du composant.

On va donc créer un objet `Graphics`, sur lequel nous allons effectuer toutes les opérations d'affichage (ce qui est normalement dans le `paint`), puis lorsque le `Graphics` sera terminé, il sera recopié vers l'espace graphique de composant à l'aide d'une méthode de copie rapide (`drawImage`).

Cela donnera pour notre clignoteur les deux méthodes `update` et `paint` :

```
public void update( Graphics g) {
    // Création de l'image mémoire
    Image imageMemoire= createImage( getSize().width,
        getSize().height);
    // Récupération de son espace graphique
    Graphics gMemoire= imageMemoire.getGraphics();
```

```
    // Construction de l'image mémoire
    if( on)
      paint( gMemoire);
    else
      g.clearRect( 0, 0, getSize().width, getSize().height);
    // Envoi de l'image terminée à l'écran
    g.drawImage( imageMemoire, 0, 0, this);
  }


  public void paint( Graphics g) {
    FontMetrics fm= getFontMetrics( getFont());
    g.drawString(texte,
      (getSize().width -getLargeurTexte())/2,
      ((getSize().height - fm.getHeight())/2
        +fm.getAscent());
  }
```

Évidemment, le résultat n'est pas très visible avec ce clignoteur, il le sera beaucoup plus avec le TP que nous allons faire : un scroller de texte.

Atelier

Atelier

Objectifs :

- ■ **Manipuler les composants graphiques**

- ■ **Créer une application en fenêtre**

- ■ **Construire un composant graphique exploitant le double buffuring**

Durée minimum : 40 minutes.

Exercice 1 : Créer une application graphique

On va créer une application graphique à base de composants et de conteneurs AWT.

L'application se présente sous la forme d'une fenêtre de saisie pour gérer les comptes des clients d'une banque.

Elle est séparée en quatre parties.

- La partie du haut permet de saisir la clé d'un client, un bouton « Rechercher » permet de récupérer ses informations et les afficher dans la partie centrale.

- La partie centrale contient des champs de saisie dans lesquels on peut entre le nom, le prénom, d'adresse, le code postal et la ville.

- Sur la droite, une liste permet d'afficher l'ensemble des comptes de ce client.

- La partie du bas est composée de deux boutons qui permettent de créer un nouveau client ou de sauvegarder les données du client telles qu'elles ont été saisies dans la partie centrale.

Mettre toutes les classes dans le package `ihm` que l'on va créer.

La fenêtre aura l'aspect suivant :

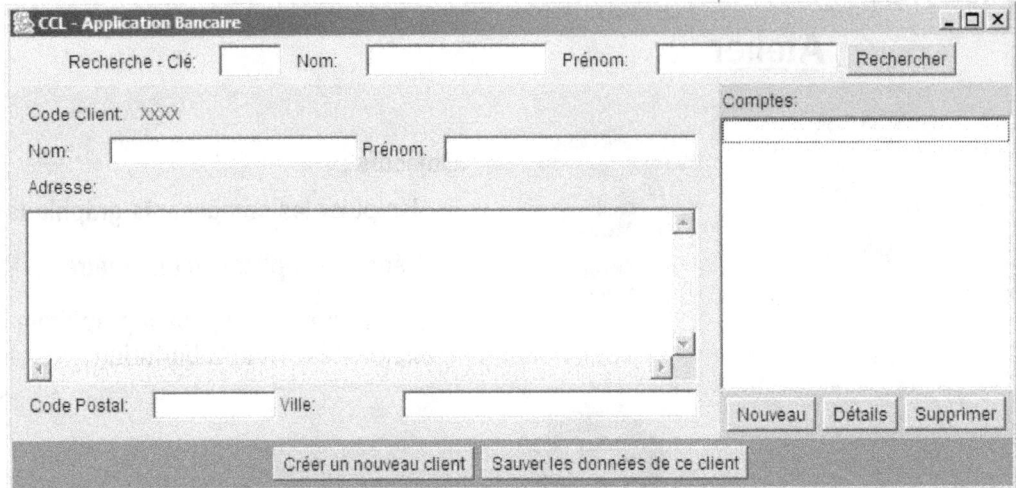

Reproduire l'écran ci-dessus à l'aide des layouts et de panels imbriqués.

Le formulaire de saisie (au centre) sera créé sans layout (positionnement des composants en coordonnées absolues en pixels).

Exercice 2 : Gérer du texte

Le `Scroller` est un composant qui permet d'afficher un texte tout en le faisant défiler de droite à gauche.

- Il utilisera le multi-thread pour gérer ce défilement en tâche de fond.
- Son constructeur permet de lui passer le texte à afficher (`String`).
- Une méthode (`public void setText( String texte);`) permet de modifier le texte à faire défiler par la suite.
- On implémentera les méthodes `getPreferredSize` et `getMinimumSize`. Ces deux méthodes donneront la même chose : la taille du texte en fonction de la police de caractères.
- Implémenter l'animation en double-buffering, à l'aide d'une image "off-screen" et de la méthode `public void update( Graphics g)`.

Questions/Réponses

Q. Les fenêtres d'AWT ont-elles chacune leur propre thread ?

R. Non, toutefois AWT s'appuie sur plusieurs threads, dont un qui gère la file d'attente des événements, mais cela est totalement transparent.

Q. Est-il possible d'utiliser des composants natifs d'une certaine plate-forme ?

R. Oui mais à condition d'accéder à ces composants par des méthodes natives (c'est ce qui est fait dans AWT). L'inconvénient est la perte de la portabilité de l'application. Microsoft propose par exemple, dans Visual J++ l'utilisation des MFC.

Q. Est-il possible d'afficher des images TIF ?

R. Oui, c'est dans une API séparée, fournie par Sun sous le nom JAI (Java Advanced Imaging). On peut la télécharger sur le site http://java.sun.com.

Q. Lorsque je crée une `Frame`, elle est toujours invisible et il faut utiliser la méthode `setVisible( true)`. Pourquoi ?

R. Lorsque l'on crée une `Frame`, on lui donne une dimension, un layout, des composants, une barre de menu, etc... Si elle était visible dès sa création, l'utilisateur verrait la construction de tous ces éléments, ce qui provoquerait des effets indésirables (apparition progressive des composants). C'est pour cette raison que l'on a la charge de rendre la forme visible au moment opportun.

Q. Lorsque je crée une `Frame`, elle ne se referme plus. Comment faire ?

C'est normal. Lorsque l'on appuie sur l'icône de fermeture, la `Frame` ne doit pas forcément se refermer, car il peut être nécessaire de sauvegarder un travail en cours, demander une confirmation à l'utilisateur, etc. C'est donc à notre charge de le faire.

- *Le mécanisme des événements*
- *Les événements de l'AWT*
- *Les adaptateurs*
- *Utilisation des classes anonymes*
- *Les événements métier*
- *Atelier*

10

La gestion des événements

Objectifs

Toute l'interaction entre une application informatique et ses utilisateurs passe par une communication qui utilise des organes générateurs d'événements (clavier, souris, etc...).

Cette logique événementielle a été implémentée dans Java suivant un schéma standard, qui a pour objectif d'être simple et intuitif.

Nous nous proposons de découvrir ce mécanisme et d'apprendre à l'utiliser, aussi bien pour gérer des événements que pour produire nos propres événements dans le cadre d'une logique métier.

Contenu

- Comprendre et savoir utiliser le mécanisme des événements dans Java.

- Connaître son implémentation dans l'environnement graphique AWT.

- Découvrir différentes techniques de gestion des événements : les adaptateurs, les classes anonymes.

- Savoir implémenter un mécanisme d'événements propre à une logique métier.

Le mécanisme des événements en Java

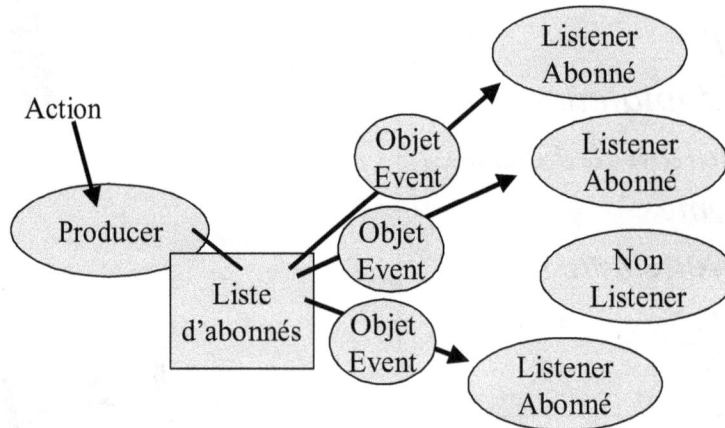

Le principe des événements dans Java réside sur une logique client/fournisseur.

Le fournisseur est appelé **producteur d'événement** (**Event Producer**). Il a pour charge de :

- Gérer les demandes d'abonnement (et de résiliation) des clients dans une liste d'abonnés,
- De transmettre à tous ses abonnés l'événement, par l'invocation d'une méthode définie dans une **interface auditeur** que le client doit implémenter.

Le client est appelé **auditeur d'événement** (**Event Listener**). Il doit :

- S'abonner auprès du producteur d'événement (par une méthode définie par le producteur),
- Implémenter la ou les méthodes de **l'interface auditeur** correspondant à cet événement, afin que lorsque l'événement aura lieu, la méthode correspondante puisse être invoquée dans l'auditeur par le producteur.

Afin de se repérer plus facilement, une convention de nommage a été décidée par Sun.

Par exemple, pour un événement de type `Reveil`, on aura :

- L'interface `ReveilListener`, implémentée par les auditeurs.
- Les méthodes :

```
public void addReveilListener( ReveilListener);
public void removeReveilListener( ReveilListener);
```

- La classe `ReveilEvent` qui héritera de `EventObject` et qui contiendra toutes les propriétés de l'événement.

La classe EventObject

■ **Constructeur et méthodes**

- public EventObject(Object source);

  Constructeur: Source de l'événement: émetteur

- public Object getSource();

  Rend l'émetteur

- public String toString();

  Nom de la classe de l'EventObject en clair

■ **Tous les événements doivent hériter de cette classe**

- Surcharger de méthodes spécifiques

  Exemples: Position de la souris, touche du clavier enfoncée, etc...

La principale propriété de ce type d'objet est la source (renseignée par le constructeur, accessible par la méthode getSource().

Elle est importante lorsque l'on s'abonne à un type d'événement sur plusieurs producteurs (plusieurs sources) en passant en argument le même « listener ».

En effet, cela permet à ce dernier, lorsque la méthode qu'il a implémentée à partir de l'interface correspondant à l'événement est invoquée, de reconnaître quel objet producteur est à l'origine.

Exemple avec deux boutons poussoirs (événement Action que nous reverrons en détail plus loin) :

```
Button bOK= new Button( "O.K.");

Button bAnnul= new Button( "Annuler");

// Moi même (this) m'abonne à ces deux producteurs

bOK.addActionListener( this);

bAnnuler.addActionListener( this);

…

public void ActionPerformed( ActionEvent ev) {

  if( ev.getSource()==bOK)

    // Traitement spécifique au boutou "O.K."

  if( ev.getSource()==bAnnul)

    // Traitement spécifique au bouton "Annuler"

}
```

Tous les objets événements sont issus de classes qui héritent de EventObject.

Les événements de l'AWT

■ **Spécifiques à l'interface graphique**

- Tous les événements de l'IHM en héritent (sauf souris et clavier) :

  ```
  ActionEvent
  ItemEvent
  TextEvent
  Etc...
  ```

- La notion d'ID permet de faire quoi ? Apparemment de rendre le type de l'événement.

- Utiliser le set/getActionCommand

L'interface graphique est une grande consommatrice d'événements. Le support des événements de l'AWT est contenu dans le package `java.awt.event`.

L'objet événement racine est la classe `AWTEvent` qui hérite de `EventObject`. Cette classe possède une propriété supplémentaire : un entier (ID) qui spécifie le type d'événement AWT qu'il comporte. Cela sera utile lorsque l'on gérera globalement cet événement.

Mais dans la plupart des cas, on préférera s'abonner à des types spécifiques d'événements, qui héritent tous de cette classe, et qui sont les suivants :

- **KeyEvent** : lorsqu'une touche du clavier est enfoncée alors que le composant a le focus.
- **MouseEvent** : lorsque l'on a cliqué ou lorsque l'on déplace la souris sur le composant.
- **MouseWheelEvent** (JDK 1.4) : lorsque l'on fait tourner la roulette de la souris.
- **ActionEvent** : Lorsque le composant est actionné (par exemple si on appuie sur un composant bouton).
- **WindowEvent** : spécifique aux composants `Windows` (fenêtre créée, fermée, iconisée, activée...).
- **FocusEvent** : lorsqu'un composant gagne ou perd le focus.
- **ComponentEvent** : Lorsqu'un composant est déplacé, redimensionné, rendu visible ou invisible.
- **TextEvent** : spécifique aux `TextField` et `TextArea`, lorsque le texte est modifié.
- **ItemEvent** : spécifique aux listes, `choice` et `checkBox`, signale qu'un élément a été sélectionné ou désélectionné.

Les événements de la souris

- ■ **Classes**
  - ● MouseEvent

    mouseClicked / mousePressed / mouseReleased

    mouseEntered / mouseExited

    mouseDragged / mouseMoved

  - ● MouseWheelEvent

    mouseWheelMoved

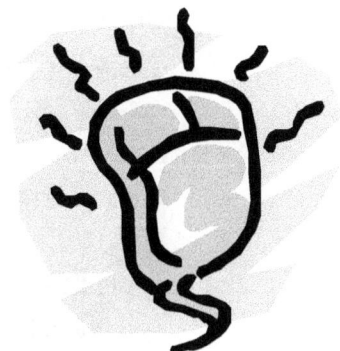

Il y a deux d'événements :

- **MouseEvent** : événements de base et déplacement de la souris,
- **MouseWheelEvent** : molette de la souris.

Evénement MouseEvent

Il correspond aux événements de base de la souris (cliquer sur les boutons, souris entrée et sortie dans le composant, déplacement de la souris sur le composant).

Les méthodes d'accès aux propriétés sont les suivantes :

- **int getButton()** ; Rend le numéro du bouton cliqué,
- **int getClickCount()** ; Rend le nombre de clics (c'est par ce biais que l'on peut savoir si l'utilisateur a double-cliqué),
- **Point getPoint()** ; Rend la position du clic,
- **int getX()** ; Rend l'abscisse de la position du clic,
- **int getY()** ; Rend l'ordonnée de la position du clic,
- **boolean isPopupTrigger()** ; Rend true si cette action ouvre un menu popup.

Cet événement est transmis par les méthodes des interfaces MouseListener et MouseMotionListener, dont les méthodes à implémenter sont les suivantes :

Interface MouseListener :

- **void mouseClicked(MouseEvent)** ; Clic souris sur le composant,
- **void mousePressed(MouseEvent)** ; Bouton de la souris appuyé,

- **void mouseReleased(MouseEvent)** ; Bouton de la souris relâché,
- **void mouseEntered(MouseEvent)** ; La souris entre dans le composant,
- **void mouseExited(MouseEvent)** ; La souris sort du composant.

Interface `MouseMotionListener` :

- **void mouseMoved(MouseEvent)** ; Souris déplacée sur le composant,
- **void mouseDragged(MouseEvent)** ; Souris déplacée avec un bouton enfoncé.

Exemple :

```java
import java.awt.*;
import java.awt.event.*;

public class TestSouris extends Frame implements MouseListener{

  public void mouseClicked( MouseEvent evt) {
    System.out.println( "Souris cliquée en: "
      +evt.getX()+" par "+evt.getY()
      +"avec: "+evt.getClickCount()+" click");
  }
  public void mousePressed( MouseEvent evt) {
  }
  public void mouseReleased( MouseEvent evt) {
  }
  public void mouseEntered( MouseEvent evt) {
  }
  public void mouseExited( MouseEvent evt) {
  }

  public static void main( String[] args) {
    TestSouris ts= new TestSouris();
    Label l= new Label( "Cliquer ici");
    l.addMouseListener( ts);
    ts.add( l);
    ts.setBounds( 0, 0, 200, 100);
    ts.setVisible( true);
  }
}
```

On testera cet exemple en double cliquant : on voit que le premier clic est intercepté avec le `clickCount` à un, puis le second avec le `clickCount` à 2.

On voit bien dans cet exemple la contrainte de l'interface : il faut implémenter toutes les méthodes alors qu'on en utilise qu'une seule. Nous verrons plus loin comment contourner cela.

Evénement MouseWheelEvent

Il existe à partir de la version 1.4 de Java. Il permet de gérer la molette de la souris, lorsqu'elle est manipulée sur le composant.

La principale méthode est la suivante :

```
int getWheelRotation();
```

Elle rend le nombre de pas de rotation. Une valeur négative spécifie une rotation inverse

Il existe d'autres méthodes qui permettent de gérer des unités de défilement, notamment lorsque l'on utilise cet événement conjointement avec une barre de défilement. Se reporter à la documentation du de Sun pour plus d'informations.

Cet événement est transmis par la méthode de l'interface MouseWheelListener :

```
void mouseWheelMoved( MouseWheelEvent); // On tourne la molette
```

Les événements du clavier

- **KeyEvent**
  - char getKeyChar()
  - int getKeyCode()
  - int getKeyLocation()
  - boolean isShiftDown()
  - boolean isControlDown()
  - boolean isAltDown()
- **KeyListener**
  - keyTyped
  - keyPressed
  - keyReleased

Le principe repose toujours sur une interface à implémenter, définissant des méthodes recevant en argument un événement spécialisé.

Evénement KeyEvent

Cette clase hérite de `InputEvent`, et possède notamment les méthodes :

- **boolean isAltDown()** ; Retourne `true` si la touche "Alt" est appuyée,
- **boolean isAltGraphDown()** ; Retourne `true` si c'est la touche AltGr,
- **boolean isControlDown()** ; Retourne `true` si c'est la touche Ctrl,
- **boolean isShiftDown()** ; Retourne `true` si c'est la touche Maj,
- **boolean isActionKey()** ; Retourne `true` si la touche appuyée est une touche d'action (une touche qui ne renvoie pas de code ASCII),
- **char getKeyChar()** ; Renvoie le caractère de la touche appuyée,
- **int getKeyCode()** ; Renvoie le code du caractère de la touche appuyée,
- **int getKeyLocation()** ; Renvoie la position de la touche sur le clavier.

Interface KeyListener

Elle définit les méthodes :

- **void keyTyped(KeyEvent)** ; Lorsqu'une touche a été frappée,
- **void keyPressed(KeyEvent)** ; Lorsqu'une touche a été pressée,
- **void keyReleased(KeyEvent)** ; Lorsqu'une touche a été relâchée.

Exemple :

```
import java.awt.*;
```

```java
import java.awt.event.*;

public class TestClavier extends Frame
      implements KeyListener {
  Label alt, shift, ctrl, touche, code;
  public TestClavier() {
    super( "Test du clavier");
    setLayout( new FlowLayout());
    alt= new Label( "Alt"); add( alt);
    shift= new Label( "Shift"); add( shift);
    ctrl= new Label( "Ctrl"); add( ctrl);
    touche= new Label("Touche:   "); add( touche);
    code= new Label("Code:   "); add( code);
    addKeyListener( this);
    setBounds( 100, 100, 600, 100);
    setVisible( true);
  }
public void keyPressed( KeyEvent e) {
    if( e.isAltDown()) alt.setForeground( Color.red);
    if( e.isShiftDown()) shift.setForeground( Color.red);
    if( e.isControlDown()) ctrl.setForeground( Color.red);
    code.setText( "Code: "+e.getKeyCode());
  }
  public void keyReleased( KeyEvent e) {
    if( !e.isAltDown()) alt.setForeground( Color.black);
    if( !e.isShiftDown()) shift.setForeground( Color.black);
    if( !e.isControlDown()) ctrl.setForeground( Color.black);
    code.setText( "Code:   ");
  }
  public void keyTyped( KeyEvent e) {
    touche.setText( "Car: '"+e.getKeyChar()+"'");
  }
  public static void main( String[] args) {
    TestClavier t= new TestClavier();
  }
}
```

Ce programme affiche les états des touches Alt, Ctrl et Shift (en rouge si les touches sont appuyées) et le code de la touche enfoncée à l'aide de keyPressed et keyReleased.

Il affiche le caractère de la touche enfoncée à l'aide de keyTypes.

Les événements des actions des composants

- ■ **ActionEvent**
  - String getActionCommand()
  - int getModifiers()
- ■ **ActionListener**
  - actionPerformed

Ces événements permettent de traiter les actions logiques.

Par exemple, pour un bouton, il existe différentes manières de l'actionner.

On peut simplement cliquer dessus avec la souris, ou encore appuyer sur la touche "tabulation" du clavier jusqu'à donner le focus à ce bouton, puis alors appuyer sur le touche "espace".

Evénement ActionEvent

L'ActionEvent permet de gérer ce type d'événement, sans avoir à gérer la souris ou le clavier.

Il peut s'appliquer sur les composants suivants :

- Button : lorsque l'utilisateur appuie sur le bouton,
- MenuItem : lorsque l'utilisateur sélectionne l'option menu,
- List : lorsque l'utilisateur double clique sur un élément,
- TextField : lorsque l'utilisateur appuie sur la touche "Entrée".

On relèvera les méthodes suivantes :

- **String getActionCommand();** Récupère la chaîne de caractères initialisée par setActionCommand dans Button et MenuItem,
- **int getModifiers();** Récupère les flags des touches spéciales enfoncées (shift, alt...).

Interface ActionListener

Elle ne possède qu'une seule méthode à implémenter :

```
void actionPerformed( ActionEvent);
```

Exemple d'utilisation :

```java
import java.awt.*;
import java.awt.event.*;

public class TestAction extends Frame
                        implements ActionListener{
  Button b1, b2, b3, b4;
  public TestAction() {
    setLayout( new FlowLayout());
    // Création des 4 boutons
    b1= new Button( "Bouton 1");
    b2= new Button( "Bouton 2");
    b3= new Button( "Bouton 3");
    b4= new Button( "Bouton 4");
    // J'abonne mon objet aux 4 boutons
    b1.addActionListener( this);
    b2.addActionListener( this);
    b3.addActionListener( this);
    b4.addActionListener( this);
    // Je positionne mes 4 boutons
    add( b1); add( b2);
    add( b3); add( b4);
  }
  public void actionPerformed( ActionEvent evt) {
    if( evt.getSource()==b1)
      System.out.println( "Ceci est le premier bouton");
    else if( evt.getSource()==b2)
      System.out.println( "Ceci est le second bouton");
    else if( evt.getSource()==b3)
      System.out.println( "Ceci est le troisième bouton");
    else if( evt.getSource()==b4)
      System.out.println( "Ceci est le dernier bouton");
    else
      System.out.println( "Cela vient d'ailleurs");
  }
  public static void main( String[] args) {
    TestAction ta= new TestAction();
    ta.setBounds( 0, 0, 400, 80);
    ta.setVisible( true);
  }
}
```

Les événements Window

■ **WindowListener**

- windowOpened
- windowActivated
- windowDeactivated
- windowIconified
- windowDeiconified
- windowClosing
- windowClosed

■**WindowEvent**

- Window getWindow()
- int getOldState()
- int getNewState()
- Window getOppositeWindow()

Ce sont les événements propres aux fenêtres. Ils sont transmis à l'interface WindowListener dans des objets WindowEvent.

Evénement WindowEvent

On trouve les méthodes d'accès aux propriétés suivantes :

- **int getNewState()** ; Nouvel état relatif à cet événement,
- **int getOldState()** ; Ancien état,
- **Window getOppositeWindow()** ; L'autre fenêtre lorsque l'on gagne ou perd le focus ou lorsque l'on est activé ou non,
- **Window getWindow()** ; Identique à getSource().

Interface WindowListener

On y trouve des méthodes relatives au cycle de vie d'une fenêtre :

- **void windowOpened(WindowEvent)** ; La première fois que la fenêtre devient visible,
- **void windowActivated(WindowEvent)** ; La fenêtre devient celle qui est active,
- **void windowDeactivated(WindowEvent)** ; Fenêtre désactivée,
- **void windowIconified(WindowEvent)** ; Fenêtre iconifiée,
- **void windowDeiconified(WindowEvent)** ; Fenêtre "désiconifiée",
- **void windowClosing(WindowEvent)** ; Demande de fermeture,
- **void windowClosed(WindowEvent)** ; La fenêtre vient d'être refermée (par la méthode dispose).

Exemple : gestion de la fermeture de la fenêtre.

Lorsque l'utilisateur souhaite refermer une fenêtre, il utilise le mode opératoire propre au système d'exploitation de la plateforme. Par exemple, sous Windows, il doit cliquer sur l'icône en forme de croix sur la barre de titre, ou bien choisir l'option menu « Fermer » du menu système, ou encore taper au clavier l'accélérateur de sortie : Alt+F4.

Dans tous les cas, c'est la méthode `WindowClosing` qui sera invoquée dans tous les abonnés au `WindowEvent`. C'est donc cette méthode qui va nous intéresser :

```java
import java.awt.*;
import java.awt.event.*;

public class TestWindowEvent extends Frame implements
WindowListener{

  public void windowOpened( WindowEvent evt) {}
  public void windowActivated( WindowEvent evt) {}
  public void windowDeactivated( WindowEvent evt) {}
  public void windowIconified( WindowEvent evt) {}
  public void windowDeiconified( WindowEvent evt) {}
  public void windowClosing( WindowEvent evt) {
    System.exit( 0);
  }
  public void windowClosed( WindowEvent evt) {}

  public static void main( String[] args) {
    TestWindowEvent twe= new TestWindowEvent();
    twe.addWindowListener( twe); // Abonnement à elle même
    twe.setBounds( 0, 0, 400, 80);
    twe.setVisible( true);
  }
}
```

Remarque :
Notons dans le `main` l'abonnement de la `frame` à elle-même. Cela n'est pas anormal, en effet, ce n'est pas parce que la fenêtre est génératrice d'un événement qu'elle sait elle même le générer.

Les adaptateurs et les classes anonymes

■ **Les classes adapteur**

   ● Pour les interfaces qui ont beaucoup de méthodes. Exemple:

      WindowAdapter

      MouseAdapter

      KeyAdapter

      ComponentAdapter

      Etc...

■ **Utilisation des classes anonymes**

   ● Crée un objet par événement

   ● Ressemble à la logique des pointeurs de fonctions en C/C++

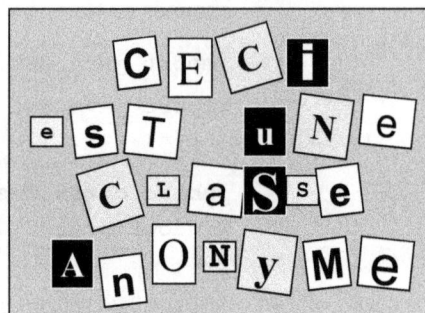

Les classes adapteur

Nous avons vu précédemment, que pour gérer simplement la fermeture de l'application, il est nécessaire d'implémenter `WindowListener`, c'est-à-dire pas moins de sept méthodes!

Pour les adeptes du moindre effort, l'utilisation du `WindowAdapter` permet de simplifier le travail.

Les classes `event adapter` sont en fait simplement des implémentations à vide d'interfaces.

On dispose des « adapteurs » suivants :

Classe Adapteur	Interface listener implémentée
MouseAdapter	MouseListener
MouseMotionAdapter	MouseMotionListener
KeyAdapter	KeyListener
ComponentAdapter	MouseListener
FocusAdapter	FocusListener
ContainerAdapter	ContainerListener
WindowAdapter	WindowEvent

Pour l'événement `Action`, il n'y a pas d'adapteur car l'interface ne comporte qu'une seule méthode.

Exemple avec le `WindowAdapter` :

```java
import java.awt.*;
import java.awt.event.*;

public class TestWindowAdapter extends Frame {

  static class MonWindowAdapter extends WindowAdapter {
    public void windowClosing( WindowEvent evt) {
      System.exit( 0);
    }
  }

  public static void main( String[] args) {
    TestWindowAdapter twa= new TestWindowAdapter();
    twa.addWindowListener(
        new TestWindowAdapter.MonWindowAdapter());
    twa.setBounds( 0, 0, 400, 80);
    twa.setVisible( true);
  }
}
```

Dans cet exemple, on crée une classe interne statique qui hérite de `WindowAdapter` et qui redéfinie la méthode `windowClosing`. C'est une instance de cette classe que l'on abonne à l'évenement `WindowEvent` de notre application.

Les classes anonymes

Une classe anonyme est, comme son nom l'indique, une classe qui ne porte pas de nom. Elle héritera d'une autre classe (nommée) et sera définie au moment de l'instanciation de l'objet, c'est à dire lors de l'appel du constructeur.

Syntaxe :

```java
ClasseDontOnHerite objet;
objet= new ClasseDontOnHerite() {
  /* Définition de la classe anonyme */
};
```

Le `new` semble invoquer un constructeur de la classe dont on hérite. C'est trompeur, en fait c'est un des constructeurs de la classe anonyme qui est appelé et qui doit être défini (Rappel : si pas de constructeur défini, Java en crée un par défaut sans argument et qui appelle celui du père).

On peut aussi créer une classe anonyme à partir d'une interface. Exemple :

```java
ActionListener objet; // On objet du type d'une interface?
objet= new ActionListener() { // Constructeur d'une interface?
```

```
    public void actionPerformed( ActionEvent e) {
      // Définition de la méthode
    }
}
```

On se pose trois questions :

- De quel type est notre objet ? Il est du type de la classe anonyme, ce qui est difficile à spécifier puisque cette classe n'a pas de nom. Il est aussi du type d'une des classes dont il hérite ou d'une des interfaces qu'il implémente. Dans l'exemple ci-dessus, notre objet est de type `ActionListener`.

- Comment notre objet peut-il appeler le constructeur d'une interface ? Comme nous l'avons vu plus haut, la notation est trompeuse. Une interface n'a pas de constructeur, et le `new ActionListener()` n'est valide que parce qu'il est suivi par le bloc d'instructions dans lequel on trouve la définition de la classe anonyme.
  Ce constructeur est invoqué dans cette classe anonyme. S'il n'y a pas de constructeur défini, Java met par défaut un constructeur sans argument qui appelle celui du père. On peut se poser alors une troisième question :

- De quelle classe hérite notre classe anonyme ? Elle ne peut hériter de `ActionListener` puisque c'est une interface (Rappel : une classe implémente une interface. Seule une interface peut hériter d'une (ou plusieurs) autre(s) interface(s)).
  Donc notre classe hérite de `Object` tout simplement.

La classe anonyme est une autre alternative, qui s'appuie sur les adapteurs ou les interfaces listeners, et qui permet de définir des gestionnaires d'événements à usage unique.

Exemple : une `ActionListener` anonyme sur chacun des boutons de cette IHM.

```java
import java.awt.*;
import java.awt.event.*;

public class TestClasseAnonyme extends Frame {
  Button b1, b2, b3, b4;
  public TestClasseAnonyme() {
    setLayout( new FlowLayout());
    // Création des 4 boutons
    b1= new Button( "Bouton 1");
    b2= new Button( "Bouton 2");
    b3= new Button( "Bouton 3");
    b4= new Button( "Bouton 4");
    // J'abonne mes object de classe anonyme
    // aux 4 boutons
    b1.addActionListener( new ActionListener() {
        public void actionPerformed( ActionEvent evt){
          System.out.println( "Ceci est le premier bouton");
```

```
        }
      });
    b2.addActionListener( new ActionListener() {
        public void actionPerformed( ActionEvent evt){
          System.out.println( "Ceci est le second bouton");
        }
      });
    b3.addActionListener( new ActionListener() {
        public void actionPerformed( ActionEvent evt){
          System.out.println( "Ceci est le troisième bouton");
        }
      });
    b4.addActionListener( new ActionListener() {
        public void actionPerformed( ActionEvent evt){
          System.out.println( "Ceci est le dernier bouton");
        }
      });
    // Je positionne mes 4 boutons
    add( b1);
    add( b2);
    add( b3);
    add( b4);
  }
  public static void main( String[] args) {
    TestClasseAnonyme tca= new TestClasseAnonyme();
    tca.setBounds( 0, 0, 400, 80);
    tca.setVisible( true);
  }
}
```

On a ici un objet `listener` créé pour chaque bouton. Cela permet de créer des traitements spécifiques pour chaque objet.

On utilisera cette technique lorsqu'il n'y a pas de lien logique entre les événements d'un même type envoyés par plusieurs producteurs.

Créer des événements métier

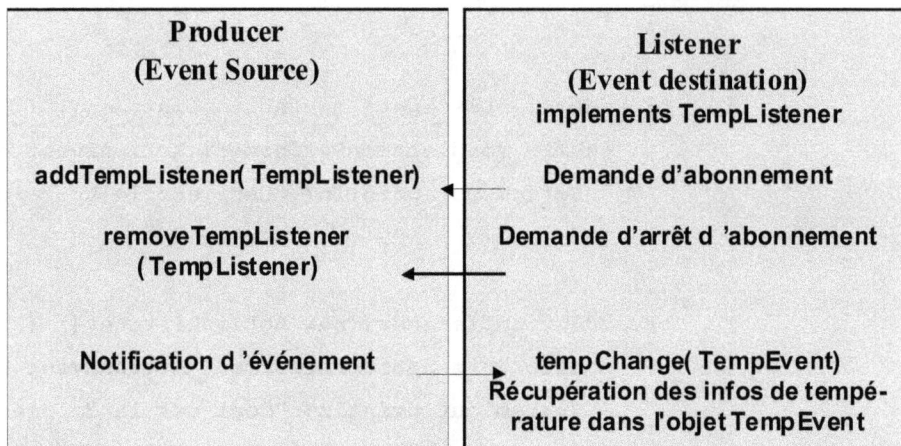

Producer (Event Source)	Listener (Event destination) implements TempListener
addTempListener(TempListener)	Demande d'abonnement
removeTempListener (TempListener)	Demande d'arrêt d 'abonnement
Notification d 'événement	tempChange(TempEvent) Récupération des infos de tempé- rature dans l'objet TempEvent

Cette gestion d'événements n'est pas réservée exclusivement aux classes de Java. On peut implémenter ses propres événements, correspondant à une logique métier.

Pour cela, on devra considérer trois choses :

- Le producteur d'événement : un objet qui est instancié et qui, au cours de sa vie, est susceptible d'informer ses abonnés par l'invocation de méthodes définies dans l'interface d'écoute. Ce producteur devra donc prendre en charge la gestion des abonnements.

- L'interface d'écoute qui doit être implémentée dans toute classe susceptible d'être abonnée à l'événement.

- La classe transportant l'événement (qui doit hériter de `EventObject`)

Sun conseille de respecter certaines règles de nommage :

- La classe événement qui étend `EventObject` aura un nom de la forme *NomEvenement*`Event`.

- L'interface d'écoute aura un nom de la forme *NomEvenement*`Listener` et dont chaque méthode sera de type `void` et prendra un seul argument de type *NomEvenement*`Event`.

- Les deux méthodes de gestion d'abonnement dans la classe productrice auront des noms de la forme `add`*NomEvenement*`Listener` et `remove`*NomEvenement*`Listener`. Ces deux méthodes sont de type `void` et prennent en argument un objet de type *NomEvenement*`Listener`.

Prenons l'exemple du thermomètre. C'est une classe qui lit les valeurs sur un organe périphérique de mesure, et qui transmet aux abonnés tout changement de température.

Classe `Evenement` :

```
import java.util.*; // Package de EventObject


public class TemperatureEvent extends EventObject {


  float temperature;


  public TemperatureEvent( Object source, float temperature) {
    super( source); // Appel du constructeur de EventObject
                    // qui gère la propriété source
    this.temperature= temperature;
  }
  public float getTemperature() {
    return temperature;
  }
}
```

Interface `listener` :

```
public interface TemperatureListener {
  public void temperatureChanged( TemperatureEvent e);
}
```

Producteur d'événements :

```
import java.util.*; // Pour la classe Vector


public class Thermometre extends Thread {
  double ancienneTemperature;
  Vector abonnes= new Vector(); // Liste des abonnés
  // Nouvel abonnement
  public void addTemperatureListener( TemperatureListener tl) {
    abonnes.add( tl);
  }
  // Résiliation d'abonnement
  public void removeTemperatureListener(
       TemperatureListener tl) {
    abonnes.remove( tl);
  }
  // Envoi de l'événement aux abonnés
  void fireTemperature( double temperature) {
    TemperatureEvent evt= new TemperatureEvent( this,
                                      temperature);
    Enumeration e= abonnes.elements();
```

```
      while( e.hasMoreElements()) {
        TemperatureListener tl;
        tl=(TemperatureListener)e.nextElement();
        tl.temperatureChanged( evt);
      }
    }
  // Thread de lecture des températures
  public void run() {
    // Acquisition de la température
    // Pour simuler, on travaille sur un tableau de valeurs
    double[] temps= { 20.0, 20.0, 20.0, 20.1, 20.2, 20.1,
                      20.2, 20.0, 20.1, 20.1, 20.0, 20.0 };
    int n=0;
    while( true) {
      if( ancienneTemperature!=temps[n])
        fireTemperature( temps[n]);
      ancienneTemperature= temps[n];
      if( n < temps.length-1)
        n++;
      else
        n=0;
      try {
        sleep( 1000);
      } catch( InterruptedException e) { }
    }
  }
  // Le main permet de tester ce programme
  public static void main( String[] args) {
    Thermometre t= new Thermometre();
    t.addTemperatureListener(
      new TemperatureListener() {
        public void temperatureChanged( TemperatureEvent evt) {
          System.out.println( "Nouvelle température: "
            +evt.getTemperature());
        }
      });
    t.start();
  }
}
```

Atelier

Objectifs :

- **Mettre en pratique la gestion des événements dans une application AWT**

- **Comprendre le mécanisme des classes anonymes**

Durée minimum : 40 minutes.

Exercice 1 :

Reprendre l'application cliente développée dans le module précédent, implémenter la fermeture de la fenêtre à l'aide d'une class anonyme héritant de l'adaptateur Windows.

Exercice 2 :

Toujours sur cette même application cliente, gérer les événements action des boutons :

"Créer un nouveau client" a pour effet d'effacer le conteneur des champs du formulaire.

"Sauver les données de ce client" affiche les champs du formulaire sur la sortie standard.

Exercice 3 :

Gérer le bouton "rechercher", qui prend le numéro de clé entré dans le champ et va rechercher les données du client pour les afficher dans le formulaire.

Exercice 4 :

Faire un composant `MoletteTestField`, qui hérite de `TextField` et qui gère la molette de la souris.

Ce composant va s'abonner à l'événement `MouseWheel`, et lorsque la souris le survolera, si l'utilisateur fait tourner la molette, le curseur se déplacera vers la gauche ou vers la droite suivant le sens de rotation de la molette.

Questions/Réponses

Q. Comment peut-on connaître les événements qu'un objet est susceptible d'émettre ?

R. Regardez dans la documentation des classes celle de cet objet, toutes les méthodes `add...Listener` correspondent à des gestions d'abonnement à des types d'événements.

Q. Peut-on, dans un `KeyListener`, différencier la touche "Shift" de gauche de celle de droite ?

R. Oui, depuis la version 1.4 on dispose de la méthode `getKeyLocation()` dans l'objet `KeyEvent`. On peut ainsi faire la différence entre le Maj ou le Ctrl de gauche et celui de droite.

Q. Y a-t-il dans le `WindowListener` le moyen d'être informé lorsqu'une fenêtre est maximisée (mise en taille maximale) ?

R. Non, car cette notion n'existe pas dans toutes les plateformes.
Par contre, on peut simuler cela en utilisant l'événement `ComponentEvent` (une `Window` est aussi un `Component`), en implémentant dans la méthode
`void componentResized( ComponentEvent)`
une comparaison de la taille de la fenêtre avec celle de l'écran.

Q. Quelle est la différence entre `keyTyped` et `keyPressed` ?

R. `keyPressed` apparaît lorsque l'utilisateur pose son doigt sur une touche.

`keyTyped` est un événement d'un petit peu plus haut niveau : il apparaît lorsque l'utilisateur appuie sur une touche, comme `keyPressed`, mais en plus, s'il laisse la touche enfoncée, la répétition du caractère enverra en rafale autant d'événements `keyTyped`.

- *Architecture de JDBC*
- *Mise en pratique des requêtes SQL*
- *Les requêtes préparées*
- *Les transactions*
- *Les pools de connexions*
- *Atelier*

11

Accès aux bases de données avec JDBC

Objectifs

Les applications Java peuvent se connecter sur les moteurs de bases de données grâce à JDBC (Java Data Base Connectivity) qui est une interface standard, prévue pour presque tous les SGBDR (système de gestion de bases de données relationnelles) du marché.

Nous allons parler de l'architecture de JDBC et comprendre sa mise en œuvre.

Contenu

- Architecture de JDBC : comment fonctionne JDBC et quels sont les différents types de drivers.
- Utilisation des classes de base : le mode opératoire classique d'accès au SGBDR.
- Les exceptions SQL : comment gérer les erreurs.
- Navigation dans le Resultset : lecture et modification du résultat d'une requête.
- Les requêtes préparées : une bonne façon de construire des requêtes performantes.
- Les transactions : comment faire des opérations complexes et fiables.
- Les batch : la gestion des flots de requêtes.

Références

La page de référence de JDBC sur le site de Sun : http://java.sun.com/products/jdbc/

Architecture de JDBC

■ **Types de drivers JDBC**

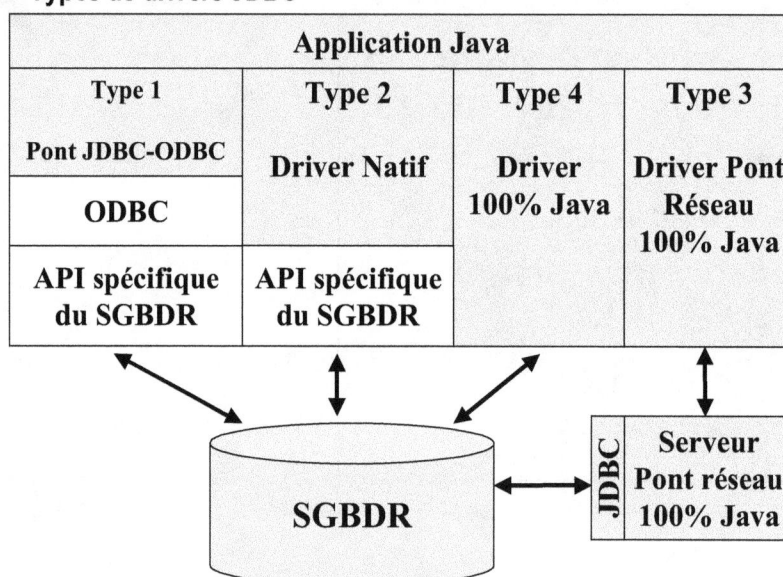

Application Java			
Type 1 **Pont JDBC-ODBC**	**Type 2** **Driver Natif**	**Type 4** **Driver 100% Java**	**Type 3** **Driver Pont Réseau 100% Java**
ODBC			
API spécifique du SGBDR	**API spécifique du SGBDR**		

SGBDR ↔ **JDBC** **Serveur Pont réseau 100% Java**

JDBC est un ensemble de classes et d'interfaces destinées à permettre la connexion et la communication avec les moteurs de bases de données.

Si le langage de communications employé par la plupart des moteurs de bases de données est le même : SQL (structured query language), qui est normalisé, le protocole de communication est différent d'un moteur à l'autre.

Afin de décharger le développeur de la partie support du protocole, les éditeurs fournissent généralement une API de connexion, sous la forme de librairies. Ces librairies sont, évidemment et malheureusement différentes d'un éditeur à l'autre (SQL-NET pour Oracle, dbLib pour Sybase, etc…).

La société Pioneer Software a été une des premières sociétés à proposer une API unique, s'appuyant sur des drivers ayant pour fonction de s'adapter aux APIs particulières des différents éditeurs. Le résultat est une API normalisée, permettant de développer des applications capables, sans aucune adaptation, d'utiliser n'importe quel moteur de bases de données, pourvu que son driver existe.

L'idée a été très vite reprise par Microsoft, qui l'a adaptée à Windows, sous le nom d'ODBC (open data base connector).

C'est cette même idée que les concepteurs de Java ont exploité sous le nom JDBC (java data base connector).

Cette architecture repose sur trois couches :

- JDBC API : c'est l'ensemble des classes et des interfaces qui seront utilisées par le développeur d'applications pour utiliser la base de données. Ce sont les mêmes, quel que soit le moteur de bases de données employé.

- JDBC Manager : c'est le noyau Java de JDBC.

- JDBC Driver : ce sont les implémentations des interfaces spécifiques à chaque moteur de bases de données. Il existe un driver par moteur.

On trouve aujourd'hui un très grand nombre de drivers, et il existe parfois pour un même moteur différents drivers, dont les techniques d'implémentation peuvent varier.

On peut classer ces drivers en quatre types :

Type1: Le Pont JDBC-ODBC

Lorsque Sun a proposé JDBC en 1996, le premier driver qu'ils ont développé était en fait un driver pour ODBC, que l'on allait appeler plus tard le **pont JDBC / ODBC**.

L'avantage de ce driver était évident : récupérer la richesse des drivers du monde ODBC sous Windows. Encore aujourd'hui, on utilise beaucoup ce driver dans des phases de développement sous Windows.

Par contre, un certain nombre d'inconvénients sont à noter :

- Lourdeur due au nombre de couches (JDBC+ODBC+Driver de la base de données) qui peut pénaliser en termes de performances ;
- Utilisation d'ODBC : ce n'est donc pas portable ;
- Difficile à utiliser en applets : comme nous le verrons, pour des raisons de sécurité, une applet n'a pas la permission de s'appuyer sur l'interface native (les librairies binaires ODBC), sauf si elle est "trusted", c'est à dire certifiée par un certificat, ce qui ne simplifie pas les choses.

Type 2 : Les drivers natifs

Ces drivers sont écrits en Java, mais s'appuient sur l'API cliente (binaire), fournie par les éditeurs des moteurs de bases de données. Ces APIs sont sous la forme de librairies dynamiques pouvant s'exécuter sur un système d'exploitation spécifique (généralement Windows, souvent Linux, parfois d'autres systèmes) et qui doivent être installées sur chaque client susceptible de se connecter.

Si ces drivers ont généralement de bonnes performances, ils ont cependant les inconvénients suivants :

- Portage limité aux plates-formes où existent les APIs clientes ;
- Impossible à utiliser en applets (même raison que pour le pont JDBC-ODBC).

Type 3: Les drivers Pont Réseau

Ils s'appuient sur un serveur, sorte de middleware, destiné à apporter certaines fonctions, maintenant normalisées dans la version 2 de JDBC.

Le principe est de centraliser les accès aux bases de données, afin d'améliorer les sécurités et les performances.

Le client ne se connecte pas directement sur le moteur de bases de données, mais sur ce serveur qui lui même assure ensuite le routage de la connexion sur le moteur.

On trouvera sur le pont réseau des fonctionnalités nouvelles, notamment des pools de connexions partagées et déjà connectées.

Les bénéfices de ces ponts réseau sont nombreux. Citons notamment :

- Une totale portabilité puisque écrits 100% en Java.
- Une meilleure sécurité, car les authentifications des utilisateurs ne sont plus gérés dans le moteur de base de données mais sur le serveur pont réseau.

- Une isolation réseau possible des serveurs de bases de données par rapport aux utilisateurs. Le pont réseau joue le rôle d'une sorte de "firewall", ce qui améliore ici encore la sécurité.

- De meilleures performances lors de la connexion des utilisateurs, grâce à des pools de connexions déjà pré connectés sur les bases.

- La possibilité de travailler avec moins de connexions vers les serveurs de bases de données (avantage économique), les connexions étant partagées dans le pool de connexions.

- Une plus grande facilité de configuration : seul le serveur du pont réseau est configuré pour se connecter vers les bases de données. Les clients ont simplement à connaître l'adresse réseau du Pont réseau.

- Le support éventuel des transactions distribuées, dans le cas de bases réparties dans plusieurs serveurs.

Les ponts réseau vont très vite évoluer, notamment sous l'élan de l'architecture J2EE. Aujourd'hui, on ne parle plus de ces types de drivers, mais on parle directement de Serveur d'Applications, qui regroupent beaucoup d'autres fonctions (Support de HTTP, Servlets, Système d'annuaire JNDI, Objets distribués EJB, etc…).

Type 4 : Les drivers 100 % Java

Ces drivers sont écrits en Java et s'appuient sur l'interface réseau de Java (`java.net` que l'on verra dans un prochain module) pour communiquer directement avec le moteur de bases de données.

S'ils ont l'avantage d'être totalement portables et d'être utilisables depuis les applets, il est à noter toutefois que leur développement nécessite une connaissance du protocole réseau entre le client et le moteur de bases de données. Cette dernière partie, non standardisée et souvent même non documentée par les éditeurs fera que les drivers de ce type sont généralement proposés par les éditeurs de bases de données eux-mêmes.

Développer ses propres drivers

On peut aussi développer soi même son propre driver JDBC.

Sun propose un certain nombre de conseils sur son site :

http://java.sun.com/products/jdbc/driverdevs.html

Enfin, pour trouver le driver dont on a besoin, Sun propose une liste assez exhaustive :
http://industry.java.sun.com/products/jdbc/drivers

Utilisation des classes de base

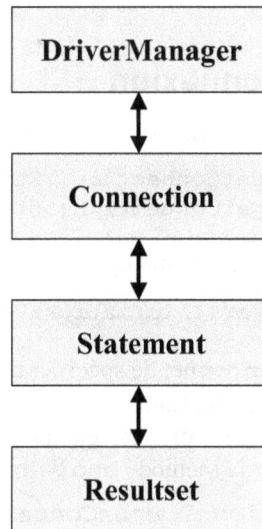

Les classes de JDBC sont dans le package `java.sql`.

Lorsque l'on regarde ce package, on s'aperçoit qu'il est principalement composé d'interfaces. Ces interfaces sont en fait les spécifications destinées à crée les drivers. Elles sont implémentées par tous les drivers JDBC.

Chargement d'un driver en mémoire

Un driver est donc un ensemble de classes qui implémentent les interfaces du package `java.sql`. Ces implémentations, pour être utilisables, doivent être accessibles au `CLASSPATH`. On les met généralement dans un fichier JAR (pour les distribuer) qu'il suffit d'ajouter au `CLASSPATH`, ou, plus simplement, de déposer dans le répertoire du JDK : `jre/lib/ext`.

Puis, il faut, dans l'application utilisatrice, les instancier en mémoire à l'aide de la méthode statique `forName()` de la classe `Class` :

```
Class.forName( "package.NomClasseDriver").newInstance();
```

Cette **méthode** rend un objet que nous n'utiliserons pas directement. C'est lui même, dans son constructeur, qui va se faire connaître auprès du `DriverManager` de JDBC, afin d'être utilisable par la suite pour créer des connexions.

La raison de ce mécanisme est que, pour des raisons évidentes d'économie de mémoire, les drivers ne sont pas tous chargés dans la machine virtuelle. Il est donc nécessaire de les charger dynamiquement lorsqu'on en a besoin.

Exemple :

```
Class.forName ("sun.jdbc.odbc.JdbcOdbcDriver").newInstance();
```

Dans cet exemple, le driver est la classe `JdbcOdbcDriver` (le pont JDBC/ODBC) du package `sun.jdbc.odbc`.

> **Remarque :**
> On peut énumérer ou récupérer un driver déjà chargé à l'aide des méthodes :

```
Enumeration getDrivers();
Driver getDriver( String url);
```

Création d'une connexion

La classe `DriverManager` permet de créer les connexions grâce aux méthodes :

```
Connection getConnection( String url);
Connection getConnection( String url,String login,String pass);
```

L'URL d'un driver a la forme :

```
jdbc:nomDriver:InformationsPourLaConnexion
```

- ***nomDriver*** permet de spécifier un driver parmi tous ceux disponibles dans la machine virtuelle. En fait, à l'invocation de ces méthodes statiques, la JVM va faire le tour de tous les drivers déjà instanciés en leur demandant si cette URL les concerne par la méthode `boolean acceptsURL( String url);`.

- ***InformationsPourLaConnexion*** servira au driver à se connecter. Par exemple, pour le driver ODBC ce sera le Data Source Name, pour un serveur Sybase l'adresse et le port de connexion, etc.

Remarque :
Les informations relatives aux drivers, notamment le package, la classe du Driver, et le format de l'URL pour obtenir une connexion, sont fournis dans les documentations des drivers. On trouvera en annexe D toutes ces informations pour le driver JDBC-ODBC et le driver MySQL.

Exemple :

```
Connection cnx= DriverManager.getConnection(
       "jdbc:odbc:MonDataSourceName", "login", "pswd");
```

Cette ligne crée la connexion à l'aide du driver JDBC-ODBC. On utilise le Data Source Name ODBC : `MonDataSourceName`, avec l'identification de connexion : login/pswd.

Les objets de type `Connection` permettent de créer des requêtes, mais ils ont aussi un certain nombre d'autres possibilités que nous verrons ensemble. Ils peuvent :

- Gérer les warnings.
- Construire des requêtes préparées.
- Lancer des procédures cataloguées.
- Gérer les transactions.
- Analyser la structure de la base de données.

Remarque :
Veillez toujours à appeler la méthode `close()` pour refermer la connexion en fin d'utilisation. Elle sera de toute façon refermée au moment où le garbage collector détruira l'objet, mais son exécution n'étant pas immédiat, on risque de conserver des connexions inutilisées pendant un certain temps.

Lancement de requêtes

C'est à partir d'une connexion que l'on peut lancer des requêtes. Elles sont représentées par des objets de type `Statement`, obtenus à l'aide de la méthode de Connection :

```
Statement createStatement();
```

Il existe d'autres signatures de cette méthode pour spécifier la façon dont on pourra récupérer les résultats des requêtes. Nous en reparlerons plus loin.

La construction d'une requête se fait en langage SQL dans une chaîne de caractères, et est envoyée vers le moteur de bases de données à l'aide des trois méthodes :

```
int executeUpdate( String requeteMiseAJour);
```

Elle prend en argument une requête de **mise à jour** uniquement. Elle renvoie un nombre entier qui correspond au nombre de lignes impactées par la modification.

```
ResultSet executeQuery( String requeteSelect);
```

Elle prend en argument une requête de **sélection** uniquement, qui renverra un résultat. Elle renvoie ce résultat dans un objet de type `ResultSet`.

```
boolean execute( String requeteQuelconque);
```

Elle prend en argument une requête de n'importe quel type. Elle renvoie un `boolean` qui sera à `true` si la requête a renvoyée un résultat. Dans ce dernier cas uniquement, le résultat sera dans un objet `ResultSet` accessible à l'aide de la méthode :

```
ResultSet getResultSet();
```

Récupération de la clé primaire automatique après insert

A partir de la version 5, Java intègre JDBC 3. Une des nouveautés de cette version est la possibilité de récupérer les clés générées automatiquement par le SGBD lors d'un `INSERT`.

La méthode **`getGeneratedKeys()`** de la classe **`Statement`** permet de récupérer un **`Resultset`** contenant toutes les clés de toutes les lignes insérées lors de la dernière requête.

Exemple avec une seule ligne insérée :

```
Statement stmt= conn.createStatement() ;
stmt.executeUpdate( "insert into UTILISATEURS (NOM, PRENOM)
values ('TOTO', 'PTOTO')") ;
ResultSet rs= stmt.getGeneratedKeys() ;
rs.next();
int cle= rs.getInt( 1);
```

Il faut pour cela que la requête d'insertion s'effectue sur une table dont une clé primaire est de type **`AUTO_INCREMENT`**.

Exemple :

```
CREATE TABLE UTILISATEURS ( ID INT NOT NULL AUTO_INCREMENT, NOM
VARCHAR(255), PRENOM VARCHAR(255), PRIMARY KEY (ID));
```

L'interface ResultSet

Le résultat d'une requête de type "query" retourne un ensemble de lignes, dans lesquelles on retrouve les valeurs de chaque colonne dans des champs.

L'utilisation du `ResultSet` passera donc par le défilement de chaque ligne à l'aide de la méthode :

```
boolean next();
```

Cette méthode retourne `true` s'il y a encore une ligne à lire.

Puis, dans chaque ligne les champs sont récupérés à l'aide d'une des méthodes `get`.

Il existe un grand nombre de ces méthodes, elles sont du type :

```
TypeJava getTypeJava( int numeroDeLaColonne);
```

```
TypeJava getTypeJava( String nomDeLaColonne);
```

Chacune possède deux signatures, la première en passant le numéro de la colonne, indicé à partir de 1 (et non pas de 0 comme c'est l'habitude dans le langage Java), la seconde en passant le nom de la colonne, nom qui figurait dans la requête SQL.

Ces méthodes d'accès aux champs du `ResultSet` s'adaptent à la fois au type Java et au type SQL. La transformation sera faite "au mieux" dans leur implémentation, c'est à dire dans le driver. Elle sera donc particulière à chaque moteur de base de données.

Le tableau ci-dessous présente la correspondance entre les types SQL et les types Java avec les méthodes d'accès conseillées :

Type SQL	TypeJava	Méthode d'accès
BIT	boolean	getBoolean()
TINYINT	byte	getByte()
SMALLINT	short	getShort()
INTEGER	int	getInt()
BIGINT	long	getLong()
REAL	float	getFloat()
FLOAT et DOUBLE	double	getDouble()
DECIMAL, NUMERIC	BigDecimal	getBigDecimal()
CHAR, VARCHAR	String	getString()
LONGVARCHAR	String, Clob	getString(), getClob() getAsciiStream(), getUnicodeStream()
BINARY, VARBINARY	byte[]	getBytes()
LONGVARBINARY	byte[], Blob	getBytes(), getBlob(), getBinaryStream()
DATE	Date	getDate()
TIME	Time	getTime()
TIMESTAMP	TimeStamp	getTimeStamp()

Exemple complet :

```
import java.sql.*;
...
try {
  Class.forName ("sun.jdbc.odbc.JdbcOdbcDriver").newInstance();
  Connection cnx= DriverManager.getConnection(
          "jdbc:odbc:MonDataSourceName", "login", "pswd");
  Statement stmt= cnx.createStatement();
  ResultSet rs= stmt.executeQuery( "SELECT a,b,c FROM table1");
  while( rs.next()) {
    int x= getInt( "a");
    String s= getString( "b");
    float f= getFloat( 3); // Colonne "c"
  }
} catch( Exception e) { ... }
```

Remarque :

En SQL, il faut distinguer la différence entre une cellule à 0 et à Null. Une cellule à Null est une cellule non initialisée, alors qu'une cellule à 0 est une cellule initialisée à 0. Cette distinction SQL n'existe pas pour les types numériques Java.

La méthode boolean wasNull() permet de tester si le précédent get a retourné un champ à NULL depuis la base de données.

Les warnings et erreurs SQL

- **SQLException**
  - String getMessage()
  - String getErrorCode()
  - Int getSQLState()
- **SQLWarning**
  - Hérite de SQLException
  - SQLWarning getNextWarning()

Les exceptions

Il existe différents types d'erreurs possibles. Elles sont toutes gérées par des exceptions.

Dans l'exemple précédent, toutes les opérations étaient dans un `try` dont le catch interceptait l'exception `Exception`. On gère ainsi tous les cas, mais ce n'est pas la solution la plus « Objectement correct ».

Il faudrait en réalité – et c'est ce que nous ferons dorénavant – intercepter chaque exception indépendamment. Ces exceptions sont les suivantes :

- **ClassNotFoundException**.
- **IOException**.
- **SQLException**.

`ClassNotFoundException` pourra être envoyée par la méthode **forName** de la classe `String`, si l'argument passé ne correspond pas à une classe présente dans la `CLASSPATH`.

Lorsque l'on a cette exception, c'est généralement que le poste de travail n'est pas bien configuré.

`IOException` peut être lancée lors d'opérations d'entrées/sorties, notamment lorsque l'on reçoit dans le `ResultSet` un flux (méthodes `getBinaryStream`) et que l'on tente de le lire, alors qu'un problème réseau intervient.

L'exception SQLException

Cette exception regroupe toute erreur due à JDBC.

On notera que cet objet exception porte trois informations accessibles au travers des méthodes :

- `String getMessage();`
- `int getErrorCode();`
- `String getSQLState();`

Cette classe est implémentée dans le `Driver`, elle possède donc un code différent pour chaque type de base de données. Il n'existe aucune normalisation sur le contenu des messages ou les valeurs des codes erreur.

Remarque :

Il est conseillé, lorsque l'on catch ces exceptions, de tenir compte aussi bien du message (`getMessage`) que des erreurs SQL (`getErrorCode` et `getSQLState`), certains drivers documenteront plus ou moins bien l'une ou l'autre de ces informations.

La gestion des warnings

La gestion des warnings se fait au travers des objets de type `Connection`, `Statement` ou `ResultSet` à l'aide des méthodes :

```
SQLWarning getWarnings();
void clearWarning();
```

La classe `SQLWarning` hérite de `SQLException`, on récupérera les messages et codes SQL avec les mêmes méthodes.

On trouve en plus la méthode :

```
SQLWarning getNextWarning();
void setNextWarning( SQLWarning);
```

qui permet d'accéder au warning suivant, ou bien d'en insérer un.

Cette exception est étendue par `DataTruncation`, qui est destinée à signaler lorsqu'un résultat a du être tronqué, car supérieur à la limite configurée dans le driver (cette limite est paramétrable).

On trouve dans cette classe les méthodes :

- `int getDataSize();` Rend la taille de la donnée tronquée.
- `int getTransferSize();` Rend la taille effectivement transférée.
- `int getIndex();` Rend le numéro du paramètre ou de la colonne tronqué.
- `boolean getRead();` Rend `true` si la troncation a eu lieu lors d'une lecture.
- `boolean getParameter();` Rend `true` si la troncation a eu lieu dans un paramètre (écriture) et `false` si elle a eu lieu dans une colonne (lecture).

Navigation dans le ResultSet

■ **Déplacement du curseur séquentiel ou aléatoire**

■ **Consultation des données des cellules avec conversion entre les types SQL et les types Java**

■ **Mises à jour du ResultSet**

- Modification des cellules

- Insertion de lignes

- Suppression de lignes

SELECT LAPIN

Le ResultSet est un objet représentant toutes les lignes correspondant au résultat d'une requête SELECT.

Comme nous l'avons déjà vu, la méthode next() permet de se déplacer en avant, ligne par ligne, dans le ResultSet. A partir de la version 2 de JDBC, un certain nombre de nouvelles méthodes nous permettent, non seulement de nous déplacer librement en avant ou arrière, mais aussi de modifier les champs des lignes parcourues, ces modifications étant prises en compte dans la base de données.

Déplacement dans le ResultSet

Les méthodes suivantes permettent le déplacement :

- **boolean next();** Passe à la ligne suivante (retourne false s'il n'y a pas de ligne suivante).
- **boolean previous();** Passe à la ligne précédente (retourne false pour la même raison que précédemment).
- **boolean absolute(int numeroLigne);** Déplacement absolu. Le retour à la même signification que ci-dessus.
- **boolean relative(int nombreLignes);** Déplacement relatif à la position courante. Le paramètre peut être positif ou négatif.
- **void beforeFirst();** Positionnement avant la première ligne.
- **boolean first();** Positionnement à la première ligne.
- **boolean last();** Positionnement à la dernière ligne.
- **void afterLast();** Positionnement après la dernière ligne.

Mise à jour des champs du ResultSet

Chaque ligne du `ResultSet` peut être aussi mise à jour à l'aide de méthodes **update**, qui ont toutes la forme :

```
void updateTypeJava( String nomColonne,
                     TypeJava nouvelleValeur);
void updateTypeJava( int numeroColonne,
                     TypeJava nouvelleValeur);
```

`TypeJava` peut avoir les mêmes valeurs que pour les `get`.

Remarque :
Il est possible d'initialiser un champ à une valeur `Null` avec les méthodes :

```
void updateNull( String nomColonne);
void updateNull( int numeroColonne);
```

Insertion et suppression de lignes

Il est possible d'insérer une ligne avec la méthode :

```
void insertRow();
```

Après insertion, pour initialiser son contenu, les méthodes suivantes permettent de passer alternativement de la ligne courante à la ligne insérée :

- **void moveToInsertRow();** Permet d'aller sur la ligne qui vient d'être insérée.
- **void moveToCurrentRow();** Revient à la ligne courante.

Enfin la suppression de la ligne courante se fait avec :

```
void deleteRow();
```

Interactions avec la base de données

Toutes les modifications sont faites sur un objet en mémoire sur le client. Pour rafraîchir ou sauvegarder le `ResultSet` avec la base de données, on dispose des méthodes suivantes :

- **void refreshRow();** Remet à jour la ligne courante du `ResultSet` à partir de la base de données.
- **void updateRow();** Met à jour la base de données à partir de la ligne courante du `ResultSet`.
- **void cancelRowUpdates();** Annule toutes les modifications faites sur la ligne depuis le dernier `updateRow`.

Interface Rowset

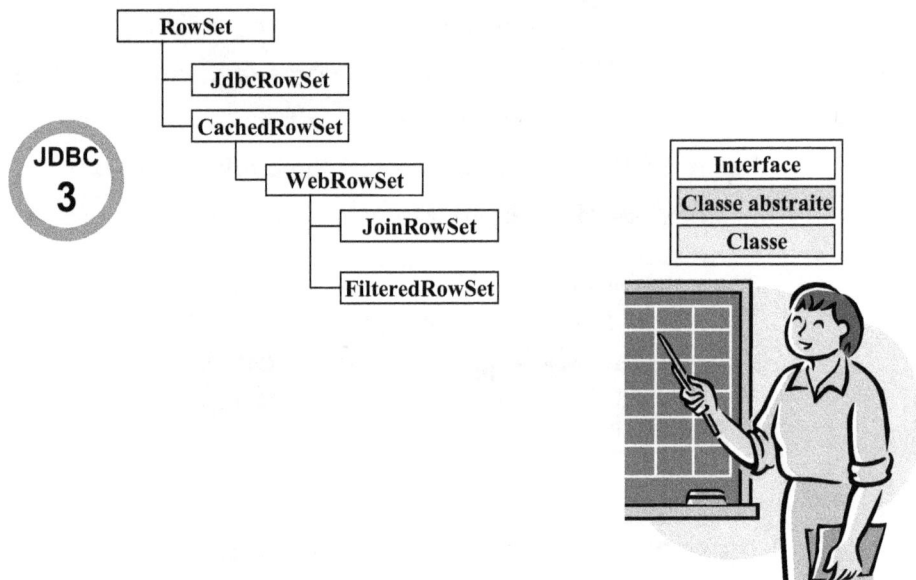

L'interface **RowSet** est la principale nouveauté de JDBC 3. On la trouvera dans le package javax.sql.

C'est une interface bien plus pratique à utiliser que la traditionnelle **ResultSet**. Elle hérite de cette dernière mais apporte de nouvelles fonctionnalités très intéressantes : La possibilité de naviguer et de modifier le résultat d'une requête au travers d'un composant JavaBeans, et ce, même si cela n'est pas supporté par le SGBDR utilisé.

En effet, les objets de type **RawSet** sont des JavaBeans. Ils possèdent donc entre autre des propriétés accessibles par des fonctions **get** et **set**.

De plus, ils supportent une logique événementielle permettant à des objets tiers de s'abonner aux événements liés aux modifications qui seront effectuées dans ces objets.

RowSet vient avec 5 interfaces spécialisées, et rien n'empêche le développeur de créer ses propres implémentations. Nous verrons en détails les finalités de chacune de ces interfaces :

- **JdbcRowSet**
- **CachedRowSet**
- **WebRowSet**
- **JoinRowSet**
- **FilteredRowSet**

Par ailleurs, la classe abstraite **BaseRowSet** est une implémentation par défaut (mais incomplète).

L'interface JdbcRowSet

Java 5

C'est un `RowSet` « connecté », c'est à dire que sont utilisation requiert une connexion permanente sur une base de données.

Pour créer un objet de ce type, le plus simple est d'utiliser un constructeur de la classe `JdbcRowSetImpl`, classe qui implémente par défaut cette interface. On utilise le constructeur qui prend un paramètre un `RowSet` que l'on aura créé au préalable à partir d'une requête.

Exemple :

```
Statement stmt = con.createStatement();
ResultSet rs = stmt.executeQuery( "select * from
UTILISATEURS");
JdbcRowSet jdbcRs = new JdbcRowSetImpl(rs);
```

Remarque :

Que se passe-t-il au niveau de la persistance ?

La congélation d'un tel composant ne va pas congeler les données contenues dans le `RowSet`, puisqu'en mode connecté, elles sont stockées sur une base de données relationnelle (probablement partagée parmi plusieurs utilisateurs).

Par contre, ce sont les informations de connexion qui seront stockées. Donc, au moment de la sérialisation, la connexion avec la base de données sera fermée (`COMMIT` des modifications), puis l'objet `Connection` sera sauvegardé.

Lors de la dé-sérialisation, l'objet `Connection` sera restauré, et la connexion avec le serveur de base de données sera rétablie (si possible) puis la requête de génération du résultat du `RowSet` sera exécutée sur le serveur. On sera alors revenu à un état similaire à ce que l'on était au moment de la sérialisation.

La classe JdbcRowSetImpl

Le constructeur par défaut de `JdbcRowSetImpl` (qui est un JavaBean) ne prend donc pas de paramètre, et crée un `RowSet` vide.

Il existe plusieurs méthodes pour le peupler :

- Créer un `ResultSet` puis lui passer par la méthode.
- Lui passer les propriétés de connexion (url JDBC, serveur, login, mot de passe , `DataSource`...) et la requête.

Exemple :

```
JdbcRowSet jdbcRs= new JdbcRowSetImpl() ;
jdbcRs.setUsername("toto");
jdbcRs.setPassword("totopass");
jdbcRs.setUrl("jdbc:protocole:nom");
jdbcRs.setConcurrency(ResultSet.CONCUR_UPDATABLE);
jdbcRs.setCommand("select * from UTILISATEURS");
jdbcRs.execute();
```

On notera la ligne :

```
jdbcRs.setConcurrency(ResultSet.CONCUR_UPDATABLE);
```

qui est nécessaire pour permettre ensuite de modifier les lignes (méthodes update...).

Il est possible de construire une requête à l'aide de points d'interrogation.

Exemple :

```
jdbcRs.setCommand(
"select * from UTILISATEURS where nom =' ?'") ;
jdbcRs.setString( 1, "d'Artagnan");
```

On utilise les méthodes suivantes pour naviguer :

- **absolute(int ligne)** ; Se positionne à la ligne spécifiée.
- **next()** ; Se positionne à la ligne suivante.
- **previous()** ; Se positionne à la ligne précédente.
- **afterLast()** ; Se positionne après le dernière ligne (en fin).
- **beforeFirst()**; Se positionne avant la première ligne (en début).

Exemple: Lecture d'un **RowSet** du dernier au premier élément :

```
jdbcRs.afterLast();
while (jdbcRs.previous()) {
  String nom = jdbcRs.getString("NOM");
  System.out.println( "Nom: " + nom);
}
```

La mise à jour d'une ligne est tout aussi simple : Il suffit de se placer sur la ligne, et d'utiliser les méthodes de mise à jour comme le montre l'exemple suivant :

```
jdbcRs.absolute( 5);
jdbcRs.updateString( "NOM", "Phil Conducteur");
jdbcRs.updateRow();
```

L'insertion d'une ligne passe par la mise à jour d'une ligne un peu spéciale (la ligne d'insertion), sur laquelle on se positionne à l'aide de la méthode **moveToInsertRow()**, puis que l'on remplit, et enfin que l'on insert par la méthode **insertRow()**.

Exemple :

```
jdbcRs.moveToInsertRow();
jdbcRs.updateString("NOM", "Conducteur");
jdbcRs.updateString("PRENOM", "Phil");
jdbcRs.insertRow();
jdbcRs.moveToCurrentRow();
```

La méthode **moveToCurrentRow()** permet de retourner à la ligne courante, juste avant l'invocation de la méthode **moveToInsertRow()**.

Enfin la suppression d'une ligne passe par la méthode **deleteRow()**.

Exemple :

```
jdbcRs.absolute( 8);
jdbcRs.deleteRow() ;
```

Les propriétés de RowSet

Elles sont manipulables à l'aide des méthodes d'accès suivantes :

- `get / setCommand (String)` ; Commande SQL de la requête

- `get / setEscapeProcessing( boolean)` ; Ajoute les codes escape aux commandes SQL avant de les envoyer. Par défaut est à true.

- `get / setMaxFieldSize( int)` ; Taille maxi d'un champ en octets (0 signifie pas de limite).

- `get / setMaxRows( int)` ; Nombre maxi de lignes dans le RowSet.

- `get / setQueryTimeout( int)` ; Timeout en secondes pour une requête, avant envoi d'un exception. Par défaut est à 0 (pas de limite).

- `get / setTransactionIsolation( int)` ; Niveau d'isolation des transactions.

- `Set / getType( int)` ; Permet de spécifier que le RowSet est scrollable (ResultSet.TYPE_SCROLL_INSENSITIVE).

- `set / getConcurrency( int)` ; Permet de spécifier si le RowSet peut être mis à jour (ResultSet.CONCUR_UPDATABLE).

- `is / setReadOnly( boolean)` ; RowSet en lecture seule.

L'interface CachedRowSet

Contrairement au `JdbcRowSet`, le `CachedRowSet` est un `RowSet` en mode « déconnecté », c'est à dire que l'on peut le lire ou effectuer des modifications alors qu'il n'est pas connecté à la base de données. C'est au moment de la validation des modifications qu'il se connectera pour mettre à jour le serveur. Cela explique son nom : Il met en cache (en mémoire locale) les données de la transaction.

Les avantages du mode déconnecté sont que l'objet peut être sérialisé. On peut donc le stocker dans un fichier, le transmettre par le réseau, etc. Autre avantage certain, il ne se connecte sur le moteur de bases de données uniquement lorsqu'il en a besoin. Il est donc plus économe en nombre de connexions simultanées sur le serveur.

Cette interface définie les principes du mode déconnecté, qui seront hérités par 3 interfaces plus spécialisées :

- `WebRowSet` apporte des possibilités de lecture/écriture en XML.

- `JoinRowSet` est une interface de type `WebRowSet` mais qui a en plus la possibilité de faire l'équivalent d'un `JOIN` en SQL tout en étant déconnecté.

- `FilteredRowSet` est une interface de type `WebRowSet` mais qui a en plus la possibilité d'appliquer des filtres à une requête `SELECT` sans que cela ne soit codé en langage SQL, et tout en étant déconnecté.

Il ne s'appuie pas directement sur JDBC, mais sur des objets de lecture et d'écriture. Ils sont implémentés à partir des interfaces `RowSetReader` et `RowSetWriter`, elles même fournies par un objet fournisseur `SyncProvider`.

Donc, pour créer un `CachedRowSet`, on utilise une implémentation dans laquelle on invoque un constructeur prenant en paramètre un objet de type `SyncProvider`.

Exemple :

```
CachedRowSet crs= new CachedRowSetImpl(
        "com.fournisseur.rowset.SyncProviderExemple");
```

On considère dans cet exemple que `SyncProviderExemple` est une classe fournie par un tiers, implémentant l'interface `SyncProvider` pour un certain type de source de données (fichier, SGBDR, autre…).

Les propriétés suivantes permettent de paramétrer la connexion sur la source de données :

- `setUserName( String)` ; nom utilisateur.
- `setPassword( String)` ; mot de passe.
- `setUrl( String)` ; URL de connexion, ou bien on peut utiliser la méthode suivante.
- `setDataSourceName( String)` ; nom du DataSource tel qu'il a été enregistré dans le système de nommage JNDI (dans le cas d'une utilisation sur un serveur d'applications).
- `SetCommand( String)` ; Spécifie la commande SQL.

Définition de la clé

Comme nous travaillons en mode déconnecté, donc en mémoire, il est nécessaire de définir l'équivalent de clés primaires pour retrouver les lignes. Pour cela, on peut choisir quelles colonnes seront des clés. Généralement, lorsqu'une table a une clé primaire, on choisit au moins cette colonne.

La méthode `setKeyColumns` permet de passer un tableau d'entiers qui spécifient les numéros des colonnes clé.

Exemple :

```
int [] cles= {1} ; // La première clé est la clé primaire
crs.setKeyColumns( cles) ;
```

Peuplement d'un objet CachedRowSet

Les interfaces `RowSetReader` et `RowSetWriter` définissent ce que doit implémenter une classe qui permettra le peuplement d'un tel `RowSet`.

On peut imaginer utiliser un SGBDR (via JDBC) mais aussi un fichier à plat ou un fichier de tableur de bureautique, etc…

Les méthodes héritées de `RowSet` permettent de se déplacer, mettre à jour et insérer de nouvelles lignes.

Pour que ces modifications soient prises en compte par le SGBDR, la méthode suivante permet cela par une connexion sur la base de données, une mise à jour automatique et enfin une déconnexion, afin de revenir à un mode déconnecté.

```
voir acceptChanges() ; throws SyncProviderException ;
```

Cette méthode peut renvoyer une exception lorsqu'il y a un problème de conflit.

L'interface WebRowSet

Elle hérite de `CachedRowSet`. Sa grande particularité est de pouvoir lire ou écrire son contenu au format XML.

Cela permet donc d'importer ou d'exporter du contenu de base de données au format XML.

Pour exporter, il suffit simplement de créer un **WebRowSet** puis d'invoquer la méthode **writeXml** à laquelle on passe un **OutputStream** vers lequel ira le flux XML.

Exemple :

```
WebRowSetImpl rowset= new WebRowSetImpl();
//propriétés du RowSet
rowset.setUrl("jdbc:mysql://localhost/test");
rowset.setUsername("root");
rowset.setPassword("java");
rowset.setCommand("SELECT * FROM utilisateurs where
nom='toto'");
rowset.execute();
FileOutputStream o= new FileOutputStream( "c:\\test.xml");
rowset.writeXml(o);
```

Le fichier XML aura la forme suivante:

```
<?xml version="1.0" ?>
<webRowSet xmlns="http://java.sun.com/xml/ns/jdbc"
xmlns:xsi="http://www.w3.org/2001/XMLSchema-instance"
xsi:schemaLocation="http://java.sun.com/xml/ns/jdbc
http://java.sun.com/xml/ns/jdbc/webrowset.xsd">
<properties>
  <!- Les propriétés de la requête sont spécifiées, notamment
  la requête. -->
  <command>
    SELECT * FROM utilisateurs where nom='toto'
  </command>
  <concurrency>1008</concurrency>
  <datasource><null /></datasource>
  <escape-processing>true</escape-processing>
  <fetch-direction>1000</fetch-direction>
  <fetch-size>0</fetch-size>
  <isolation-level>2</isolation-level>
  <key-columns />
  <map />
  <max-field-size>0</max-field-size>
  <max-rows>0</max-rows>
  <query-timeout>0</query-timeout>
  <read-only>true</read-only>
  <rowset-type>ResultSet.TYPE_SCROLL_INSENSITIVE</rowset-type>
  <show-deleted>false</show-deleted>
  <table-name>utilisateurs</table-name>
  <url>jdbc:mysql://localhost/test</url>
  <sync-provider>
    <sync-provider-name>
      com.sun.rowset.providers.RIOptimisticProvider
    </sync-provider-name>
    <sync-provider-vendor>
      Sun Microsystems Inc.
    </sync-provider-vendor>
```

```
                 <sync-provider-version>1.0</sync-provider-version>
                 <sync-provider-grade>2</sync-provider-grade>
                 <data-source-lock>1</data-source-lock>
            </sync-provider>
       </properties>

       <metadata>
            <!- Les Métadatas de la table sont aussi rappelées -->
            <column-count>3</column-count>
            <column-definition>
                 <column-index>1</column-index>
                 <auto-increment>true</auto-increment>
                 <case-sensitive>false</case-sensitive>
                 <currency>false</currency>
                 <nullable>0</nullable>
                 <signed>true</signed>
                 <searchable>true</searchable>
                 <column-display-size>11</column-display-size>
                 <column-label>ID</column-label>
                 <column-name>ID</column-name>
                 <schema-name />
                 <column-precision>11</column-precision>
                 <column-scale>0</column-scale>
                 <table-name>utilisateurs</table-name>
                 <catalog-name>test</catalog-name>
                 <column-type>4</column-type>
                 <column-type-name>INTEGER</column-type-name>
            </column-definition>
            <column-definition>
                 <column-index>2</column-index>
                 <auto-increment>false</auto-increment>
                 <case-sensitive>false</case-sensitive>
                 <currency>false</currency>
                 <nullable>1</nullable>
                 <signed>false</signed>
                 <searchable>true</searchable>
                 <column-display-size>255</column-display-size>
                 <column-label>NOM</column-label>
                 <column-name>NOM</column-name>
                 <schema-name />
                 <column-precision>255</column-precision>
                 <column-scale>0</column-scale>
                 <table-name>utilisateurs</table-name>
                 <catalog-name>test</catalog-name>
                 <column-type>12</column-type>
                 <column-type-name>VARCHAR</column-type-name>
            </column-definition>
            <column-definition>
                 <column-index>3</column-index>
                 <auto-increment>false</auto-increment>
```

```
    <case-sensitive>false</case-sensitive>
    <currency>false</currency>
    <nullable>1</nullable>
    <signed>false</signed>
    <searchable>true</searchable>
    <column-display-size>255</column-display-size>
    <column-label>PRENOM</column-label>
    <column-name>PRENOM</column-name>
    <schema-name />
    <column-precision>255</column-precision>
    <column-scale>0</column-scale>
    <table-name>utilisateurs</table-name>
    <catalog-name>test</catalog-name>
    <column-type>12</column-type>
    <column-type-name>VARCHAR</column-type-name>
  </column-definition>
</metadata>

<data>
  <!- Enfin le contenu des lignes sont transmis (dans notre
  cas il n'y a qu'un ligne dans le résultat de la requête -->
  <currentRow>
    <columnValue>1</columnValue>
    <columnValue>TOTO</columnValue>
    <columnValue>Titi</columnValue>
  </currentRow>
</data>
</webRowSet>
```

A l'inverse, le **WebRowSet** peut être peuplé à partir d'un fichier XML à l'aide de la méthode **readXml**.

Exemple :

```
WebRowSetImpl rowset= new WebRowSetImpl();
FileInputStream i= new FileInputStream( "c:\\test.xml");
rowset.readXml(i);
```

L'interface JoinRowSet

Elle permet d'effectuer une jointure entre deux **RowSet** sans avoir à être connectée sur la base de données (ce n'est donc pas une jointure SQL).

La classe **JoinRowSetImpl** est une implémentation par défaut.

Les méthodes suivante permettent d'ajouter un **RowSet** à la jointure :

- **void addRowSet(RowSet rs, int colonne);**
- **void addRowSet(RowSet rs, String nomColonne);**

Le premier argument est le **RowSet** qui entrera dans la jointure, le second est le numéro ou le nom de la colonne qui servira de jointure.

Exemple : Supposons que nous avons notre table UTILISATEURS plus une table GROUPES dont une des colonnes est l'identifiant de l'utilisateur qui est le gestionnaire du groupe.

On cherche à afficher les noms des groupes et des responsables des groupes. La requête SQL serait la suivante :

```
SELECT g.nom, u.nom FROM groupes g, utilisateurs u WHERE
g.responsable=u.id ;
```

On crée les **CachedRowSet** deux requêtes :

```
CachedRowSet crsGroupes= new CachedRowSetImpl() ;
crsGroupes.setCommand( "SELECT nom, responsable FROM
groupes") ;
// etc...
crsGroupes.execute() ;
CachedRowSet crsUtilisateurs= new CachedRowSetImpl() ;
crsUtilisateurs.setCommand( "SELECT id, nom FROM
utilisateurs") ;
// etc...
crsUtilisateurs.execute() ;
```

Puis on crée le **JoinRowSet** et on lui ajoute les deux **CachedRowSet** précédemment créés et initialisés :

```
JoinRowSet jrs= new JoinRowSetImpl() ;
jrs.addRowSet( crsGroupes, "responsable") ;
jrs.addRowSet( crsUtilisateurs, "id") ;
while( jrs.next()) {
   System.out.println( "Groupe : "+jrs.getString( 1)+"
utilisateur : "+jrs.getString(2));
}
```

Remarque :

Plusieurs colonnes peuvent être nécessaires à la jointure. Dans ce cas, on utilisera la méthode setMatchColumn qui permet de spécifier un tableau de colonnes :

- ` void setMatchColumn( int[] colonnes); ` //
- ` void setMarchColumn( String[] nomsDesColonnes); ` //

L'interface FilteredRowSet

Elle permet d'effectuer des filtres sur un **RowSet**. Cela permet de débarrasser l'objet **RowSet** de toutes les lignes qui sont inutiles.

Les objets **FilteredRowSet** peuvent être créés à partir de la classe **FilteredRowSetImpl** implémentée par défaut.

Exemple :

```
FilteredRowSet frs= new FilteredRowStImpl() ;
frs.setCommand( "SELECT * FROM utilisateurs");
// etc...
frs.execute() ;
```

Puis, le filtre sera réalisé à partir d'un objet de type **Predicate** qui doit être implémenté. Par exemple, voici un **Predicate** qui filtrera uniquement les noms qui commencent par une chaîne passée en argument au constructeur :

```
public class AlphaFiltre implements Predicate {
  private String debut; // Chaine de la comparaison

  public AlphaFiltre( String debut) {
    this.debut= debut; // La chaine est passée au constructeur
  }

  public boolean evaluate( RowSet rs) {
    return debut.compareToIgnoreCase(
        rs.getString( "nom").substring( 0, debut.length()));
  }
}
```

Donc ce filtre sera transmis à l'objet **FilteredRowSet** par la méthode **setFilter** :

```
frs.setFilter( new AlphaFiltre( "BOU"));
```

Enfin, la suppression du filtre sera possible, afin de rendre l'ensemble des colonnes de nouveau visibles, en spécifiant le filtre à **null** :

```
Frs.setFilter( null) ;
```

Gestion des événements d'un RowSet

Un système d'événements permet à un objet tiers d'être informé en cas de modifications du **RowSet**.

- Mouvement du curseur.
- **UPDATE**, **INSERT** ou **DELETE** d'une ligne.
- Modification du contenu du **RowSet**.

L'interface **RowSetListener** sera alors implémentée par l'objet qui souhaite s'abonner à ces événements. La méthode d'abonnement est (comme à l'accoutumée) :

```
addListener( RowSetListener) ;
```

Requêtes préparées et procédures compilées

- ■ **Requêtes préparées:**

  - Sur le client

  - Elles sont anonymes

  - "Select * from table1 where nom=? and age < ?"

- ■ **Requêtes compilées**

  - Sur le serveur

  - Elles sont nommées

  - "{?= call NOM_PROCEDURE argument1, ?, ?, argument4}"

Très souvent, lorsque l'on développe une application qui se connecte sur des bases de données, on définit d'abord le schéma des données (architecture de la base) et les traitements associés, définis par des requêtes SQL.

Il y a deux façons de préparer des requêtes : les construire sur le client, c'est le cas des requêtes préparées ou bien les construire sur le serveur, c'est le cas des procédures compilées.

Les requêtes préparées

Le principe de la requête préparée est de construire une requête vierge, dans laquelle certains paramètres sont remplacés par des points d'interrogation, qui représentent des valeurs qui seront positionnées par la suite.

Exemple :

```
// Utilisation de Sybase jConnect 4.2
Class.forName("com.sybase.jdbc.SybDriver");


// Pour utiliser le Sybase jConnect 5.2 (JDBC-2)
//Class.forName("com.sybase.jdbc2.jdbc.SybDriver");


// Connexion en utilisant le "tunnel" TDS (Type 3)
Connection cnx = DriverManager.getConnection(
    "jdbc:sybase:Tds:MonServeur:4321", "dba", "sql");


// Création de la requête préparée
PreparedStatement ps= cnx.prepareStatement(
    "select nom, prenom from utilisateurs where "
    +" nom = ?");
```

```
ps.setString( 1, "D'Artagnan");
ResultSet rs= ps.executeQuery();
// etc... Lecture du résultat dans rs
```

Les requêtes préparées offrent deux avantages importants : une plus grande fiabilité dans les échanges de données entre le monde Java et le monde SQL et de meilleures performances.

Pour le premier point, l'exemple ci-dessus est intéressant : le nom passé possède une apostrophe ('), qui est aussi le code d'encadrement des chaînes de caractères en SQL. Si la requête avait été construite "à la main", il aurait fallu ajouter avant l'apostrophe un caractère d'échappement : "**D\'Artagnan**".

Dans le cas de requêtes préparées, c'est la méthode `setString` qui fera cela à notre place. La classe `PreparedStatement` possède les méthodes de mise à jour des propriétés pour tous les types Java. Cela permet de mettre dans n'importe quelle requête des informations de n'importe quel type, ce qui est intéressant pour des types particuliers, comme par exemple les données binaires (objets, séquences vidéo, fichiers son, fichiers binaires...).

Les méthodes `set` sont de la forme :

void set*TypeJava*(int numeroParametre, *TypeJava* valeur);

Les types sont exactement les mêmes que ceux vus dans les méthodes `get` du `ResultSet`.

Après avoir renseigné les paramètres de la requête, son exécution passe par une des trois méthodes de `PreparedStatement` :

* **boolean execute();**
* **ResultSet executeQuery();**
* **int executeUpdate();**

Concernant l'aspect performances, elles sont intéressantes dans des cas de requêtes répétées avec des données différentes.

Lorsqu'une requête est transmise au serveur, ce dernier doit d'abord analyser la requête, rechercher les éventuelles erreurs de syntaxe, puis rechercher le meilleur plan d'accès (quels index utiliser, comment optimiser les jointures, etc...).

Ce travail est consommateur de ressources, ce qui explique la présence de caches de requêtes sur les serveurs, qui reconnaîtront lorsqu'une même requête sera envoyée plusieurs fois, et réutiliseront alors le même plan d'accès aux données.

L'utilisation de requêtes préparées permet d'utiliser le même plan pour tous les appels, quelles que soient les valeurs mises en paramètres.

Les procédures compilées

Les procédures compilées sont construites sur le serveur, puis appelés au travers d'un nom avec éventuellement des paramètres.

Le principe d'utilisation est très proche de celui des requêtes préparées.

La classe à utiliser est `CallableStatement`, qui hérite de `PreparedStatement`, on peut donc dire qu'une procédure compilée est une sorte de requête préparée.

L'objet `CallableStatement` est obtenu par la méthode de `Connection` :

```
CallableStatement prepareCall( String requetteDAppel);
```

La requête doit être formulée suivant une norme bien définie :

```
{call <procedure-name>[<arg1>,<arg2>, ...]}
```

ou bien :

```
{?= call <procedure-name>[<arg1>,<arg2>, ...]}
```

Le premier cas est un appel à une procédure ne retournant pas de valeur, le second cas retourne une valeur ("?=").

Les arguments variables sont remplacés par des points d'interrogation, comme dans les requêtes préparées, et mis à jour de la même façon (méthodes héritées de `PreparedStatement`).

Le paramètre de retour, s'il est utilisé, doit être enregistré comme tel avant exécution de la procédure, à l'aide de la méthode :

```
registerOutputParameter( 1, typeDeLaDonnee);
```

Le premier argument a pour valeur 1 car il désigne le premier point d'interrogation. D'autres valeurs permettent de désigner des paramètres de la procédure comme retournant une valeur.

Le lancement de l'exécution d'une procédure se fera par l'une des méthodes (héritées de `PreparedStatement`) :

- **`boolean execute();`**
- **`ResultSet executeQuery();`**
- **`int executeUpdate();`**

Enfin, après exécution, la récupération des valeurs retournées par la procédure se fera au travers de méthodes `get` semblables au `ResultSet` et implémentées dans `CallableStatement` :

TypeJava getTypeJava(numeroPointDInterrogation);

On opère donc en cinq phases :

- Création de la requête d'appel, avec des '?' sur les paramètres d'entrée et de sortie ;
- Set sur les paramètres en entrée (comme les requêtes préparées) ;
- Enregistrement des paramètres en sortie (`registerOutParameter`) ;
- Exécution de la procédure ;
- Récupération des valeurs des paramètres de sortie (`getTypeJava`).

Remarque :
Les procédures stockées n'existent pas sur tous les moteurs de bases de données. Si tel est le cas du moteur qu'on utilise, l'appel à la méthode `prepareCall` renvoie une exception SQL.

Exemple utilisant Oracle avec la syntaxe d'appels SQL92 :

```java
// Utilisation du driver Oracle
Class.forName("oracle.jdbc.driver.OracleDriver");

Connection conn = DriverManager.getConnection (
        "jdbc:oracle:MonServeur:@MaDataBase",
        "dba", "sql");

// Création d'un statement pour entrer la procédure
Statement stmt = conn.createStatement ();

// La procédure est une simple addition
stmt.execute ( "create or replace function "
    +" ADDITION (arg1 NUMBER, arg2 NUMBER) "
    +" return NUMBER is begin return arg1 + arg2; end;");
stmt.close();

// Préparation de l'appel de la procédure
CallableStatement cstmt = conn.prepareCall (
        "{? = call ADDITION (?, ?)}");

// On enregistre le premier ? comme valeur retournée
// de type INTEGER (int)
cstmt.registerOutParameter (1, Types.INTEGER);
// On renseigne les deux argument
cstmt.setInt (2, 23890);
cstmt.setInt (3, 46110);

// Exécution de la requête
cstmt.execute ();

// Récupération du résultat de l'addition
int resultat = cstmt.getInt (1);

System.out.println ("Résultat: " + resultat);
```

Les transactions

■ **JDBC s'appuie sur les capacités transactionnelles des moteurs de bases de données**

■ **Les propriéts A.C.I.D.**

- Atomicité
- Consistance
- Isolation
- Durabilité

■ **La transaction est gérée au niveau de la connexion**

- setAutoCommit(false)

> Commit or Rollback, that is the question

Pour d'importantes requêtes dans un environnement multi-utilisateur, le support des transactions s'avère nécessaire.

Tous les moteurs de bases de données prennent en compte les transactions, tous à peu près de la même manière. JDBC s'appuie sur ce support au travers d'une API simple et uniforme.

Les propriétés ACID

Une transaction est un ensemble d'opérations qui remplissent quatre obligations :

- **A pour Atomicité** : toutes les opérations d'une transaction auront réussies, ou aucune n'aura été faite. En cas d'échec d'une seule des opérations, toutes les autres sont annulées et il y a un retour du système à un état initial identique à celui au moment de démarrage de la transaction.

- **C pour consistence** : à aucun moment (avant, pendant ou après la transaction) le système ne se trouve en contradiction avec les règles d'intégrité qui ont été établies dans la logique de la base de données.

- **I pour isolation** : aucune des opérations effectuées pendant une transaction ne sont visibles par les autres utilisateurs. Seul le résultat de toutes les opérations sera visible à la fin de la transaction.

- **D pour durabilité** : aucun événement, quel qu'il soit (requête d'un autre utilisateur, panne du système…) ne peut altérer le résultat d'une transaction après sa fin.

Chaque transaction a un départ (BEGIN TRAN), et une fin heureuse (COMMIT) ou un abandon (ROLLBACK).

JDBC et les transactions

Par défaut, JDBC fonctionne en mode "auto-commit", c'est à dire que chaque requête est suivie implicitement d'un Commit.

Il est possible de se mettre en mode transactionnel, au niveau de la connexion, en enlevant le mode de commit automatique à l'aide de la méthode :

* **void setAutoCommit(boolean mode);** Argument à `false`.

* **boolean getAutoCommit();** Récupération de l'état.

Il sera alors possible d'exécuter plusieurs requêtes dans une même transaction, la fin de la transaction devant être validée (`commit`) ou annulée (`rollback`) à l'aide des méthodes :

* **void commit();**

* **void rollback();**

Remarque :

Attention à bien effectuer le `commit` ou le `rollback`. En effet, tant que la transaction n'est pas marquée comme terminée, il reste un état sur le serveur, qui génère des verrous et peut bloquer certains autres utilisateurs.

Connaître le niveau d'isolation

Il existe différents niveaux d'isolation, plus ou moins rigoureux. Les plus rigoureux seront aussi les plus coûteux en ressources sur les serveurs.

Il est possible de connaître le niveau du serveur sur lequel on est connecté à l'aide de la méthode :

```
int getTransactionIsolation();
```

La valeur retournée est un entier pouvant avoir une des valeurs :

* **Connection.TRANSACTION_READ_UNCOMMITTED** : aussi appelé "dirty read", c'est le plus mauvais. Notamment, il est possible de lire des données non encore "commitées", qui seront peut-être "rollbackées" plus tard.

* **Connection.TRANSACTION_READ_COMMITTED** : c'est généralement le niveau par défaut des moteurs de bases de données. Les données non « commitées » ne sont pas vues par les autres, mais rien n'empêche une valeur lue de changer par un commit d'un autre utilisateur avant la fin de notre transaction.

* **Connection.TRANSACTION_REPEATABLE_READ** : l'isolation est parfaite, toutefois rien n'empêche un autre utilisateur de supprimer des données sur lesquelles on travaille pendant la transaction.

* **Connection.TRANSACTION_SERIALIZABLE** : c'est le plus restrictif. Dans ce cas, on est parfaitement isolé, et en plus, les autres utilisateurs ne peuvent pas effacer les données sur lesquelles on travaille pendant la transaction.

* **Connection.TRANSACTION_NONE** : pas de support des transactions.

Nous n'entrerons pas dans les détails, mais des effets de bord peuvent apparaître suivant le niveau d'isolation (par exemple on peut voir des données, sur lesquelles on travaille dans la transaction, modifiées par un autre utilisateur).

Certains serveurs supportent la modification du niveau d'isolation, dans ce cas, pour choisir son mode, il faudra utiliser la méthode :

```
void setTransactionIsolation( int niveau);
```

Exemple d'utilisation des transactions :

```java
import java.sql.*;

public class TestTransaction {
  public static void main( String[] args) {
    if( args.length < 2) {
      System.out.println(
        "java TestTransaction package.driver url");
      return;
    }
    try {
      Class.forName( args[0]);
      Connection cnx= DriverManager.getConnection( args[1]);
      cnx.setAutoCommit( false);
      Statement stmt = cnx.createStatement();
      stmt.executeUpdate("INSERT INTO test (nom, email) "
          +" VALUES('Toto', 'Jean')" );
      stmt.executeUpdate("UPDATE test set nom='TONTON' "
          +"where nom='Toto'");
      cnx.rollback();
      stmt.executeUpdate("INSERT INTO test (nom, email) "
          +" VALUES('Titi', 'Paul')" );
      cnx.commit();
      cnx.setAutoCommit(true);
      stmt.close();
      cnx.close();
    } catch( SQLException e) {
      System.out.println ("SQL Erreur: "+e.getMessage());
      System.out.println( "SQL State: "+e.getSQLState());
    } catch( ClassNotFoundException e) {
      System.out.println( "Driver non trouvé: "
          +e.getMessage());
    }
  }
}
```

On lancera le programme avec par exemple le driver MySQL :

```
java TestTransaction com.mysql.jdbc.Driver
"jdbc:mysql://localhost/test?user=sa&password=admin"
```

Analyse de la structure d'un résultat

- int getColumnCount();

- String getColumnName(int numero);

- int getColumnType(int numero);

nom	nom	nom	nom	nom

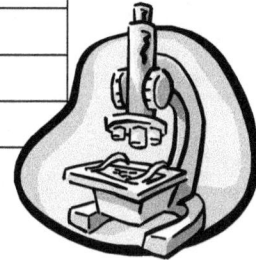

Si l'on effectue une requête dont nous ne connaissons pas nécessairement la structure du résultat (exemple : `Select * from Abonnes`), il est possible de l'analyser et de retrouver le nombre de colonnes, les noms des colonnes, les types...

La méthode de la classe `ResultSet` :

`ResultSetMetaData getMetaData();`

Retourne un objet permettant de récupérer un certain nombre d'informations.

Les principales méthodes de la classe `ResultSetMetaData` sont :

- **`int getColumnCount();`** Renvoie le nombre de colonnes du `ResultSet`.

- **`String getTableName( int colonne);`** Rend le nom de la colonne dans la table.

- **`String getColumnName(int colonne);`** Rend le nom de la colonne dans la requête.

- **`String getColumnTypeName( int colonne);`** Renvoie le type de la colonne exprimé dans une chaîne de caractères.

- **`int getColumnType( int colonne);`** Retourne le type de la colonne. La valeur de l'entier sera défini par l'une des propriétés statiques de la classe Type (`ARRAY`, `BIGINT`, `BINARY`, `BIT`, `BLOB`, `BOOLEAN`, `CHAR`, etc...).

- **`String getColumnClassName( int colonne);`** Si la colonne contient un objet Java sérialisé, rend le type de l'objet (nous verrons la sérialisation dans le prochain chapitre).

- **`boolean isNullable( int colonne);`** Renvoie `true` si la valeur `NULL` peut être mise sur les champs de cette colonne.

- **`boolean isReadOnly( int colonne);`** Renvoie `true` si lecture seule.

- **`boolean isWritable( int colonne);`** Renvoie `true` si lecture/écriture.

Analyse d'une base de données

■ **La classe DatabaseMetaData** JDBC

- Nom du moteur de bases de données
- Numéro de version
- Mots clés SQL
- Support des batch
- Lecture seule
- etc...

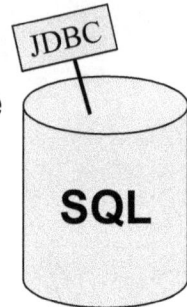

SQL

Il est possible d'analyser une base de données à l'aide de la classe `DatabaseMetaData`.

L'objet de ce type est obtenu à l'aide de la méthode (de l'objet `Connection`) :

`DatabaseMetaData getMetaData();`

Il est implémenté dans le driver, et permet à la fois de connaître les caractéristiques du SGBDR sur lequel on travaille, ainsi que les possibilités offertes par le driver.

On trouve un certain nombre de propriétés de types `int` ou `short`, et des méthodes booléennes qui permettent de connaître les options supportées ou non (exemples : `isReadOnly()`, `nullsAreSortedLow()`, `supportsBatchUpdates()`, `usesLocalFiles()`, etc...).

On trouve aussi des méthodes retournant un `String` qui renseignent notamment :

- **`String getDatabaseProductName();`** Nom du SGBDR.
- **`String getDatabaseMajorVersion();`** Numéro de version.
- **`String getDatabaseMinorVersion();`** Numéro de version.
- **`String getDatabaseProductVersion();`** Version de produit.
- **`String getDriverName();`** Nom du driver.
- **`String getDriverVersion();`** Version du driver.
- **`String getSQLKeywords();`** Rend les mots du langage qui spécifiques à ce SGBDR (qui ne sont pas SQL92).

Les requêtes en batch

- **Gérées au niveau du Statement**
  - Void addBatch(String requête);
  - int[] executeBatch();
  - Void clearBatch()

    - **En cas de problème : BatchUpdateException**
      - int[] getUpdateCounts();

Une nouveauté apparue à partir de JDBC version 2 est la possibilité de faire des batch de requêtes. Ce sont des groupes de requêtes de mise à jour qui sont envoyées vers le serveur dans un premier temps, puis exécutées dans un second temps.

On dispose, dans la classe `Statement`, des méthodes :

- **`void addBatch( String requete)`** ; Pour ajouter une nouvelle requête de mise à jour.
- **`int[] executeBatch()`** ; Pour exécuter le batch.
- **`void clearBatch()`** ; Pour annuler le batch en cours de création (avant l'exécution).

La méthode `executeBatch` retourne un tableau d'entiers, chaque élément peut avoir comme valeur :

- Le nombre de lignes impactées par la mise à jour.
- **`SUCCESS_NO_INFO`** : la requête s'est exécutée avec succès mais il n'y a pas de résultat.
- **`EXECUTE_FAILED`** : la requête n'a pas réussie (elle a alors envoyée une exception de type `BatchUpdateException`).

BatchUpdateException

En cas de problème, l'exception `BatchUpdateException` est lancée. Cette exception hérite de la classe `SQLException`.

Elle possède en plus une méthode qui renvoie un tableau d'entiers contenant les nombres de lignes impactées par les modifications de toutes les requêtes ayant réussies :

```
int[] getUpdateCounts();
```

Lorsque cette exception est envoyée, le driver peut réagir de deux façons : stopper le batch en cours ou le continuer.

Il n'y a pas de règle dans les spécifications JDBC, cela dépend des drivers, et surtout des règles de cohérences des moteurs de bases de données.

C'est pour cette raison que l'on fera éventuellement appel à une transaction, en commençant par faire un `setAutoCommit(false)`, afin de faire un `rollback` si une des requêtes a échouée.

Pour vérifier ce cas d'erreur, il sera nécessaire de parcourir l'ensemble du tableau à la recherche du premier `EXECUTE_FAILED`.

Batch de requêtes préparées

Il est possible de faire des batch de requêtes (`Statement`) ou des batch de requêtes préparées (`PreparedStatement`), la méthode `addBatch` existe dans ces deux classes.

Exemple :

```java
import java.sql.*;

public class BatchSQL {

  public static void main( String[] args)
        throws Exception {
    String[] noms = {"Toto", "Titi", "Tutu"};
    int[] results;

    // Utilisation du driver dB2
    Class.forName("com.ibm.db2.jdbc.app.DB2Driver");
    Connection c =
        DriverManager.getConnection("jdbc:db2:*local");
    // Création du Statement
    Statement s = c.createStatement ();
    try {
      // Création de la table pour le test
      s.executeUpdate("CREATE TABLE NOMS (NOM CHAR (10))");
    } catch (SQLException e) {
      // Exception si la table a déjà été créér
    }


      // Boucle de création de requêtes de batch
      for (int i = 0; i < noms.length; i++)
      s.addBatch ("INSERT INTO NOMS VALUES('" + noms[i]
            + "')");
      // Exécution du batch
      results = s.executeBatch ();
      // Verification du résultat:
      if ((results.length == 3)){ // 3 requêtes
        System.out.println("3 lignes: O.K. ");
```

```
    } else {
        System.out.println("Problème rencontré");
    }
    // Fermeture du statement
    s.close();

    // Même chose, mais avec un PreparedStatement
    PreparedStatement ps = c.prepareStatement(
        "INSERT INTO QGPL.A_TABLE VALUES (?)");
    for (int i = 0; i < noms.length; i++) {
        ps.setString(1, noms[i]);
        ps.addBatch();
    }
    // Exécution du batch
    results = ps.executeBatch();
    // Verification du résultat:
    if ((results.length == 3)){ // 3 requêtes
        System.out.println("3 lignes: O.K. ");
    } else {
        System.out.println("Problème rencontré");
    }

    // Fermeture du statement et de la connexion
    ps.close();
    c.close();
  }
}
```

Remarque :

Tous les moteurs de bases de données et tous les drivers JDBC ne supportent pas forcément les traitements batch. Pour savoir s'ils le sont, il faut consulter la méthode de la classe DatabaseMetaData :

```
boolean supportsBatchUpdates();
```

Optimiser les performances de JDBC

■ **Tester avec une charge semblable à l'application en production**

■ **Suivre rigoureusement les point recommandés**

L'accès aux bases de données est particulièrement stratégique. Des applications peuvent être inutilisables à cause d'une mauvaise architecture des données.

Le but n'est pas ici de parler du « tuning » des serveurs de bases de données, mais de l'implémentation des API de JDBC dans nos applications pour optimiser au maximum les performances.

Les 12 règles à suivre

Voici un certain nombre de points qu'il est vivement recommandé de suivre :

- Utiliser si possible un driver JDBC-3 ;
- N'utiliser surtout pas le pont JDBC-ODBC pour déployer les applications ;
- Toujours refermer les `Statements` et les `Resultset` le plus vite possible ;
- Eviter les requêtes `SELECT *` mais toujours veiller à spécifier les noms des colonnes dont on a besoin ;
- Utiliser les possibilités de scroller et updater dans le `ResultSet` (JDBC-2) ;
- Adapter la taille du fetch du résultat en fonction du nombre de résultats estimés dans les requêtes `SELECT` ;
- Utiliser les types Java appropriés pour les données (`Date` pour les `DATE`, `String` pour les `CHAR`, etc...) ;
- Configurer la base de données pour que les caractères soient codés en UNICODE (comme Java) pour éviter les translations de jeux de caractères ;
- Utiliser autant que possible les requêtes préparées ;
- Utiliser autant que possible les procédures stockées, mais attention aux syntaxes spécifiques de certains SGBDR qui seront un obstacle à la portabilité ;

- Utiliser les batch lorsqu'il y a de nombreux updates à faire ;
- Ne jamais oublier de tracer correctement les `catch` des exceptions, en phase de mise au point, tracer aussi les Warnings qui peuvent apporter des informations utiles.

La mesure des performances

Il y a un moyen de mesurer les performances d'une application qui utilise JDBC et de trouver l'origine des goulets d'étranglement.

On peut mesurer les temps des différentes opérations en s'appuyant sur la méthode statique de `System` :

`System.currentTimeMillis();.`

Comme les drivers JDBC sont simplement des implémentations des interfaces de JDBC (`Connection`, `Statement`, `ResultSet`, etc...), on peut "wrapper" les classes des drivers, pour insérer du code de mesures de performances.

Par exemple pour la classe `Connexion` :

```
public class AuditConnection implements Connection
{
  private Connection connexionOriginale;

  public AuditConnection (Connection Connexion) {
    connexionOriginale = Connexion;
  }

  public void close() throws SQLException {
    long l= System.currentTimeMillis();
    connexionOriginale.close();
    l= System.currentTimeMillis() - l;
    trace( "Close durée: "+l+" millisecondes");
  }

  public boolean isClosed() throws SQLException {
    return connexionOriginale.isClosed();
  }
// Etc...
...
```

`trace( String message);` est une méthode que l'on implémentera comme on le souhaite pour envoyer les messages vers un fichier, une console, etc.

L'utilisation se fera de la façon suivante :

```
Connection c= new AuditConnection(
  Class.forName( "driverAAuditer"));
```

On peut ainsi faire un pseudo-driver qui trace le temps de chaque invocation.

Atelier

Objectifs :

▪ **Mettre en pratique les requêtes avec JDBC**

▪ **Analyser les différences entre deux drivers**

▪ **Utiliser les champs binaires de grande taille**

Durée minimum : 45 minutes.

Exercice 1 :

Créer un Data Source ODBC sur un fichier Access. Ce fichier sera utilisé par le programme Java de l'exercice suivant.

Se reporter à l'annexe E : Access et MySQL pour connaître le mode opératoire pour créer ce DSN.

Exercice 2 :

Faire une application de query interactive. Ce programme prend à la ligne de commande trois arguments :

• Le nom complet de la classe du driver.

• L'URL de connexion sur la base de données.

• La requête SQL.

Si la requête est de type SELECT, afficher sur la console Java toutes les lignes du résultat.

Utiliser ce programme avec ODBC/Access (Utilisation du DataSource Name créé dans l'exercice 1), puis avec MySQL.

Exercice 3 :

Récupérer l'application AWT du module 9. Nous allons gérer la création de nouveaux clients et la recherche de clients dans la base de données.

On construit la table CLIENTS dans la base de données avec la structure suivante :

Champ	Type	Contraintes
CLE	INTEGER	Clé primaire
NOM	CHAR(20)	
PRENOM	CHAR(20)	
ADRESSE	CHAR(40)	
CODEPOST	INTEGER	
VILLE	CHAR(10)	

Créer la requête SQL.

On crée une classe (que l'on appellera AppliClientSQL) qui prend en charge la récupération des données d'un client, l'insertion d'un nouveau client et la sauvegarde des données à l'aide des méthodes :

- **public Client getClient(int cle) throws SQLException;**
  Retourne les données du client dont la clé est passée en argument. Envoie une exception en cas d'erreur SQL ou lorsque la clé est invalide.

- **public int nouveauClient() throws SQLException;** Retourne la clé du nouveau client créé. Envoie une exception en cas d'erreur SQL.

- **public void sauveClient(int cle, String nom, String prenom, String adresse, int codePost, String ville) throws SQLException;** Sauve les données d'un client en spécifiant sa clé en argument. Envoie une exception en cas d'erreur SQL ou lorsque la clé est invalide.

Mettre le code d'insertion derrière les boutons "Créer un nouveau client", "Sauver les données de ce client" et "Rechercher".

Exercice 4 :

Utilisation des champs binaires de grande taille.

On va ajouter à la table CLIENTS une colonne dans laquelle on stockera la photo du client (colonne PHOTO). Elle sera de type BLOB.

Faire un programme qui prend en argument :

- Le nom complet de la classe du driver ;
- L'URL de connexion sur la base de données ;
- Le numéro du client ;
- Le chemin complet d'un fichier binaire (une image, un son, etc.).

Il va permettre de stocker la photo (fichier GIF ou JPEG) dans la table.

On utilisera les Streams.

Questions/Réponses

Q. Est il possible d'instancier directement un objet `Driver` à partir de son constructeur ? C'est-à-dire de faire :

```
Driver d= new com.mysql.jdbc.Driver();
```

au lieu de :

```
Class.forName( "com.mysql.jdbc.Driver").newInstance();
```

R. Oui, les deux possibilités sont autorisées. Mais dans le premier cas le nom du driver est "en dur" dans le programme. L'avantage du second cas est la possibilité de paramétrer le driver.

Q. Pourquoi ne peut-on pas créer une connexion (classe `Connection`) à l'aide d'un `new` ?

R. Parce que `Connection` n'est pas une classe, mais est une interface. Chaque driver implémente cette interface à sa manière, et l'implémentation de `Connection` dans chaque driver est faite dans une classe dont le nom n'est pas le même d'un driver à un autre.

Cette technique qui consiste à utiliser une méthode qui rend la référence d'un objet d'un type quelconque, mais qui implémente une certaine interface est assez courante.

La méthode `getConnection( String url);` va interroger chaque driver, et le premier qui répondra positivement à l'url rendra une instance qu'il aura créé lui même à partir d'une classe dont il a le nom, et qui implémente évidemment `Connection`.

Q. J'obtiens une exception SQL : `No suitable Driver`. Que faire ?

R. Cette exception intervient lorsque l'url est mal formulée, ou bien lorsque le driver n'est pas chargé. Vérifiez ces deux points.

Q. Peut-on créer plusieurs instances de `Statement` dans une même connexion ?

R. Cela dépend du driver. Par exemple, sur le pont JDBC-ODBC cela n'est pas possible. Consultez la documentation du driver que vous utilisez.

Q. Je fais une requête `SELECT`, puis lorsque je me déplace dans le `ResultSet` pour le modifier, une exception et lancée spécifiant que le `ResultSet` ne peut être mis à jour (`ResulSet not updatable`). Pourquoi ?

R. Pour pouvoir modifier un `ResultSet` il faut impérativement que la clé primaire soit dans la requête `SELECT` afin que le driver puisse utiliser ces identificateurs de lignes.

Q. Peut-on connaître le nombre de lignes dans le résultat d'une requête ?

R. Il faut nécessairement un driver JDBC2 pour avoir la possibilité de se déplacer dans le `ResultSet`. Invoquer la méthode `last();` pour se positionner sur la dernière ligne, puis la méthode `getRow();` pour connaître son numéro.

12

- *Les services*
- *La sérialisation*
- *L'analyse par réflexion et introspection*
- *Composants graphiques*
- *Le déploiement*
- *Le BDK*
- *RMI*
- *Atelier*

Les JavaBeans

Objectifs

Derrière les JavaBeans se cache une normalisation proposée par Sun pour développer des composants logiciels.

Nous verrons que cette norme est relativement simple, et qu'elle apporte de nombreuses facilités pour la gestion et la manipulation de ces briques logicielles.

Contenu

- Savoir ce qu'est un composant.
- Connaître la norme JavaBeans de Sun.
- Comprendre la sérialisation des composants.
- Comprendre la réflexion et l'introspection des composants.
- Connaître les règles pour créer des composants graphiques.
- Mettre en pratique la distribution des composants avec les fichiers JAR.
- Savoir utiliser le BDK (Bean Development Kit).
- Comprendre le RMI (Remote Method Invocation).

Introduction

■ **Les Composants logiciels sont**

- Des objets
- Normalisés
- Réutilisables
- Transportables
- Manipulables

L'idée des composants nous vient du monde de l'électronique. Dans ce domaine, cette notion est particulièrement bien exploitée. On trouve des producteurs de composants, et des fabricants de matériels, assembleurs de composants.

On cherche à reproduire ce modèle, économique autant que technique, dans le monde de l'informatique.

Les composants informatiques sont des objets. Les objets ne sont pas tous des composants, car pour qu'un objet soit considéré comme composant, il faut qu'il soit réutilisable (qu'il puisse être comme "soudé sur le circuit"). Pour cela, il faut définir des normes, en électronique ce seront des normes en termes de taille et d'espacement entre les pattes des composants, et en termes de voltage et d'ampérage. En informatique, on parlera plutôt de norme **d'interfaçage** et **d'implémentation**.

Ces deux mots sont très importants.

Interface

Pour pouvoir souder un composant électronique, ses pattes doivent entrer dans les petits trous prévus à cet effet sur le circuit imprimé.

Pour pouvoir utiliser un composant informatique, il faut qu'il puisse entrer dans l'infrastructure logicielle prévue à cet effet (que l'on appelle parfois « bus logiciel »).

L'informatique étant un domaine purement abstrait, on ne parlera pas taille physique, mais simplement de la possibilité de communication : un composant doit pouvoir communiquer avec son « circuit électronique », c'est à dire son bus logiciel, encore appelé « conteneur ».

Le terme conteneur est très employé dans le monde Java (on parlera de conteneur d'applets, de JavaBeans, de Servlets, d'EJB, etc.).

L'interface d'un composant jouera donc un rôle primordial dans son intégration dans l'application : elle sera **normalisée** et **documentée**.

Implémentation

Pour qu'un composant électronique, une fois soudé, puisse fonctionner correctement, il est nécessaire de lui appliquer des signaux électriques et des tensions adéquats. Si la tension est trop élevée, il risque de « fumer », sinon il risque de ne pas pouvoir fonctionner.

En informatique, il est nécessaire de faire la même chose : pour qu'un composant fonctionne correctement, il faut lui fournir des ressources bien définies par le fabriquant du composant.

Apparaît alors une problématique bien informatique : l'hétérogénéité.

L'hétérogénéité, c'est un peu comme si on voulait faire fonctionner un même composant électronique dans un appareil soviétique dont la tension de référence est de 12 volts, ainsi que dans un appareil américain dont la tension de référence est de 5 volts et la fréquence d'oscillation de 60 Hz, sans oublier enfin les français, dont la fréquence est bien évidemment légèrement différente de celle des américains : 50 Hz. Tout cela ne vous dit peut être pas grand chose, mais le résultat est qu'il faudra alors des adaptateurs, dont la complexité et le coût dépassera largement celui du composant à utiliser. On imagine alors les usines à gaz que le génie humain sera en mesure de créer pour s'obliger à faire cohabiter deux russes, trois américains et un français dans dix mètres cubes à 36000 kilomètres au dessus de l'Océan Atlantique…

Mêmes les russes et les américains ont réussi à se mettre d'accord. Alors… Pourquoi pas les informaticiens?

C'est l'idée de Sun : supposons que tous les composants parlent la même langue, et s'implémentent de la même façon… Supposons qu'ils parlent tous Java et qu'ils tournent tous dans une JVM… Les JavaBeans sont nés!

La norme

La norme JavaBeans permet de spécifier le bus électrique (le circuit). Nous allons découvrir de quelle façon nous pourrons fabriquer nos propres composants.

Mais voyons déjà quelques mots importants :

Un composant est réutilisable, il doit donc pouvoir être utilisé par diverses applications, mais aussi par d'autres machines.

Cette première fonctionnalité est remplie par la **réflexion** et **l'introspection**, qui permettent, en plus de connaître la nature d'un composant, d'obtenir sa description (méthodes, événements et propriétés supportées).

La seconde est apportée par **RMI (Remote Method Invocation)**, qui est un mécanisme dans Java qui permet d'invoquer les méthodes d'un objet qui se trouve dans une autre machine virtuelle, éventuellement sur une autre machine physique, reliée au réseau. C'est une utilisation à distance.

Enfin un composant est transportable. On doit pouvoir le stocker ou le transmettre sur une autre machine. La norme JavaBean répond à cette fonctionnalité par la **sérialisation.**

Nous allons examiner ensemble ces différentes possibilités.

Les services d'un composant

■ **Les méthodes permettent**

- L'accès aux attributs (configuration)

- L'accès aux services

- L'abonnement aux événements

Un composant est un objet, un objet est composé d'attributs et de méthodes.

Les méthodes `public` sont les services du composant. On a, au travers d'elles, l'ensemble des opérations que peut effectuer le composant.

Les attributs forment ce que l'on appelle la configuration du composant. Les modifier c'est « configurer le composant ».

La norme des JavaBeans requiert que les attributs ne soient pas accessibles directement, mais toujours au travers de méthodes, dites « méthodes d'accès » ou encore « accesseurs ».

Enfin, un composant peut générer des événements, là encore l'implémentation de ce genre de caractéristiques est normalisée.

Les constructeurs

Un JavaBean possède au moins un constructeur sans argument.

Les accesseurs

Ces méthodes permettent d'accéder en lecture ou en écriture aux propriétés. Le fait d'utiliser des méthodes permet en plus de positionner du code (pour vérifier des droits d'accès, pour accéder à une base de données, etc.).

La convention de nommage spécifie que les méthodes d'accès aux propriétés auront toujours comme nom `set` ou `get` suivi du nom de la propriété, commençant par une majuscule. Le type de ces méthodes sera celui de la propriété.

Pour le type booléen, l'accesseur commence par `is`.

Exemple : **`boolean isVisible();`**

Exemples d'accesseurs :

```
private int vitesse; // Propriété de type int
private boolean marcheAvant;
public void setVitesse( int vitesse) {
  this.vitesse= vitesse;
}
public int getVitesse() {
  return vitesse;
}
public void setMarcheAvant( boolean marcheAvant) {
  this.marcheAvant= marcheAvant;
}
public boolean isMarcheAvant() {
  return marcheAvant;
}
```

Concernant les attributs de type tableau, on trouvera quatre méthodes permettant d'accéder :

- au tableau entier ;
- à un élément du tableau spécifié en argument.

Exemple :

```
private Color [] arcEnCiel; // Propriété tableau de Color
public void setArcEnCiel( Color[] arcEnCiel) {
  this.arcEnCiel= arcEnCiel;
}
public void setArcEnCiel( Color couleur, int index) {
  arcEnCiel[index]= couleur;
}
public Color [] getArcEnCiel(){
  return arcEnCiel;
}
public Color getArcEnCiel( int index) {
  return arcEnCiel[index];
}
```

Les événements

Nous avons déjà vu que la gestion des événements passe par une logique assez rigoureuse. On se souviendra notamment que les méthodes permettant de s'abonner ou se résilier auprès d'un objet à un type d'événement commencent toujours par add ou remove et finissent par Event.

Cette convention doit être scrupuleusement suivie par les JavaBeans, car c'est grâce à elle que peuvent être connus l'ensemble des événements que sait générer le composant.

Exemple :

```
public void addMouseEvent( MouseListener);
public void removeMouseEvent( MouseListener);
```

Événements en cas de modification d'une propriété

La modification d'une propriété d'un composant peut influer sur les propriétés ou la logique d'un ou plusieurs autres composants.

On dispose pour cela d'un support qui permet de gérer l'avertissement en cas de modification. On appelle cela les « Bound Properties » (propriétés liées).

Le mécanisme s'appuie sur les événements Java. Le producteur est l'objet dont un (ou plusieurs) propriété(s) émettront l'événement en cas de changement de valeur. Les auditeurs seront tous les objets qui s'abonneront à ce type d'événement.

La gestion de l'abonnement se fait par les méthodes :

```
void addPropertyChangeListener( PropertyChangeListener);
void removePropertuChangeListener( PropertyChangeListener);
```

Les auditeurs, pour pouvoir s'abonner, devront être de type `PropertyChangeListener`, c'est à dire implémenter cette interface qui contient une méthode :

```
void propertyChange( PropertyChangeEvent);
```

L'événement transmis est de type `PropertyChangeEvent` et contient les propriétés suivantes :

- **Object source** : l'objet dont la propriété a été modifiée.
- **String propertyName** : le nom de la propriété (un objet peut avoir plusieurs "bounds properties").
- **Object oldValue** : la valeur initiale.
- **Object newValue** : la nouvelle valeur.

Elles sont accessibles par les méthodes :

- **Object getSource()** ; Héritée de `EventObject`.
- **String getPropertyName();**
- **Object getOldValue();**
- **Object getNewValue();**

L'implémentation de la gestion des abonnés à l'événement `PropertyChangeEvent` peut être simplifiée à l'aide de la classe `PropertyChangeSupport`.

On trouve dans cette classe les méthodes :

- **void addPropertyChangeListener(PropertyChangeListener listener)** ; Ajoute un abonné au changement des propriétés de l'objet.
- **void addPropertyChangeListener(String propertyName, PropertyChangeListener listener)** ; Pour une propriété spécifique.
- **void removePropertyChangeListener(PropertyChangeListener listener)** ; Enlève un abonné.

- **void removePropertyChangeListener(String propertyName, PropertyChangeListener listener)** ; Pour une propriété.

Elles permettent de gérer les abonnés pour une propriété spécifique ou pour toutes les propriétés de l'objet qui signalent la modification de leur valeur.

D'autre part, les méthodes suivantes permettent d'envoyer le signal d'une modification :

- **void firePropertyChange(String propertyName, boolean oldValue, boolean newValue)** ; Notification pour propriété `Boolean`.

- **void firePropertyChange(String propertyName, int oldValue, int newValue)** ; Notification pour propriété `int`.

- **void firePropertyChange(String propertyName, Object oldValue, Object newValue)** ; Notification pour un autre type.

Exemple :

```java
import java.beans.*;


public class TestBoundProperties {
  PropertyChangeSupport pcs= new PropertyChangeSupport( this);
  String texte;
  public void addPropertyChangeListener(
        PropertyChangeListener pl) {
    pcs.addPropertyChangeListener( pl);
  }
  public void removePropertyChangeListener(
        PropertyChangeListener pl) {
    pcs.removePropertyChangeListener( pl);
  }
  public void setTexte( String texte) {
    String ancienneValeur= this.texte;
    this.texte= texte;
    pcs.firePropertyChange( "texte", ancienneValeur, texte);
  }
}
```

Les propriétés contraintes

Les « constrained properties » suivent la même logique, mais en plus, il est possible aux auditeurs d'apposer leur veto à la modification.

Cela se traduit par une exception créée puis envoyée par l'auditeur qui refuse la modification.

Cette exception devra être capturée dans le code de modification de la propriété et annulera cette mise à jour.

On dispose là encore d'un support des abonnés : la classe `VetoableChangeSupport`, dont les méthodes suivent la même logique que pour `PropertyChangeSupport`.

Exemple :

```java
import java.beans.*;
public class TestConstrainedProperties {
  VetoableChangeSupport vcs= new VetoableChangeSupport( this);
  String texte;

  public void addVetoableChangeListener(
      VetoableChangeListener pl) {
    vcs.addVetoableChangeListener( pl);
  }
  public void removeVetoableChangeListener(
      VetoableChangeListener pl) {
    vcs.removeVetoableChangeListener( pl);
  }
  public void setTexte( String texte) {
    try {
      vcs.fireVetoableChange( "texte", this.texte, texte);
      this.texte= texte;
    } catch( PropertyVetoException e) {
      // Ici, la propriété n'a pas été changée, car cette
      // exception a été envoyée juste avant la ligne
      // this.texte= texte qui n'a donc pas été atteinte
      System.out.println( "Veto: "+e.getMessage());
    }
  }
}
```

On notera que l'événement est le même que pour le `PropertyChangeListener` : la classe `PropertyChangeEvent`.

Côté auditeur, on aura un code de la forme :

```java
class DecideurDeVeto implements VetoableChangeListener {
  public void vetoableChange( PropertyChangeEvent pEvent)
      throws PropertyVetoException {
    if( pEvent.getNewValue().equals( "Toto"))
      throw new PropertyVetoException(
        "Je n'aime pas Toto", pEvent);
  }
}
```

On remarque que l'objet `PropertyVetoException` possède un constructeur qui prend en paramètre :

- Un message (`String`).
- Le `PropertyChangeEvent` à l'origine du Veto.

Pour tester ce code, il suffira d'ajouter dans la classe `TestConstrainedProperties` la méthode `main` :

```
public static void main( String[] args) {
  TestConstrainedProperties tp=
    new TestConstrainedProperties();
  DecideurDeVeto decideur= new DecideurDeVeto();
  tp.addVetoableChangeListener( decideur);
  tp.setTexte( "Titi");
  System.out.println( "Maintenant texte = "+tp.texte);
  System.out.println( "Je mets maintenant Toto");
  tp.setTexte( "Toto");
  System.out.println( "Maintenant texte = "+tp.texte);
  }
}
```

Le résultat sera :

```
Maintenant texte = Titi
Je mets maintenant Toto
Veto: Je n'aime pas Toto
Maintenant texte = Titi
```

On voit bien le refus de mettre Toto dans le texte.

La sérialisation

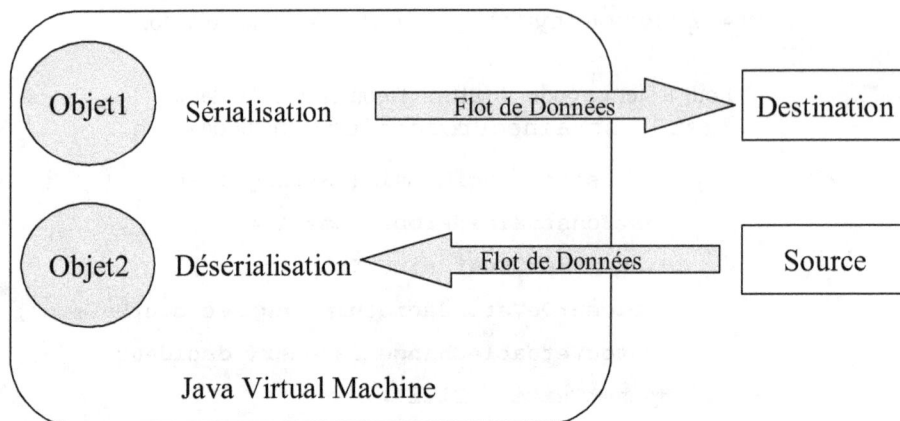

Ce mécanisme permet d'envoyer un objet dans un flux binaire. L'objectif est principalement de pouvoir rendre persistant cet objet (stockage dans un fichier ou une base de données) ou de le transmettre vers une autre machine (transmission dans un flux réseau).

La sérialisation s'appuie sur les streams binaires que nous avons déjà vue dans le module sur les entrées/sorties : `InputStream` et `OutputStream`.

Une spécialisation de ces deux classes permet de manipuler des objets en lecture ou en écriture :

- **`ObjectInputStream`** pour lire un objet depuis un flux.
- **`ObjectOutputStream`** pour écrire un objet vers un flux.

ObjectInputStream

Elle hérite de `InputStream`, et implémente l'interface `ObjectInput` qui contient les méthodes de lecture, et notamment la méthode :

```
Object readObject();
```

Pour lire un objet, il faut d'abord créer l'objet `ObjectInputStream`, avec le constructeur :

```
ObjectInputStream( InputStream in);
```

L'argument est la référence de l'objet `InputStream` à partir duquel va être faite la lecture. Il peut avoir différentes natures : `FileInputStream` (lecture fichier), `ByteArrayInputStream` (lecture dans un buffer mémoire), `SocketInputStream` (lecture réseau), etc...

ObjectOutputStream

C'est le même principe, mais en écriture. Cette classe hérite de OutputStream, implémente l'interface ObjectOutput dans laquelle on trouve la méthode :

```
void writeObject();
```

Les objets de ce type sont créés à l'aide du constructeur :

```
ObjectOutputStream( OutputStream out);
```

Là encore on écrit dans des objets OutputStream de différentes natures.

L'interface Serializable

La sérialisation ne peut pas s'appliquer à tous les types d'objets. Par exemple un thread ou un pointeur fichier ne sont pas sérialisables (on ne peut pas transmettre un thread ou une référence du système de gestion de fichier sur une autre machine, car ces objets représentent un contexte local du système).

Afin de reconnaître les objets qui sont sérialisables de ceux qui ne le sont pas, on utilise l'interface java.io.Serializable.

Cette interface ne contient pas de méthode, elle sert simplement d'indicateur : les classes qui l'implémentent sont sérialisables, les autres ne le sont pas.

Cette vérification est faite au moment de l'exécution du programme. Si on tente de sérialiser un objet qui ne l'est pas, l'exception NotSerializableException sera envoyée.

Exemple :

```
import java.io.*;

public class TestSerialisation implements Serializable {
  public String nom;

  public static void main( String[] args) {
    if( args.length == 2) {
      TestSerialisation t= new TestSerialisation();
      t.nom= args[1];
      try {
        FileOutputStream f=
            new FileOutputStream( args[0]);
        ObjectOutputStream o=
            new ObjectOutputStream( f);
        o.writeObject( t);
      } catch( NotSerializableException e) {
        System.out.println( "Objet non sérialisable: "
            +e.getMessage());
      } catch( IOException e) {
        System.out.println( "Erreur IO: "+e.getMessage());
      }
```

```
      }
    if( args.length == 1) {
      try {
        FileInputStream f= new FileInputStream( args[0]);
        ObjectInputStream i= new ObjectInputStream( f);
        TestSerialisation t= (TestSerialisation)i.readObject();
        System.out.println( "Objet lu avec le nom: "+t.nom);
      } catch( ClassNotFoundException e) {
        System.out.println( "Classe non trouvée: "
            +e.getMessage());
      } catch( InvalidClassException e) {
        System.out.println( "Classe invalide: "
            +e.getMessage());
      } catch( IOException e) {
        System.out.println( "Erreur IO: "+e.getMessage());
      }
    }
  }
}
```

On appelle le programme soit :

- En lui passant le nom du fichier et la chaîne de caractères qui sera mise dans la propriété "nom" pour sérialiser l'objet créé (méthode `writeObject`).

- En lui passant seulement le nom du fichier si on souhaite désérialiser l'objet qui y est stocké (méthode `readObject`).

Exemple :

```
java TestSerialisation fichier.ser Bonjour
```

Puis :

```
java TestSerialisation fichier.ser
```

Qui affiche sur la console :

```
Objet lu avec le nom: Bonjour
```

Remarque :

On peut sérialiser plusieurs objets dans un flux (appeler plusieurs fois de suite la méthode `writeObject`). Ils seront alors envoyés les uns après les autres.

Au moment de la lecture, il sera aussi possible d'invoquer plusieurs fois la méthode `readObject`. Les objets devront être lus dans le même ordre qu'au moment de l'écriture.

Sérialisation des relations

Un objet possède généralement des propriétés, qui sont souvent des références sur d'autres objets. Lorsque l'on sérialise un objet, tous ces objets référencés au travers des propriétés sont sérialisés à leur tour, ainsi que leurs propres propriétés, etc.

Cela peut faire beaucoup de monde. Attention aux performances et à la taille du flux ainsi généré.

On évitera de sérialiser des objets ayant trop de relations.

On évitera aussi d'utiliser la sérialisation pour le stockage d'objets en masse, On préfèrera le mapping objet/relationnel, qui consiste à stocker les propriétés des objets sous forme de types de données primitifs dans les champs de bases de données relationnelles.

Exemple :

```
import java.io.Serializable;
public class Date implements serializable {
  // Les objets issus de cette classe sont sérialisables
}
```

Le modificateur "transient"

Un autre problème peut apparaître : si on sérialise un objet dont une des propriétés n'est pas sérialisable.

Cela va générer l'exception **NotSerializableException** et la sérialisation sera abandonnée.

Le modificateur **transient**, positionné devant une propriété permet de signaler à Java que cette propriété ne doit pas être sérialisée.

On l'utilisera donc soit :

- Devant une propriété qui n'est pas sérialisable (qui n'implémente pas l'interface **Serializable**).

- Devant une propriété dont la sérialisation ne représente pas d'intérêt dans la logique de l'objet (afin de ne pas sérialiser inutilement une propriété de plus).

Exemple :

```
import java.io.Serializable;
public class Date implements serializable {
  transient Timer RappelRendezVous;
}
```

Sérialisation des propriétés statiques

Il n'y a rien de prévu dans Java pour partager une propriété statique entre plusieurs autres machines virtuelles. Un objet sérialisé sur une JVM peut, lors de sa désérialisation dans une autre machine, ou dans la même machine quelque temps après, trouver une variable statique avec un contenu différent. Les propriétés statiques ne sont pas sérialisées.

Versions des classes

Un aspect important à souligner est que la sérialisation des objets n'envoie dans le flux que les valeurs des propriétés, mais pas l'implémentation des méthodes. Cela est d'ailleurs logique, car on risquerait alors d'avoir dans une même machine virtuelle des objets d'un même type mais ayant des comportements différents...

Cela veut dire que lorsque l'on régénère un objet dans une nouvelle machine virtuelle, il va s'appuyer sur les méthodes définies dans la classe qui se trouve dans son classpath au moment de la désérialisation.

Deux problèmes peuvent alors se poser :

- La classe de l'objet sérialisé n'existe pas dans la JVM d'accueil. L'exception **ClassNotFoundException** sera lancée.

- La classe de l'objet sérialisé existe, mais est différente de celle que l'objet utilise normalement (méthodes ou propriétés différentes ou absentes). L'exception **InvalidClassException** sera lancée.

Ces exceptions doivent être catchées au niveau de l'appel readObject de ObjectInputStream.

Cette vérification est faite par une logique de numéro de série, calculé à chaque compilation des classes. Les objets sont sérialisés avec le nom de la classe ainsi que son numéro de série. Un objet de peut être désérialisé que si la classe est trouvée et que son numéro de série correspond à celui de l'objet.

Ce contrôle peut vite de venir une contrainte lorsque l'on déploie régulièrement de nouvelles versions de classes et que notre application utilise des objets sérialisés.

Il est possible de définir un numéro unique pour chaque classe, et qui ne changera pas au fil des compilations et évolutions à venir.

On utilise pour cela le programme serialver fourni dans le JDK dont la syntaxe est la suivante :

```
serialver nom.complet.de.la.classe
```

Exemple :

```
serialver java.lang.String
```

Cet exemple retournera :

```
java.lang.String:    static final long serialVersionUID = -6849794470754667710L;
```

Il s'agit d'une ligne à ajouter aux membres de la classe, qui force le numéro de version au moment de la compilation . À partir de là, toutes les futures compilations marqueront la classe avec le même numéro, correspondant à la propriété statique serialVersionUID.

Sérialisation en bases de données relationnelles

Les moteurs de bases de données possèdent des types de champs qui permettent de stocker des valeurs binaires de grande taille (blobs, longvarbinary...).

Rien n'empêche alors d'y stocker des objets sérialisés.

On se souviendra des méthodes getBinaryStream() et updateBinaryStream() de ResultSet et setBinaryStream() de PreparedStatement, qui permettent d'envoyer ou récupérer des données binaires à l'aide des flux. On peut évidemment s'appuyer sur ces méthodes.

Toutefois, on trouve des méthodes dédiées aux objets dans ResultSet :

- **Object getObject(int numeroColonne);**

- `Object getObject( String nomColonne);`
- `void updateObject( int numColonne, Object objet);`
- `void updateObject( String nomColonne, Object objet);`

ainsi que dans la classe `PreparedStatement`.

```
void setObject( int numeroParametre, Object objet);
```

L'interface Externalizable

La sérialisation est automatique, ce qui nous facilite la vie. Toutefois, dans certains cas, il sera souhaitable que nous la gérions nous même.

Par exemple, supposons que nous concevions un composant multi-thread (une animation graphique par exemple). L'objet `Thread` n'étant pas sérialisable devra être déclaré en `transient`.

Au moment de la sérialisation, cet objet ne sera pas envoyé vers le flux, mais au moment de la désérialisation, il sera nécessaire de recréer et redémarrer le thread.

L'interface `Externalizable` permet d'implémenter, avec un code personnel, la sérialisation et la désérialisation à l'aide des méthodes :

- `public void writeExternal( ObjectOutput out);`
- `public void readExternal( ObjectInput in);`

Lorsque le processus desérialisation est lancé, seuls le nom et la version de la classe sont envoyés dans le flot. Le reste est à la charge du développeur dans l'implémentation de ces deux méthodes.

Au moment de la désérialisation, le constructeur sans argument est appelé pour créer l'objet « à vide », puis le reste est à la charge du développeur.

Remarque :
`Externalizable` hérite de `Serializable`. Il n'est donc pas nécessaire de spécifier que l'on implémente `Serializable` lorsque l'on implémente `Externalizable`.

La prise en charge de la sérialisation sera aussi parfois destinée à stocker à l'aide de son propre code les propriétés des objets dans des bases de données relationnelles, dans un but d'une amélioration des performances et de la fiabilité.

Sérialisation dans un flux XML

A partir de la version 1.4, Java contient un support de la sérialisation dans un flux XML, à l'aide des classes **XMLEncoder** et **XMLDecoder**.

Les objets `XMLEncoder` sont construits à partir d'un objet `OutputStream` (fichier, socket, etc...).

Parmi les méthodes, on note la méthode `writeObject` qui permet de sérialiser un ou plusieurs objets vers l'`OutputStream` spécifié au constructeur, dans un codage XML.

Exemple :

```
XMLEncoder xe = new XMLEncoder(
        new FileOutputStream("Test.xml"));
```

```
xe.writeObject(new MaClasse( "Test"));
```

Ce qui donnera un fichier XML de la forme :

```xml
<?xml version="1.0" encoding="UTF-8"?>
 <java version="1.0" class="java.beans.XMLDecoder">
 <object class="monpackage.MaClasse">
   <void property="nom">
     <string>Mon nom</string>
   </void>
   <void property="taille">
     <object class="java.awt.Rectangle">
       <int>0</int>
       <int>0</int>
       <int>200</int>
       <int>200</int>
     </object>
   </void>
   <void property="visible">
     <boolean>true</boolean>
   </void>
 </object>
 </java>
```

La classe `XMLDecoder` permet à l'inverse, à partir d'un flux XML, de re-générer les objets à l'aide de la méthode `readObject()`.

Exemple :

```java
XMLDecoder xd = new XMLDecoder(
      new FileInputStream("Test.xml"));
MaClasse mc= (MaClasse)xd.readObject();
```

Les exceptions liées à la sérialisation

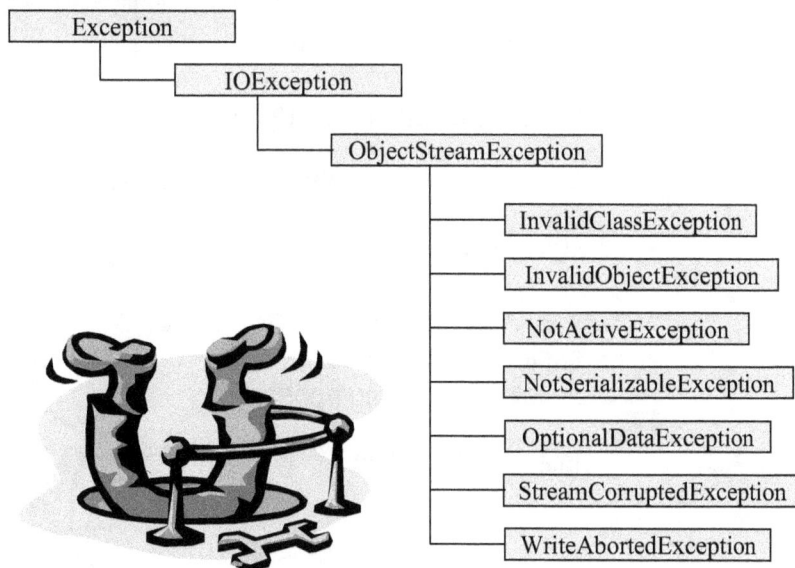

Un certain nombre de problèmes peuvent apparaître lors de la mise en œuvre de ce mécanisme. Ils sont tous pris en charge par des exceptions, qui héritent toutes de la classe `ObjectStreamException` :

- **InvalidClassException** : la classe n'a pas la même version que celle utilisée lors de la sérialisation.

- **InvalidObjectException** : la structure de l'objet est invalide.

- **NotActiveException** : lorsque la sérialisation n'est pas active (pour des raisons de sécurité dans certains cas).

- **NotSerializableException** : on a tenté de sérialiser un objet non sérialisable (qui n'implémente pas Serialisable).

- **OptionalDataException** : lorsqu'on tente de lire un objet alors qu'il n'y en a plus dans le flux.

- **StreamCorruptedException** : le flot de transport de l'objet a un problème.

- **WriteAbortedException** : l'écriture a été interrompue par l'utilisateur.

Analyse d'un composant

- ■ **La réflexion**
  - Mécanisme automatique
  - S'appuie sur l'analyse du fichier class
- ■ **L'introspection**
  - S'appuie sur des classes implémentées par le développeur du composant
  - Interface BeanInfo

L'analyse des composants permet de savoir ce dont ils sont capables. Il existe deux moyens :

- La réflexion repose sur un mécanisme automatique, lié au fait que les classes Java sont compilées dans un pseudo-code désassemblable.
- L'introspection repose sur une interface à implémenter, dont les méthodes permettent de renseigner l'appelant sur un certain nombre d'éléments concernant l'objet.

La réflexion

Ce mécanisme permet une analyse automatique de l'objet, à l'aide d'APIs qui en fait vont décortiquer la classe d'où il est issu.

On s'appuie sur la classe **Class**, accessible par la méthode d'`Object` :

```
Class getClass();
```

Les principales méthodes de `Class` sont :

- **String getName()**; Renvoie le nom de la classe.
- **Package getPackage()**; Renvoie son package.
- **int getModifiers()**; Renvoie ses modificateurs.
- **Class getSuperClass()**; Renvoie la classe dont elle hérite.
- **Class[] getInterfaces()**; Renvoie les interfaces implémentées.
- **Field[] getFields()**; Renvoie toutes les propriétés.
- **Method[] getMethods()**; Renvoie toutes les méthodes.
- **Constructor[] getConstructors()**; Renvoie les constructeurs.

Les modificateurs sont présents dans un entier dont chaque bit correspond à un modificateur. Les valeurs possibles sont définies dans la classe `Modifier` (ABSTRACT, FINAL, INTERFACE, NATIVE, PRIVATE, etc.).

Les propriétés sont renvoyées dans un tableau. La classe `Field` possède un certain nombre de propriétés accessibles par des méthodes dont voici les principales :

- **`String getName ()`** ; Renvoie le nom de cette propriété.
- **`int getModifiers ()`** ; Renvoie les modificateurs.
- **`Class getType ()`** ; Renvoie son type.

Remarque :

Si la propriété est d'un type primitif (`int`, `long`, `boolean`, etc...) la méthode `getType` renvoie la classe du type objet correspondant au type primitif (`Integer`, `Long`, `Boolean`, etc...).

Pour savoir s'il s'agit d'un type primitif ou réellement d'un type objet, on utilise la méthode de la classe `Class` :

```
boolean isPrimitive(); // Renvoie true si type primitif
```

De plus, s'il s'agit d'un tableau, on utilise la méthode :

```
boolean isArray(); // Renvoie true si c'est un tableau
```

La classe **Method** ressemble beaucoup à la classe `Field`, mais on trouve en plus les méthodes :

- **`Class[] getExceptionTypes ()`** ; Les exceptions qu'elle renvoie.
- **`Class[] getParameterTypes ()`** ; Les arguments de la méthode.

Enfin, la classe `Constructor` est proche de la classe `Method`, mais sans type de retour (la méthode `Class getType ()` n'existe pas).

L'introspection

Elle s'appuie sur une interface qui doit être implémentée : **BeanInfo**.

Les méthodes de cette interface permettent de documenter le composant par :

- Une icône (pour le représenter dans un conteneur graphique).
- La description de ses champs et des méthodes d'accès correspondantes (ce qui permet par exemple de faire des méthodes dont les noms ne sont plus forcément `set...` et `get`.).
- La description des méthodes.
- La description des événements.
- La classe de configuration du composant.

L'interface BeanInfo

Elle se compose de méthodes à implémenter, qui permettent d'obtenir des éléments de description du Bean, notamment sur ses propriétés, ses méthodes et les événements qu'il sait gérer.

Ces éléments sont renvoyés sour forme de tableaux composés d'objets dont les types héritent de `FeatureDescriptor`.

Cette dernière classe offre des méthodes de description valables à la fois pour des propriétés et des méthodes :

- **String getName()** ; Renvoie le nom.
- **void setName(String)** ; Change le nom.
- **String getDisplayName()** ; Renvoie le nom pour l'affichage dans une interface (un environnement de développement par exemple).
- **void setDisplayName(String)** ; Modifie le nom d'affichage.
- **String getShortDescription()** ; Renvoie une description.
- **void setShortDescription(String)** ; Change la description.
- **Object getValue(String)** ; Récupère la valeur d'un attribut dont le nom est passé en argument.
- **void setValue(String, Object)** ; Change la valeur d'un attribut.
- **Enumeration attributeNames()** ; Renvoie tous les attributs (l'Enumeration contient des String).
- Un certain nombre d'attributs booléens : **is/setHidden**, **is/setPreferred** et **is/setExpert**.

Les méthodes de BeanInfo sont au nombre de huit :

Image getIcon(int typeIcone);

Renvoie une image qui permettra de représenter le bean dans une toolbar ou directement dans l'espace de travail. L'icône peut être de différent types (ICON_COLOR_16x16, ICON_COLOR_32x32, ICON_MONO_16x16 ou ICON_MONO_32x32).

PropertyDescriptor[] getPropertyDescriptors();

Renvoie la description des propriétés dans un tableau d'objets de type PropertyDescriptor. Cette classe hérite de FeatureDescriptor (vue plus haut).

On trouve en plus quatre méthodes importantes :

- **Class getPropertyType()** ; Renvoie le type de la propriété.
- **Method getReadMethod()** ; Renvoie la méthode d'accès en lecture.
- **Method getWriteMethod()** ; Renvoie la méthode d'accès en écriture.
- **Class getPropertyEditorClass()** ; Renvoie la classe graphique permettant de modifier la valeur de ce champ.

int getDefaultPropertyIndex();

Renvoie l'index, dans le tableau des descripteurs de propriétés, de la propriété "la plus importante" du tableau. Par exemple, un bean "Label" qui contient un texte, une couleur, une police de caractères, etc... aura probablement comme propriété par défaut le texte.

MethodDescriptor[] getMethodDescriptors();

Renvoie un tableau d'objets MethodDescriptor contenant la description des méthodes. Elle hérite de FeatureDescriptor.

Cette classe contient notamment les méthodes :

- **Method getMethod()** ; Renvoie la méthode.
- **ParameterDescriptor[] getParameterDescriptors()** ; Renvoie la description des paramètres de la méthode. ParameterDescriptor hérite aussi de FeatureDescriptor (vu plus haut).

```
EventSetDescriptor[] getEventSetDescriptors();
```

Renvoie un tableau contenant la description des événements.

La classe EventSetDescriptor hérite aussi de FeatureDescriptor, et possède en plus des méthodes pour renseigner sur la classe de l'événement, l'interface listener, les méthodes de gestion d'abonnement aux événements, etc.

```
int getDefaultEventIndex();
```

Renvoie le numéro de l'événement par défaut. Par exemple, un bean de type "bouton" aura probablement comme événement par défaut : ActionEvent.

```
BeanInfo[] getAdditionalBeanInfo();
```

Cette méthode permet une sorte d'héritage. En fait, elle permet de spécifier d'autres objets BeansInfo qui s'appliqueront à ce composant. Tout ce qui est défini dans les méthodes de notre BeanInfo surchargent les éventuels BeanInfo additionnels.

```
BeanDescriptor getBeanDescriptor();
```

Renvoie le descripteur du bean. La classe BeanDescriptor hérite aussi de FeatureDescriptor, avec en plus les méthodes :

- **Class getBeanClass()** ; Renvoie un objet Class du bean.
- **Class getCustomizerClass()** ; Renvoie la classe utilisée pour configurer le bean.

La classe SimpleBeanInfo

La classe SimpleBeanInfo est une implémentation par défaut de cette interface. Il est plus simple de créer une classe BeanInfo qui hérite de cette classe et qui redéfinit uniquement les méthodes que l'on souhaite. Les méthodes que l'on n'aura pas redéfinies renvoient par défaut des valeurs qui indiquent à l'introspecteur de se renseigner par réflexion.

On trouve dans cette classe les huit méthodes de BeanInfo, plus une méthode de chargement d'images (GIF) qui permet de faciliter l'implémentation de la méthode getIcon :

```
Image loadImage( String nomDeFichierGIF);
```

Les classes de configuration des composants

Nous avons vu que l'interface BeansInfo permet de spécifier, au travers de l'objet BeanDescriptor, une classe de configuration.

Cette classe est une interface utilisateur (boîte de dialogue) qui propose une ergonomie particulière à la modification des propriétés du composant.

Les classes d'édition de propriétés

Elle permet d'offrir un support graphique d'édition de la valeur d'une propriété, pour celles qui ne sont pas de simples types primitifs.

Un exemple typique est l'éditeur de propriétés du type `Color`. Un objet de ce type est composé de plusieurs propriétés, dont les trois composantes (Rouge, Vert et Bleu).

Il peut exister de nombreuses façons de modifier ces trois composantes : en donnant une valeur décimale pour chacune, en utilisant trois curseurs de réglage, en utilisant une palette de couleurs prédéfinies, en utilisant une palette arc-en ciel, etc. La classe éditeur de propriétés supportera l'ergonomie choisie.

La classe `PropertyEditorSupport`, qui implémente l'interface `PropertyEditor`, est un éditeur de propriétés que l'on peut étendre afin d'y implémenter ce que l'on souhaite.

Au minimum, on peut simplement implémenter les deux méthodes :

```
String getAsText();
```

Qui rend une valeur "texte" de la propriété, et

```
void setAsText( String );
```

qui implémente le « parsing » de la chaîne de caractères pour en tirer une valeur « convenable » pour la propriété.

Les composants graphiques

∎ **Les JavaBeans sont souvent graphiques**

∎ **Héritent de Component**

- getPreferredSize...

- paint, update...

∎ **Ont des propriétés**

∎ **Gèrent des événements**

∎ **Sont parfois multi-thread**

Properties - Juggler		_□×
debug	False	▼
animationRate	125	
name	panel1	

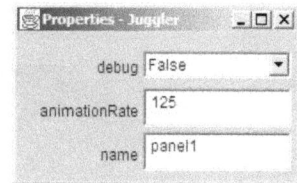

Les JavaBeans sont souvent des composants graphiques. Ils sont de type `Component`, et s'implémentent comme un composant personnalisé (héritent de `Canvas`).

- Leurs propriétés sont accessibles par des méthodes d'accès (get/set).
- Ils implémentent l'interface `Serializable`.
- Ils peuvent être multi-thread (animations).
- Ils gèrent différents types d'événements, notamment les événements AWT.
- Ils peuvent aussi implémenter l'interface `BeanInfo`.

Gestion simplifiée des événements AWT

Il existe un support pour simplifier la gestion des événements AWT, lorsque l'on n'utilise pas la logique de délégation (interfaces `Listener`, classes anonymes...).

Il existe deux méthodes dans `Component`, qui permettent de sélectionner les types d'événements auxquels on souhaite s'intéresser :

- **`void enableEvents( long typeEvents);`**
- **`void disableEvents( long typeEvents);`**

L'argument `typeEvents` est un long dont chaque bit correspond à un type d'événement. On retiendra les types suivants (définis dans la classe `AWTEvent`) :

- **`MOUSE_EVENT_MASK`**.
- **`MOUSE_MOTION_EVENT_MASK`**.
- **`MOUSE_WHEEL_EVENT_MASK`**.
- **`FOCUS_EVENT_MASK`**.
- **`KEY_EVENT_MASK`**.

- **PAINT_EVENT_MASK**.

- **ACTION_EVENT_MASK**.

Puis la méthode :

```
void processEvent( AWTEvent e);
```

sera invoquée lorsque un des événements aura lieu. Il faudra alors tester la classe de l'AWTEvent (MouseEvent, KeyEvent, etc...).

Exemple :

```java
import java.io.*;
import java.awt.*;
import java.awt.event.*;

public class TestAWTBean extends Canvas
          implements Serializable {
  public TestAWTBean() {
    enableEvents( AWTEvent.MOUSE_EVENT_MASK
                  | AWTEvent.FOCUS_EVENT_MASK
                  | AWTEvent.KEY_EVENT_MASK);
  }
  public void paint (Graphics g) {
    Dimension d= getSize();
    g.setColor( Color.red);
    g.fillRect( 0, 0, d.width, d.height);
    g.setColor( Color.white);
    g.fillRect( 3, 3, d.width-6, d.height-6);
  }
  public Dimension getPreferredSize() {
    return new Dimension( 10, 10);
  }
  public void processEvent( AWTEvent e) {
    System.out.print( "Evénement AWT: ");
    if( e instanceof KeyEvent)
      System.out.println( "Clavier");
    if( e instanceof FocusEvent)
      System.out.println( "Focus");
    if( e instanceof MouseEvent)
      System.out.println( "Souris");
  }
  public static void main( String[] args) {
    Frame f= new Frame( "Test bean");
    f.add(new TestAWTBean());
    f.setVisible( true);
  }
}
```

Les fichiers JAR

- **Commande JAR fournie dans le JDK**
- **Fichier au format ZIP (éventuellement compressé)**
- **Regroupe tous les fichiers d'une application**
  - Classes
  - Fichiers de paramétrage
  - Images / sons
  - etc...

Le déploiement des composants peut s'avérer complexe s'ils ont besoin de ressources, telles que des packages de classes, des fichiers de travail ou de données, ou même de composants sérialisés.

Pour faciliter cette opération, on dispose des fichiers JAR.

JAR signifie Java ARchive. Un fichier de ce type est composé de fichiers de n'importe quelle nature, organisés suivant une hiérarchie de répertoires conservée à l'intérieur du fichier.

En fait, le format des fichiers JAR est le même que les fichiers ZIP. On peut d'ailleurs, et c'est très pratique, utiliser l'utilitaire WinZIP pour lire le contenu de ces fichiers.

Pour créer les fichiers JAR, il ne faut pas utiliser WinZIP, mais un utilitaire dédié, par exemple le programme `jar.exe` du JDK.

La commande JAR

L'appel de la commande suit la syntaxe suivante :

```
jar options [fichierJar] [fichierManifest] fichiersAInclure
```

Les principales options sont les suivantes :

c	Crée un nouveau fichier d'archives.
t	Génère la table des matières.
x	Extrait tous les fichiers.
u	Met à jour les fichiers déjà archivés.
f	Spécifie le nom du fichier archives.
m	Crée le fichier manifest à partir du fichier spécifié.
0	Ne pas compresser.

Exemple :

```
jar cfm fichier.jar fichierManifest.txt repertoire/*.*
```

Le fichier Manifest

Ce fichier contient des informations sur le contenu du fichier JAR. Ces données seront lues par l'outil de déploiement, par exemple le conteneur à JavaBeans dans notre cas.

Pour spécifier le ou les JavaBean(s) d'un fichier JAR, suivre la syntaxe suivante (attention à bien respecter les minuscules et les majuscules) :

```
Manifest-version: 1.0
Name: tp/ihm/ScrollBean.class
Java-Bean: True
```

Remarque :
Par défaut, JAR crée un fichier `manifest` vide. La version sera toujours à 1.0.

Exécution d'un programme contenu dans un fichier JAR

On peut aussi exécuter un programme à partir d'une classe contenue dans un fichier JAR.

Pour cela, utiliser la commande Java avec la syntaxe suivante :

```
java -jar fichier.jar
```

Il est nécessaire de spécifier la classe de démarrage (celle qui possède la méthode "main") dans le fichier manifest.

Ajouter dans le manifest la ligne :

```
Main-Class: LaClassePrincipaleContenantLeStaticVoidMain
```

Utilisation du BDK

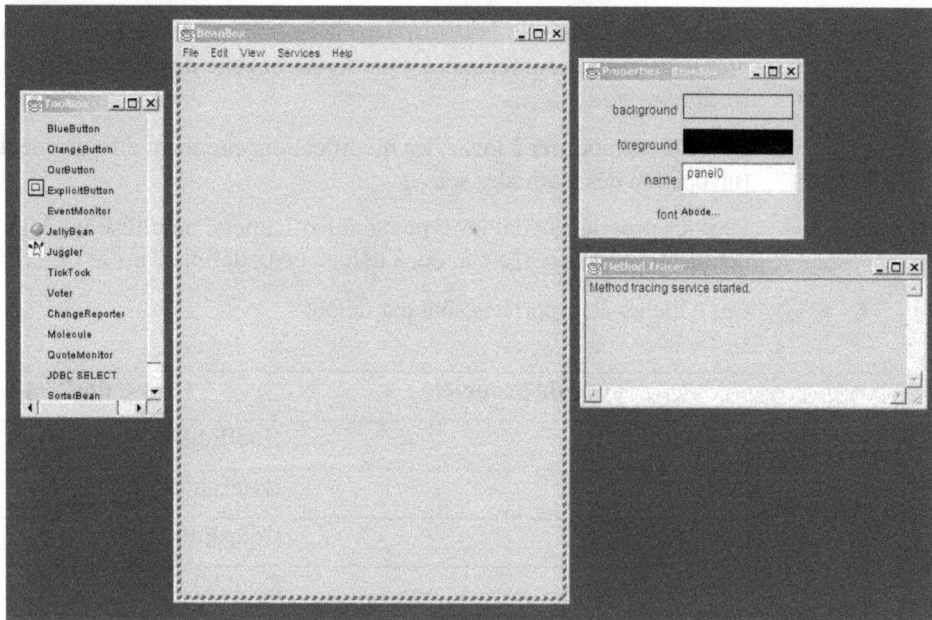

Le BDK (Beans Developement Kit) est un kit très minimaliste proposé par Sun pour simplement tester les JavaBeans.Le conteneur est appelé le « BeanBox ».

L'objectif de cet outil est de permettre de faire une validation finale, afin de vérifier que notre composant se comporte bien comme un JavaBean.

Pour installer le BDK, il suffit de le télécharger du site de Sun (version actuelle : 1.1).

A partir du répertoire d'installation, aller dans le sous-répertoire "beanbox" puis lancer le programme `run.bat`. Le beanbox démarre.

Il se présente sous la forme de quatre frames :

- **Toolbox** : c'est la liste des JavaBeans disponibles. Par défaut, un certain nombre de JavaBeans de démonstration sont disponibles.

- **MethodTracer** : permet de tracer les méthodes.

- **Properties** : boîte de dialogue présentant les propriétés des JavaBeans. Lorsque l'on charge dans la `BeanBox` des JavaBeans, il faut cliquer dessus individuellement (leur donner le focus) pour que cette boîte de dialogue affiche leurs propriétés. Elle s'appuie sur la réflexion et l'introspection.

- **BeanBox** : c'est la frame principale. C'est dans ce conteneur que l'on verra vivre les JavaBeans créés.

Pour tester un bean, choisir l'option "File/Load Jar...", choisir le fichier JAR contenant le ou les JavaBeans.

Normalement, si les classes sont bien réalisées, si le fichier `manifest` est syntaxiquement correct, on voit apparaître le(s) JavaBean(s) dans la `Toolbox`.

S'il(s) implémente(nt) `BeanInfo`, l'icône qu'il(s) rend(ent) par la méthode `getIcon` sera affichée à côté du nom de la classe dans la `ToolBox`.

Pour le tester, cliquer dessus dans la `ToolBox`, puis cliquer dans la `BeanBox`. Il y sera alors instancié.

On peut le déplacer, modifier sa taille.

Lorsque l'on clique sur le `bean` dans la `BeanBox`, la fenêtre "properties" affiche les propriétés. Elles sont récupérées par le mécanisme de réflexion et d'introspection (méthodes `get...`).

On peut les modifier à loisir, les modifications prennent effet immédiatement (invocation des méthodes set…).

Pour les propriétés dont les types sont particuliers, on utilise les éditeurs de propriétés définis dans la `BeanInfo`, ou, à défaut, ceux définis dans le `BeanBox`.

Ces éditeurs de propriétés sont par défaut :

Type de propriété	Classe du PropertyEditor
boolean	BoolEditor
byte	ByteEditor
Color	ColorEditor
double	DoubleEditor
float	FloatEditor
Font	FontEditor
int	IntEditor
long	LongEditor
short	ShortEditor
String	StringEditor

Toutefois, ils peuvent changer d'un environnement à l'autre (Borland et IBM en ont développé pour leurs environnements de développement respectifs).

Le BDK propose un certain nombre d'autres possibilités dont nous ne parlerons pas dans ce livre. Le BDK est un produit en fin de vie, Sun vient de sortir son successeur : le « Bean Builder ».

Le BeanBuilder

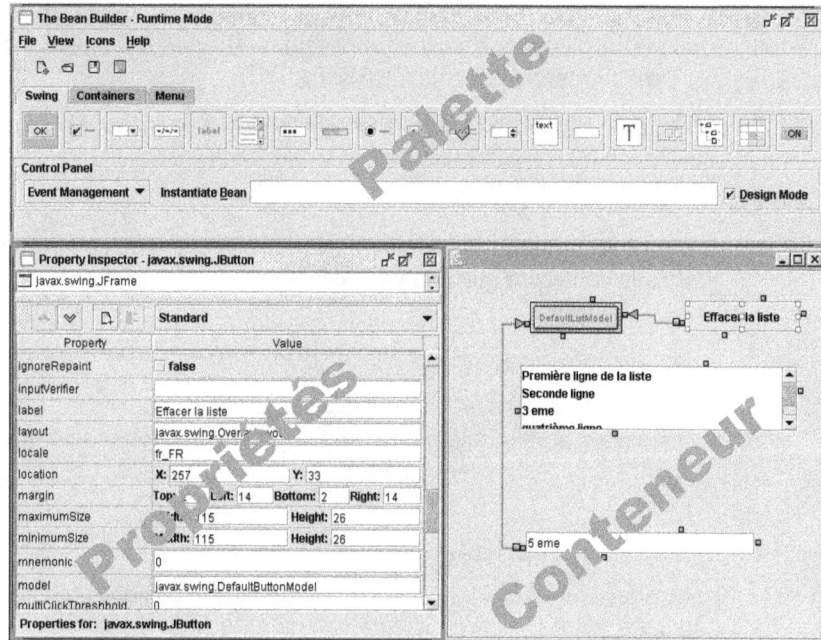

Ce nouvel outil, qui a été rendu disponible en version béta sur le site de Sun à la date de parution de cet ouvrage, est un peu plus élaboré que le BDK.

Il permet en particulier la manipulation des JavaBeans de l'environnement Swing.

On peut le télécharger sur le site de Sun :

http://java.sun.com/products/javabeans/beanbuilder/index.html

Installation du BeanBuilder

Il est téléchargeable sous la forme d'un fichier ZIP qu'il suffit de décompresser.

On trouvera alors un tutoriel dans le répertoire *docs*.

Pour le lancer, utiliser la commande run.bat après avoir initialisé la variable d'environnement JAVA_HOME. Exemple :

```
set JAVA_HOME=c:\JDK1.4
```

Utilisation du BeanBuilder

Lorsque l'on lance cette application, on obtient trois fenêtres :

- La palette.
- Le conteneur.
- La fenêtre des propriétés.

La palette

Elle peut être modifiée. Ses caractéristiques sont stockées dans un fichier XML (palette.xml) qui se situe dans le répertoire "lib" dans le répertoire d'installation du BeanBuilder.

On peut ainsi rajouter à la palette nos propres Java Beans. Par défaut, elle contient l'ensemble des éléments de l'IHM Swing.

On peut aussi instancier n'importe quel type de JavaBean en entrant simplement son nom complet dans le champ « Instantiate Bean ». Il faut simplement que le package de ce composant soit dans le CLASSPATH.

Enfin, le Check-box « Design mode » permet de passer alternativement du mode « design » au mode exécution.

Le conteneur

C'est une « frame » classique. Lorsque l'on choisit un composant dans la palette, c'est dans le conteneur que l'on va le déposer.

On peut y déplacer les composants, et définir des interactions événement / modification de propriétés à l'aide d'un assistant.

Chaque interaction est représentée par une flèche. Cette possibilité est toutefois assez limitée, on préfèrera un IDE comme Visual Age pour construire de véritables applications assemblées à base de JavaBeans. Le `BeanBuilder` reste un outil de tests.

La fenêtre des propriétés

Lorsque l'on sélectionne un composant dans le conteneur à l'aide de la souris, cette fenêtre affiche ses propriétés.

On peut les modifier. Ces modifications sont prises en compte dans le conteneur en temps réel.

RMI : Remote Method Invocation

■ Utilisation d'une logique à base de

- Stub : simule l'objet distant
- Skeleton : simule le client

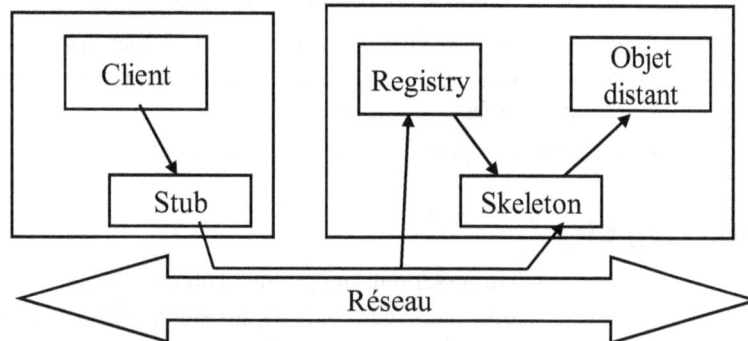

RMI est un moyen d'invoquer des méthodes d'un objet qui se trouve sur une machine virtuelle Java autre que celle de l'objet « invoqueur ».

Dans une machine virtuelle, il n'est possible d'invoquer une méthode que sur un autre objet. L'architecture RMI s'appuie donc sur des "objets messagers" qui vont router les invocations de méthodes.

Ces objets sont appelés **Stub** et **Skeleton**.

RMI s'appuie sur 5 packages :

- **java.io** pour la sérialisation.
- **java.rmi** pour le client.
- **java.rmi.server** pour le serveur.
- **java.rmi.dgc** pour le garbage collector distribué.

Objet Stub

Cet objet joue le rôle de l'objet distant. Il implémente donc toutes ses méthodes, et le traitement associé sera toujours une transmission de la signature de la méthode et des arguments à l'objet Skeleton.

Objet Skeleton

L'objet Skeleton possède un lien réseau permanent avec l'objet Stub, écoute ce dernier, reçoit les signatures et les arguments des méthodes, invoque l'objet distant. Il jour donc le rôle de l'objet client sur le serveur.

Phases d'un échange RMI

La communication entre un client et un serveur RMI suit les étapes suivantes :

- Recherche de l'objet serveur : on passe souvent par un système de nommage (JNDI par exemple), mais il existe aussi une registry au niveau de l'implémentation de référence faite par Sun dans le JDK. Le "lookup" (recherche) fait sur ce système de nommage rend un objet sérialisé : le `stub`.

- Le stub ainsi récupéré est réinstancié sur le serveur, il possède les propriétés et les méthodes nécessaires pour se "brancher" sur le `skeleton` (adresse machine, numéro de port, protocole, etc.).

- Le `stub` établie la connexion avec le `skeleton`.

- Le `skeleton` recherche la référence de l'objet distant, éventuellement il l'instanciera ou le désérialisera. Cela dépendra de l'objet et du mécanisme implémenté dans le serveur.

- Les méthodes peuvent alors être invoquées.

RMI Registry

C'est le programme serveur qui permet d'obtenir l'objet `stub`. Une implémentation minimale est disponible dans le JDK, les éditeurs de serveurs d'objets ont leur propre implémentation optimisée.

L'implémentation des méthodes (`lookup`, `bind`, `rebind`, `unbind`...) est définie dans l'interface `java.rmi.registry.Registry`.

Transport des arguments

Lorsque l'on invoque une méthode, on lui passe des arguments. Au travers de RMI, les arguments seront sérialisés afin d'être exploitables par l'objet invoqué.

De plus, les méthodes ne sont pas forcément de type `void`. Elles peuvent retourner une valeur ou un objet. Ce dernier sera alors aussi transmis à l'appelant par sérialisation.

RemoteException

En dehors de problèmes d'entrées/sorties qui peuvent survenir (`IOException`), un grand nombre de cas d'erreurs peuvent se présenter.

Ils génèrent une exception de type `RemoteException`.

De nombreuses exceptions l'étendent, afin de permettre l'établissement d'un diagnostique plus précis du problème : `AccessException`, `ActivateFailedException`, `ConnectException`, `ConnectIOException`, `ExportException`, `InvalidTransactionException`, `MarshalException`, `NoSuchObjectException`, `ServerError`, `ServerException`, `ServerRuntimeException`, `SkeletonMismatchException`, `SkeletonNotFoundException`, `StubNotFoundException`, `TransactionRequiredException`, `TransactionRolledbackException`, `UnexpectedException`, `UnknownHostException`, `UnmarshalException`.

Développement d'un objet client et d'un objet serveur

Les points suivants sont à considérer :

- L'interface `remote` : elle contient toutes les méthodes "métier" de l'objet distant. Elle servira à fabriquer les objets `Stub` et `Skeleton`. Cette interface doit étendre **java.rmi.Remote**.

- Le serveur : il a la responsabilité de localiser l'objet serveur (éventuellement il l'instancie) et supporte le protocole de communication. Il peut hériter de la classe **java.rmi.server.UnicastRemoteObject**.

- L'objet serveur.

- L'objet client.

- Aspects sécurité : à partir de Java 2, RMI est soumis à des restrictions en termes de sécurité. Un fichier de polices devra être fait pour permettre l'utilisation de l'objet serveur.

Exemple :

L'interface `remote` définie les méthodes métier :

```
public interface Change extends java.rmi.Remote {
    // Définition des méthodes
    public String getNomMonnaie( int type)
        throws java.rmi.RemoteException;
    public double getChange( double somme, int type)
        throws java.rmi.RemoteException;
}
```

Elle hérite de l'interface `Remote`.

Ces méthodes sont implémentées dans la classe :

```
import java.rmi.*;
import java.rmi.server.UnicastRemoteObject;
public class ChangeImpl extends UnicastRemoteObject
                    implements Change {
    public ChangeImpl() throws RemoteException {
        super();
    }
    public String getNomMonnaie( int type)
            throws java.rmi.RemoteException {
        switch( type) {
          case 1 : return ("US$");
          case 2 : return( "Eur");
        }
        return( "");
    }
    public double getChange( double somme, int type)
            throws java.rmi.RemoteException{
```

```
            if ( type==1 ) return somme*0.820;
            else return somme;

    }


// Le main joue le rôle de serveur
 public static void main( String args[]) {
    // Mise en place de la police de sécurité (Java 2)
    System.setProperty( "java.security.policy",
          "d:\\formations\\JavaServerSide\\TP\\RMI\\policy");
    System.setProperty( "java.rmi.server.codebase",
          "file:///C:\\formations\\JavaServerSide\\TP\\RMI\\");
    // Crée et installe le gestionnaire de sécurité
    System.setSecurityManager( new RMISecurityManager());
    try {
        ChangeImpl obj= new ChangeImpl();
        Naming.rebind( "//localhost/ChangeServer", obj);
            System.out.println( "Serveur enregistré");
        } catch( Exception e) {
        System.out.println( "Erreur ChangeImpl:"
            +e.getMessage());
        e.printStackTrace();
    }

  }
}
```

Dans cet exemple, notre objet métier hérite de `UnicastRemoteObject`, et se comporte donc comme un serveur RMI (démarrage dans le main).

En Java2, il est nécessaire de mettre en place une police de sécurité pour autoriser RMI. Le fichier ci-dessous est à mettre dans le répertoire des classes. Il autorise tout :

```
grant {
  permission java.security.AllPermission;
};
```

Le client RMI va simplement récupérer le `stub` par un `lookup` :

```
import java.rmi.*;


public class ChangeClient {
  public static void main( String args[]) {
    try {
      Change obj=
(Change)Naming.lookup("//localhost/ChangeServer");
      double d= obj.getChange( 150, 1);
```

```
        System.out.println( "Pour 150 dollars on a "
            +d+" Euros...");
    } catch( Exception e) {
        System.out.println( "ChangeClientException:"
            + e.getMessage());
        e.printStackTrace();
    }
  }
}
```

Pour tester, compiler l'interface remote, la classe de l'objet serveur et la classe de l'objet client :

```
javac Change.java ChangeImpl.java ChangeClient.java
```

Puis, le compilateur RMI va construire les classes et les objets stub, skeleton :

```
rmic ChangeImpl
```

Pour lancer le serveur, démarrer la « registry » :

```
Start rmiregistry 1099
```
On utilise ici le port 1099 pour écouter les lookups.

Enfin, lancer le client :

```
Java ChangeClient
```

Atelier

Objectifs :

- **Ecrire un JavaBean**
- **Le tester dans le BDK**

Durée minimum : 45 minutes.

Exercice 1 :

Ecriture d'un JavaBean : reprendre le scroller du module sur l'AWT et le transformer en JavaBean.

- Implémenter `Serializable`.
- Mettre les méthodes `set/get` pour les propriétés suivantes : le texte, la vitesse de défilement, un attribut booléen pour arrêter ou relancer le défilement.
- Compiler, mettre le JavaBeans dans un fichier JAR puis le tester dans le `Bean Builder`.

Exercice 2 :

Sérialisation du JavaBean : implémenter dans le JavaBean une méthode `static main` pour le tester. Cette méthode va créer une `Frame` dans laquelle on affiche le scroller.

Prévoir deux cas :

- On appelle le programme avec deux arguments : le nom du fichier pour la sérialisation et le texte à scroller. Créer l'objet `Scroller` et le sérialiser.
- On appelle le programme avec un seul argument : le nom du fichier sérialisé. Désérialiser le scroller du fichier.

Exercice 3 :

Implémentation de `Externalizable` : on remarque que le thread ne résiste pas à la sérialisation. Il faut la relancer au moment de la désérialisation de l'objet. Implémenter cela dans la méthode `readExternal`.

Questions/Réponses

Q. Le BDK peut-il fonctionner sans le JDK ?

R. Non, il faut aussi avoir le JDK en version 1.1 ou plus.

Q. Lorsque j'essaie d'instancier un JavaBean avec la méthode statique `instantiate` de la classe Beans, j'ai une exception. Pourquoi ?

R. Il peut y avoir plusieurs raisons à cela. Vérifiez bien chacune d'elles :

- La classe n'est pas dans le CLASSPATH.
- La classe n'est pas `public`.
- La classe ne possède pas de constructeur sans argument.
- La version de la classe n'est pas la même que celle de l'objet sérialisé.

Q. Les JavaBeans sont-ils compatibles avec les ActiveX ?

R. Non, car ils sont très différents aussi bien par leur structure que par leurs possibilités.

Toutefois, on peut envisager deux formes de passerelles :

- Encapsuler un JavaBean dans un composant ActiveX pour une utilisation sous Windows.
- Accéder à l'interface d'un ActiveX depuis un JavaBean à l'aide de l'interface native de Java qui permet d'appeler des librairies binaires au niveau du système d'exploitation (utilisation, là encore, limitée à Windows). C'est une API appelée « JavaBean bridge for ActiveX ».

Dans les deux cas, ce sont des mécanismes lourds et la perte de la portabilité de Java.

Q. RMI est-il compatible avec CORBA ?

R. CORBA (common object request broker architecture) est une norme pour permettre à des conteneurs d'objets de différentes natures et de différents standards, d'échanger des messages normalisés en vue d'invoquer mutuellement les services de leurs composants. C'est donc un mécanisme très semblable à RMI, avec en plus la problématique de l'hétérogénéité.

Il y a dans Java une interface qui permet de se « connecter » au monde CORBA. Le conteneur de JavaBeans peut devenir alors un « courtier d'objets » CORBA.

Q. Peut-on utiliser DCOM comme support de communication réseau pour les JavaBeans ?

R. Oui, dans le sens où DCOM est conforme à CORBA.

Q. RMI utilise-t-il IIOP ?

R. IIOP (Internet inter orb protocol) permet à des conteneurs de composants de communiquer ensemble de façon normalisée, en utilisant le protocole réseau TCP/IP. Cette norme fait partie de CORBA.

RMI est un standard, fourni par Sun avec une implémentation de référence qui s'appuie sur un protocole propriétaire : RMP (RMI Protocol). Toutefois, on peut implémenter ces interfaces avec tout autre protocole, même, pourquoi pas avec HTTP. Sun et IBM ont développé « RMI over IIOP », qui est une implémentation qui s'appuie sur le standard IIOPP.

Un des grands progrès qu'apporte RMI over IIOP (RMI-IIOP) est la possibilité à des conteneurs de JavaBeans développés par des éditeurs différents de communiquer ensemble.

13

- *JFC*
- *Les contrôles graphiques de Swing*
- *L'architecture MVC*
- *Les fenêtres*
- *Les conteneurs et positionneurs*
- *La gestion des textes*
- *La gestion des tables*
- *Atelier*

JFC et Swing

Objectifs

Les composants Swing, qui font partie des JFC (Java Foundation Classes) forment la plus grosse partie de la version standard de Java. Ils apportent à Java une richesse importante pour le développement d'interfaces utilisateur graphiques portables sur de multiples plateformes.

Nous allons découvrir sa grande richesse au travers de ses concepts et de ses principaux composants graphiques.

Contenu

- Découvrir l'architecture JFC.

- Comprendre les concepts du MVC.

- Découvrir et mettre en pratique les contrôles graphiques.

- Découvrir et mettre en pratique les nouveaux conteneurs et positionneurs.

- Savoir utiliser le composant JText et de ses spécialisations.

- Savoir utiliser le composant JTable.

Introduction

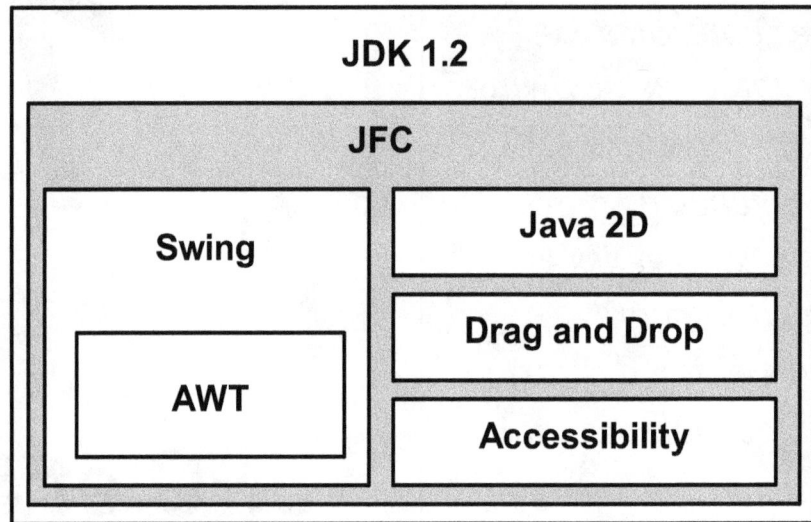

```
┌─────────────────────────────────────────────────┐
│                    JDK 1.2                        │
│   ┌───────────────────────────────────────────┐  │
│   │                  JFC                        │  │
│   │  ┌──────────────┐   ┌───────────────────┐  │  │
│   │  │    Swing     │   │      Java 2D       │  │  │
│   │  │              │   └───────────────────┘  │  │
│   │  │              │   ┌───────────────────┐  │  │
│   │  │ ┌──────────┐ │   │   Drag and Drop    │  │  │
│   │  │ │   AWT    │ │   └───────────────────┘  │  │
│   │  │ │          │ │   ┌───────────────────┐  │  │
│   │  │ └──────────┘ │   │   Accessibility    │  │  │
│   │  └──────────────┘   └───────────────────┘  │  │
│   └───────────────────────────────────────────┘  │
└─────────────────────────────────────────────────┘
```

L'API JFC contient des milliers de classes, organisées dans les parties suivantes :

- AWT : toute cette API que nous avons déjà examinée, fait partie, à partir de la version 1.2 de Java, de JFC. Notons que tous les composants AWT sont maintenant conformes avec la norme JavaBeans.

- Swing est une collection de nouveaux composants beaucoup plus poussés que ceux de l'AWT, et écrits 100% en pur Java. Ils sont conformes à l'architecture « MVC » dont nous parlerons plus loin. On appelle ces composants des « Widgets ».

- Java2D est une API pour manipuler les images en deux dimensions. On y trouve des possibilités telles que des calculs de transparence, de la rotation et du redimensionnement d'images, de l'anti-aliasing (qui supprime l'effet « marches d'escalier »), etc…

- Impressions : l'API pour les impressions, déjà disponible en Java 1.1 a été améliorée.

- Drag and Drop : ce support facilite le transfert de données entre applications. Il s'appuie sur le presse-papier, disponible dans tous les environnements graphiques.

- Accessibilité : cette partie est destinée au support de périphériques « non standard ».

Les composants Swing

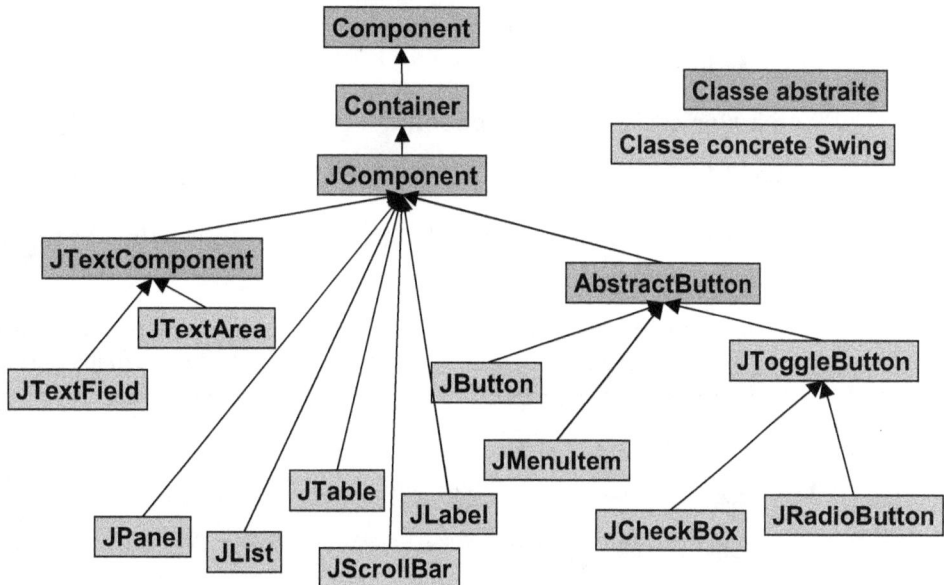

On retrouve dans Swing un certain nombre de composants graphiques, appelés
« contrôles graphiques », puisqu'ils sont destinés à permettre à l'utilisateur de contrôler
l'application sur laquelle il travaille.

Ces contrôles sont sous la forme de classes qui ont toutes un nom qui commence par la
lettre J (`JButton, JList, JTable...`) . Cela permet de les repérer plus facilement.

Parmi ces classes, on remarque la présence de composants qui existent déjà dans AWT
(`JButton, JLabel,` etc...). Cela fait-il double emploi ?

Non, en fait, si ces composants ont vocation fonctionnelle similaire, ils sont
implémentés différemment :

- Ces composants sont dits « légers », car contrairement à ceux de l'AWT, ils ne
  s'appuient pas sur ceux déjà présents dans le noyau du système d'exploitation de la
  plate-forme d'accueil, mais ils ont étés intégralement écrits en Java, ce qui leur
  confère une portabilité exceptionnelle. Les composants lourds s'appuient, eux, sur
  l'interface native du système d'exploitation, ce qui limite leur portabilité.

- Leur écriture s'appuie sur une architecture logicielle particulière : MVC (Modèle,
  Vue Contrôleur) dont nous allons parler après.

- Ils ont souvent de nouvelles possibilités. Par exemple les boutons (`JButton`), les
  labels (`JLabel`) et les menus (`JMenuItem`) peuvent afficher, en plus d'un texte,
  une petite icône.

- Ils héritent tous de `JComponent`.

JComponent

Cette classe est fondamentale dans `Swing`, puisque pratiquement toutes les classes en
héritent.

Elle hérite de `Container`, ce qui veut dire que tous les composants `Swing` sont
aussi des conteneurs. Cela facilite la création de nouveaux composants, qui sont des
agrégations d'autres composants.

On y trouvera un certain nombre de supports, parmi les quels on peut citer :

- Les bases de la gestion du "Look and Feel" (voir plus loin).
- Le support des bulles d'aide.
- Le support des propriétés.
- Le support des bordures.

Les bulles d'aide des composants

Chaque composant peut avoir sa propre bulle d'aide, composée d'un texte, à l'aide de la méthode :

```
void setToolTipText( String texteDeLaBulle);
```

Remarque :

Il est intéressant de noter que le texte d'une bulle d'aide peut être écrit en HTML. Il faut, pour cela, que le texte commence simplement par la balise **<HTML>**.

Exemple :

```java
import java.awt.*;
import javax.swing.*;


public class BulleDAide extends Frame {
  JButton b;

  public BulleDAide() {
    super( "Test de la bulle d'aide");
    b= new JButton( "Un Bouton");
    String texte= "<HTML><H1>Bulle d'aide</H1><BR>"
      +"Voici un <B>texte d'aide</B> en HTML!</HTML>";
    b.setToolTipText( texte);
    add( b);
    setBounds( 100, 100, 200, 50);
    setVisible( true);
  }
  public static void main( String[] args) {
    BulleDAide bu= new BulleDAide();
  }
}
```

Qui donnera :

La classe `ToolTipManager` permet de gérer un certain nombre de propriétés de la gestion des bulles d'aide à l'aide des méthodes :

- `static ToolTipManager sharedInstance()` ; Permet de récupérer une instance du gestionnaire des bulles d'aide. C'est à partir de cette instance que l'on peut invoquer les méthodes suivantes.
- `void setEnabled( boolean flag)` ; Permet de rendre actives ou non les bulles d'aide.
- `boolean isEnalbed()` ; Récupère la valeur de cet attribut.
- `void setInitialDelay( int millisecondes)` ; Permet de spécifier le délai d'attente avant l'affichage de la bulle lorsque la souris s'arrête sur le composant.
- `int getInitialDelay()` ; Rend la valeur de cet attribut.
- `void setDismissDelay( int millisecondes)` ; Pour spécifier le délai avant la disparition de la bulle d'aide.
- `int getDismissDelay()` ; Rend la valeur de cet attribut.

Le support des propriétés

Autre aspect intéressant est la possibilité d'associer des propriétés à usage interne dans chaque composant. C'est en fait simplement une table de hachage qui est incluse dans chaque instance de `JComponent`, accessible en lecture et écriture à l'aide des méthodes :

- `final Object getClientProperty( Object cle)` ; Rend une propriété dont la clé est l'objet passé en argument.
- `final void putClientProperty( Object cle, Object propriete)` ; Ajoute une nouvelle propriété.

On notera que ces méthodes sont finales. Elles ne peuvent donc pas être redéfinies dans les héritiers.

Le support des bordures

Les composants peuvent tous être entourés par une bordure. Pour cela on dispose des méthodes :

`void setBorder( Border bordure)` ; Pour spécifier une bordure.

`Border getBorder()` ; Rend la bordure ou `null` s'il n'y en a pas.

`Border` est une interface que l'on peut implémenter pour créer nos propres types de bordures. Un certain nombre de bordures sont disponibles dans `Swing` :

- `LineBorder` : simple ligne dont on peut modifier la couleur ou l'épaisseur.
- `EtchedBorder` : bordure en forme d'une ligne en relief.
- `BevelBorder` : bordure qui donne un effet de relief (extrudé ou creusé).
- `SoftBevelBorder` : effet de relief plus "soft".
- `MatteBorder` : bordure dont on peut modifier la couleur, l'épaisseur, ainsi qu'une image qui y sera affichée multipliée.
- `TitledBorder` : cadre en forme de ligne avec en plus un texte (titre) qui s'affiche au dessus. Il est utile pour créer des "Group Box" lorsqu'il est associé à un panel.
- `EmptyBorder` : cadre invisible (permet d'avoir une marge autour du composant).

JLabel

Ce composant permet d'afficher un label. Sa particularité, par rapport au Label de l'AWT, est qu'il peut aussi bien afficher un texte, une icône ou les deux.

Les constructeurs sont les suivants :

- **JLabel()** ; Crée un `JLabel` vide.
- **JLabel(String text)** ; Crée un `JLabel` avec un texte.
- **JLabel(String text, int horizontalAlignment)** ; Crée un `JLabel` avec un texte et un alignement horizontal spécifié.
- **JLabel(Icon image)** ; Crée un `JLabel` qui affiche l'icône passée en argument.
- **JLabel(Icon image, int horizontalAlignment)** ; Crée un `JLabel` avec une icône et un alignement horizontal spécifié.
- **JLabel(String text, Icon icon, int horizontalAlignment)** ; Crée un `JLabel` avec un texte, une icône et un alignement horizontal spécifié.

Remarque :
`Icon` est une interface définissant une icône. La classe `ImageIcon` implémente cette interface. Les objets de cette classe sont créés à partir d'un objet Image ou à partir de nom d'un fichier .GIF ou .JPG.

Gestion du texte et de l'icône

On peut récupérer ou modifier le texte ou l'icône à l'aide des méthodes :

- **String getText()** ; Rend le texte du label.
- **void setText(String label)** ; Modifie le texte du label.
- **Icon getIcon()** ; Récupère l'icône.
- **void setIcon(Icon icone)** ; Modifie l'icône.
- **Icon getDisabledIcon()** ; Récupère l'icône affichée lorsque le `JLabel` est désactivé.
- **void setDisabledIcon(Icon iconeDisabled)** ; Modifie l'icône de désactivation.

Gestion de l'alignement et de la position

On peut modifier l'alignement (vertical et horizontal), la position du texte et l'espacement autour du texte du label à l'aide des méthodes :

- **int getHorizontalAlignment()** ; Rend l'alignement horizontal.
- **void setHorizontalAlignment(int alignement)** ; Modifie l'alignement. L'alignement horizontal peut avoir une des valeurs : LEFT, CENTER, RIGHT, LEADING ou TRAILING.
- **int getVerticalAlignment()** ; Rend l'alignement vertical.
- **void setVerticalAlignment(int alignement)** ; Modifie l'alignement vertical, il peut avoir une des valeurs : TOP, CENTER, ou BOTTOM.
- **int getIconTextGap()** ; Retourne l'espace en pixels entre l'icône et le texte.
- **void setIconTextGap()** ; Modifie l'espacement.
- **int getHorizontalTextPosition()** ; Rend la position horizontale du texte par rapport à l'icône.

- **void setHorizontalTextPosition(int position)** ; Modifie la position.

- **int getVerticalTextPosition()** ; Rend la position verticale du texte par rapport à l'icône.

- **void setVerticalTextPosition(int position)** ; Modifie la position.

Exemple de mise en œuvre :

```java
import java.awt.*;
import javax.swing.*;


public class TestJLabel extends Frame {
    public TestJLabel() {
        Icon i= new ImageIcon( "fleche.gif");
        JLabel jl= new JLabel( "Label avec Icone", i,
            SwingConstants.CENTER);
        jl.setIconTextGap( 20);
        jl.setVerticalAlignment( SwingConstants.TOP);
        add( jl);
    }
    public static void main( String[] args) {
        TestJLabel t= new TestJLabel();
        t.setBounds( 0, 0, 200, 200);
        t.setVisible( true);
    }
}
```

Cet exemple donne :

Remarque :

Les constantes utilisées : TOP et CENTER sont définies dans SwingConstants. Cette dernière est une interface, implémentée par la classe JComponant dont hérite JLabel.

JButton

Tout comme pour le JLabel, le bouton poussoir Swing a la particularité de permettre d'avoir un texte ou une image ou des deux. Cela dépendra du constructeur utilisé :

- **JButton(Icon image)** ;
- **JButton(String texte)** ;
- **JButton(String texte, Icon image)** ;

JButton hérite de la classe `AbstractButton`, qui représente tous les composants clickables (boutons, items de menus, checkbox, boutons radio).

AbstractButton

Elle rassemble toutes les fonctionnalités propres à des éléments cliquables. On retrouve les gestions suivantes :

Gestion des événements

Les méthodes de gestion des événements, qui sont les mêmes que dans la classe Button (`addActionListener`, `addChangeListener`, etc.).

Gestion des propriétés du bouton

Ces méthodes permettent la gestion du texte et de l'icône :

- `Icon getIcon()` ; Rend l'icône du bouton.
- `void setIcon( Icon i)` : Mise à jour de l'icône.
- `Icon getDisabledIcon()` ; Rend l'icône affichée lorsque le bouton est désactivé (par défaut c'est l'icône normale du bouton).
- `void setDisabledIcon( Icon i)` ; Mise à jour.
- `Icon getRolloverIcon()` ; Rend l'icône affichée lorsque le bouton est survolé par la souris (par défaut c'est l'icône normale du bouton).
- `void setRolloverIcon( Icon i)` ; Mise à jour.
- `Icon getSelectedIcon()` ; Rend l'icône affichée lorsque le bouton est sélectionné.
- `void setSelectedIcon( Icon i)` ; Mise à jour.
- `boolean isRolloverEnabled()` ; Rend `true` si le rollover est en service.
- `void setRolloverEnabled( boolean b)` ; Mise à jour (par défaut cet attribut est à `false`).
- `boolean isSelected()` ; Renvoie `true` si le bouton est sélectionné (pour les boutons à deux états).
- `void setSelected( boolean b)` ; Mise à jour.
- `int getHorizontalAlignment()` ; Renvoie l'alignement horizontal (RIGHT, LEFT, CENTER, LEADING ou TRAILING).
- `void setHorizontalAlignment( int alignement)` ; Mise à jour.
- `int getVerticalAlignment()` ; Rend l'alignement vertical (CENTER, TOP ou BOTTOM).
- `void setVerticalAlignment( int alignement)` ; Mise à jour.
- `int getHorizontalTextPosition()` ; Position horizontale du texte (RIGHT, LEFT, CENTER, LEADING ou TRAILING).
- `void setHorizontalTextPosition( int position)` ; Mise à jour.
- `int getVerticalTextPosition()` ; Rend la position verticale du texte (CENTER, TOP ou BOTTOM).
- `void setVerticalTextPosition( int position)` ; Mise à jour.
- `Icon getIconTextGap()` ; Espace entre l'icône et le texte.
- `void setIconTextGap( int gap)` ; Mise à jour. La valeur par défaut de cet attribut est de 4 pixels.
- `String getText()` ; Rend le texte du bouton.
- `void setText( String texte)` ; Mise à jour.

Gestion de la simulation du click

```
void doClick();
```

Cette méthode permet de simuler l'activation du bouton par l'utilisateur.

Exemple de mise en pratique de `JButton` :

```java
import java.awt.*;
import javax.swing.*;

public class TestJButton extends Frame {

    public TestJButton() {
        setLayout( new GridLayout(1, 3));
        Icon icNorm= new ImageIcon( "fleche.gif");
        Icon icDis= new ImageIcon( "flecheDisabled.gif");
        Icon icRoll= new ImageIcon( "flechePleine.gif");

        JButton b1= new JButton( "Bouton avec Fleche",
            icNorm);
        JButton b2= new JButton( "Bouton désactivé", icNorm);
        JButton b3= new JButton( "Bouton avec Rollover",
            icNorm);
        b1.setHorizontalTextPosition( SwingConstants.LEFT);
        b2.setDisabledIcon( icDis);
        b2.setEnabled( false);
        b3.setRolloverIcon( icRoll);
        b3.setRolloverEnabled( true);
        add( b1);
        add( b2);
        add( b3);
    }

        public static void main( String[] args) {
        TestJButton t= new TestJButton();
        t.setBounds( 0, 0, 500, 75);
        t.setVisible( true);
    }
}
```

Cet exemple donne :

Le texte du bouton de gauche est positionné à gauche de l'icône.

Le bouton central, désactivé, prend l'icône de désactivation (dans notre cas, c'est une flèche hachurée verticalement).

Lorsque le curseur de la souris passe au dessus du bouton avec Rollover, l'icône change (flèche pleine).

On remarque aussi que le label du bouton de droite, trop long pour être affiché, est tronqué avec des points de suspension pour indiquer que le texte n'est pas complet.

JToggleButton

Cette classe représente les boutons possédant un état booléen, comme les contrôles JCheckBox et JRadioButton qui en héritent.

Si l'on utilise une icône, celle-ci prend alors la place du graphique visuel par défaut (un carré éventuellement barré pour la check-box ou un rond éventuellement pointé pour le radio bouton). Il faut donc dans ce cas définir une icône de sélection (setSelectedIcon) afin de permettre à l'utilisateur de distinguer les deux états du contrôle.

Les radio-boutons sont gérés automatiquement à l'aide de la classe ButtonGroup qui représente le lien logique entre des radio-boutons d'un même groupe.

Exemple de mise en œuvre :

```java
import java.awt.*;
import javax.swing.*;

public class TestJToggle extends Frame {

    public TestJToggle() {
        setLayout( new GridLayout(2, 3));
        // Définition des icones
        Icon icNorm= new ImageIcon( "fleche.gif");
        Icon icDis= new ImageIcon( "flecheDisabled.gif");
        Icon icSel= new ImageIcon( "flechePleine.gif");

        // Création des check-box
        JCheckBox cb1= new JCheckBox("Choix 1", icNorm, true);
        JCheckBox cb2= new JCheckBox("Choix 2", icNorm);
        JCheckBox cb3= new JCheckBox("Choix 3");
        cb1.setHorizontalTextPosition( SwingConstants.LEFT);
        cb1.setSelectedIcon( icSel);
        cb2.setSelectedIcon( icSel);
        cb2.setDisabledIcon( icDis);
        cb2.setEnabled( false);
        add( cb1);
        add( cb2);
        add( cb3);

        // Création des radio-boutons
```

```
            JRadioButton rb1= new JRadioButton( "Possibilité 1",
icNorm, true);

            JRadioButton rb2= new JRadioButton( "Possibilité 2",
icNorm);

            JRadioButton rb3= new JRadioButton( "Possibilité 3");

            rb1.setHorizontalTextPosition( SwingConstants.LEFT);

            rb1.setSelectedIcon( icSel);

            rb2.setSelectedIcon( icSel);

            rb2.setDisabledIcon( icDis);

            rb2.setEnabled( false);

            // Création du groupe de boutons

            ButtonGroup bg= new ButtonGroup();

            bg.add( rb1);

            bg.add( rb2);

            bg.add( rb3);

            add( rb1);

            add( rb2);

            add( rb3);

    }

    public static void main( String[] args) {

            TestJToggle t= new TestJToggle();

            t.setBounds( 0, 0, 500, 75);

            t.setVisible( true);

    }

}
```

Cet exemple donne :

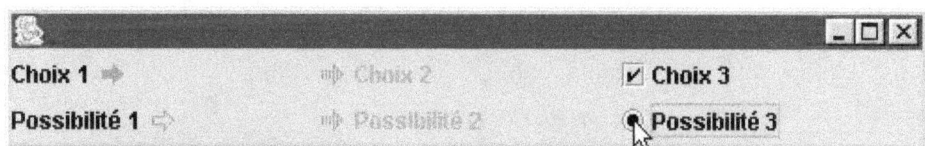

Sur la première ligne, les 3 check-box. Celle du centre est désactivée, les autres sont sélectionnées. On note le carré coché de celle de droite (IHM par défaut) et la flèche pleine pour celle de droite (les icônes chargées à partir des fichiers `fleche.gif` et `flechePleine.gif`).

Sur la seconde ligne, les trois possibilités du groupe de boutons radio. L'implémention ressemble aux trois check-box du haut, mais les trois boutons étant dans le même groupe, lorsque l'on clique sur celui de droite, alors celui de gauche, préalablement sélectionné, perd sa sélection (flèche vide).

Des labels en HTML

Il est possible de spécifier des labels par des chaînes de caractères formatées en HTML. Cela permet notamment d'utiliser des polices et des attributs différents.

Pour cela il suffit de spécifier un label qui commence par la balise <HTML>.

Exemple :

```
import java.awt.*;
import javax.swing.*;


public class ButtonHTML extends Frame {
  JButton b;


  public ButtonHTML(){
    super( "Test du label d'un bouton en HTML");
    String label= "<HTML><H1>Appuyer ici</H1><BR>"
      +"Voici un label <B> très particulier </B> en
HTML!</HTML>";
    b= new JButton( label);
    b.setFont( new Font( "Helvetica", 0, 12));
    add( b);
    setBounds( 100, 100, 300, 150);
    setVisible( true);
  }
  public static void main( String[] args) {
    ButtonHTML bouton= new ButtonHTML();
  }
}
```

Cet exemple donne :

On remarquera dans l'exemple, l'initialisation d'une fonte Helvetica sur le bouton. Cela est nécessaire pour voir la partie du label en attribut gras (balise html <B>). Par défaut, la police d'un bouton est une police système dont les caractères sont tous en gras.

Cette possibilité est offerte pour les composants JButton, JLabel, JMenu (et les différentes spécialisations des items de menus) et JTabbedPane.

MVC : Modèle Vue Contrôleur

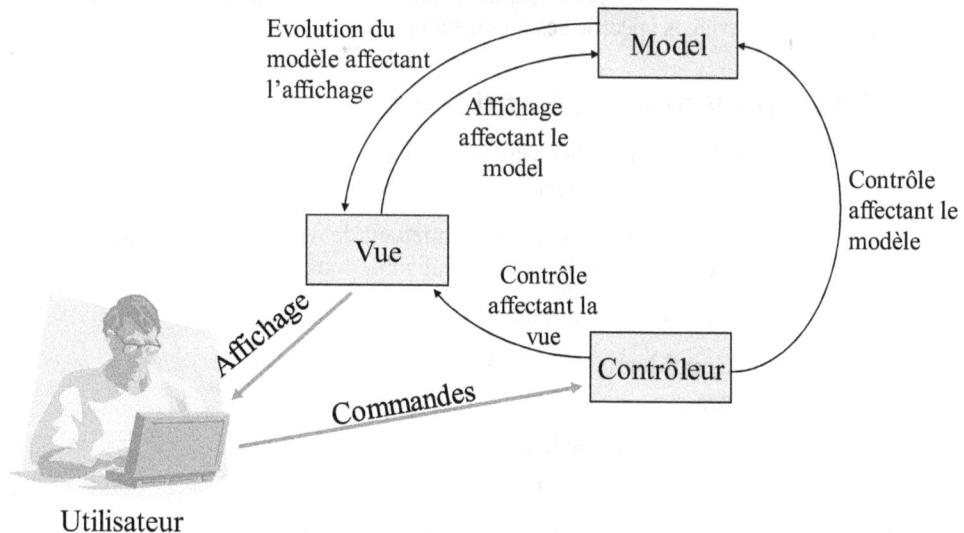

Introduction

Un aspect important de Swing est l'adoption du concept MVC pour le développement des composants.

Cette notion n'est pas nouvelle, puisqu'elle vient du monde SmallTalk, et a été imaginée par la société Xerox à la fin des années quatre-vingt.

Ce concept est destiné à s'appliquer aux applications graphiques. Il s'agit d'un paradigme, dans lequel chaque composant graphique est en fait composé de trois organes spécialisés pour :

- le modèle des données (M) : il est en charge la gestion des données du composant.

- la vue graphique (V) : elle est responsable de l'affichage du composant.

- le contrôle du composant par l'extérieur (C) : il gère les requêtes et les réponses du composant. Notamment, les actions de l'utilisateur (souris, clavier).

On concède à ce paradigme de nombreux avantages :

- Meilleur cloisonnement des fonctionnalités, facilitant le développement de ces composants.

- Isolation de la partie « model », permettant de définir différentes implémentations, dont les performances seront plus ou moins bonnes suivant les cas d'utilisation. A la charge de l'utilisateur de choisir le modèle le plus adapté à son cas d'utilisation.

- Isolation de la partie « vue » permettant de définir différentes vues interchangeables. C'est la notion de « look and feel » qui a été développée grâce à cette facilité.

Il existe toutefois un inconvénient : la lourdeur du code. Il est évident que son application génère des composants beaucoup plus « lourds » en nombre de lignes de code. Cet inconvénient, fortement pénalisant au début de Swing, s'efface petit à petit avec la montée en puissance des machines (mémoire, processeurs arithmétiques et processeurs graphiques).

Le principe s'appuie sur une communication permanente entre les trois organes. Elle s'effectue par l'envoi de messages, c'est à dire par l'invocation de méthodes. Pour permettre l'interchangeabilité des organes, ces derniers devront donc implémenter des interfaces spécifiques à leur nature.

Les "pluggable look and feel"

La séparation de la partie graphique de la logique du composant permet de redéfinir facilement son aspect.

Sun a imaginé un système permettant de modifier l'aspect des composants d'une application : c'est le PLAF (pluggable look and feel).

Il existe, en standard dans Java cinq « look and feels » :

- Unix Motif.
- Windows.
- Metal (créé par Sun).
- Ocean (Java 5).
- Synth (Java 5) qui est totalement reconfigurable.

(Java 5)

On peut lister les « look and feels » installés dans la JVM à l'aide de la méthode statique de la classe `UIManager` :

```
UIManager.LookAndFeelInfo[] getInstalledLookAndFeels();
```

L'exemple ci-dessous illustre cette méthode :

```java
import javax.swing.*;


public class ListeLookAndFeels {
    public static void main( String[] args) {
        UIManager.LookAndFeelInfo[] tlf;
        tlf= UIManager.getInstalledLookAndFeels();
        for( int n=0; n < tlf.length; n++) {
            System.out.println( "Nom: "+tlf[n].getName()
                +", classe: "+tlf[n].getClassName());
        }
    }
}
```

Le résultat est le suivant :

```
Nom: Metal, classe: javax.swing.plaf.metal.MetalLookAndFeel
Nom: CDE/Motif, classe:
com.sun.java.swing.plaf.motif.MotifLookAndFeel
Nom: Windows, classe:
com.sun.java.swing.plaf.windows.WindowsLookAndFeel
```

Cette classe permet en outre de sélectionner un PL&F (pluggable look & feel) et d'obtenir celui qui est en cours avec les méthodes statiques :

- **void setLookAndFeel(LookAndFeel plaf);**
- **void setLookAndFeel(String nomClassePlaf);**
- **LookAndFeel getLookAndFeel();**

Remarque :

La classe LookAndFeel est abstraite et représente le concept de "look and feel". Elle est étendue par toutes les implémentations, comme : MotifLookAndFeel, WindowsLookAndFeel et MetalLookAndFeel.

On peut, à tout moment, changer le "look and feel" d'une application. Il faudra toutefois aussi rafraîchir chaque composant de l'application. Cela est fait avec la méthode statique updateComponentTreeUI de la classe SwingUtilities. Il suffit d'invoquer cette méthode une seule fois en lui passant en argument la Frame de l'application. Tous les composants qui en font partie seront alors rafraîchis.

Exemple :

```
SwingUtilities.updateComponentTreeUI(maFrame);
maFrame.pack(); // Réaffichage de la Frame avec le nouveau PLAF
```

Notons enfin les méthodes suivantes qui permettent d'installer de nouveaux « look and feels » :

- **void installLookAndFeel(String nom, String nomClasseLookAndFeel);**
- **void installLookAndFeel(UIManager.LookAndFeelInfo plaf);**

On peut créer ses propres « look and feels », mais au prix d'un très gros effort, puisqu'il faudra implémenter toutes les interfaces « UI » de tous les composants Swing, etc.

Ces héritent toutes de la classe abstraite ComponentUI.

Accès aux contrôles, modèles et vues

La partie **Contrôle** est implémentée dans les composants eux-mêmes.

La partie **Modèle** est implémentée dans des classes dont les objets sont accessibles par des méthodes implémentées dans les composants eux-mêmes, et de type :

```
ComposantModel getModel();
void setModel( CompoantModele);
```

Par exemple, pour les boutons (AbstractButton), on a les méthodes :

- **ButtonModel getModel();**
- **void setModel(ButtonModel);**

Enfin, la partie **Vue** est implémentée dans des classes dont les objets sont accessibles par le PLAF à l'aide de la méthode statique de UIManager :

```
ComponentUI UIManager.getUI(JComponent widget);
```

et à l'aide de la méthode de la classe JComponent :

```
protected void setUI( ComponentUI vueComposant);
```

On note que cette dernière méthode est protected, donc accessible par des héritiers. Elle sera d'ailleurs uniquement appelée par des implémentations propres à chaque composant. Par exemple pour les boutons (classe `AbstractButton`), on a les méthodes :

- `ButtonUI getUI();`

- `void setUI( ButtonUI);`

Les composants `Swing` et leurs classes Vue et Modèle :

Widget	Vue	Modèle
JLabel	LabelUI	Néant (propriété « text »)
AbstractButton (JButton, JCheckBox, etc…)	ButtonUI	ButtonModel
JList	ListUI	ListModel
JComboBox	ComboBoxUI	ComboBoxModel
JMenuBar	MenuBarUI	Néant
JMenuItem	MenuItemUI	ButtonModel
JSeparator	SeparatorUI	Néant
JPopupMenu	PopupMenuUI	Néant
JProgressBar	ProgressBarUI	BoundedRangeModel
JSlider	SliderUI	BoundedRangeModel
JSpinner	SpinnerUI	SpinnerModel
JTree	TreeUI	TreeModel
JTextComponent (JTextField, JTextArea, etc…)	TextUI	Néant (propriété "text")
JTable	TableUI	TableModel
JScrollBar	ScrollBarUI	BoundedRangeModel
JToolBar	ToolBarUI	Néant

Remarque :

On peut interchanger les modèles. On peut choisir diverses implémentations de modèles, et éventuellement en développer de nouvelles.

Les menus Swing

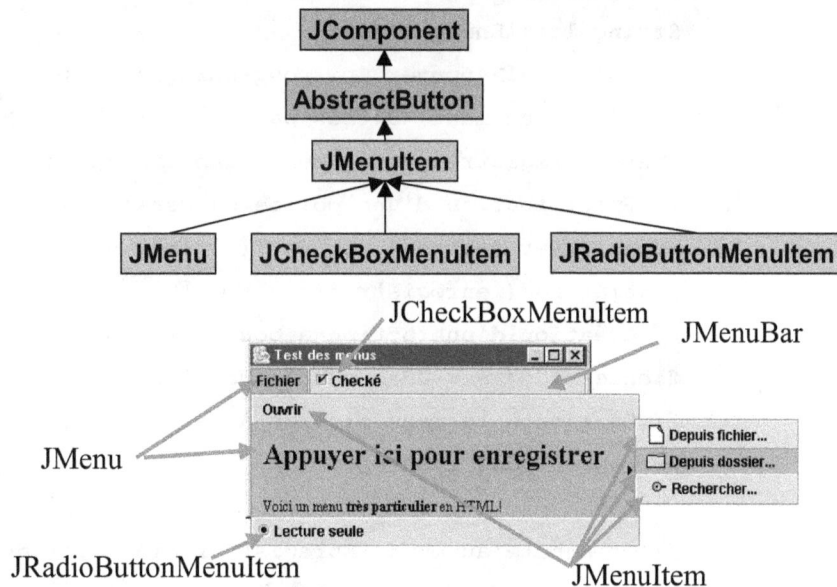

Les menus Swing sont assez proches des menus AWT, mis à part un certain nombre de nouveautés.

La création d'un menu passe par la classe JMenu qui représente un menu, dans lequel on peut avoir d'autres (sous) menus et des options sélectables, dont il existe plusieurs types :

- **JMenuItem.**
- **JCheckBoxMenuItem.**
- **JRadioButtonMenuItem.**

Ces classes héritent toutes de AbstractButton. On peut donc dire qu'un menu ou un item de menu se comporte comme un bouton poussoir.

Cela veut aussi dire qu'un menu peut avoir une icône, ainsi qu'un label écrit en HTML.

Exemple :

```java
import java.awt.*;
import javax.swing.*;


public class Menus extends JFrame {


  public Menus(){
    super( "Test des menus");
    // Création de la barre de menu
    JMenuBar barreMenu= new JMenuBar();
    // Création du menu fichier
    JMenu fichier= new JMenu( "Fichier");
    // Création de l'option "Ouvrir" (option simple)
```

```
    JMenuItem ouvrir= new JMenuItem( "Ouvrir");
    fichier.add( ouvrir);
    // Création du menu "Enregistrer" dont le label est en HTML
    String labelEnregistrer=
       "<HTML><H1>Appuyer ici pour enregistrer</H1><BR>"
       +"Voici un menu <B>très particulier</B> en HTML!</HTML>";
    JMenu enregistrer= new JMenu( labelEnregistrer);
    // Spécification d'une police de caractères
    enregistrer.setFont( new Font( "Times new roman", 0, 12));
    fichier.add( enregistrer);
    // Création d'une option à bouton radio
    fichier.add( new JRadioButtonMenuItem( "Lecture seule"));
    // On ajoute le menu fichier à la barre de menu
    barreMenu.add( fichier);

    // On ajoute au menu "Enregistrer" les options suivantes:
    // qui possèdent toutes les trois une icône
    enregistrer.add( new JMenuItem( "Depuis fichier...", new
       javax.swing.plaf.metal.MetalIconFactory.FileIcon16()));
    enregistrer.add( new JMenuItem( "Depuis dossier...", new
    javax.swing.plaf.metal.MetalIconFactory.TreeFolderIcon()));
    enregistrer.add( new JMenuItem( "Rechercher...", new
       javax.swing.plaf.metal.MetalIconFactory.TreeControlIcon(
          true)));

    // Ajout d'un item "check box" à la barre menu
    barreMenu.add( new JCheckBoxMenuItem( "Checké"));

    // La barre menu est mise sur la JFrame
    setJMenuBar( barreMenu);

    setBounds( 100, 100, 300, 150);
    setVisible( true);
  }
  public static void main( String[] args) {
    Menus menus= new Menus();
  }
}
```

Les accélérateurs des menus

Pour améliorer l'ergonomie des programmes, il est souvent nécessaire de mettre en place dans les IHM des accélérateurs, afin de permettre un accès rapide aux options des menus en passant directement par des séquences de touches entrées au clavier.

Il y a deux types d'accélérateurs : les mnémoniques et les courts-circuits.

Les mnémoniques

Ils sont une combinaison de la touche "Alt" et d'une lettre spécifique à chaque option du menu. Cette lettre doit se trouver dans le label de l'option (par exemple F pour Fichier). On les repère dans les menus par la lettre qui est généralement soulignée.

Pour créer un mnémonique, on utilise la méthode :

```
void setMnemonic( char lettreDuMnemonique);
```

Les courts-circuits

Ce sont des combinaisons de touches quelconques (souvent la combinaison de la touche Ctrl avec un caractère). On les repère par leur indication à côté du label de l'option menu qu'elles concernent.

Pour créer un court-circuit, on utilise la méthode :

```
void setAccelerator( KeyStroke combinaisonTouches);
```
Exemple :

```java
import java.awt.*;
import javax.swing.*;

public class MenuAccelerateurs extends JFrame {
  public MenuAccelerateurs(){
    JMenuBar barreMenu= new JMenuBar();
    // Menu Edition
    JMenu edition= new JMenu( "Edition");
    edition.setMnemonic( 'E');
    barreMenu.add( edition);
    // Item de Menu "Copier"
    JMenuItem copier= new JMenuItem( "Copier");
    copier.setAccelerator(
      KeyStroke.getKeyStroke( java.awt.event.KeyEvent.VK_C,
        java.awt.Event.CTRL_MASK));
    edition.add( copier);
    setJMenuBar( barreMenu);
    setBounds( 100, 100, 300, 150);
    setVisible( true);
  }
  public static void main( String[] args) {
    MenuAccelerateurs menuAccel= new MenuAccelerateurs();
  }
}
```

Les nouveaux contrôles graphiques

■ **Ils apportent une nouvelle richesse dans les interfaces graphiques utilisateur :**

- JSlider

- JProgressBar

- JSpinner

- JComboBox

- JPasswordField

- JTree

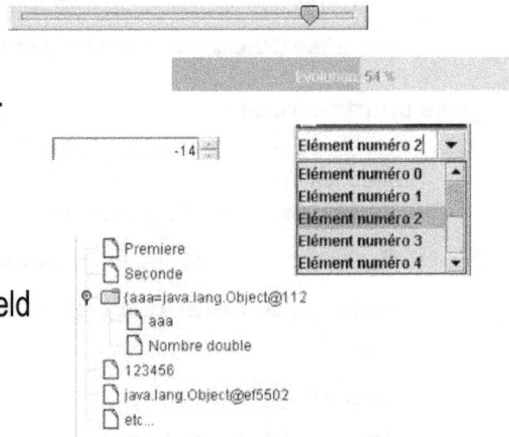

On dispose dans Swing d'un certain nombre de nouveaux composants qu'il est intéressant d'étudier :

- **JSlider** : curseur permettant de choisir une quantité.

- **JProgressBar** : indicateur de progression.

- **JSpinner** : contrôle affichant une quantité qui peut être augmentée ou réduite.

- **JComboBox** : champ de saisie accompagné d'une liste déroulante de choix.

- **JPasswordField** : champ de saisie dont les caractères s'affichent sous la forme d'un caractère générique.

- **JTree** : liste arborescente.

- **JText** : zone de saisie ou d'affichage de texte. Ce composant étant particulièrement élaboré, nous en parlerons dans un chapitre dédié.

- **JTable** : tableur. Ce composant étant particulièrement élaboré, nous en parlerons dans un chapitre dédié.

JSlider

Ce composant est un curseur qui permet à l'utilisateur d'effectuer un réglage.

Les constructeurs de ce composant sont les suivants :

- **JSlider()** Crée un curseur horizontal dont la valeur varie entre 0 et 100 et dont la valeur de départ est 50.

- **JSlider(BoundedRangeModel brm)** Crée un curseur utilisant un model spécifique passé en argument (il doit implémenter l'interface BoundedRangeModel).

- **JSlider(int orientation)** Crée un curseur dont on spécifie l'orientation (l'argument ne peut avoir comme valeur qu'une des constantes Swing : **javax.swing.SwingConstants.VERTICAL** ou **javax.swing.SwingConstants.HORIZONTAL**.

- **JSlider(int min, int max)** Crée un curseur horizontal dont les limites sont spécifiées en argument .

- **JSlider(int min, int max, int value)** Crée un curseur dont les limites et la position initiale sont spécifiées en argument.

- **JSlider(int orientation, int min, int max, int value)** Crée un curseur dont les limites, la valeur initiale et l'orientation sont spécifiées en argument.

Les propriétés renseignées dans les constructeurs peuvent par la suite être modifiées à l'aide d'accesseurs.

Le support du suivi de l'activité de ce composant se fait par un événement de type ChangeEvent. On doit donc s'abonner à l'aide de la méthode :

void addChangeListener(ChangeListener abonne); .

Exemple :

```java
import java.awt.*;
import javax.swing.*;
import javax.swing.event.*;

public class TestSlider extends Frame
    implements ChangeListener {
  JLabel valeur;
  JSlider slider;
  public TestSlider(){
    setLayout( new BorderLayout());
    valeur= new JLabel("Valeur");
    add( "North", valeur);
    slider= new JSlider( 0, 200, 0);
    slider.addChangeListener( this);
    add( "Center", slider);
    setBounds( 100, 100, 300, 70);
    setVisible( true);
  }
  public void stateChanged( ChangeEvent e) {
    valeur.setText( "Nouvelle valeur: "+slider.getValue());
  }
  public static void main( String[] args) {
    TestSlider t= new TestSlider();
  }
}
```

Ce qui donne :

JProgressBar

Les constructeurs de ce composant sont les suivants :

- **JProgressBar()** Crée une barre de progression horizontale vide.
- **JProgressBar(BoundedRangeModel newModel)** Crée une barre de progression en utilisant le modèle passé en argument.
- **JProgressBar(int orient)** Crée une barre de progression en spécifiant son orientation qui peut avoir comme valeur `JProgressBar.VERTICAL` ou `JProgressBar.HORIZONTAL`.
- **JProgressBar(int min, int max)** Crée une barre de progression dont on spécifie les valeurs mini et maxi.
- **JProgressBar(int orient, int min, int max)** Crée une barre de progression dont on spécifie l'orientation et les limites.

Les propriétés renseignées dans les constructeurs peuvent par la suite être modifiées à l'aide d'accesseurs.

On retiendra les méthodes :

- **void setStringPainted(boolean b)** ; dont l'argument à `true` spécifie qu'il faut afficher sur la jauge le texte renseigné par la méthode suivante `setString` ; .
- **void setString(String texte)** ; Spécifie le texte qui s'affichera sur la jauge.

Le support du suivi de l'activité de ce composant se fait par un événement de type `ChangeEvent`. On doit donc s'abonner à l'aide de la méthode :

void addChangeListener(ChangeListener abonne);

Exemple :

```java
import java.awt.*;
import javax.swing.*;
import javax.swing.event.*;


public class TestProgress extends Frame
    implements ChangeListener {
  JProgressBar pb;

  public TestProgress(){
    setLayout( new BorderLayout());
    pb= new JProgressBar( 0, 999);
    pb.addChangeListener( this);
```

```
      pb.setString( "Evolution");
      pb.setStringPainted( true);
      add( "Center", pb);
      setBounds( 100, 100, 300, 70);
      setVisible( true);
   }
   public void stateChanged( ChangeEvent e) {
      pb.setString( "Evolution: "
          +(int)(pb.getPercentComplete()*100)+" %");
   }
   public static void main( String[] args) {
      TestProgress t= new TestProgress();
      while( true) {
         t.pb.setValue( (int)(Math.random()*1000));
         Thread.yield();
      }
   }
}
```

Cet exemple fait une boucle sans fin dans le thread de l'application (dans le main) et met une valeur aléatoire à la barre de progression.

On remarque que l'affichage du pourcentage sur la jauge n'est pas automatique. Il est nécessaire de le prendre en charge en s'abonnant au ChangeEvent de la barre.

Cela donne :

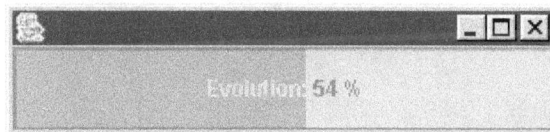

JSpinner

Ses constructeurs sont les suivants :

- **JSpinner()** Construit un "spinner" numérique (SpinnerNumberModel).
- **JSpinner(SpinnerModel modele)** Construit un spinner à partir d'un modèle spécifié en argument.

La notion de modèle est importante. Un spinner est un composant qui permet de se déplacer en augmentant ou en diminuant dans un champ de données. Ce concept de modèle est défini dans l'interface SpinnerModel.

Il existe trois implémentations de ce modèle :

- **SpinnerNumberModel** : ce modèle permet de travailler sur des nombres.
- **SpinnerDateModel** : ce modèle permet de travailler sur des dates.
- **SpinnerListModel** : ce modèle permet de travailler sur un modèle de liste (passé en argument du constructeur). On peut par exemple utiliser un tableau d'objets.

On peut aussi créer son propre modèle pour des cas spécifiques.

Le support du suivi de l'activité de ce composant se fait par un événement de type `ChangeEvent`. On doit donc s'abonner à l'aide de la méthode :

void addChangeListener(ChangeListener abonne); .

Exemple :

```java
import java.awt.*;
import javax.swing.*;

public class TestSpinner extends Frame {
  JSpinner sp1, sp2, sp3;

  public TestSpinner(){
    setLayout( new GridLayout(3, 1));
    sp1= new JSpinner(); // Par défaut, spinner numérique
    // Création d'un tableau pour le spinner list
    String [] ts= {"Un", "Deux", "Trois", "Quatre", "Etc..."};
    sp2= new JSpinner( new SpinnerListModel( ts));
    // Création du spinner date
    sp3= new JSpinner( new SpinnerDateModel());
    add( sp1); add( sp2); add( sp3);
    setBounds( 100, 100, 150, 100);
    setVisible( true);
  }
  public static void main( String[] args) {
    TestSpinner t= new TestSpinner();
  }
}
```

Ce qui donne :

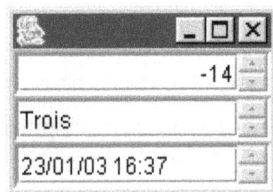

JComboBox

Ses constructeurs sont :

- **JComboBox()** Création de l'objet avec un modèle de données par défaut.

- **JComboBox(ComboBoxModel aModel)** Création de l'objet avec un modèle spécifié (classe qui implémente l'interface `ComboBoxModel`).

- **JComboBox(Object[] items)** Création de l'objet avec un tableau d'objets qui sont les éléments du combo-box.

- **JComboBox(Vector items)** Création de l'objet avec un `Vector` dans lequel sont stockés les éléments du combo-box.

Les méthodes intéressantes à retenir sont :

- **`void addItem(Object objet)`** ; Ajoute un élément en fin.
- **`void insertItemAt( Object element, int position)`** ; Insertion d'un élément à une certaine position.
- **`Object getItemAt( int position)`** ; Rend un élément à un index donné.
- **`int getItemCount()`** ; Rend le nombre d'éléments.
- **`int getMaximumRowCount()`** ; Rend le nombre de lignes que l'on peut afficher sans que n'apparaisse la scroll-bar.
- **`void setMaximumRowCount( int nombreLignes)`** ; Permet de modifier cette propriété. C'est en fait la taille de la liste, lorsqu'elle sera déroulée, qui sera affectée.
- **`int getSelectedIndex()`** ; Rend l'index de l'élément sélectionné.
- **`void setSelectedIndex( int position)`** ; Sélectionne un élément (-1 permet de désélectionner tous les éléments).
- **`Object getSelectedItem()`** ; Rend l'élément sélectionné.
- **`void setSelectedItem( Object element)`** ; Permet de sélectionner un élément.
- **`Object[] getSelectedObjects()`** ; Rend tous les éléments sélectionnés, dans le cas d'un combo-box à sélections multiples.
- **`void removeItem( Object element)`** ; Supprime un élément.
- **`void removeItemAt( int position)`** ; Supprime l'élément à la position indiquée.

Un combo peut aussi permettre l'édition de son contenu, c'est à dire que l'on est pas obligé de choisir une valeur dans la liste. Dans ce cas, il faut mettre à jour la propriété "Editable" à l'aide des méthodes :

- **`boolean isEditable();`**
- **`void setEditable( boolean editable);`**

Les événements qu'il sait générer sont de types :

- **`ActionEvent`** : choix d'un élément.
- **`ItemEvents`** : sélection d'éléments.

Exemple :

```java
import java.awt.*;
import java.awt.event.*;
import javax.swing.*;
import java.util.Vector;


public class TestCombo extends Frame
        implements ActionListener{
  JComboBox jc; Vector v;
  public TestCombo(){
    v= new Vector();
    // Création d'un JComboBox avec un modèle
```

```
        // de type Vector
      jc= new JComboBox( v);
      // Remplissage de la liste
      for( int n=0; n < 10; n++)
        jc.addItem( "Elément numéro "+n);
      jc.setMaximumRowCount( 5);
      jc.setEditable( true);
      jc.addActionListener( this);
      add( "North", jc);
      setBounds( 100, 100, 150, 150);
      setVisible( true);
  }
  public void actionPerformed( ActionEvent e) {
    if( e.getModifiers() == 0) {
      Object element= jc.getSelectedItem();
      // On vérifie que l'élément n'existe pas déjà
      if( v.indexOf( element)==-1)
        jc.insertItemAt( element, 0);
    }
  }
  public static void main( String[] args) {
    TestCombo t= new TestCombo();
  }
}
```

Cet exemple crée un `JComboBox` "Editable", dont les données éditées dans le champ de saisie seront ajoutées à la liste si l'on valide avec la touche <Entrée>.

On crée un `JComboBox` à partir d'un modèle de type `Vector`. On s'abonne à son événement `ActionEvent`, afin d'être prévenu lorsque l'utilisateur appuie sur la touche <Entrée>.

Enfin, lors de cet événement (méthode `actionPerformed`), après avoir vérifié si l'élément saisi n'existe pas déjà dans la liste, on l'ajoute en début de liste.

Sa présence dans la liste est vérifiée par la méthode `indexOf( Object)` qui retourne la position de l'élément ou -1 s'il n'existe pas. Cette méthode est présente dans la classe `Vector`, mais pas dans l'interface `ComboBoxModel`, ce qui explique que nous avons créé ce `JComboBox` à l'aide d'un `Vector` (passé au constructeur) et non pas avec le modèle par défaut (constructeur sans argument).

Cela donne :

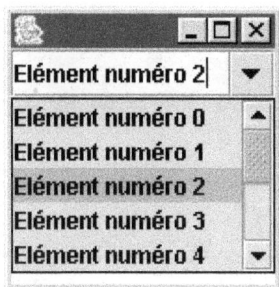

Combo "Editable"   Combo non "Editable"

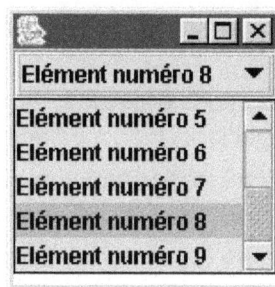

JPasswordField

C'est un champ de saisie pour les mots de passe. Les caractères entrés sont affichés sous la forme d'un caractère unique d'écho. Généralement, ce caractère est un étoile (*).

Cette classe hérite de `JTextField`. On y trouvera les mêmes constructeurs, et évidemment les mêmes méthodes.

On notera les nouvelles méthodes qui lui sont spécifiques :

- **`boolean echoCharIsSet()`** renvoie `true` si un caractère d'écho a été défini.
- **`void setEchoChar(char c)`** Permet de définir un caractère d'écho.
- **`char getEchoChar()`** Renvoie le caractère d'écho défini au préalable.
- **`char[] getPassword()`** Rend le mot de passe saisi par l'utilisateur. La méthode `getText` est à éviter, même si elle est présente puisque l'on hérite de `JTextField`.

JTree

Ce nouveau contrôle graphique était assez attendu, puisqu'il permet d'afficher, dans une liste, un contenu arborescent.

L'arbre qu'il contient est composé d'un nœud racine (**root node**) à partir duquel on trouve un certain nombre d'autres nœuds.

Chaque nœud peut avoir lui même des enfants, on appellera alors ce nœud une branche (**branch node**), ou ne pas avoir d'enfant, on l'appellera alors une feuille (**leaf node**).

Au niveau de la vue d'un arbre, chaque branche peut être étendue (**expand**) ou recroquevillée (**collapse**). Lorsqu'elle est étendue, tous ses enfants sont alors visibles en dessous.

Pour construire un arbre, on peut utiliser n'importe quel type d'objets pour créer des feuilles. Par contre, les branches, devant elles mêmes contenir des nœuds, devront être capable d'en contenir. Les branches pourront être de type tableau d'objets, `Vector`, `Hashtable`, ou encore `TreeNode` dont nous reparlerons plus bas.

Les constructeurs de **JTree** prennent en argument un nœud : la racine.

- **`JTree()`** Constructeur sans argument : la racine sera créée avec un `DefaulTreeModel`.
- **`JTree(Object[] racine)`** Crée un arbre dont la racine est un tableau d'objets.

- **JTree(Vector racine)** Crée un arbre dont la racine est un Vector
- **JTree(Hashtable racine)** Crée un arbre dont la racine est un HashTable.
- **JTree(TreeModel modelePersonnel)** Crée un arbre dont la racine est un objet d'une classe qui implémente TreeModel.
- **JTree(TreeNode racine)** Crée un arbre dont la racine implémente TreeNode.
- **JTree(TreeNode racine, boolean verifieEnfants)** Crée un arbre dont la racine implémente TreeNode. Le second argument à true spécifie qu'une méthode sera invoquée dans chaque nœud pour savoir si c'est une feuille ou une branche. A false, tout nœud sans enfant sera considéré automatiquement comme une feuille.

Ces constructeurs montrent la diversité des types de branches que l'on peut avoir.

La différence entre TreeModel et TreeNode est que l'interface TreeModel représente l'ensemble de l'arbre (c'est un modèle d'arbre) alors que TreeNode représente seulement la racine de l'arbre.

Arbre d'objets et de vecteurs et des Hashtable

On peut mélanger les différents types de branches dans un arbre (Vector, Hashtable, tableaux d'objets).

Exemple :

```
import java.awt.*;
import javax.swing.*;
import java.util.*;

public class TestTree extends Frame {
  public TestTree(){
    Vector v= new Vector();
    v.add( "Premiere");
    v.add( "Seconde");
    // Branche
    Hashtable ht= new Hashtable();
    ht.put( "aaa", new Object());
    ht.put( "Nombre double", new Double( 3.141592));
    v.add( ht);
    v.add( new Integer( 123456));
    v.add( new Object());
    v.add( "etc...");
    JTree jt= new JTree( v);
    add( "Center", jt);
    setBounds( 100, 100, 200, 200);
    setVisible( true);
  }
  public static void main( String[] args) {
```

```
        TestTree t= new TestTree();
    }
}
```

Ce qui donne :

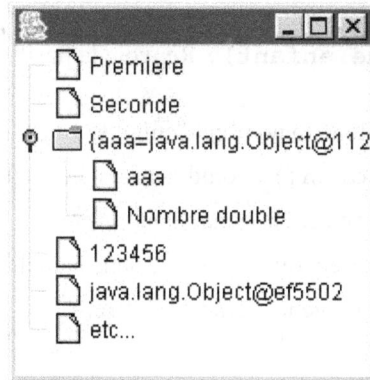

On voit bien dans cet exemple que l'affichage des nœuds des arbres s'appuie sur la méthode `toString` des objets (`String`, `Integer`, `Object`, `Vector`, `Hashtable`, etc...).

On préfèrera utiliser la classe `HashTable` pour faire des branches. En effet, la clé fait office du texte affiché dans la liste.

La classe DefaultMutableTreeNode

Elle implémente l'interface `TreeNode` et possède donc tout le support pour travailler de façon plus sophistiquée sur les arbres.

Les constructeurs sont les suivants :

*   **DefaultMutableTreeNode()** Constructeur sans argument. Il n'a ni parent ni enfant mais pourra par la suite avoir des enfants.

*   **DefaultMutableTreeNode(Object userObject)** Crée un nœud dont l'objet passé en argument représente la donnée utilisateur (principalement le texte affiché par la méthode `toString`).

*   **DefaultMutableTreeNode(Object userObject, boolean peutAvoirDesEnfants)** Crée un nœud avec une donnée utilisateur et un flag qui spécifie si ce nœud est une feuille ou s'il aura éventuellement des enfants. Cela a un effet sur son icône.

Les méthodes de cette classe permettent de gérer l'arborescence. On notera les suivantes :

*   **void add(MutableTreeNode enfant)** ; Ajoute un enfant.

*   **void insert(MutableTreeNode nouvelEnfant, int position)** ; Insère un nouvel enfant.

*   **void remove(MutableTreeNode enfant)** ; Enlève en enfant.

*   **void remove(int index)** ; Enlève en enfant à l'index spécifié.

*   **void removeAllChildren()** ; Supprime tous les enfants.

*   **Object getUserObject()** ; Renvoie l'objet utilisateur.

*   **void setUserObject(Object objetUtilisateur)** ; Modifie l'objet utilisateur.

*   **Enumeration children()** ; Renvoie tous les enfants.

- **TreeNode getChildBefore(TreeNode enfant)** Renvoie l'enfant avant celui passé en argument.
- **TreeNode getChildAfter(TreeNode enfant)** Renvoie l'enfant après celui passé en argument.
- **TreeNode getChildAt(int index)** ; Renvoie l'enfant dont l'index est passé en argument.
- **int getIndex(TreeNode enfant)** ; Renvoie la position de l'enfant passé en argument.
- **int getChildCount()** ; Rend le nombre d'enfants.
- **boolean getAllowsChildren()** ; Rend true si ce nœud est une branche.
- **int getLevel()** ; Rend le niveau du nœud dans l'arbre.
- **TreeNode getParent()** ; Renvoie la branche dans laquelle on se trouve.
- **TreeNode getRoot()** ; Renvoie la racine de l'arbre.

Création d'un modèle spécifique

Une autre façon de créer un composant JTree est la création d'un modèle spécifique. Pour cela, il suffit d'implémenter l'interface TreeModel.

On peut aussi créer une classe qui hérite de **DefaultTreeModel**, et redéfinir les méthodes qui nous intéressent :

- **Object getChild(Object parent, int index)** ; Renvoie le fils dont l'index est passé en argument.
- **int getChildCount(Object parent)** ; Rend le nombre d'enfants.
- **int getIndexOfChild(Object parent, Object child)** ; Rend l'index de l'enfant spécifié en argument.
- **Object getRoot()** ; Rend la racine.
- **boolean isLeaf(Object node)** ; Renvoie true si ce nœud est une feuille.

Les fenêtres

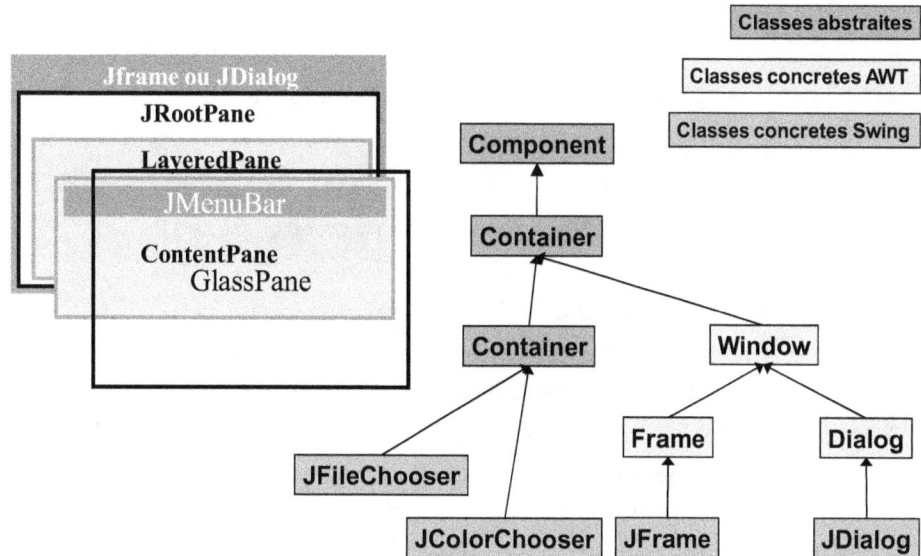

Les « frames » et les boîtes de dialogue ont été aussi revues dans Swing afin d'entrer dans le concept MVC : apparaissent les classes **JFrame** et **JDialog** qui héritent respectivement de Frame et Dialog.

On relèvera deux particularités à cette évolution :

- La possibilité d'exploiter le « Pluggable Look and Feel », qui nous donne la possibilité de créer des fenêtres de style Métallique, Windows, Motif ou Louis XVI (si cela vous tente de le développer).

- Une structure du code des fenêtres qui donne largement la part à la délégation.

Les composants d'une fenêtre

Une fenêtre est composée de plusieurs panneaux qui ont chacuns leur propre rôle.

Le panneau racine (**JRootPane**) possède un certain nombre de sous-panneaux :

- La panneau de base (**JLayeredPane**) : son rôle est de positionner les éléments de la fenêtre (le panneau de contenu et la barre menu).

- La barre de menu (**JMenuBar**) : elle est optionnelle, et peut être créée à l'aide de la méthode setJMenuBar.

- La panneau de contenu (JComponent) : c'est la zone client de la fenêtre, où l'on déposera les composants de l'IHM. (accessible par la méthode getContentPane).

- La vitre de la fenêtre, aussi appelée **GlassPane** (**Component**) : par défaut, c'est un composant invisible. On peut le remplacer par un composant dans lequel ont implémente la méthode paint. Ce qui sera alors dessiné apparaîtra au dessus de la fenêtre, comme si c'était dessiné sur le verre.

Un certain nombre de méthodes permettent d'accéder à ces éléments :

- **JRootPane getRootPane();** Rend le panneau racine.

- `protected void setRootPane(JRootPane root);`
- `JLayeredPane getLayeredPane();` Rend le panneau de base.
- `void setLayeredPane(JLayeredPane layeredPane);`
- `JMenuBar getJMenuBar();` Rend la barre de menu.
- `void setJMenuBar(JMenuBar menubar);`
- `Container getContentPane();` Rend le panneau de contenu.
- `void setContentPane(Container contentPane);`
- `Component getGlassPane();` Rend la vitre de la fenêtre.
- `void setGlassPane(Component glassPane);`

Fermeture d'une JFrame

L'action à effectuer lorsque l'utilisateur ferme la fenêtre (icône de fermeture, menu système de fermeture ou accélérateur Alt+F4 sous Windows) peut être programmée sans avoir à passer par les événements `WindowEvent`.

Une méthode permet de spécifier simplement ce qu'il faudra faire en cas de demande de fermeture :

`void setDefaultCloseOperation( int operation);`

L'opération peut avoir une des valeurs prédéfinies dans l'interface `WindowConstants` :

- **`DO_NOTHING_ON_CLOSE`** : pas d'action.
- **`HIDE_ON_CLOSE`** : cache la fenêtre (invocation de la méthode `wsetVisible( false);`).
- **`DISPOSE_ON_CLOSE`** : cache puis ferme la fenêtre (invocation de la méthode **`dispose()`** héritée de `Windows`).
- **`EXIT_ON_CLOSE`** : referme l'application (invocation de la méthode statique **`System.exit(0);`**).

Exemple :

```java
import java.awt.*;
import javax.swing.*;

public class TestJFrame extends JFrame {
  public TestJFrame(){
    setDefaultCloseOperation( EXIT_ON_CLOSE);
    Container c= getContentPane();
    JButton b= new JButton( "O.K.");
    c.add( "South", b);
    c.add( "North", new JLabel( "Appuyer sur O.K."));
    setBounds( 100, 100, 300, 100);
    setVisible( true);
  }
  public static void main( String[] args) {
    TestJFrame t= new TestJFrame();
  }
}
```

Ce qui donne :

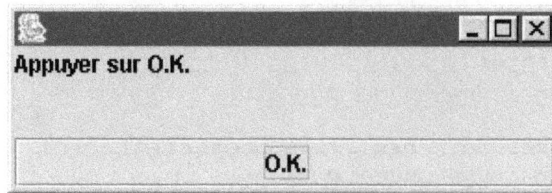

JFileChooser

Cette classe propose une interface utilisateur pour choisir un fichier dans le système d'exploitation.

Différents constructeurs permettent de spécifier le répertoire dans lequel démarre cette boîte de dialogue :

- `JFileChooser();`

- `JFileChooser(File repertoireCourant);`

- `JFileChooser(File repertoireCourant, FileSystemView fsv);` Permet de spécifier le `FileSystemView`, qui est un objet qui prend en compte la vue (MVC) pour s'adapter à certains types de systèmes de fichiers.

- `JFileChooser(FileSystemView fsv);`

- `JFileChooser(String currentDirectoryPath);` Permet de spécifier le répertoire de départ dans une chaîne de caractères.

- `JFileChooser(String currentDirectoryPath, FileSystemView fsv);`

Parmi les méthodes de cette classe, on notera :

- `int showOpenDialog( Component parent);` Ouvre la boîte de dialogue avec le texte "Ouvrir" dans la barre de titre. L'argument passé est le composant père au sens de la modalité de la boîte de dialogue. La valeur de retour peut être `CANCEL_OPTION` (opération annulée), `APPROVE_OPTION` (le bouton "Ouvrir" a été appuyé), `ERROR_OPTION` en cas d'erreur.

- `int showSaveDialog( Component parent);` Ouvre la boîte de dialogue avec le texte "Sauver" dans la barre de titre.

- `int showDialog( Component parent, String texteBouton);` Ouvre la boîte de dialogue, le bouton de validation aura pour label le seconde argument.

- `File getSelectedFile();` Rend le fichier choisi par l'utilisateur.

- `File[] getSelectedFiles();` Rend les fichiers choisis par l'utilisateur, en cas de sélection multiple.

- `void setMultiSelectionEnabled( boolean b);` Permet de rendre la sélection multiple.

Exemple :

```
import java.awt.*;
import javax.swing.*;


public class TestJFile extends JFrame {
  public TestJFile(){
    setDefaultCloseOperation( EXIT_ON_CLOSE);
```

```
    Label l= new Label();
    Container c= getContentPane();
    c.add( "Center", l);


    JFileChooser fc = new JFileChooser();
    int retour = fc.showOpenDialog(this);
    if(retour == JFileChooser.APPROVE_OPTION) {
      l.setText("Fichier: "
          +fc.getSelectedFile().getName());
    }
    setBounds( 100, 100, 300, 100);
    setVisible( true);
  }
 public static void main( String[] args) {
    TestJFile t= new TestJFile();
  }
}
```

Ce qui donne :

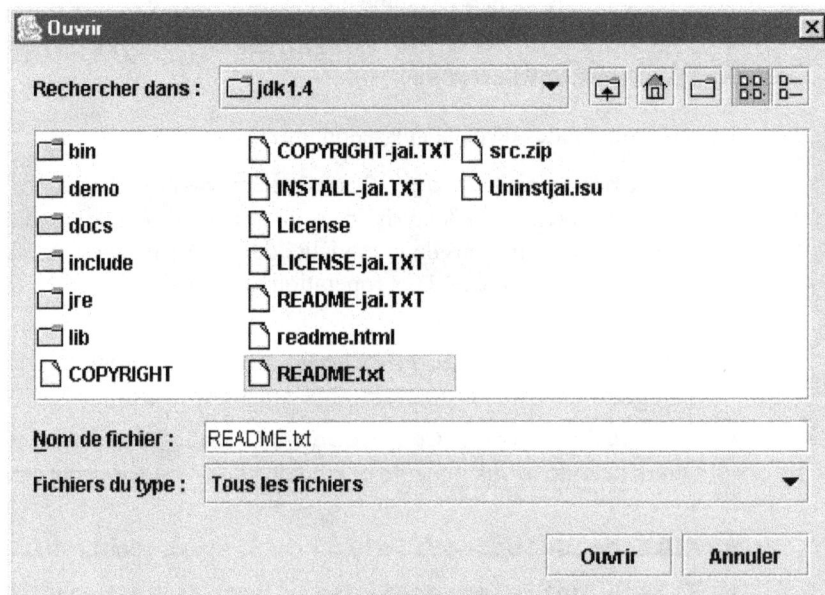

Les nouveaux conteneurs et positionneurs

- **De nouveaux conteneurs :**
  - JScrollPane
  - JSplitPane
  - JTabbedPane

- **De nouveaux layouts :**
  - BoxLayout

- **Des boîtes de messages :**
  - JOptionPane

On trouve dans Swing un grand nombre de nouveaux gestionnaires d'affichage avec de nouveaux types de contenus. Cette grande diversité permet de faire maintenant des interfaces utilisateur très puissantes.

On dispose de nouveaux types de panneaux :

- JScrollPane qui permet de gérer automatiquement le scrolling dans un panneau de taille quelconque.
- JSplitPane qui permet de séparer deux panneaux par une barre déplaçable.
- JTabbedPane qui est un panneau à onglets.

Ainsi que de nouveaux types de gestionnaires de présentation ("layouts managers") comme le BoxLayout.

Et des boîtes de messages derrière la classe JOptionPane.

JScrollPane

C'est un panneau qui permet de visualiser une partie d'un conteneur au travers d'une "lucarne" (**JViewPort**) qui peut se déplacer à l'aide de barres de scrolling qui apparaissent si nécessaire.

Le conteneur à regarder au travers de la lucarne" est passé à la création de l'objet JScrollPane à l'aide d'un des constructeurs :

- **JScrollPane() ;** Constructeur sans argument.
- **JScrollPane(Component composantARegarder) ;** Constructeur qui reçoit le composant qui sera intégré dans le JScrollPane.

- **JScrollPane(Component composant, int vsbPolicy, int hsbPolicy)** ; Les deux derniers arguments sont les polices d'affichage des barres de scrolling verticale et horizontale. On peut spécifier si on souhaite un affichage de la scroll-bar systématiquement, jamais ou seulement si nécessaire. Ces valeurs sont prédéfinies dans des attributs statics :
VERTICAL_SCROLLBAR_ALWAYS, HORIZONTAL_SCROLLBAR_ALWAYS,
VERTICAL_SCROLLBAR_NEVER, HORIZONTAL_SCROLLBAR_NEVER,
VERTICAL_SCROLLBAR_AS_NEEDED **et**
HORIZONTAL_SCROLLBAR_AS_NEEDED.

- **JScrollPane(int vsbPolicy, int hsbPolicy)** ; Constructeur dans lequel seules les polices des barres de scrolling sont spécifiés. Le composant à intégrer pourra être spécifié ultérieurement à l'aide de l'accesseur : void setViewportView(Component).

Remarque :

Il faut positionner dans le JScrollPane des composants dont la taille préférée est spécifiée (méthode getPreferredSize implémentée). Sinon, ces composants seront taillés à la taille de la "lucarne" et il n'y aura pas de scroll-bar.

Une utilisation classique du JScrollPane est avec la JList.

Exemple :

```java
import java.awt.*;
import javax.swing.*;

public class TestJScroll extends JFrame {
  public TestJScroll(){
    setDefaultCloseOperation( EXIT_ON_CLOSE);
    String[] donnees= { "Voici", "quelques", "élément",
        "à mettre", "dans cette", "liste", "scrollable"};
    JList l= new JList( donnees);
    JScrollPane js= new JScrollPane( l);
    Container c= getContentPane();
    c.add( "Center", js);
    setBounds( 100, 100, 100, 100);
    setVisible( true);
  }

  public static void main( String[] args) {
    TestJScroll t= new TestJScroll();
  }
}
```

Ce qui donne :

JList dans un JScrollPane

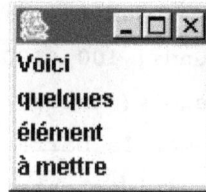

JList sans JScrollPane

JSplitPane

Il permet d'afficher deux conteneurs séparés par une barre, verticale ou horizontale, et éventuellement déplaçable.

Les constructeurs sont :

- **JSplitPane()** ; Constructeur sans argument. Les deux conteneurs fils sont séparés horizontalement.
- **JSplitPane(int orientation)** ;
- **JSplitPane(int orientation, boolean positionnementContinu)** ;
- **JSplitPane(int orientation, boolean positionnementContinu, Component composantGauche, Component composantDroite)** ;
- **JSplitPane(int orientation, Component composantGauche, Component composantDroite)** ;

L'orientation peut avoir pour valeur VERTICAL_SPLIT ou HORIZONTAL_SPLIT.

Le booléen positionnementContinu permet, s'il est à true, de remettre à jour les dispositions des composants fils en même temps que le déplacement de la barre de séparation. S'il est à false, les dispositions des composants fils ne sont recalculées que lorsque l'on a fini de déplacer la barre.

Un certain nombre de méthodes permettent de modifier les propriétés de **JSplitPane**. On notera tout particulièrement la méthode qui permet de spécifier une position (proportionnelle) de la barre de séparation :

void setDividerLocation(double positionEnPourcentage);

Attention, cette méthode n'a pas d'effet si le JSplitPane n'est pas visible.

Exemple :

```
import java.awt.*;
import javax.swing.*;


public class TestJSplit extends JFrame {
  public TestJSplit(){
    setDefaultCloseOperation( EXIT_ON_CLOSE);
    JSplitPane js= new JSplitPane(
        JSplitPane.HORIZONTAL_SPLIT, true,
        new Button( "Gauche"),
        new Button( "Droite"));
```

```
    Container c= getContentPane();
    c.add( "Center", js);
    setBounds( 100, 100, 300, 100);
    setVisible( true);
    // On met la barre à 50%
    js.setDividerLocation( 0.5);
  }
 public static void main( String[] args) {
    TestJSplit t= new TestJSplit();
  }
}
```

Ce qui donne :

JTabbedPane

Ce panneau permet d'afficher de multiples panneaux, dont un seul sera visible en même temps à l'aide d'une logique d'onglets.

Pour créer un panneau JTabbedPane, on utilise un des trois constructeurs :

- **JTabbedPane()** ; Crée un panneau dont les onglets seront en haut.

- **JTabbedPane(int positionOnglets)** ; Crée un panneau dont les onglets seront positionnés suivant la valeur passée en argument et qui peut avoir une des valeurs des variables statiques : TOP, BOTTOM, LEFT ou RIGHT.

- **JTabbedPane(int tabPlacement, int tabLayoutPolicy)** ; Crée un panneau dont on spécifiera la position des onglets et la logique d'affichage des onglets.

Ces constructeurs créent des **JTabbedPane** vides. Il faut ensuite les remplir à l'aide des méthodes pour le mettre à jour :

- **void addTab(String titre, Component composant)** ; Ajoute un panneau (ou un composant). L'argument titre permet de spécifier la chaîne de caractères qui sera affichée dans l'onglet.

- **void addTab(String titre, Icon icone, Component composant)** ; Ajoute un composant. En plus, on peut ici spécifier une icône qui s'affichera sur l'onglet.

- **void addTab(String titre, Icon icone, Component composant, String tip)** ; On peut en plus ici spécifier une bulle d'aide.

Remarque :
Les labels des intercalaires peuvent, à l'instar des JLabels et des JButton, être composés de balises HTML.

Exemple :

```java
import java.awt.*;
import javax.swing.*;

public class TestJTabbed extends JFrame {
  public TestJTabbed(){
    setDefaultCloseOperation( EXIT_ON_CLOSE);

    JTabbedPane jt= new JTabbedPane( JTabbedPane.RIGHT);
    jt.addTab( "Premier onglet", new Button( "Un"));
    jt.addTab( "Second", new Button( "Deux"));
    jt.addTab( " <HTML><H1>3</H1></HTML> ",
        new Button( "Trois"));
    jt.addTab( "Quatrième", new Button( "Quatre"));
    Container c= getContentPane();
    c.add( "Center", jt);
    setBounds( 100, 100, 300, 200);
    setVisible( true);
  }
  public static void main( String[] args) {
    TestJTabbed t= new TestJTabbed();
  }
}
```

Ce qui donne :

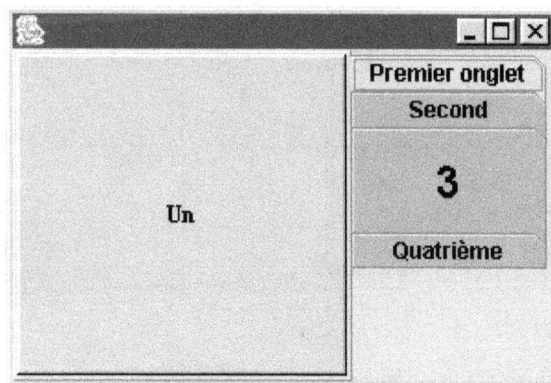

Box

Le conteneur Box utilise un `BoxLayout`, qui est un layout qui ressemble au `FlowLayout` mais en beaucoup plus élaboré.

Ce type de gestionnaire de présentation part du principe que l'on va construire une IHM avec des panneaux imbriqués, qui vont chacun afficher des composants ou des sous-panneaux les uns à la suite des autres, verticalement ou horizontalement.

L'intérêt de ce type de layout est que l'on dispose, en plus, de composants qui permettent d'affiner la disposition des éléments.

Ces composants sont :

- Le tampon (**Glue**) : c'est un composant qui réserve la place restante après analyse de la taille préférée des autres composants.

- La zone rigide (**Rigid Area**) : est un composant invisible dont la taille est fixe.

- Le vérin (**Strut**) : permet de réserver un espace dont la taille est spécifiée en pixels.

Par exemple, supposons que l'on doive construire un écran qui a la forme :

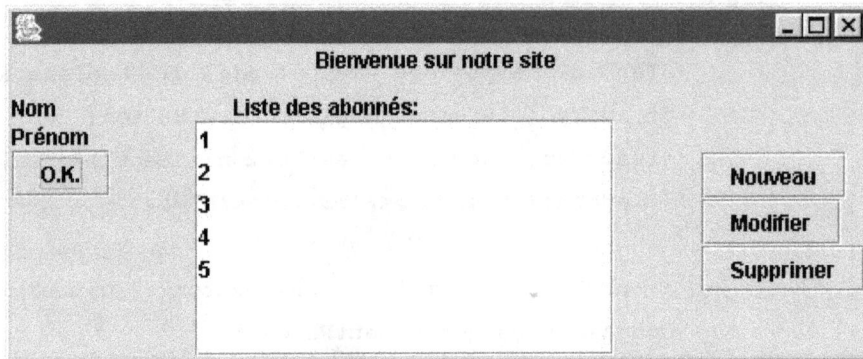

On peut construire cet écran en suivant ce plan :

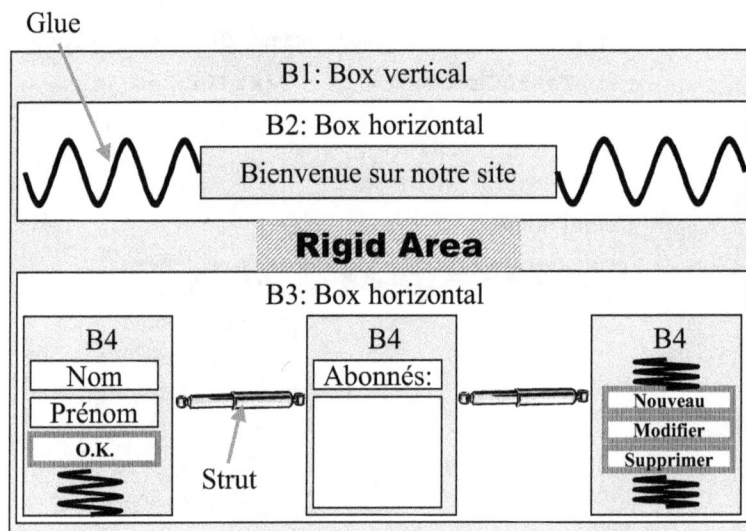

On dispose des méthodes statiques suivantes pour créer des panneaux Box ou des composants invisibles :

- **static Box createHorizontalBox();** Crée un panneau Box dans lequel les éléments seront positionnés horizontalement.

- **static Box createVerticalBox();** Crée un panneau Box dans lequel les éléments seront positionnés verticalement.

- **static Component createHorizontalGlue();** Crée un tampon "Glue" horizontal.

- **static Component createVerticalGlue();** Crée un tampon « Glue » vertical.

- **static Component createHorizontalStrut(int width)** ; Crée un vérin horizontal dont la longueur est spécifiée en argument.

- **static Component createVerticalStrut(int height)** ; Crée un vérin vertical dont la hauteur est spécifiée un argument.

- **static Component createRigidArea(Dimension d)** ; Crée un composant invisible dont la taille est fixée en argument.

L'exemple ci-dessus sera codé de la façon suivante :

```java
import java.awt.*;
import javax.swing.*;

public class TestBox extends JFrame {
  public TestBox(){
    setDefaultCloseOperation( EXIT_ON_CLOSE);

    // Box principal:
    Box b1= Box.createVerticalBox();

    // Box contenant le label "Bienvenue"
    Box b2= Box.createHorizontalBox();
    b2.add( Box.createHorizontalGlue());
    b2.add( new JLabel( "Bienvenue sur notre site"));
    b2.add( Box.createHorizontalGlue());
    b1.add( b2);

    b1.add( Box.createRigidArea( new Dimension( 10, 10)));

    // Box horizontal
    Box b3= Box.createHorizontalBox();

    Box b4= Box.createVerticalBox();
    b4.add( new JLabel( "Nom"));
    b4.add( new JLabel( "Prénom"));
    b4.add( new JButton( "O.K."));
    b4.add( Box.createVerticalGlue());
    b3.add( b4);

    // Ajout d'un vérin de 50 pixels
    b3.add( Box.createHorizontalStrut( 50));

    Box b5= Box.createVerticalBox();
    b5.add( new JLabel( "Liste des abonnés:"));
    // Ajout de la liste
```

```
        String[] tableau= {"1", "2", "3", "4", "5"};
        JList liste= new JList(tableau);
        b5.add( new JScrollPane( liste));
        b3.add( b5);


        // Ajout du second vérin
        b3.add( Box.createHorizontalStrut( 50));


        Box b6= Box.createVerticalBox();
        b6.add( Box.createVerticalGlue());
        b6.add( new JButton( "Nouveau"));
        b6.add( new JButton( "Modifier"));
        b6.add( new JButton( "Supprimer"));
        b6.add( Box.createVerticalGlue());
        b3.add( b6);


        b1.add( b3);
        Container c= getContentPane();
        c.add( "Center", b1);
        setBounds( 100, 100, 500, 200);
        setVisible( true);
    }
  public static void main( String[] args) {
    TestBox t= new TestBox();
  }
}
```

JOptionPane

Cette classe est un outil qui permet de facilement générer des fenêtres de "popup" dans une application.

Elle sait faire apparaître quatre types de boîtes de dialogue à l'aide de méthodes statiques :

- **showMessageDialog** Affiche un message à l'utilisateur.
- **showConfirmDialog** Pose une question et permet à l'utilisateur de répondre par un des trois boutons : « Oui », « Non », « Annuler ».
- **showInputDialog** Pose une question à l'utilisateur et lui permet de répondra dans un champ de saisie de texte.
- **showOptionDialog** Permet de faire une boîte de dialogue personnalisée avec des boutons.

Ces « popups » apparaissent à l'aide de méthodes statiques qui ont pour fonction l'instanciation des boîtes de dialogue.

Ces méthodes, disponibles dans `JOptionPane`, sont les suivantes :

- `static void showMessageDialog(Component parentComponent, Object message)` ; Affiche une boîte de message. Les arguments sont le composant père (au sens de la modalité de la boîte de dialogue) et le message sous la forme d'un objet qui sera généralement de type `String`.

- `static void showMessageDialog(Component parentComponent, Object message, String title, int messageType)` ; Affiche un message. On peut en plus spécifier en argument le texte de la barre de titre de la boîte, ainsi qu'un type de message. Le type de message peut avoir une des valeurs : `ERROR_MESSAGE`, `INFORMATION_MESSAGE`, `WARNING_MESSAGE`, `QUESTION_MESSAGE`, `PLAIN_MESSAGE`.

- `static void showMessageDialog(Component parentComponent, Object message, String title, int messageType, Icon icon)` ; On peut dans cette méthode indiquer en plus une icône à afficher dans la boîte de message.

- `static int showConfirmDialog(Component parentComponent, Object message)` ; Affiche une boîte de confirmation. L'utilisateur a le choix entre trois boutons : « Oui », « Non » ou « Annuler » pour refermer la boîte.

- `static int showConfirmDialog(Component parentComponent, Object message, String title, int optionType)` ; On peut ici spécifier en plus le titre de la boîte et le type d'option. Le type d'option peut avoir l'une des valeurs suivantes : `DEFAULT_OPTION`, `YES_NO_OPTION`, `YES_NO_CANCEL_OPTION`, `OK_CANCEL_OPTION`.

- `static int showConfirmDialog(Component parentComponent, Object message, String title, int optionType, int messageType)` ; Dans cette boîte de dialogue, on peut en plus spécifier le type de message.

- `static int showConfirmDialog(Component parentComponent, Object message, String title, int optionType, int messageType, Icon icon)` ; Enfin dans cette méthode, on spécifie en plus une icône.

- `static String showInputDialog(Object message)` ; Affiche un message dans un « Pop up » qui permet à l'utilisateur de saisir une réponse dans un champ. La méthode retourne la chaîne de caractères saisie par l'utilisateur ou `null` s'il n'a rien saisi.

- `static String showInputDialog(Object message, Object initialSelectionValue)` ; Ici on peut spécifier en plus une valeur initiale par défaut.

- `static String showInputDialog(Component parentComponent, Object message)` ; Cette méthode permet en plus de spécifier un père (au sens de la modalité de la boîte de dialogue).

- `static String showInputDialog(Component parentComponent, Object message, Object initialSelectionValue)` ; Dans cette méthode, on peut en plus spécifier une valeur initiale de la réponse.

- `static String showInputDialog(Component parentComponent, Object message, String title, int messageType)` ; Permet en plus de spécifier un titre et un type de message.

- **static Object showInputDialog(Component parentComponent, Object message, String title, int messageType, Icon icon, Object[] selectionValues, Object initialSelectionValue)** ; Permet de proposer à l'utilisateur un choix parmi un ensemble d'objets. Les choix sont présentés dans une combo-box, le texte affiché pour chaque objet correspond au résultat de la méthode toString(). La méthode retourne l'objet sélectionné par l'utilisateur.

- **static int showOptionDialog(Component parentComponent, Object message, String title, int optionType, int messageType, Icon icon, Object[] options, Object initialValue)** ; Dans cette boîte de dialogue, le tableau d'objets représente les boutons qui s'afficheront en bas.

En dehors des ***inputDialog***, les autres méthodes retournent un entier qui contient la valeur du bouton appuyé par l'utilisateur. C'est une des valeurs suivantes :

- **YES_OPTION**.
- **NO_OPTION**.
- **CANCEL_OPTION**.
- **OK_OPTION**.
- **CLOSED_OPTION**.

Exemples :

```java
import java.awt.*;
import javax.swing.*;

public class TestJOption extends JFrame {
  public TestJOption(){
    setDefaultCloseOperation( EXIT_ON_CLOSE);
    setVisible( true);

    // MessageDialog
    JOptionPane.showMessageDialog( this, "Message à afficher",
      "Titre du message", JOptionPane.PLAIN_MESSAGE);
```

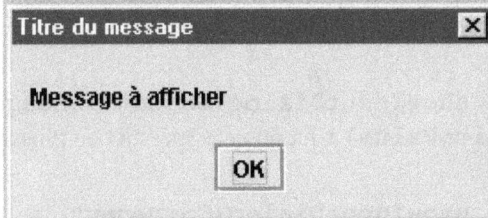

```java
    // ConfirmDialog
    JOptionPane.showConfirmDialog( this, "Question posée",
      "Titre de la question", JOptionPane.YES_NO_OPTION,
      JOptionPane.INFORMATION_MESSAGE);
```

Titre de la question ✕

   ⓘ   **Question posée**

            Oui   **N**on

```
// InputDialog
String reponse= JOptionPane.showInputDialog( this,
   "Message", "Titre", JOptionPane.ERROR_MESSAGE);
```

Titre ✕

   ⬡   **Message**

       [_____]

         OK   Annuler

```
// InputDialog avec liste de choix
Object[] tableau= { "Sélection 1", "seconde selection",
   "troisième"};
reponse= (String) JOptionPane.showInputDialog( this,
   "Message", "Titre", JOptionPane.WARNING_MESSAGE,
   null, tableau, null);
```

Titre ✕

   ⚠   **Message**

       [Sélection 1   ▼]

        OK   Annuler

Titre ✕

   ⚠   **Message**

       [Sélection 1   ▼]

       Sélection 1
       seconde selection
       troisième

```
// OptionDialog
   Object[] tableau2= {"OK", "Pas OK", "Non", "Peut-être",
      "Assurément", "???"};
   JOptionPane.showOptionDialog( this, "Message", "Titre",
      JOptionPane.OK_CANCEL_OPTION,
      OptionPane.QUESTION_MESSAGE,
      null, tableau2, "Non");
```

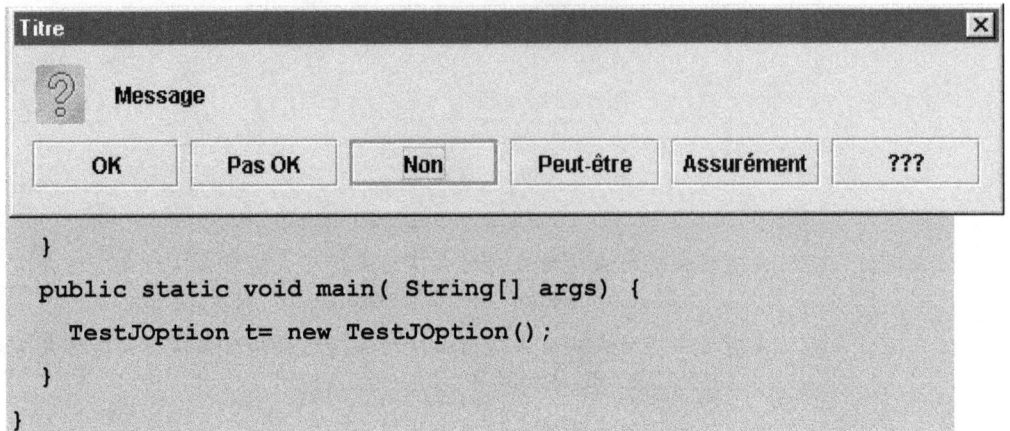

```
  }
public static void main( String[] args) {
   TestJOption t= new TestJOption();
  }
}
```

Les zones de texte

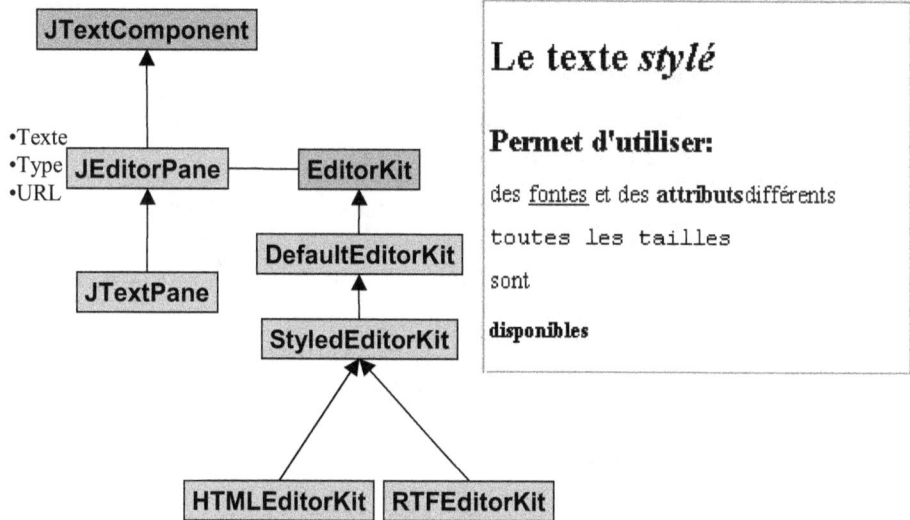

On trouve dans Swing un support des textes particulièrement intéressant puisqu'il prend en compte le formatage stylé du texte, c'est-à-dire en utilisant plusieurs polices de caractères.

JEditorPane

Cette classe représente une zone d'édition de texte. Elle peut être composée de texte stylé ou non (le texte stylé est composé de plusieurs types de polices de caractères et d'attributs de paragraphes).

Pour créer un JEditorPane on dispose des constructeurs suivants :

- **JEditorPane()** ; Constructeur sans argument. Il est vide.
- **JEditorPane(URL url)** ; Cherche à charger le texte à partir de l'objet URL passé en argument. Le fichier doit être de type texte, html ou rtf.
- **JEditorPane(String url)** ; Cherche à créer l'objet URL à partir de la chaîne de caractères spécifiée en argument puis à charger le contenu.
- **JEditorPane(String type, String texte)** ; Crée le JEditorPane à partir du texte passé en argument, à condition qu'il respecte le type mime dont le nom est passé en argument. Ce peut être text/plain, text/html ou text/rtf.

Remarque :
Si la taille du texte à éditer dépasse la taille de la zone, on peut, comme avec la JList, utiliser un JScrollPane.

Un certain nombre de propriétés sont accessibles en lecture et en écriture.

Le texte contenu peut être récupéré ou modifié :

- **void setText(String texte)** ; Permet de modifier le texte.

- **String getText()** ; Renvoie le texte.

- **void setPage(String url)** ; Charge le contenu d'une URL dont l'adresse est spécifiée en argument (si c'est un fichier, alors c'est une URL du type **file:c:/etc**).

- **void setPage(URL url)** ; Charge le contenu d'une URL comme texte.

- **URL getPage()** ; Renvoie l'URL de la page.

- **void read(InputStream in, Object description)** ; Lit le texte à partir d'un stream (par exemple d'un fichier).

Du type du texte dépend la façon dont il va être interprété pour son affichage. Cette fonction est réalisée par un objet de type **EditorKit**. Cette classe abstraite est implémentée dans trois types d'**EditorKit** correspondant aux trois types de documents supportés :

Type MIME	implémentation de **EditorKit**	Type
text/plain	**DefaultEditorKit**	Texte non stylé
text/html	**HTMLEditorKit**	Texte stylé codé en HTML
text/rtf	**RTFEditorKit**	Texte stylé codé en RTF

On peut obtenir et modifier l'EditorKit à l'aide des méthodes :

- **void setEditorKit(EditorKit)** ; Change l'**EditorKit**.

- **EditorKit getEditorKit()** ; Renvoie l'**EditorKit**.

- **void setContentType(String type)** ; Modifie le type MIME du contenu (donc forcément l'**EditorKit** pour prendre celui qui correspond au type spécifié en argument).

- **String getContentType()** ; Renvoie le type MIME.

- **void setEditorKitForContentType(String typeMime, EditorKit kit)** ; Associe un EditorKit à un type MIME spécifié.

On voit par ces méthodes que l'on pourrait très bien créer de nouveaux **EditorKit** pour de nouveaux formats (PDF, DOC, XML, etc.).

La gestion de la sélection et de l'édition se fait à l'aide des trois méthodes suivantes :

- **setEditable(boolean b)** ; Permet de spécifier si l'on peut modifier de façon interactive le contenu.

- **replaceSelection(String contenu)** ; Pour remplacer la partie sélectionnée par un autre contenu (passé en argument)

- **select(int debut, int fin)** ; Pour sélectionner une partie du texte en cours d'édition.

Exemple : ce programme permet de saisir une URL et de l'afficher dans un JEditorPane.

```
package outils;


import javax.swing.*;
import java.awt.event.*;
import java.io.*;   // Pour l'IOException du setPage
```

```
public class PetitNavigateur extends JFrame
           implements ActionListener {

  JEditorPane htmlEdit;  // Zone d'édition
  JTextField tfUrl;       // Zone de saisie de l'URL

  public PetitNavigateur() {
    super ("Petit Navigateur HTML");
    htmlEdit= new JEditorPane();
    getContentPane().add( "Center",
        new JScrollPane( htmlEdit)); // On pourra scroller
                                      // la page
    tfUrl= new JTextField();
    tfUrl.addActionListener( this);
    getContentPane().add( "North", tfUrl);
  }

  public void actionPerformed( ActionEvent e) {
    // On a appuyé sur "Entrée" dans le textField
    // de l'URL
    try {
      htmlEdit.setPage( tfUrl.getText());
    } catch( IOException ex) {
      htmlEdit.setText( "Impossible de charger la page: "
        +ex.getMessage());
    }
  }

  public static void main( String [] args) {
    PetitNavigateur html= new PetitNavigateur();
    html.setBounds( 0, 0, 600, 400);
    html.setVisible( true);
  }
}
```

Ce qui donne :

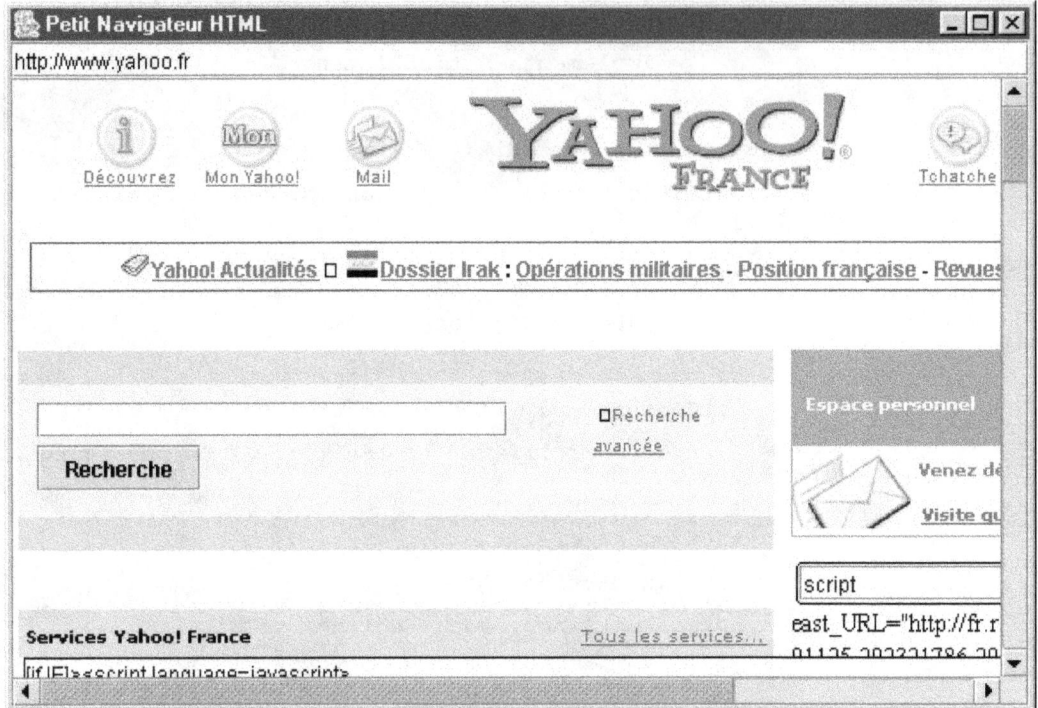

On remarque sur la page de Yahoo par exemple que les scripts JavaScript ne sont pas supportés.

De même les « plugins »n'existent pas, ainsi que les applets. Par contre, les images s'affichent correctement.

Si l'on clique sur les liens hyper-textes, rien ne se passe. Il faut les gérer soi-même.

Gestion des liens hypertextes

On peut avoir dans le texte des liens hypertextes. L'activation d'un lien par l'utilisateur (clic sur le texte représentant le lien) est gérée par le mécanisme des événements.

L'evenement **HyperLinkEvent** est généré lorsque l'utilisateur clique sur un lien.

On peut s'abonner ou se désabonner à l'aide des méthodes :

- **addHyperlinkListener(HyperlinkListener abonne);**
- **removeHyperlinkListener(HyperlinkListener abonne);**

L'interface **HyperLinkListener** est composée d'une seule méthode :

void hyperlinkUpdate(HyperlinkEvent) ; .

L'événement reçu alors, de type **HyperlinkEvent** possède les méthodes :

- **String getDescription() ;** Renvoie une description dans une chaîne.
- **Element getSourceElement() ;** Renvoie l'élément à l'origine de l'événement.
- **URL getURL() ;** Renvoie l'URL cible du lien.

- **HyperlinkEvent.EventType getEventType()** ; Renvoie le type de l'événement. Ce type peut avoir une valeur parmi : HyperlinkEvent.EventType.ENTERED lorsque la souris commence le survol du lien, HyperlinkEvent.EventType.EXITED lorsqu'elle quitte le lien, on encore HyperlinkEvent.EventType.ACTIVATED lorsque l'utilisateur clique sur le lien.

Exemple : sur le petit navigateur on ajoute la gestion des liens.

```
package outils;


import javax.swing.*;
import javax.swing.event.*; // Evénement HyperlinkEvent
import java.awt.event.*;
import java.io.*;


public class PetitNavigateur extends JFrame
      implements ActionListener, HyperlinkListener {

  JEditorPane htmlEdit;
  JTextField tfUrl;


  public PetitNavigateur() {
    super ("Petit Navigateur HTML");
    htmlEdit= new JEditorPane();
    // Nécessaire pour que les liens fonctionnent:
    htmlEdit.setEditable( false);
    // Abonnement à l'evénement
    htmlEdit.addHyperlinkListener( this);
    getContentPane().add( "Center",
      new JScrollPane( htmlEdit));
    tfUrl= new JTextField();
    tfUrl.addActionListener( this);
    getContentPane().add( "North", tfUrl);
  }




  // Méthode de l'interface HyperlinkListener
  public void hyperlinkUpdate( HyperlinkEvent e) {
    // On test si l'action est bien une activation de ce lien
    if( e.getEventType() == HyperlinkEvent.EventType.ACTIVATED)
      try {
        // Chargement de la nouvelle page
```

```
        htmlEdit.setPage( e.getURL());
        // Mise à jour du textfield contenant l'URL
        tfUrl.setText( e.getURL().toString());
    } catch( IOException ex) {
        htmlEdit.setText( "Erreur I/O: "+ex.getMessage());
    }
  }
...
```

Remarque :

Pour que les liens fonctionnent, il faut que le `JEditorPane` soit en lecture seule, c'est à dire non éditable. Cela oblige l'invocation de la méthode `setEditable` avec la valeur `false` en argument.

Les tables

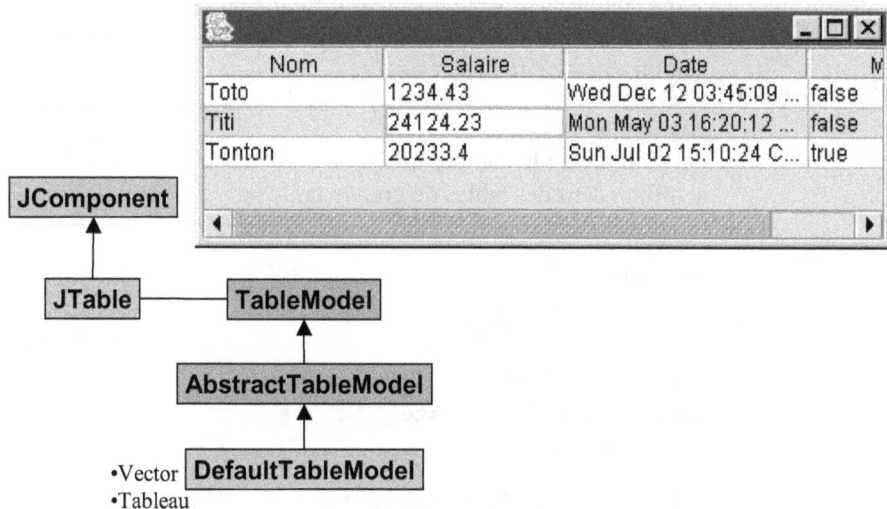

La classe JTable apporte un composant graphique particulièrement intéressant pour présenter des informations sous la forme d'une table.

Nous verrons que ce composant peut aussi autoriser la modification des cellules ainsi que la création d'interfaces personnalisées pour la modification de cellules de types spécifiques.

La classe JTable

Pour construire une table, on peut utiliser un des constructeurs :

- **JTable()** ; Constructeur sans argument. La table est construite avec un modèle de données par défaut. Elle est vide, n'a aucune ligne et aucune colonne.

- **JTable(int numLignes, int numColonnes)** ; Crée une table vide mais ayant le nombre de lignes et de colonnes spécifiées en argument.

- **JTable(Object[][] rowData, Object[] columnNames)** ; Crée une table dont le modèle de données est un tableau d'objets à deux dimensions. Il est nécessaire que chaque ligne de ce tableau possède le même nombre d'éléments. Le second argument est un tableau d'objets dont les méthodes toString retournent les noms des colonnes.

- **JTable(TableModel dm)** ; Crée une table avec un modèle de table spécifique.

- **JTable(TableModel dm, TableColumnModel cm)** ; Idem mais avec en plus un modèle de colonne spécifique.

- **JTable(TableModel dm, TableColumnModel cm, ListSelectionModel sm)** ; Idem mais avec en plus un modèle de sélection particulier.

- **JTable(Vector rowData, Vector columnNames)** ; Une table peut aussi être créée avec un Vector contenant les noms des colonnes, et un Vector contenant les lignes. Elles devront elles mêmes être de type Vector, pour contenir les cellules.

On peut donc utiliser comme modèle d'une table soit un tableau de tableaux d'objets, soit un Vector de Vector.

Remarque :
On peut mettre le composant JTable dans un JScrollPane afin de permettre le scrolling dans des tables de grande taille.

Exemple :

```java
import java.awt.*;
import javax.swing.*;
import java.util.Date;


public class TestJTable extends JFrame {
  public TestJTable(){
    String[] header= { "Nom", "Salaire", "Date", "Marié"};
    Object[][] contenu= { {"Toto", new Double(1234.43),
      new Date( 124512309254L), new Boolean( false)},
      { "Titi", new Double( 24124.23), new Date( 42132012235L),
      new Boolean( true)},
      { "Tonton", new Double( 20233.40),
      new Date( 78934224121L), new Boolean( true)}};

    JTable table= new JTable( contenu, header);
    getContentPane().add( "Center", new JScrollPane(table));
    setDefaultCloseOperation( EXIT_ON_CLOSE);
    setBounds( 100, 100, 500, 200);
    setVisible( true);
  }
  public static void main( String[] args) {
    TestJTable t= new TestJTable();
  }
}
```

Cet exemple donne :

Nom	Salaire	Date	Marié
Toto	1234.43	Wed Dec 12 03:45:0...	false
Titi	24124.23	Mon May 03 16:20:1...	true
Tonton	20233.4	Sun Jul 02 15:10:24...	true

La manipulation de cette table nous permet de voir que l'on peut :

- Modifier la largeur des colonnes (placer le curseur de la souris sur l'en-tête entre deux colonnes).
- Déplacer des colonnes (cliquer sur l'en-tête d'une colonne puis déplacer la souris tout en conservant le bouton de la souris enfoncé).
- Éditer les cellules (double-cliquer sur une cellule puis entrer des données au clavier).

On peut modifier un certain nombre de propriétés de la table à l'aide des méthodes suivantes :

- `void setTableHeader(JTableHeader tableHeader)` ; Spécifie un en-tête de la table.
- `void setShowGrid(boolean showGrid)` ; Permet de rendre visible ou non la grille.
- `void setShowHorizontalLines(boolean showHorizontalLines)` ; Permet de rendre visible ou non les lignes horizontales de la grille.
- `void setShowVerticalLines(boolean showVerticalLines)` ; Permet de rendre visible ou non les lignes verticales de la grille.
- `void setGridColor(Color gridColor)` ; Spécifie une couleur pour le dessin de la grille de la table.
- `void setRowHeight(int row, int rowHeight)` ; Modifie la hauteur des cellules.
- `void setIntercellSpacing(Dimension intercellSpacing)` ; Spécifie une marge vide autour de chaque cellule.
- `void setRowMargin(int rowMargin)` ; Spécifie une marge entre chaque ligne.
- `void setSelectionBackground(Color selectionBackground)` ; Spécifie une couleur de fond de la partie sélectionnée.
- `void setSelectionForeground(Color selectionForeground)` ; Spécifie une couleur d'avant-plan de la partie sélectionnée.
- `void setColumnSelectionAllowed(boolean columnSelectionAllowed)` ; Permet la sélection de colonnes
- `void setRowSelectionAllowed(boolean rowSelectionAllowed)` ; Permet d'autoriser la sélection multiple de lignes.

On peut aussi modifier le contenu d'une cellule avec la méthode :

```
void setValueAt(Object nouvelleValeur, int ligne, int
colonne) ; .
```

Gestion de la largeur des cellules

Par défaut, la taille de la table s'adapte à la taille de son conteneur. Elle n'a pas de taille préférée.

Les colonnes quand à elles ont une taille qui leur est automatiquement attribuée, est qui est la largeur de la table divisée par le nombre de colonnes afin que, quelle que soit la taille de la table, toutes les colonnes soient visibles et aient la même largeur.

On peut modifier cette caractéristique avec la méthode :

```
void setAutoResizeMode( int mode) ; .
```

L'argument est un entier qui va définir la stratégie de redimensionnement automatique de la table et des largeurs des colonnes. Il peut avoir une des valeurs prédéfinies suivantes :

- **JTable.AUTO_RESIZE_OFF** la taille de la table, donc des colonnes, n'est pas ajustée automatiquement.

- **JTable.AUTO_RESIZE_NEXT_COLUMN** lorsque la largeur d'une colonne est modifiée, cela n'affecte que la colonne suivante.

- **JTable.AUTO_RESIZE_SUBSEQUENT_COLUMNS** lorsque la largeur d'une colonne est modifiée, cela affecte proportionnellement toutes les colonnes de droite. C'est la valeur par défaut.

- **JTable.AUTO_RESIZE_LAST_COLUMN** lorsque la largeur d'une colonne est modifiée, cela affecte la colonne la plus à droite.

- **JTable.AUTO_RESIZE_ALL_COLUMNS** lorsque la largeur d'une colonne est modifiée, cela affecte proportionnellement toutes les colonnes.

Par ailleurs, il est possible de récupérer et modifier la largeur de chaque colonne.

La méthode `TableColumn getColumn( int numero);` du modèle de la colonne renvoie un objet de la classe `javx.swing.table.TableColumn`.

Cet objet, qui représente une colonne, possède un certain nombre de propriétés qui peuvent être modifiées, dont la largeur préférée à l'aide de la méthode :

void setPreferredWidth(int largeurEnPixels); .

Dans l'exemple ci dessous (à ajouter à la classe TestJTable ci-dessus), on fixe la largeur des colonnes à 100 pixels :

```
JTable table= new JTable( contenu, header);
    table.setAutoResizeMode( JTable.AUTO_RESIZE_OFF);
    for( int n=0;
        n < table.getColumnModel().getColumnCount(); n++) {
    javax.swing.table.TableColumn colonne;
    colonne= table.getColumnModel().getColumn( n);
    colonne.setPreferredWidth( 100);
    }
    getContentPane().add( "Center", new JScrollPane(table));
```

Ce qui donne :

Editeurs et afficheurs de cellules

La modification des cellules passe par un `JTextField`. Pour certains types de données, il pourrait être intéressant d'avoir un composant d'édition plus élaboré.

On peut spécifier un éditeur sur une colonne (méthode `setCellEditor`).

L'éditeur devra être une classe qui implémente l'interface `TableCellEditor`. On pourra développer nos propres classes à partir de cette interface, ou, plus simplement, utiliser la classe `DefaultCellEditor` qui implémente cette interface et peut travailler avec des composants de type `JCheckBox`, `JComboBox` ou `JTextField`.

Exemple avec un combo-box :

```
...
    JTable table= new JTable( contenu, header);
    javax.swing.table.TableColumn marie;
    marie= table.getColumnModel().getColumn( 3);
    // Création d'un combo comme éditeur
    JComboBox comboBox = new JComboBox();
    comboBox.addItem("true");
    comboBox.addItem("false");
    marie.setCellEditor(new DefaultCellEditor(comboBox));
...
```

Qui donne :

L'affichage des cellules passe par une chaîne de caractères. Il pourrait être intéressant d'avoir un composant qui prenne en charge cet affichage.

On dispose pour cela d'une méthode dans `JTable` :

void setDefaultRenderer(Class columnClass, TableCellRenderer renderer); .

Elle permet de spécifier pour un type de données un objet qui prendra en charge l'affichage. Ce dernier doit être d'un type qui implémente `TableCellRenderer`.

Cette interface possède une seule méthode :

Component getTableCellRendererComponent(JTable table, Object value, boolean isSelected, boolean hasFocus, int row, int column); .

Elle retourne un composant graphique qui va s'afficher dans la cellule. Les arguments qu'elle reçoit sont :

• La table.
• La valeur de la cellule.
• Un flag qui signale si la cellule est sélectionnée.
• Un flag qui signale si on a le focus.
• Deux entiers qui indiquent les numéros de lignes et de colonne.

C'est à partir de ces arguments qu'elle saura comment afficher la cellule.

Créer son propre modèle de table

Plutôt que de créer une table à partir de tableaux ou de Vector, il peut être intéressant de créer une table dont le contenu est calculé dynamiquement.

Cela est possible à condition de créer un modèle spécifique. C'est un objet construit à partir d'une classe qui doit implémenter l'interface `TableModel`.

Les méthodes de cette interface sont les suivantes :

- **`void addTableModelListener(TableModelListener l)`** ; Ajoute un listener aux évènement du modèle.
- **`void removeTableModelListener(TableModelListener l)`** ; Retire un listener.
- **`int getColumnCount()`** ; Rend le nombre de colonnes.
- **`int getRowCount()`** ; Rend le nombre de lignes
- **`Object getValueAt(int rowIndex, int columnIndex)`** ; Rend l'élément de la cellule spécifiée en argument.
- **`void setValueAt(Object aValue, int rowIndex, int columnIndex)`** ; Modifie la cellule.
- **`boolean isCellEditable(int rowIndex, int columnIndex)`** ; Rend **true** si la cellule indiquée peut être modifiée.
- **`String getColumnName(int columnIndex)`** ; Rend le nom de la colonne dont l'index est passé en argument.
- **`Class getColumnClass(int columnIndex)`** ; Rend la classe des éléments de la colonne passée en argument.

La classe `AbstractTableModel` implémente cette interface à l'exception des trois méthodes :

- **`int getRowCount()`** ;
- **`int getColumnCount()`** ;
- **`Object getValueAt(int row, int column)`** ;

Exemple :

```java
import java.awt.*;
import javax.swing.*;
import java.util.Date;
import javax.swing.table.*;

public class TestTableModel extends JFrame {
  public TestTableModel(){


    TableModel modele= new AbstractTableModel() {
      public int getColumnCount() {
        return 10;
      }
      public int getRowCount() {
        return 100;
```

```
        }
        public Object getValueAt( int ligne, int colonne) {
          return ligne+" x "+colonne;
        }
        // Seule la troisième colonne peut être éditée
        public boolean isCellEditable( int ligne, int colonne) {
          if( colonne==2) return true;
          return false;
        }
      };
      JTable table= new JTable( modele);
      getContentPane().add( "Center", new JScrollPane(table));
      setDefaultCloseOperation( EXIT_ON_CLOSE);
      setBounds( 100, 100, 500, 200);
      setVisible( true);
    }
    public static void main( String[] args) {
      TestTableModel t= new TestTableModel();
    }
}
```

A	B	C	D	E	F	G	H	I	J
0 x 0	0 x 1	0 x 2	0 x 3	0 x 4	0 x 5	0 x 6	0 x 7	0 x 8	0 x 9
1 x 0	1 x 1	1 x 2	1 x 3	1 x 4	1 x 5	1 x 6	1 x 7	1 x 8	1 x 9
2 x 0	2 x 1	2 x 2	2 x 3	2 x 4	2 x 5	2 x 6	2 x 7	2 x 8	2 x 9
3 x 0	3 x 1	3 x 2	3 x 3	3 x 4	3 x 5	3 x 6	3 x 7	3 x 8	3 x 9
4 x 0	4 x 1	4 x 2	4 x 3	4 x 4	4 x 5	4 x 6	4 x 7	4 x 8	4 x 9
5 x 0	5 x 1	5 x 2	5 x 3	5 x 4	5 x 5	5 x 6	5 x 7	5 x 8	5 x 9
6 x 0	6 x 1	6 x 2	6 x 3	6 x 4	6 x 5	6 x 6	6 x 7	6 x 8	6 x 9
7 x 0	7 x 1	7 x 2	7 x 3	7 x 4	7 x 5	7 x 6	7 x 7	7 x 8	7 x 9
8 x 0	8 x 1	8 x 2	8 x 3	8 x 4	8 x 5	8 x 6	8 x 7	8 x 8	8 x 9
9 x 0	9 x 1	9 x 2	9 x 3	9 x 4	9 x 5	9 x 6	9 x 7	9 x 8	9 x 9

Imprimer une JTable

Java 5

La version 5 de Java nous permet d'imprimer de façon simple et spectaculaire un objet `JTable` avec la possibilité d'avoir des hauts et bas de page.

La méthode **print** a été ajoutée avec les signatures suivantes :

- **void print();** // impression simple.

- **void print(JTable.PrintMode mode_impression)** ; // Imprime avec un mode d'impression particulier.

- **void print(JTable.PrintMode mode_impression, MessageFormat enTete, MessageFormat piedDePage)** ; // Impression avec en-tête et pied de page.

- **void print(JTable.PrintMode mode_impression, MessageFormat enTete, MessageFormat piedDePage, boolean**

```
afficheDialogImpression, PrintRequestAttributeSet attr,
boolean interactif)  ; // Impression avec tous les parametrages.
```

Alors que la première imprime avec des valeurs par défaut, la seconde permet de spécifier un mode d'impression à l'aide de la classe interne **JTable.PrintMode**.

Cette classe est en fait une énumération permettant de choisir entre :

- **JTable.PrintMode.FIT_WIDTH** qui retaillera la table de façon à ce que toutes les colonnes soient visibles dans la largeur de la feuille

- **JTable.PrintMode.NORMAL** qui utilisera plusieurs feuilles si la table dépasse la largeur d'une seule.

La méthode **print** suivante permet en plus de spécifier un en-tête et un bas de page à l'aide d'objets de type **MessageFormat**.

Cette classe pemet de définir un pattern qui lui est passé dans le constructeur, dans lequel chaque nombre entier sera remplacé par l'objet **Format** passé par la méthode :

```
void setFormatsByArgumentIndex(Format[] newFormats) ;
```

Cette méthode est invoquée de façon transparente par l'objet **JTable**.

java.text.Format est une classe abstraite qui est immmplémentée de deux façons :

- **java.text.DateFormat** pour les dates (par ex. La date d'impression).

- **java.text.NumberFormat** pour les nombres (par ex. Le numéro de page).

Exemple :

```
try {
  MessageFormat headerFormat = new MessageFormat("Page {0}");
  table.print(JTable.PrintMode.FIT_WIDTH, headerFormat,
      footerFormat);
} catch (PrinterException e) {
  System.out.println("Erreur d'impression: " + e.getMessage());
}
```

Enfin, la dernière méthode print prend en plus :

- un booléen qui est à **true** si l'on souhaite afficher la boite de dialogue de choix d'une imprimante.

- un objet **PrintRequestAttributeSet** contenant les attributs d'impression.

- un booléen qui est à **true** si l'on souhaite une impression interactive. Dans ce cas, une boite de dialogue s'affichera pendant l'impression montrant une barre de progression et un bouton pour annuler l'impression.

L'objet **javax.print.attribute.PrintRequestAttributeSet** permet d'ajouter des attributs au job d'impression sous la forme d'objets **Attribute**.

L'exemple ci-dessous ouvre la boîte de dialogue d'impression, puis affiche la liste des attributs avec leur classe :

```
JTable table= new JTable();
Printable printable =
    table.getPrintable(JTable.PrintMode.FIT_WIDTH,
        new MessageFormat("My Table"),
        new MessageFormat("Page - {0}"));
```

```
PrinterJob job = PrinterJob.getPrinterJob();
job.setPrintable(printable);
PrintRequestAttributeSet attr =
  New HashPrintRequestAttributeSet();
boolean printAccepted = job.printDialog(attr);
Attribute[] a= attr.toArray();
for( int n=0; n < a.length; n++)
  System.out.println( "Attribut: "+a[n].getName()+" - "
      +a[n].getClass());
```

Ce qui donne:

```
Attribut: requesting-user-name - class
javax.print.attribute.standard.RequestingUserName
Attribut: orientation-requested - class
javax.print.attribute.standard.OrientationRequested
Attribut: media - class
javax.print.attribute.standard.MediaSizeName
Attribut: copies - class javax.print.attribute.standard.Copies
Attribut: media-printable-area - class
javax.print.attribute.standard.MediaPrintableArea
```

On voit dans cet exemple que chaque attribut est défini dans un objet d'une classe propre à sa nature. L'ensemble de ces classes sont contenues par le package :

```
javax.print.attribute.standard
```

Par exemple, l'attribut de type :
`javax.print.attribute.standard.PrintQuality` sera créé en lui passant la qualité d'impression requise (dans cette exemple, qualité normale) :

```
PrintQuality qualite= new PrintQuality( PrintQuality.NORMAL);
```

Gestion de l'Undo et du Redo

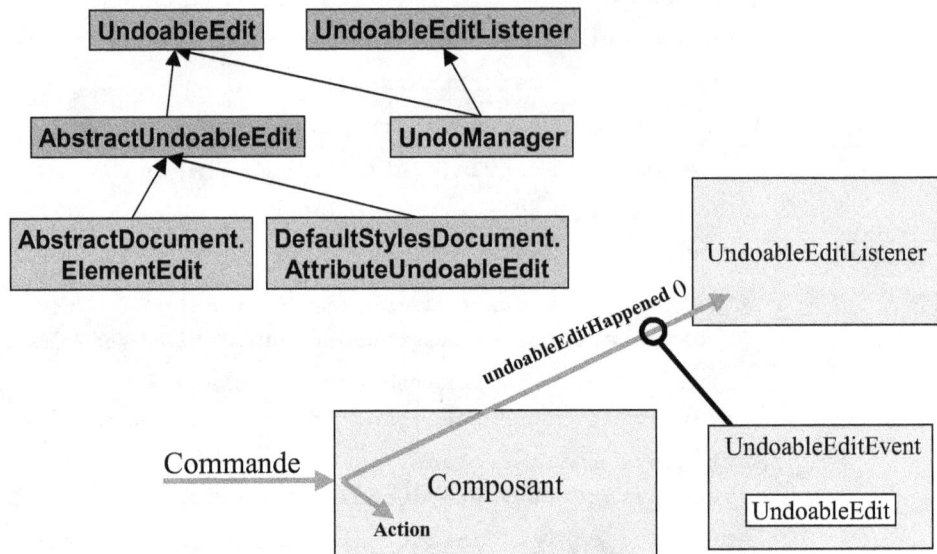

L'objectif de l'Undo (annulation) et de Redo (répétition) est de permettre l'implémentation, sur un composant, de la possibilité d'annuler ou de recommencer la dernière opération. C'est aussi, éventuellement, la possibilité d'annuler ou de recommencer les n dernières modifications (n étant défini ou paramétrable).

Le principe, dans Swing, s'appuie sur deux design patterns importants : le MVC et la gestion des événements.

- MVC (model vue controler) : on part du principe que pour faire toute action sur un composant, on doit passer par une interface de commande définie. Pour permettre de gérer l'Undo et le Redo dans cette interface de commande, on devra implémenter une interface contenant ces concepts.
- La gestion des événements : afin de pouvoir éventuellement créer des gestionnaires d'Undo/Redo génériques, on va utiliser la gestion des événements par délégation, bien connue dans Java, afin de pouvoir déléguer cette gestion à des objets spécialisés.

Toute commande implémente l'interface UndoableEdit

Le mécanisme est le suivant : le composant reçoit des commandes au travers d'une interface composée de méthodes. Par exemple, une liste permet d'insérer un élément d'en retirer un, d'en déplacer un, etc…

A l'entrée de toute commande, après avoir été exécutée, il sera créé un objet contenant l'intelligence de défaire ou refaire la commande. Il implémentera une interface « d'édition pouvant être défaite ». C'est l'interface UndoableEdit.

Les principales méthodes de cette interface sont :

- **void undo()**; Annule l'opération.
- **void redo()**; Répète l'opération.

- **boolean canUndo();** Renvoie true si l'annulation est possible (utile par exemple pour valider ou invalider le menu "Undo").
- **boolean canRedo();** Renvoie true si la répétition est possible.

On trouve une implémentation abstraite de cette interface : AbstractUndoableEdit.

L'écoute des modifications par l'événement UndoableEditEvent

Toute modification du composant va engendrer l'émission d'un événement, auquel pourra être abonné un gestionnaire qui stockera toutes les modifications dans une liste, afin de pouvoir éventuellement faire des Undo ou des Redo (par exemple à la demande de l'utilisateur au travers d'une IHM).

La méthode de demande d'abonnement à cet événement est la suivante :

void addUndoableEditListener(UndoableEditListener abon);

L'interface **UndoableEditListener** est composée d'une seule méthode :

void undoableEditHappened(UndoableEditEvent evt);

Cette méthode est invoquée par l'émetteur à chaque fois qu'une commande est faite. La commande « annulable » ou « recommençable » est en propriété de l'objet UndoableEditEvent. On la récupère à l'aide de la méthode :

UndoableEdit getEdit();.

C'est dans cet objet que l'on pourra invoquer éventuellement Undo ou Redo.

Remarque :
Dans un objet de type UndoableEdit, il est d'usage d'invoquer une seule fois undo ou redo. Mais rien n'empêche d'invoquer par exemple plusieurs fois à la suite l'Undo dans le même objet. Il peut se passer alors des effets de bord imprévisibles.

L'Undo/Redo dans l'interface Document

C'est un bon exemple à étudier pour comprendre ce mécanisme.

Comme nous l'avons vu dans le chapitre sur les zones de texte, tout composant texte (JTextComponent) possède un objet de type Document, accessible par la méthode :

Document getDocument();.

Elle retourne donc un objet qui implémente l'interface Document, dans laquelle on trouve notamment les méthodes d'abonnement et de résiliation à l'Undo :

void addUndoableEditListener(UndoableEditListener a);,

void removeUndoableEditListener(UndoableEditListener a);.

Voici un exemple de programme qui crée un JTextArea et qui s'abonne à l'événement Undo :

```
import javax.swing.*;
import javax.swing.event.*;


public class TestUndo extends JFrame
```

```
        implements UndoableEditListener {
  JTextArea texte;

  public TestUndo() {
    texte= new JTextArea();
    texte.getDocument().addUndoableEditListener( this);
    getContentPane().add( "Center", texte);
  }

  public void undoableEditHappened( UndoableEditEvent e) {
    System.out.println( e.getEdit().getPresentationName());
  }

  public static void main( String[] args) {
    TestUndo t= new TestUndo();
    t.setBounds( 0, 0, 600, 400);
    t.pack();
    t.setVisible( true);
  }
}
```

Dans cet exemple, on affiche sur la console Java les "noms de présentation" de chaque commande (ajout et suppression).

Gérer les files d'annulations avec la classe UndoManager

On peut gérer la liste des annulations/répétitions à l'aide d'une pile. Il existe aussi une classe qui fait tout cela automatiquement et à qui on peut déléguer ce travail : **UndoManager** (qui fait partie du package javax.swing.undo).

Elle implémente UndoableEditListener, et possède les méthodes :

*   **boolean canUndo();**
*   **boolean canRedo();**
*   **void undo();**
*   **void redo();**
*   **void setLimit(int limite);** Permet de spécifier un nombre maximum d'Undo et de Redo dans l'historique.
*   **int getLimit();** Rend la valeur de la limite.

Dans l'exemple ci-dessous, on confie la gestion de la pile des Undo à un objet UndoManager et on l'utilise à l'aide d'un bouton "Annuler" :

```
import javax.swing.*;
import javax.swing.undo.*;
import java.awt.event.*;


public class TestUndo2 extends JFrame
```

```
      implements ActionListener {
JTextArea texte;
UndoManager manager;
JButton bpAnnuler;

public TestUndo2() {
  manager= new UndoManager();
  texte= new JTextArea();
  texte.getDocument().addUndoableEditListener( manager);
  getContentPane().add( "Center", texte);
  bpAnnuler= new JButton( "Annuler");
  bpAnnuler.addActionListener( this);
  getContentPane().add( "North", bpAnnuler);
}


public void actionPerformed( ActionEvent e) {
  if( manager.canUndo())
     manager.undo();
}

public static void main( String[] args) {
  TestUndo2 t= new TestUndo2();
  t.setBounds( 0, 0, 600, 400);
  t.pack();
  t.setVisible( true);
}
}
```

Gérer les Undo dans ses propres composants

Seuls les composants texte (**TextComponent**) savent gérer l'Undo. Pour d'autres composants, qui ne le gèrent pas, on peut implémenter cette possibilité nous-même.

Pour cela, il faut :

- S'abonner aux événements liés à sa modification ;
- Créer une implémentation de UndoableEdit pour chaque type de modification ;
- Implémenter les méthodes add/removeUndoableEditListener(UndoableEditListener).

Atelier

Objectifs :

- **Savoir utiliser les composants Swing**

- **Mettre en pratique le composant JTree**

- **Mettre en pratique le JEditorPane avec le JTabbedPane**

- **Mettre en pratique le composant JTable avec un modèle spécifique**

Durée minimum : 120 minutes.

Exercice 1 :

Faire une implémentation de l'interface TreeModel, dédiée à la structure des fichiers du système. On appellera cette classe FileTreeModel.

Lorsque l'on crée une JTree avec un objet de ce type, la liste arborescente affiche l'arborescence du système de fichiers.

Voir le module sur les entrées/sorties pour la classe File.

Créer un main dans lequel on construit une frame qui contiendra une instance de notre FileTreeModel pour le tester.

Cela donnera par exemple :

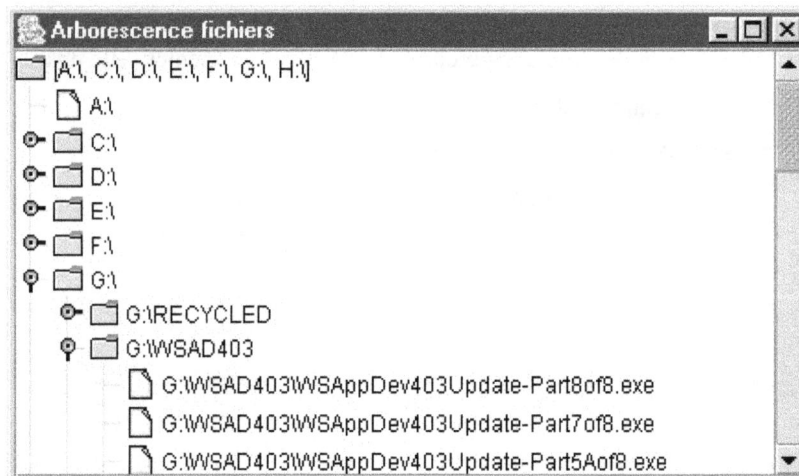

Exercice 2 :

Mini éditeur HTML :

Créer une `JFrame` dans laquelle on mettra un `JTabbedPane` à deux onglets :

- WYSIWYG (What You See Is What You Get) : affiche la page HTML dans un `JEditorPane` HTML.

- CODE : affiche le code HTML (sans mise en forme) dans un `JEditorPane` « text/plain ».

Cela donnera par exemple :

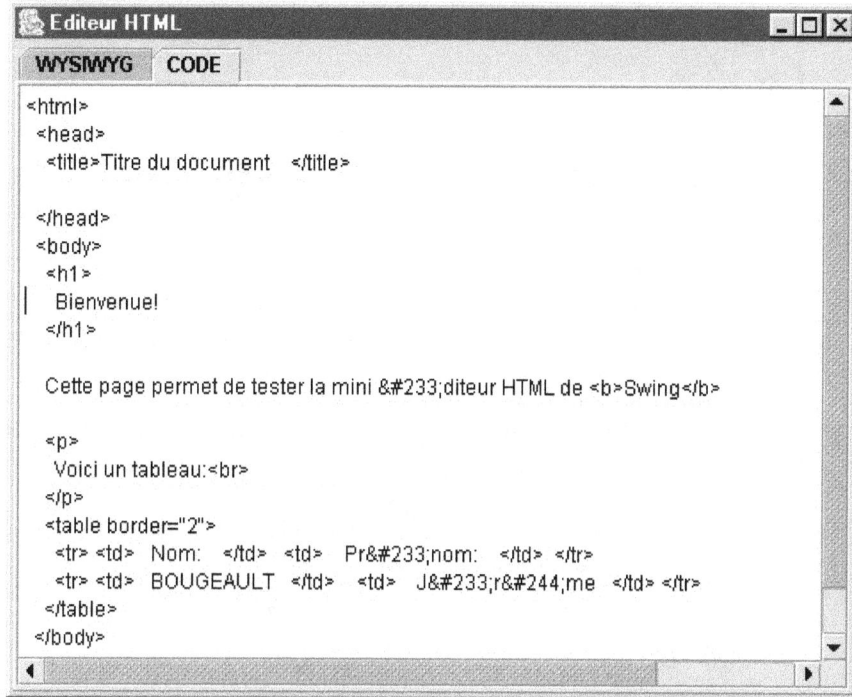

Et :

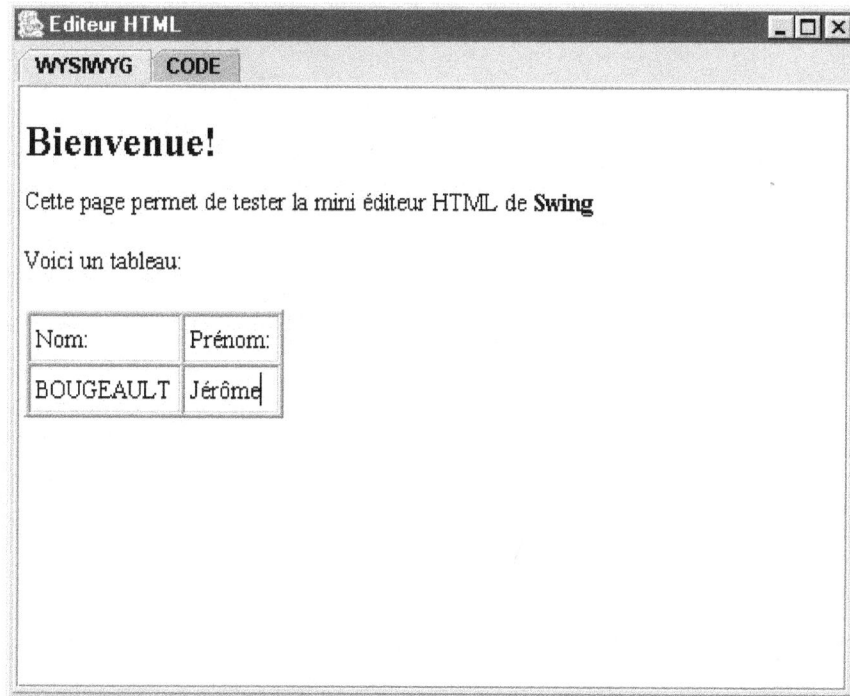

Lorsque l'on est dans l'éditeur de texte (onglet « CODE »), on peut entrer du code HTML.

Lorsque l'on passe dans l'éditeur HTML (onglet « WYSIWYG »), le code entré dans l'éditeur de texte est pris en compte (méthode `setText( String texte)`).

L'éditeur HTML n'est pas en lecture seule, lorsque l'on saisit du texte, il sera pris en compte lorsque l'on repassera dans l'éditeur de texte (toujours la méthode `setText`).

On prévoira donc la mise à jour de chaque onglet lors du passage de l'un à l'autre en gérant l'événement `ChangeEvent` du `JTabbedPane` (implémenter l'interface `ChangeListener`).

Exercice 3 :

Outil d'interrogation d'une base de données SQL :

On crée une `JFrame` partagée en deux (verticalement) par un `JSplitPane`.

- En haut on a un `JTextArea` dans lequel l'utilisateur peut saisir une requête, et un bouton « Exécuter la requête ».
- En bas un `JTable` dans lequel un éventuel résultat (`ResultSet`) sera affiché. Pour cela, on va développer un modèle de table spécifique au `ResultSet` JDBC.

Le modèle de table sera une classe qui hérite de `AbstractTableModel`. On la nommera `ResultSetTableModel`. Elle possèdera en plus une méthode :

void setResultSet(ResultSet resultat);

qui permettra de spécifier en cours de route un nouveau `ResultSet` (à chaque fois que l'on fait une nouvelle requête).

Le modèle ne permettra pas la modification des cellules.

Cela doit donner :

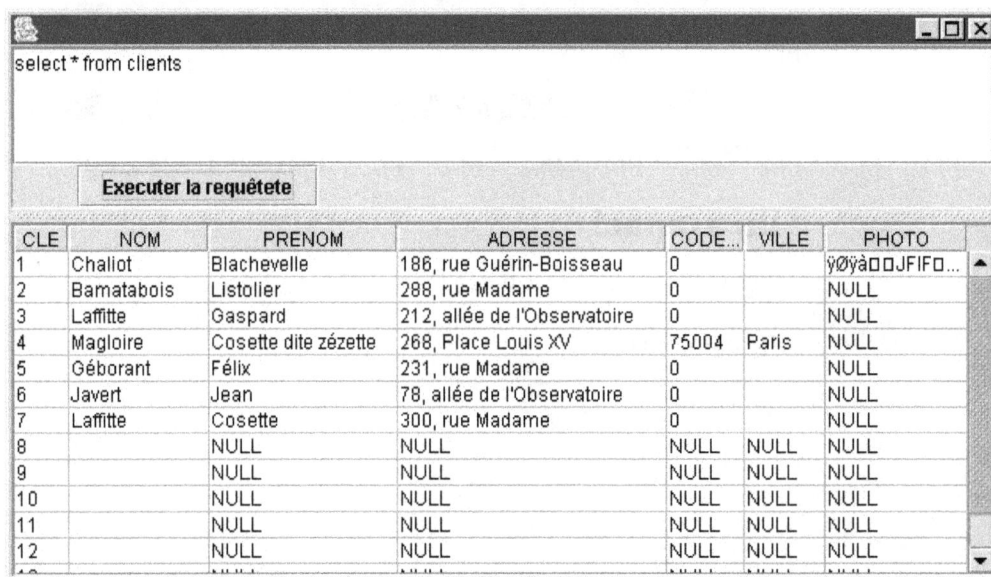

Questions/Réponses

Q. Peut-on mélanger les composants légers (Swing) et les composants lourds (AWT) ?

R. Oui, c'est d'ailleurs le cas des exemples du début de ce module, où l'on crée des composants Swing (JButton...) dans une frame AWT (Frame).

Q. Peut-on traduire les boîtes de dialogue JFileChooser et JColorChooser en français sans avoir à les redévelopper ?

R. Oui, tous les textes qui apparaissent sur ces boîtes sont stockés en propriétés dans l'objet de gestion des interfaces utilisateurs de Swing : UIManager

Exemple :

```
UIManager.put("FileChooser.saveButtonText","Enregistrer");
UIManager.put("FileChooser.saveButtonToolTipText",
      "Enregistrer le fichier");
// etc...
```

Le programme ci-dessous permet de lister tous les éléments par défaut dans l'UIManager :

```
public static void main( String [] args) {
  UIDefaults uid= UIManager.getDefaults();
  Enumeration en= uid.keys();
  while( en.hasMoreElements()) {
    Object element= en.nextElement();
    System.out.println( element+" ---> "
      +uid.get( element));
} }
```

14

Programmation Internet et réseau

Objectifs

Java est un langage qui a pris son essor avec Internet. Le réseau est donc une partie fondamentale dans ce langage, la plupart des API réseau que nous allons aborder dans ce chapitre étaient d'ailleurs déjà présentes dès la version 1.0.

Elles permettent à la fois de concevoir des programmes clients et des programmes serveurs. Elles prennent en charge le protocole IP V4 ainsi que IP V6 depuis la version 1.4.

Contenu

- Rappels sur TCP/IP.
- Le package java.net.
- La gestion des URL.
- Les applets.
- Programmation des sockets.
- Les exceptions du réseau.
- Programmation par paquets avec UDP.
- Gestion des proxys.
- Exploitation du multicast.

Rappels sur TCP/IP

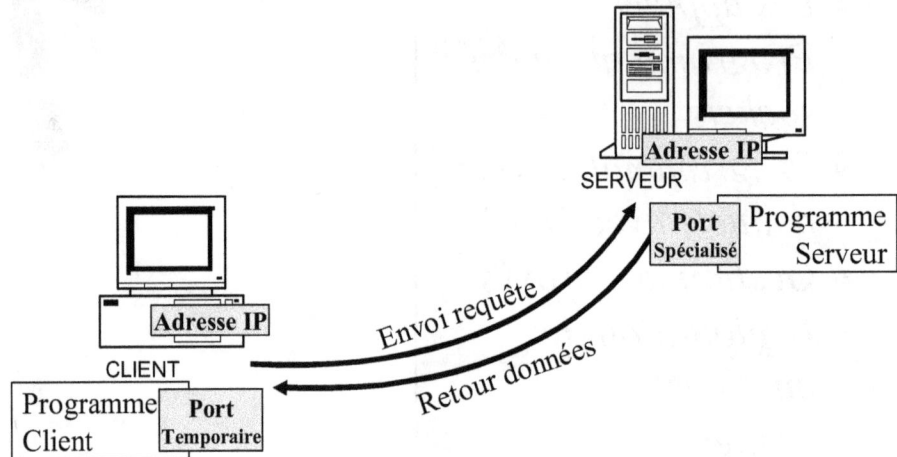

TCP/IP est un protocole de bas niveau, c'est-à-dire qu'il a pour responsabilité le transport de données binaires d'une machine à une autre en utilisant diverses topologies de réseaux. Dans cette limite, il a besoin d'identifier et de localiser l'émetteur et le récepteur, ce qu'il fait à l'aide d'un identifiant unique sur tout le réseau : l'adresse IP.

L'adresse IP est donc, à l'instar d'un numéro de téléphone, la référence unique de chaque machine connectée sur le réseau et utilisant ce protocole.

Par ailleurs, plusieurs applications peuvent utiliser le réseau en même temps sur une même machine, aussi bien sur le récepteur que sur l'émetteur. Afin de pouvoir partager la liaison réseau, c'est-à-dire faire une sorte de multiplexage, TCP/IP utilise la notion de port.

Une connexion sera donc toujours caractérisée par une adresse IP et un numéro de port.

Le port est la porte d'entrée sur une machine

On trouvera deux types de ports : les ports dits de services, qui sont identifiés, leurs numéros sont normalisés (mais pas obligatoires), et les ports temporaires.

Les ports de service sont ceux de 1 à 1023 et les ports temporaires sont numérotés de 1024 à 5000. Dans certains systèmes d'exploitation, les droits d'accès aux ports de services peuvent être réservés aux super utilisateurs, roots et autres administrateurs.

Au delà de 5000, on peut utiliser les ports pour d'autres services, par exemple pour des programmes serveur dans des applications clientes.

Rien ne nous oblige à suivre cette règle, mais il est vivement recommandé de le faire.

Les ports réservés les plus courants

Le tableau ci-dessous propose une liste des services les plus courants des machines, avec le numéro de port qu'il est d'usage d'utiliser.

Le numéro de RFC correspond à la référence de ce type de document (request for comment) qui normalise ces services. On peut consulter les RFC sur divers sites, notamment celui de l'IETF :

http://www.rfc-editor.org/

Numéro de port	Service associé	RFC	STD	Fonction
7	echo	862	20	Renvoie tout caractère reçu.
9	discard	863	21	Ne renvoie rien.
11	users	866	24	Utilisateurs actifs.
13	daytime	867	25	Date et heure du serveur.
17	quotd	865	23	Renvoie la phrase du jour.
19	chargen	864	22	Renvoie la liste des caractères ASCII.
21	ftp	959	9	Transfert de fichiers.
23	telnet	854 855	8	Terminal.
25	mail	821	11	Courrier électronique.
37	timeserver	868	26	Nombre de secondes depuis le 1/1/1900.
42	nameserver	1034 1035	13	Nom de domaine du serveur.
43	whois	954		Annuaire des utilisateurs du serveur.
53	DNS	1101		Service DNS.
80	HTTP (web)	80		Pages Web.

Les ports temporaires sont attribués automatiquement par le système d'exploitation lors d'une connexion. En effet, lorsqu'un client se connecte sur un serveur, il spécifie l'adresse IP du serveur, et le port du service (par exemple 80 pour une connexion sur un serveur Web http). Pour que la communication marche dans les deux sens, il faut aussi que le serveur se connecte sur le client, sur son adresse et par un port qui sera alors attribué dynamiquement.

Il existe deux modes de communications avec le protocole Internet :

- Le mode connecté (TCP) utilise les sockets. Il y a une session pour chaque utilisateur entre la connexion et la déconnexion. De multiples requêtes peuvent être effectuées, on est en mode de communication par flots d'octets dans les deux sens (full duplex). C'est sur ce mode que s'appuieront des protocoles applicatifs tels que FTP, Telnet, NNTP, HTTP, SMTP, etc.

- Le mode non connecté (UDP) s'appuie sur les datagrams, qui sont de petits messages transmis hors session. Ils peuvent être reçus dans un ordre différent de celui au moment de leur émission. Des exemples typiques de leur utilisation sont le PING ou les requêtes vers les DNS.

Le package java.net

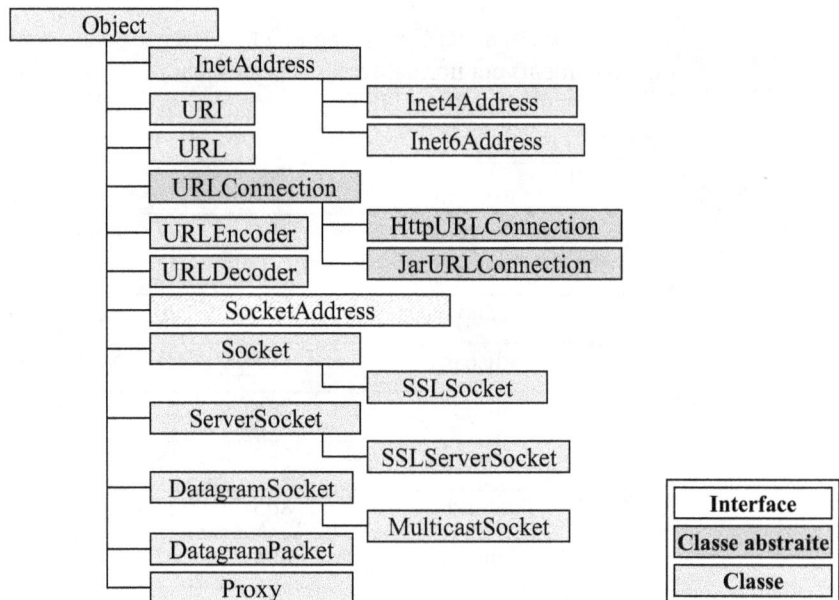

```
┌─────────────────────────┐
│         Object          │
└─────────────────────────┘
        ├──── InetAddress ──────┬──── Inet4Address
        │                       │
        ├──── URI               └──── Inet6Address
        ├──── URL
        ├──── URLConnection
        ├──── URLEncoder ───────┬──── HttpURLConnection
        ├──── URLDecoder        └──── JarURLConnection
        ├──── SocketAddress
        ├──── Socket ───────────────── SSLSocket
        ├──── ServerSocket ─────────── SSLServerSocket
        ├──── DatagramSocket ───────── MulticastSocket
        ├──── DatagramPacket
        └──── Proxy
```

Interface
Classe abstraite
Classe

Pour exploiter ces fonctionnalités à l'aide d'un langage de programmation, il est nécessaire d'utiliser des librairies, dont les fonctions, même pour un même langage (comme par exemple le C) ne sont pas toujours les mêmes.

En Java, standardisation par Sun oblige, il existe une et une seule librairie, constituée d'interfaces et de classes situées dans le package java.net.

Ce package est constitué d'interfaces, et d'une implémentation qui supporte aujourd'hui le protocole TCP/IP.

Les classes majeures sont les suivantes :

- **InetAddress** représente une adresse IP.

- **URL** représente un document distant sur le réseau, au travers de son URL.

- **Socket** représente un canal de communication en mode connecté (flot de données).

- **UDP** représente un canal de communication en mode non connecté (messages datragrams).

La classe InetAddress

La classe **InetAddress** est importante puisqu'elle représente une adresse IP. Elle permet en outre de faire le lien entre le nom du host (de la machine) et l'adresse numérique.

On obtient un objet **InetAddress** par les méthodes statiques :

- **static InetAddress getLocalHost()** ; Adresse locale.

- **static InetAddress[] getAllByName(String noms)** ;

- **static InetAddress getByName(String nomHost)** ;

Les principales méthodes de cette classe sont :

- **byte[] getAddress()** ; Retourne les 4 octets de l'adresse (getAddress[0] est l'octet de poids fort).

- **String getHostAddress()** ; Retourne l'adresse dans une String.

- **String getHostName()** ; Retourne le nom de la machine.

- **boolean isMulticastAddress()** ; Retourne true si l'adresse de la machine permet de faire du multicast.

- **boolean isReachable(int timeout)** ; Permet de tester si l'adresse peut être atteinte. Cela est utile par exemple lorsque l'on passe par des firewalls. Cette méthode va en fait tenter une connexion TCP sur le port 7 (echo) de la machine distante. Le timeout est spécifié en millisecondes et doit être positif ou nul.

Pour plus d'informations concernant les adresses IP, on peut se référer aux RFC 790 et RFC 1918.

Deux classes héritent de **InetAddress** :

- **Inet4Address** représente une adresse IP V.4.

- **Inet6Address** représente une adresse IP V.6.

Cette dernière est intéressante, puisqu'elle possède quelques méthodes qui permettent d'exploiter les particularités de ce nouveau type d'adresses (Voir la RFC 2373 pour plus de détails) :

- **byte[] getAddress()** ; Retourne un tableau, non plus de 4, mais de 16 octets !

- **boolean isIPv4CompatibleAddress()** ; Permet de savoir si l'adresse est compatible IP V4. Toute addresse IP V4 peut entrer dans le mapping des adresses IP V6 (qui peut le plus peut le moins), mais pas l'inverse.

Les classes des URL

Nous verrons leur utilisation en détails dans le prochain slide.

Les classes **URI** et **URL** représentent donc des ressources identifiées sur le réseau (URI) et accessible (URL).

La classe **URLConnection** permettra d'effectuer une connexion sur les ressources accessibles afin de récupérer un certain nombre d'informations les concernant.

Enfin, les classes **URLEncoder** et **URLDecoder** permettent de gérer l'encodage des URL.

Les classes des Sockets

Un certain nombre de classes permettent de faire de la programmation des sockets :

- **SocketAddress**.
- **Socket**.
- **SSLSocket**.
- **ServerSocket**.
- **SSLServerSocket**.

Les classes des Datagram

Elles concernent le mode UDP. Nous verrons aussi plus loin leur utilisation, ainsi que la classe **MulticastSocket** qui permet de faire du multicast sur le réseau.

La gestion des URL

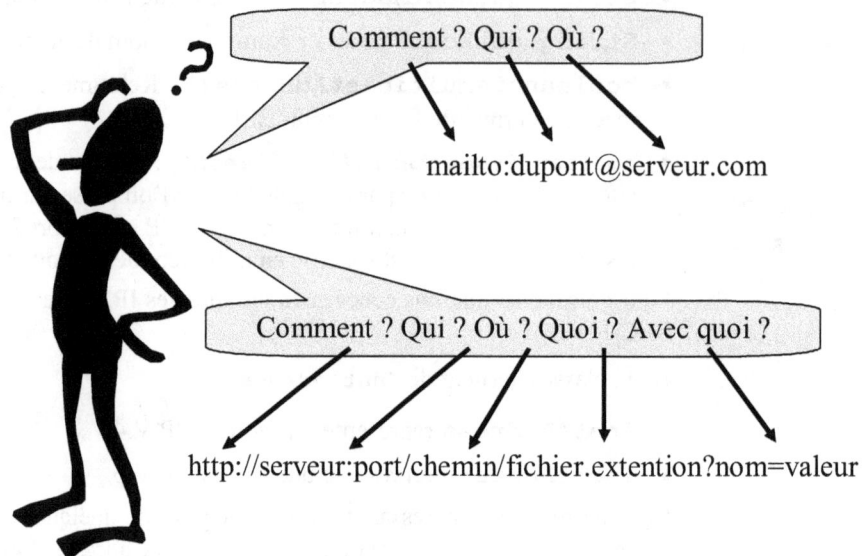

Les URI (uniform resource identifier) permettent d'identifier de façon unique un document. Les URL (uniform resource locator) s'appuient sur les URI et permettent de retrouver une ressource, quel que soit son emplacement sur le réseau.

L'accès à la ressource se fera au travers d'un protocole de communication. On trouvera donc au minimum dans une URL :

* Un protocole.
* Une adresse.
* Un nom de ressource.

Sous la forme : protocole://adresse/nomRessource.

Les URL les plus connues sont celle utilisées avec le protocole HTTP pour localiser un document sur un serveur Web. Le format est le suivant :

http://service.host.domain/chemin/fichier.extention?parametre=valeur#fragment

On trouve dans ce type d'URL :

* Le protocole (HTTP).
* L'adresse sous la forme « service.host.domain » ou sous la forme « adresseIP:NumeroDePort ».
* Le chemin (composé de sous-répertoires) dans le File System du serveur Web.
* Le nom du fichier (ou du script pour les pages dynamiques), qui est facultatif, dans ce cas le serveur cherchera un fichier ayant un nom par défaut (par exemple index.html) dans le répertoire spécifié.
* Les paramètres, couples nom/valeur, situés à droite du point d'interrogation (?). Ces paramètres, séparés par un « et commercial » (&) sont facultatifs.
* Le fragment qui contient une information complémentaire, par exemple en HTML une étiquette dans le document où se positionner après son chargement (la balise <A> pour « ancre »).

Pour plus d'informations, on peut se reporter à la RFC 1738 concernant les URL (par exemple sur le site de l'IETF : http://www.ietf.org/rfc/rfc1738.txt).

La classe URL

Plusieurs constructeurs permettent de créer des objets de type **URL** dont :

- **URL(String url)** ; Permet de passer une URL dans une chaîne de caractères.
- **URL(URL urlAbsolue, String urlRelative)** ; Permet de passer une URL relative en chaîne de caractères, et l'URL absolue à partir de laquelle calculer l'URL.

Les principales méthodes de cette classe sont :

- Récupérations du port, du protocole... Ce sont toutes les méthodes `get` (voir la documentation du JDK).
- **URLConnection openConnection()** ; Permet de récupérer une connexion sur cette URL.
- **InputStream openStream()** ; Permet de lire le contenu de l'URL.

Exemple :

```java
// Ce programme récupère le contenu d'un fichier
// sur un serveur Web
import java.io.*;
import java.net.*;

public class TestURL {
  public static void main( String [] args) {
    try {
      // Se connecte sur l'URL spécifiée en argument
      URL url= new URL( args[0]);
      // Récupère le flux du contenu de l'URL
      InputStream in= url.openStream();
      // Récupère la taille
      int taille= in.available();
      System.out.println( taille+" octets disponibles:");
      // Lit le contenu dans un tableau de bytes
      byte[] t= new byte[ taille];
      in.read( t);
      System.out.write( t);
    } catch( IOException e) {
      System.out.println( "Erreur à l'URL: "+e.getMessage());
    }
  }
}
```

Dans l'exemple ci-dessus, on remarque que l'ensemble du code est dans un `try` / `catch IOEXception`.

Nous verrons que toutes les exceptions liées au réseau sont de type `IOException`. Il existe toutefois un certain nombre d'exceptions spécialisées dont nous reparlerons plus loin en détail.

On notera aussi la méthode suivante qui permet de convertir un objet URL en objet URI :

```
URI toURI() ; throws URISyntaxException
```

Pour que la conversion soit possible, l'URL doit être parfaitement conforme à la RFC 2396.

La classe URLConnection

Un objet de ce type est retourné par la méthode `openConnection` de la classe URL.

Les méthodes de cette classe permettent de retrouver des informations sur le document de l'URL (ces informations sont généralement dans le "header", qui est l'en-tête du flux de retour) :

- **`long getDate()`** ; Date spécifiée dans le header (retourne le nombre de millisecondes depuis le 1er janvier 1970.
- **`long getLastModified()`** ; Date de dernière modification.
- **`String getContentType()`** ; Type MIME de contenu.
- **`int getContentLength()`** ; Taille du contenu.
- **`String getContentEncoding()`** ; Codage du contenu.
- **`Map getHeaderFields()`** ; Permet de consulter tous les champs du header.
- **`String getHeaderField( String nom)`** ; Renvoie un champ du header à partir de son nom.
- **`String getHeaderField( int numero)`** ; Renvoi un champ du header à partir de son numéro de ligne.
- **`InputStream getInputStream()`** ; pour la lecture du contenu.
- **`OutputStream getOutputStream()`** ; pour l'écriture (upload vers le serveur).

Exemple : ce programme affiche toutes les entrées du header d'une URL

```java
import java.util.*; // Nécessaire pour utiliser Map et Iterator
import java.io.*;
import java.net.*;

public class URLHeaders {
  public static void main( String [] args) {
    try {
      // Se connecte sur l'URL spécifiée en argument
      URL url= new URL( args[0]);
      // Récupère l'URLConnection
      URLConnection urlc= url.openConnection();
      // Récupère le header dans un Map
      Map map= urlc.getHeaderFields();
      // Récupère toutes les clés du Map
```

```
        Iterator it= map.keySet().iterator();
        System.out.println( "Entrées du Header de cette URL:");
        // Affiche toutes les entrées
        while( it.hasNext()) {
          Object champ= it.next();
          // On test si null (si entrée sans clé)
          if( champ != null)
            System.out.println( champ+" -> "
                +urlc.getHeaderField(champ.toString()) );
        }
      } catch( IOException e) {
        System.out.println( "Erreur à l'URL: "+e.getMessage());
      }
    }
  }
}
```

On essaie par exemple avec l'URL de Yahoo :

```
java URLHeaders http://www.yahoo.com
```

Ce qui donne :

```
Entrées du Header de cette URL:
Date -> Tue, 04 Mar 2003 11:36:52 GMT
Connection -> close
Content-Type -> text/html
P3P -> policyref="http://p3p.yahoo.com/w3c/p3p.xml", CP="CAO
DSP COR CUR ADM DEV
 TAI PSA PSD IVAi IVDi CONi TELo OTPi OUR DELi SAMi OTRi UNRi
PUBi IND PHY ONL U
NI PUR FIN COM NAV INT DEM CNT STA POL HEA PRE GOV"
Transfer-Encoding -> chunked
Cache-Control -> private
```

Depuis la version 5, Java permet de gérer des Timeouts sur les objets **URLConnexion** à l'aide des méthodes suivantes :

Java 5

- **int getConnectTimeout()** ; // Timeout au moment de la connexion.
- **void setConnectTimeout(int timeout);**
- **int getReadTimeout();** // Timeout à la lecture.
- **void setReadTimeout(int timeout);**

Le timeout est exprimé en millisecondes, si la valeur est à 0, le timeout est infini.

La classe HttpURLConnection

Elle étend la classe URLConnection, et apporte des spécificités du protocole http par les méthodes :

- **String getRequestMethod();** Rend la méthode de la requête http (GET, POST, HEADER, PUT, DELETE…).

- **boolean usingProxy();** Renvoie `true` si la connexion passe par un proxy.

- **int getResponseCode();** Renvoie le code de statut HTTP de la requête.

- **String getResponseMessage();** Renvoie l'éventuel message en cas d'erreur.

- **InputStream getErrorStream();** Renvoie le stream d'erreur en cas d'erreur sur le serveur.

Le code de statut HTTP renvoyé par `getResponseCode()` peut avoir une des valeurs définies dans des variables statiques, dont voici les principales :

Variable statique	Code HTTP
HTTP_OK	200 – O.K.
HTTP_ACCEPTED	202 – Accepté
HTTP_NO_CONTENT	204 – Document vide
HTTP_RESET	205 – Reset du contenu
HTTP_PARTIAL	206 – Contenu incomplet
HTTP_MOVED_PERM	301 – Déplacé définitivement
HTTP_MOVED_TEMP	302 – Déplacé temporairement
HTTP_USE_PROXY	305 – Utilisation d'un proxy
HTTP_BAD_REQUEST	400 – Mauvaise requête
HTTP_UNAUTHORIZED	401 – Accès non autorisé
HTTP_FORBIDDEN	403 – Accès interdit
HTTP_NOT_FOUND	404 – Document non trouvé
HTTP_BAD_METHOD	405 – Méthode non autorisée
HTTP_NOT_ACCEPTABLE	406 – Requête non acceptable
HTTP_CLIENT_TIMEOUT	408 – Timeout de la requête dépassé
HTTP_INTERNAL_ERROR	500 – Erreur interne du serveur
HTTP_BAD_GATEWAY	502 – Mauvaise passerelle
HTTP_GATEWAY_TIMEOUT	504 – Timeout d'une passerelle dépassé
HTTP_VERSION	505 – Version HTTP non supportée

Les classes URLEncoder et URLDecoder

Les URL sont représentées par des chaînes de caractères. Toutefois, il y a un certain nombre de limites, en effet, il n'est pas autorisé d'utiliser d'espace ni de caractères dits spéciaux (notamment les caractères accentués).

Les caractères spéciaux seront donc remplacés par des séquences %codeHexadecimal. Par exemple l'espace (' ') deviendra %20.

Cet encodage est normalisé par un type MIME : "x-www-form-URLencoded".

L'encodage ou le décodage des chaînes de caractères se fera à l'aide des méthodes statiques :

- `String URLEncoder.encode( String chaineAEncoder);`

- `String URLDecoder.decode( String chaineADecoder);`

Exemples :

```
System.out.println( URLEncoder.encode(
    "Un espace+desAccents:éèëêàäâùüûîï");
System.out.println( URLDecoder.decode(
    "Espace%20et:%41%42%43%44…");
```

Les Cookies

A partir de la version 5, Java propose une gestion simplifiée des cookies HTTP grâce à la classe java.net.CookieHandler.

Un cookie est une petite information textuelle (quelques centaines de caractères), transmise par un serveur Web au navigateur, et conservée en mémoire ou sur disque par le navigateur.

Par la suite, lors des connexions ultérieures, cette information stockée sera transmise par le navigateur au serveur qui l'a transmise préalablement, et uniquement à ce serveur.

Cela permet aux serveurs Web de « marquer » les utilisateurs afin de les reconnaître plus tard. Si cette fonctionnalité était considérée au début comme une forme d'atteinte à la vie privée, il faut reconnaître que c'est bien pratique de se connecter sur un de ses sites favoris et d'être tout de suite reconnu.

La classe CookieHandler est abstraite. On ne peut donc pas l'instancier directement, mais on passera par une de ses méthodes statiques qui nous rend un objet de ce type, et qui le handler par défaut :

```
static CookieHandler getDefault() ;
```

Puis, on disposera des deux méthodes d'accès:

- `Map<String,List<String>> get(URI uri,`
  `Map<String,List<String>> requestHeaders) ;` // Récupère les cookies.

- `void put(URI uri, Map<String,List<String>> responseHeaders) ;`
  // Envoie les cookies.

L'objet manipulé est un objet **Map** dont chaque élément est spécifié par un nom (le nom du cookie) et est décrit par un objet **List** de chaînes de caractères.

L'URI passée en argument doit pointer sur un serveur qui supporte le protocole HTTP.

Les applets

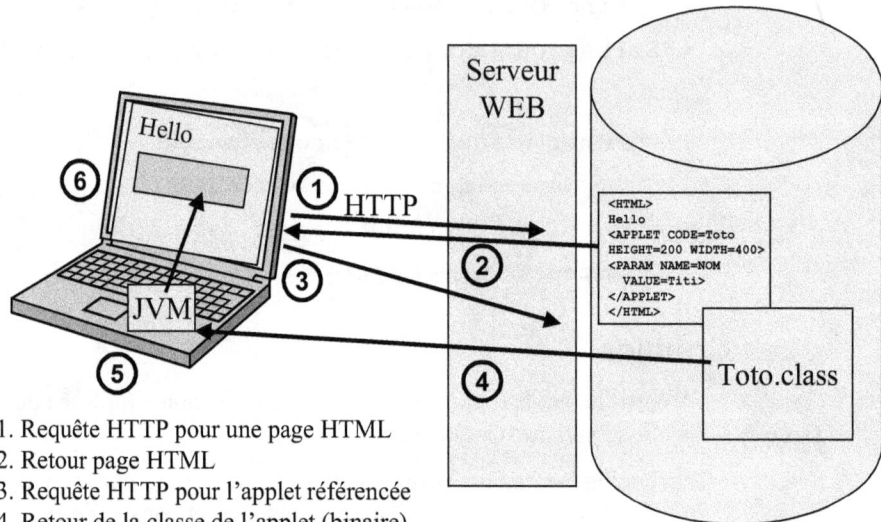

1. Requête HTTP pour une page HTML
2. Retour page HTML
3. Requête HTTP pour l'applet référencée
4. Retour de la classe de l'applet (binaire)
5. Instanciation dans la JVM du navigateur
6. Méthodes init, puis start, puis paint

Une applet est un petit programme qui s'exécute dans un navigateur. Ce petit programme est téléchargé depuis un serveur Internet (Web), puis exécuté dans un environnement protégé sur le poste client.

Une applet est principalement un programme graphique (animation, interface utilisateur...) mais son environnement, très orienté réseau, nous amène à en parler dans ce chapitre destiné à Internet et au réseau.

Une applet est un objet, instancié à partir d'une classe. Celle-ci doit obligatoirement hériter de **Applet**, ce qui lui confère des propriétés particulières quant à son cycle de vie que nous verrons un peu plus loin.

Déclaration de l'applet dans la page HTML

Pour qu'une applet puisse être exécutée, donc d'abord téléchargée, il est nécessaire de la définir dans un document HTML.

La balise **<APPLET>** permet cette opération. Ses propriétés sont les suivantes :

- **CODE** : permet de spécifier le nom de la classe de l'applet.

- **CODEBASE** : si la classe de l'applet ne se trouve pas dans le même répertoire que le fichier HTML y faisant référence, il est nécessaire de spécifier l'URL du répertoire où sera téléchargée l'applet à l'aide de ce paramètre.

- **WIDTH** : indique la largeur en pixels que fera l'applet, dans le document, à l'endroit où elle est déclarée par la balise.

- **HEIGHT** : indique la hauteur en pixels de l'applet.

- **ALIGN** : permet de spécifier l'alignement de l'applet (left, right, middle, top, texttop, absmiddle, baseline, bottom et absbottom).

- **VSPACE** : distance verticale en pixels entre l'applet et les autres objets de la page.

- **HSPACE** : distance horizontale en pixels entre l'applet et les autres objets de la page.
- **ALT** : texte qui s'affichera à la place de l'applet, dans les navigateurs qui supportent la balise <APPLET> mais qui sont paramétrés pour ne pas pouvoir exécuter d'applet Java.
- **NAME** : nom de l'applet. Ce nom est la référence dans le document HTML. Il sera aussi utile lorsqu'une applet voudra joindre une autre applet sur une même page (voir plus loin le paragraphe : communication entre les applets).

Cycle de vie d'une applet

Une applet, lorsqu'elle est instanciée par le navigateur, va s'exécuter dans un conteneur, c'est à dire qu'elle va être pilotée par un programme qui va se charger d'invoquer chez elle les méthodes propres à son cycle de vie.

Ces méthodes, déjà implémentées dans la classe Applet, peuvent être redéfinies par le développeur de l'applet :

- **void init();** est appelée lorsque l'applet vient d'être instanciée dans le container.
- **void start();** est appelée à chaque fois que l'applet devient visible.
- **void stop();** est appelée à chaque fois que l'applet devient invisible, soit parce que l'utilisateur a scrollé le document HTML et que l'applet n'est plus visible, soit parce que l'utilisateur a changé de page, mais la page dans laquelle est l'applet est encore dans le cache du navigateur.
- **void destroy();** est appelée lorsque l'applet va être détruite du container du navigateur.
- **void paint(Graphics g);** est appelée lorsque l'applet doit être repeinte. L'argument passé est l'objet Graphics dans lequel devra s'effectuer la peinture. Cette méthode est la même que celle déjà vue dans notre étude de l'interface graphique de Java, en effet, une applet n'est autre chose qu'un composant graphique, au sens AWT du terme.

Exemple :

```java
import java.applet.*;
import java.awt.Graphics;

public class TestApplet extends Applet {
  public void init() {
    System.out.println( "INIT");
  }
  public void start() {
    System.out.println( "START");
  }
  public void stop() {
    System.out.println( "STOP");
  }
  public void destroy() {
    System.out.println( "DESTROY");
```

```
    }
  public void paint( Graphics g) {
    System.out.println( "PAINT");
    g.drawString( "Hello", 20, 20);
  }
}
```

Pour exécuter cette applet, il faut faire le fichier HTML qui contient sa référence :

```
<HTML><BODY>
<H1>Test d'une applet</H1>
<APPLET CODE=TestApplet.class WIDTH=400 HEIGHT=200></APPLET>
</BODY></HTML>
```

On peut tester à l'aide de l'applet Viewer ou d'un navigateur qui supporte Java.

Test avec l'appletViewer

Ce programme fait partie du JDK de Sun. Il prend en argument un fichier HTML qui contient la référence d'une applet, et exécutera l'applet dans une `frame`.

Lancer l'`appletViewer` de la façon suivante :

```
appletviewer TestApplet.html
```

Apparaît alors la `frame` de cette application :

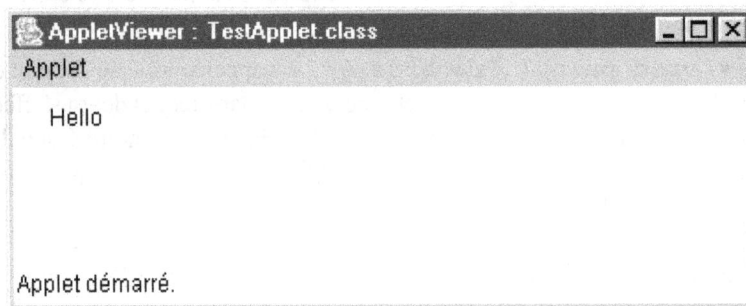

On notera que lorsqu'une applet affiche un message sur la sortie standard, c'est vers la console Java que les messages s'affichent.

On effectue les opérations suivantes :

- Changer la dimension de la frame de l'`AppletViewer`.
- Iconiser l'`AppletViewer`.
- Restaurer l'`AppletViewer`.
- Le fermer.

Regarder la sortie sur la console Java :

```
INIT
START
PAINT
PAINT
STOP
```

```
START

PAINT

STOP

DESTROY
```

On voit bien le déroulement du cycle de vie :

- Au démarrage, invocation de init, puis start et enfin paint pour que l'applet s'affiche.

- Lors du redimensionnement de la fenêtre, la méthode paint permet de redessiner l'applet avec de nouvelles dimensions.

- Lors de l'iconisation, l'applet est stoppée (méthode stop). Elle est mise en sommeil.

- Lors de la restauration, l'applet est redémarrée puis affichée (start et pain).

- Enfin, à la fermeture, l'applet est stoppée puis détruite (stop et destroy).

Test avec Internet Explorer

Pour lancer notre applet depuis un navigateur, il suffit de charger la page HTML. L'applet suit automatiquement (à condition qu'elle soit située dans le même répertoire).

Pour avoir accès à la console Java depuis Explorer, aller dans le *menu Outils/Options Internet* et sélectionner l'onglet *Avancées*.

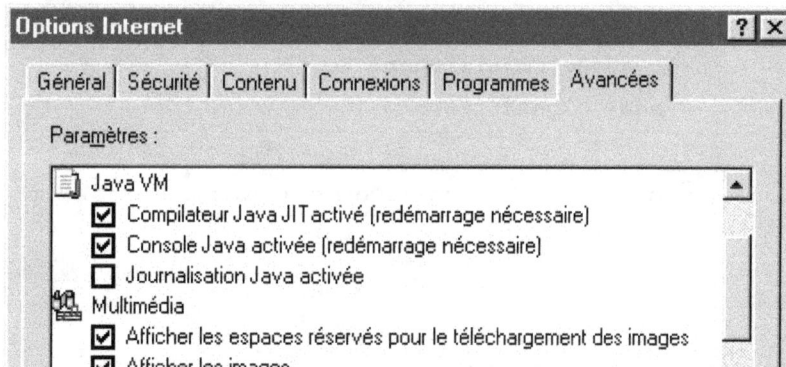

Puis, vérifier l'option « Console Java activée » (redémarrer ensuite le navigateur).

On dispose alors d'une nouvelle option menu : Affichage/Console Java.

Remarque :
Le CLASSPATH de la machine n'est pas le même que celui du navigateur ou de l'AppletViewer. Si on utilise des packages, ils doivent être obligatoirement dans le répertoire courant de l'applet.

Une applet est un composant graphique AWT

Avant tout, une applet est destinée à prendre place dans un document HMTL, c'est donc un objet visible, donc graphique.

Nous avons vu la méthode paint, il faut noter simplement que la classe Applet hérite de Panel (qui hérite de Container, qui hérite lui même de Component).

Donc une applet, bien que faisant partie du package `java.applet`, étend des objets de l'interface graphique AWT. C'est un conteneur de composants graphiques. Une applet se comportera donc exactement comme un Panel, ce qui nous permettra d'y mettre des composants graphiques, ou même d'autres Panels. Ces éléments seront agencés suivant le Layout Manager choisi.

D'autre part, la gestion des événements se fera aussi de la même manière que pour un composant AWT. L'abonnement à la souris, le clavier, etc. est donc possible.

Exemple :

```java
import java.awt.*;
import java.awt.event.*;
import java.applet.*;

public class AppletIHM extends Applet implements ActionListener
{
  Panel p= new Panel();
  Color c= Color.red;

  public void init() {
    setLayout( new BorderLayout());
    p.setBackground( c);
    add( "Center", p);
    Button b= new Button( "Appuyer pour changer la couleur");
    b.addActionListener( this);
    add( "South", b);
  }
  public void actionPerformed( ActionEvent e) {
    if( c.equals( Color.red))
      c= Color.yellow;
    else
      c= Color.red;
    p.setBackground( c);
  }
}
```

Il est possible aussi de démarrer un ou plusieurs threads depuis une applet. Cela peut être particulièrement appréciable lorsque l'on cherche à faire des animations graphiques. Toutefois, dans ce cas, on préfèrera isoler l'animation dans un composant multi-tâche que l'on déposera simplement dans l'applet.

Voici ci-dessous un exemple réutilisant le scroller développé en atelier dans la partie AWT :

```java
import java.applet.*;
import java.awt.*;
import ccl.ihm.*; // Package contenant le Scroller
```

```
public class AppletScroller extends Applet {
  Scroller s= new Scroller( "Texte de l'applet à scroller...
");

  public void init() {
    s.setFont( new Font( "Helvetica", 0, 24));
    setLayout( new FlowLayout());
    add( s);
  }
}
```

Paramétrage des applets

On peut spécifier dans le code HTML des paramètres à transmettre à l'applet. Ces paramètres sont situés entre la balise <APPLET> et </APPLET> dans des balises <PARAM>.

Cette balise possède deux propriétés permettant de spécifier un couple nom/valeur :

- **NAME** : le nom de l'argument.
- **VALUE** : la valeur de l'argument.

Exemple :

```
<HTML><BODY>
<H1>Test d'une applet</H1>
<APPLET CODE=AppletScroller.class WIDTH=400 HEIGHT=200>
<PARAM NAME="Texte" VALUE="Ceci est le texte spécifié en
paramètre
 dans le fichier HTML.    ">
</APPLET>
</BODY></HTML>
```

Pour récupérer ces informations, on peut utiliser la méthode :

String getParameter(String nom) ; qui retourne la valeur du paramètre dont on a spécifié le nom en argument, ou null si le paramètre n'existe pas.

Exemple :

```
import java.applet.*;
import java.awt.*;
import ccl.ihm.*; // Package contenant le Scroller

public class AppletScroller extends Applet {
  Scroller s;

  public void init() {
    // Récupération du parametre "Texte"
```

```
String texte= getParameter( "Texte");
// Si ce parametre d'existe pas dans le code HTML,
// alors getParameter rend null
if( texte != null)
  s= new Scroller( texte);
else
  s= new Scroller( "Texte par défaut de l'applet... ");
add( s);
}
}
```

Les applets et la sécurité

Une applet est un programme pouvant être téléchargé depuis un serveur Internet sans que nous ne nous en rendions compte, en effet, se positionnant dans un rectangle défini dans le document HTML, il peut très bien avoir une taille de 0 pixel sur 0 pixel, et donc s'exécuter complètement à notre insu.

Une applet pourrait donc être potentiellement très dangereuse pour notre poste de travail et même pour notre réseau (intrusion, destruction, dépose de virus, etc.).

Pour éviter tout risque, il a été défini un certain nombre de restrictions qui sont directement infligées par le container des applets du navigateur. C'est la raison pour laquelle on nomme aussi ce type de container un « bac à sable », juste pour faire joujou...

Les restrictions sont les suivantes :

- Interdiction d'accéder au système de fichiers : ni en écriture ni même en lecture. Toute invocation des API fichiers (java.io.File, etc...) par une applet engendrera une exception sécurité.

- Interdiction d'invoquer des méthodes natives, il serait alors trop facile d'utiliser les DLL système pour effectuer des opérations sauvages dans le noyau du système d'exploitation (et pas seulement sur le File System).

- Interdiction de se connecter vers un autre serveur que celui d'où a été téléchargée l'applet, afin d'éviter toute tentative d'une applet de faire des bêtises sur le réseau depuis votre propre poste.

- Obligation de signaler que toute frame créée par une applet soit signalée comme venant d'une applet. Cela est fait automatiquement par le "bac à sable". Ainsi on ne pourra pas faire d'applet qui ouvre une frame en forme d'économiseur d'écran vous demandant par exemple de réentrer l'identification et le mot de passe de votre poste de travail.

On peut toutefois, dans certains navigateurs, décider d'une politique de sécurité plus ou moins souple, en utilisant notamment la certification des applets.

Cette solution sera surtout utilisée dans les entreprises en Intranet. Sur Internet, où la suspicion est toujours la plus forte, on hésitera à autoriser une applet à faire on ne sait quoi, même si elle est certifiée par un grand éditeur américain.

Communication entre les applets et le navigateur

L'applet est pilotée par son conteneur, qui est un navigateur Internet. Elle peut donc, elle aussi, invoquer des méthodes dans ce conteneur.

La méthode :

AppletContext getAppletContext() ; permet de récupérer le contexte de l'applet, c'est à dire un objet représentant son conteneur, mais aussi et surtout le document dans lequel cette applet s'exécute.

On dispose principalement des méthodes suivantes :

- **void showStatus(String texte)** ; Affiche le texte passé en argument dans la status-bar du navigateur.
- **void showDocument(URL url)** ; affiche un nouveau document dans le navigateur.
- **void showDocument(URL, url, String target)** ; affiche un nouveau document dans la frame dont le nom est spécifiée dans l'argument `target`.
- **Image getImagte(URL url)** ; Charge dans un objet Image une image localisée par l'URL passée en argument
- **AudioClip getAudioClip(URL url)** ; Charge un clip audio à partir de l'URL spécifiée.

On peut par exemple faire une applet de lien hypertexte :

```java
import java.applet.Applet;
import java.awt.event.*; // MouseAdapter et MouseEvent
import java.net.URL;
import java.io.IOException;
import javax.swing.JLabel;


public class AppletLien extends Applet {
  public void init() {
    // Récupération des parametres "Texte" et "URL"
    String texte= getParameter( "Texte");
    String strUrl= getParameter( "URL");
    if( (texte != null) && (strUrl != null) ) {
      JLabel l= new JLabel( texte);
      // On met une bulle d'aide
      l.setToolTipText( "Ceci est un lien sur l'url: "+strUrl);
      add( l);
      // Gestion du click souris pour le lien
      l.addMouseListener( new MouseAdapter() {
        public void mouseClicked( MouseEvent e) {
          try {
            // Affichage du document
            getAppletContext().showDocument(
              new URL( getParameter( "URL")));
```

```
          } catch( IOException ioe) {
          }
        }
    } );
  }
}
}
```

Cette applet sera utilisée dans une page HTML de la forme :

```
<HTML><BODY>
<H1>Test d'une applet</H1>
<APPLET CODE=AppletLien.class WIDTH=400 HEIGHT=200>
<PARAM NAME="Texte" VALUE="Ceci est un lien hyper texte">
<PARAM NAME="URL" VALUE="http://www.google.fr">
</APPLET>
</BODY></HTML>
```

Communication entre les applets

Il est possible de définir plusieurs applets dans un même document HTML (utilisation de la balise <APPLET> à plusieurs reprises). Dans ce cas, il est permis à ces applets de communiquer entre elles (échanges de messages par invocation de méthodes).

Pour qu'une applet puisse récupérer la référence d'une autre applet **d'un même document**, il faut que cette dernière soit nommée (propriété NAME de la balise <APPLET>).

On utilise alors la méthode suivante de l'AppletContext :

Applet getApplet(String nom);

Une méthode permet aussi d'énumérer toutes les applets d'un document :

Enumeration getApplets();

L'objet Enumeration comprend des objets du type Applet.

Exemple :

```
import java.applet.Applet;
import java.awt.*;
import java.awt.event.*;

public class AppletSaisie extends Applet implements
ActionListener{
  TextField tf;
  public void init() {
    setLayout( new BorderLayout());
    add( "North", new Label( "Saisir une phrase:"));
    tf= new TextField();
    add( "Center", tf);
```

```
     Button bp= new Button( "Appuyer ici pour transmettre");
     bp.addActionListener( this);
     add( "South", bp);
  }
  public void actionPerformed( ActionEvent e) {
    AppletScroller a=
(AppletScroller)getAppletContext().getApplet( "JeScroll");
    if( a!= null)
      a.setTexte( tf.getText());
    else
      tf.setText( "Pas d'applet dispo");
  }
}
```

Cette applet propose une interface de saisie dans un champ avec un bouton poussoir de validation. Pour qu'elle puisse appeler la méthode `setTexte` dans `AppletScroller`, il faut ajouter dans cette classe la méthode :

```
public void setTexte( String texte) {
    System.out.println( "Nouveau texte: "+texte);
    s.setTexte( texte);
  }
```

Enfin, la page HTML sera de la forme :

```
<HTML><BODY>
<H1>Test de la communication entre applets</H1>
<APPLET CODE=AppletScroller.class WIDTH=400 HEIGHT=200
NAME="JeScroll">
</APPLET>
<BR>Le document HTML continue ici, puis l'autre applet:<BR>
<APPLET CODE=AppletSaisie.class WIDTH=400 HEIGHT=200>
</APPLET>
</BODY></HTML>
```

Programmation des Sockets

- **ServerSocket**
  - Représente un serveur
  - Est géré dans un thread

- **Socket**
  - Représente le canal de communication
  - Lecture/écriture
  - Le même côté serveur et côté client

La programmation des sockets se fait à l'aide des deux classes :

- **Socket** représente le socket pour la communication, aussi bien du côté serveur que du côté du client (des deux côtés l'interface est la même).
- **ServerSocket** représente un serveur, c'est-à-dire un thread qui va se mettre à l'écoute d'un port, et qui rendra un objet Socket à chaque fois qu'un client se connectera.

Côté serveur

Le serveur doit gérer à la fois la connexion des clients, et la communication avec ces clients. De plus, comme il se peut que plusieurs clients se présentent en même temps, le serveur doit être capable de communiquer avec plusieurs clients simultanément. Cette contrainte est résolue avec l'utilisation du multi-thread.

Un thread principal va créer l'objet ServerSocket dont le rôle est de gérer les demandes de connexion des clients.

Un des constructeurs de la classe ServerSocket permet de renseigner le port d'écoute :

```
ServerSocket( int numeroPort);
```

Les deux méthodes fondamentales sont :

- **Socket accept();** Méthode bloquante, qui rend la main lorsqu'un client est connecté. Le Socket renvoyé permet de converser avec le client.
- **void close();** Referme le serveur.

Exemple :

```
import java.net.*;

import java.io.*;


public class TestServerSocket {
  public static void main( String[] args) {
    try {
      ServerSocket serv= new ServerSocket( 80);
      Socket s;
      while( (s= serv.accept())!=null) {
        // Connexion d'un client
        System.out.println( "Socket écoute sur l'adresse: "
          +s.getInetAddress());
        s.close();
      }
    } catch( IOException e) {
      System.out.println( "Erreur IO: "+e.getMessage());
    }
  }
}
```

Côté client

La classe `Socket` possède plusieurs constructeurs :

Socket() ; Crée un socket non connecté

On peut aussi spécifier, dans les constructeurs, suivant l'adresse et le port du serveur :

* **Socket(InetAddress adresseServeur, int port);**
* **Socket(String hostName, int port);**

Ils prennent en argument l'adresse du serveur (de type `InetAddress` ou `String`) et le numéro du port du serveur sur lequel se connecter.

Enfin, les deux constructeurs suivants prennent en plus une adresse locale et un numéro de port local :

* **Socket(InetAddress adresseServeur, int port, InetAddress adresseLocale, int portLocal);**
* **Socket(String hostName, int port, InetAddress adresseLocale, int portLocal);**

Il est intéressant de pouvoir spécifier l'adresse locale lorsque la machine possède plusieurs connexions TCP/IP.

Les trois méthodes principales sont :

- **OutputStream getOutputStream()** ; Renvoie le flux de sortie vers lequel envoyer les données au serveur.
- **InputStream getInputStream()** ; Renvoie le flux d'entrée pour lire les données provenant du serveur.
- **void close()** ; Déconnecte et referme le socket.

Exemple de client :

```java
import java.io.*;
import java.net.*;

public class ClientTCP {

  public ClientTCP(String nomServeur, int port) {
    try {
      while(true) {
        Socket socket = new Socket(nomServeur, port);
        System.out.println( "Tapez une ligne a envoyer au "
            +"serveur ou une ligne vide pour quitter.");
        String envoi = new BufferedReader(
            new InputStreamReader(System.in)).readLine();
        if (envoi.equals("")) {
          socket.close();
          break;
        }
        (new PrintStream(
          socket.getOutputStream())).println(envoi);
        String recu=(new BufferedReader(
            new InputStreamReader(
          socket.getInputStream()))).readLine();
        System.out.println(recu);
      }
    } catch(IOException ioe) {
      System.out.println("Probleme I/O: "+ioe.getMessage());
    }
  }

  public static void main(String[] args) {
    if (args.length < 2) {
      System.out.println(
          "Syntaxe: java ClientTCP NomServeur NumeroPort");
      System.exit(0);
    }
    new ClientTCP(args[0], Integer.parseInt(args[1]));
  }
}
```

Côté serveur, le programme ci-dessous accepte les connexions, puis renvoie chaque phrase émise par le client après l'avoir convertie en majuscules.

```java
import java.io.*;
import java.net.*;

public class ServeurTCP {
  public ServeurTCP(int port) {
    try {
      ServerSocket serverSocket = new ServerSocket(port);
      System.out.println( "Serveur demarre.");
      while(true) {
        Socket socket = serverSocket.accept();
        // Ici il faudrait crére un thread qui gère le socket
        String recu = (new BufferedReader(
        new InputStreamReader(
            socket.getInputStream()))).readLine();
        System.out.println( "Le serveur a recu: "+recu);
        (new PrintStream(socket.getOutputStream())).
            println( recu.toUpperCase());
      }
    } catch(IOException ioe) {
      System.out.println("Probleme d'E/S: "+ioe.getMessage());
    }
  }
  public static void main(String[] args) {
    if (args.length == 1)
      new ServeurTCP(Integer.parseInt(args[0]));
    else
      System.out.println(
          "Syntaxe: java ServeurTCP NumeroPort");
  }
}
```

Les exceptions du réseau

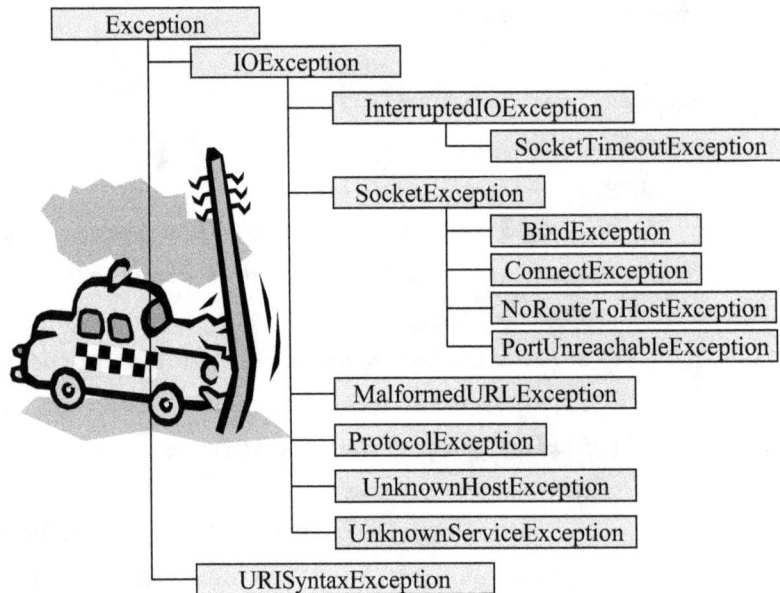

```
Exception
    IOException
            InterruptedIOException
                    SocketTimeoutException
            SocketException
                    BindException
                    ConnectException
                    NoRouteToHostException
                    PortUnreachableException
            MalformedURLException
            ProtocolException
            UnknownHostException
            UnknownServiceException
    URISyntaxException
```

On distingue deux catégories d'exceptions :

- Les exceptions liées à l'utilisation des URL.
- Les exceptions liées à l'utilisation des sockets.

Pour connaître les méthodes susceptibles de renvoyer certaines de ces exceptions, se référer à la documentation Java de Sun.

Exceptions sur l'utilisation des URL

- **URISyntaxException** indique une erreur de syntaxe dans la chaîne de caractères spécifiant l'URI.
- **MalFormedURLException** indique une erreur dans l'URL : soit au niveau de son décodage, soit au niveau de son protocole s'il n'existe pas.
- **ProtocolException** est lancée lorsqu'il y a une erreur de protocole. Cela peut provenir d'un problème de version (HTTP) ou d'une commande qui n'existe pas.
- **UnknownHostException** signale que l'adresse du serveur ne peut être déterminée.
- **UnknownServiceException** est lancée en cas d'erreur de service inconnue. Cela peut arriver lorsque le type MIME n'est pas cohérent ou lorsque l'on cherche à écrire (méthode PUT) sur une URL en lecture seule (HTTP).

Exceptions liées à l'utilisation des sockets

Elles héritent pour la plupart de la classe SocketException.

- **ConnectException** est lancée lorsque la tentative de connexion a échouée. Généralement, cela arrive lorsque l'on cherche à se connecter sur un port qui n'est pas à l'écoute.

- **BindException** est lancée lorsque l'on cherche à utiliser un port local déjà utilisé ou une adresse locale qui n'existe pas.

- **NoRouteToHostException** signale une erreur de réseau lors de la tentative de connexion. Cela provient soit d'un problème de routeur soit d'un blocage de fire-wall.

- **PortUnreachableException** est une exception assez rare. Elle signale un problème au niveau d'ICMP qui est un protocole de contrôle de bas niveau.

- **SocketTimeoutException** est lancée lorsque le timeout est dépassé sur une connexion ou sur une opération de lecture.

Programmation par paquets avec UDP

■ **DatagramPacket représente un paquet et possède les propriétés :**

- Adresse du destinataire
- Port du destinataire
- Message à envoyer (tableau d'octets)

■ **DatagramSocket représente le moyen d'acheminer ou de recevoir le paquet à l'aide des méthodes :**

- void send(DatagramPacket);
- void receive(DatagramPacket);

L'utilisation d'UDP peut s'avérer très efficace dans certains cas, grâce aux avantages suivants :

- L'envoi des informations est très rapide car il n'y a pas de processus de connexion, il suffit de connaître l'adresse IP et le port du destinataire.
- L'utilisation du réseau est optimisée, car seuls les paquets UDP transitent, et pas tous les paquets de gestion de la connexion générés par TCP.

Par contre, UDP possède aussi des inconvénients qu'il faudra éventuellement contourner dans nos programmes :

- Les paquets arrivent dans un ordre qui n'est pas forcément le même que lors de l'envoi.
- Il n'y a pas de connexion, donc pas d'état du client, il faudra alors identifier le client par un moyen (adresse IP ou clé de session).

UDP utilise aussi la notion de numéro de port. Un programme à l'écoute de messages doit donc ouvrir un port en UDP sur la machine.

La classe DatagramPacket

Elle représente le paquet d'informations en émission ou en réception. Les principaux constructeurs pour créer des paquets sont :

- `DatagramPacket( byte[] buffer, int longueur)` ; Construit un paquet d'une certaine taille pour la réception.
- `DatagramPacket( byte[] buffer, int longueur, InetAddress destinataire, int port)` ; Construit un paquet à envoyer au destinataire spécifié.

Les méthodes permettent de lire ou modifier les propriétés :

- `InetAdress getAdress();`
- `void setAdress( InetAdress adresse);`
- `int getPort();`
- `void setPort( int numero);`
- `byte[] getData();`
- `void setData( byte[] donnees);`

L'exemple ci-dessous crée un paquet à partir des données saisies par l'utilisateur à la ligne de commande :

```java
import java.io.*;
import java.net.*;


public class EnvoiUDP {

  public static void main( String[] args) {
    if( args.length < 3) {
      System.out.println(
        "Syntaxe: java EnvoiUDP adresse port message");
      return;
    }
    byte[] buffer= args[2].getBytes();
    try {
      InetAddress adr= InetAddress.getByName( args[0]);
      int port= Integer.parseInt( args[1]);
      DatagramPacket p= new DatagramPacket( buffer,
          buffer.length, adr, port);
    } catch( UnknownHostException e) {
      System.out.println( "Erreur du nom de host: "
          +e.getMessage());
    } catch( IOException e) {
      System.out.println( "Erreur I/O: "+e.getMessage());
    }
  }
}
```

La classe DatagramSocket

Elle permet l'envoi et la réception des `DatagramPackets`

Les constructeurs sont les suivants :

- `DatagramSocket();` Crée un socket UDP pour l'envoi de paquets.
- `DatagramSocket( int numeroPort);` Crée un socket pour la réception ou l'émission

- **DatagramSocket(int numeroPort, InetAddress adresse);**
  Crée un socket pour la réception ou l'émission en utilisant une adresse spécifique de la machine.

Les méthodes permettent à la fois de recevoir et d'envoyer :

- **void send(DatagramPacket paquet);** envoie un
  `DatagramPacket`.

- **void receive(DatagramPacket paquetReception);** Reçoit un paquet dans un `DatagramPacket`. Cette méthode est bloquante, elle ne rend la main que lorsqu'un paquet est reçu.

Exemple : pour l'envoi d'un paquet, on reprend le programme précédent et on ajoute la création du `DatagramSocket` et l'invocation de la méthode `send` :

```
...
    DatagramPacket p= new DatagramPacket( buffer,
        buffer.length, adr, port);
    DatagramSocket ds= new DatagramSocket();
    ds.send( p);
    } catch( UnknownHostException e) {
...
```

Enfin, le programme ci-dessous écoute et affiche le paquet reçu :

```
import java.io.*;
import java.net.*;

public class EcouteUDP {

  public static void main( String[] args) {
    if( args.length < 1) {
      System.out.println( "Syntaxe: java EcouteUDP port");
      return;
    }
    byte[] buffer= new byte[1024];
    // Taille du buffer arbitrairement choisie
    DatagramPacket paquet= new DatagramPacket( buffer,
        buffer.length);
    int port= Integer.parseInt( args[0]);
    try {
      DatagramSocket ds= new DatagramSocket( port);
      ds.receive( paquet);
      System.out.println( "Paquet reçu: "
        +new String( paquet.getData()));
    } catch( IOException e) {
      System.out.println( "Erreur I/O: "+e.getMessage());
    }
  }
}
```

Les domaines d'application d'UDP

Les avantages d'UDP sont à la fois la rapidité et la simplicité. A l'inverse, un inconvénient majeur est la possibilité que certains paquets ne soient pas acheminés (pas de logique d'accusé de réception).

On trouvera ce protocole dans les jeux en réseau, ou les paramètres des différents joueurs (position, caractéristiques) sont envoyés périodiquement aux autres joueurs. Dans ce cas, la perte d'un paquet n'est pas très grave puisque le suivant enverra à nouveau les informations du joueur. Il faut juste que les paquets soient envoyés à une périodicité importante, ce qui est le cas puisque la plupart des jeux en réseau sont des jeux d'arcade, donc de vitesse.

On exploitera aussi UDP pour des applications de « streaming ». Le temps réel est plus important que la garantie de réception de tous les paquets.

Par exemple, pour une application de diffusion d'images vidéo, il vaut mieux qu'une image soit perdue (effet de sautillement) plutôt qu'un blocage du déroulement du film, le temps de récupérer sur le serveur l'image manquante.

Toutefois, cela n'empêche pas d'implémenter sa propre logique d'accusé de réception et de récupération de messages perdus. C'est d'ailleurs l'objet du TP de ce module concernant UDP.

Gestion des Proxys

■ **Paramétrage de la machine virtuelle (propriétés) :**

```
http.proxyHost=adresse IP du proxy
http.proxyPort=port du proxy
```

● Passés en argument au lancement du programme :

```
java -Dhttp.proxyHost=adresse -
Dhttp.proxyPort=port
```

■ **Propriétés système :**

● Properties System.getProperties()

■ **Classe Proxy:**

(Java 5) ● New Proxy(Proxy.Type, SocketAddress);

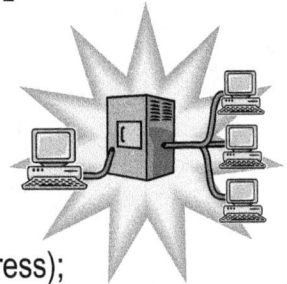

Un proxy est une machine dont le rôle est d'être un intermédiaire entre le client et les serveurs. Le but est à la fois de sécuriser les accès (filtrage et surveillance des données) et d'optimiser l'utilisation du réseau (mise en cache des documents consultés).

L'utilisation des proxys est fréquente dans les entreprises, principalement pour :

● Sécuriser le réseau d'intrusions extérieures.

● Filtrer et surveiller l'accès à Internet par les collaborateurs.

● Empêcher l'utilisation de certains protocoles sur Internet par les collaborateurs (https par exemple).

● Filtrer l'accès à certaines routes du réseau par les collaborateurs.

● Optimiser la liaison entre l'entreprise et Internet, etc.

Un proxy est donc identifié par une adresse et un port. Derrière ce port, le programme du Proxy va pouvoir gérer différents types de protocoles.

Paramétrage dans la JVM

L'utilisation d'un proxy peut être paramétré au niveau de la machine virtuelle Java. Ce paramétrage peut être spécifié à la ligne de commande de java :

```
java -Dhttp.proxyHost=adresse -Dhttp.proxyPort=port AppliJava
```

Il peut aussi être spécifié dans le programme (par exemple à partir du fichier de configuration de votre application) :

```
Properties prop= System.getProperties();
prop.put( "http.proxyHost", "adresse");
prop.put( "http.proxyPort", "numPort");
```

Utilisation d'un objet Proxy

A partir de la version 5, on dispose de la classe **Proxy** qui permet de gérer la connexion au travers d'un proxy.

Le constructeur prend en argument le type de proxy et son adresse :

```
Proxy( Proxy.Type type, SocketAddress adresse) ;
```

Le type de proxy est une constante de la classe interne **Proxy.Type** qui peut être :

- **Proxy.Type.DIRECT** : Pas de proxy.
- **Proxy.Type.HTTP** : Proxy de haut niveau, type HTTP ou FTP.
- **Proxy.Type.SOCKS** : Proxy Socks V4 ou V5.

Puis, l'utilisation d'un objet **Proxy** se fera de différentes manières :

Pour un objet **Socket**, il sera créé avec le constructeur :

```
Socket( Proxy) ;
```

Exemple :

```
Socket s= new Socket(
    new Proxy( Proxy.Type.SOCKS,
        new InetSocketAddress( "10.20.30.2", 1080)));
```

Pour un objet **URL**, la connexion au travers d'un proxy se fera à l'aide de la méthode **openConnection** :

```
URL u= new URL( "http://www.google.fr");
UrlConnection rc= u.openConnection(
    new Proxy( Proxy.Type.SOCKS,
        new InetSocketAddress( "10.20.30.2", 1080)));
```

La classe ProxySelector

Cette classe permet de choisir un proxy, lorsque plusieurs cas se présentent.

C'est une classe abstraite. On ne peut pas l'instancier par un new, mais on récupère le ProxySelector de la machine en invoquant la méthode getDefault :

```
ProxySelector ps= ProxySelector.getDefault();
```

Il est possible alors de lister les Proxy disponibles:

```
ProxySelector ps= ProxySelector.getDefault();
List<Proxy> lp= ps.select(
    new URI( "http://www.google.fr"));
Iterator<Proxy> i= lp.iterator();
while( i.hasNext() ) {
    System.out.println( "Proxy: "+i.next());
}
```

Exploitation du multicast

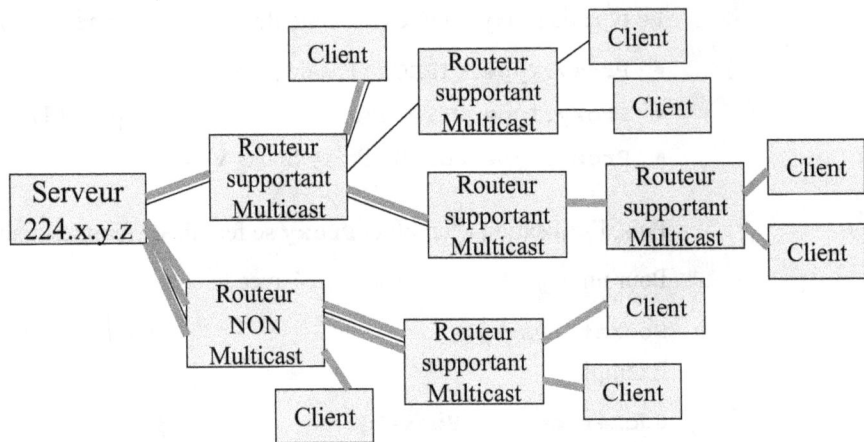

Le multicast est à l'étude depuis 1989. L'idée est de permettre l'émission d'informations vers plusieurs destinataires en même temps, sans envoyer l'information autant de fois qu'il y a de destinataires.

On imagine les domaines d'utilisation du multicast, par exemple la radiodiffusion, la télédiffusion ou encore plus généralement la « datadiffusion » sur le net.

Le problème du protocole TCP/IP est que ce genre d'application du réseau n'était pas à l'ordre du jour au moment de sa conception dans les années soixante. Ce protocole est ce que l'on appelle un protocole unicast (poste à poste).

Si une évolution en ce sens est prévue dans la version 6 d'IP, la version 4 qui reste encore aujourd'hui la plus répandue sur les réseaux a du être aménagée pour permettre ce type de communications.

Le principe part d'une évolution d'IP à implémenter dans les routeurs : on a défini une plage d'adresses IP réservée au multicast (adresses de type D) : 224.0.0.0 à 239.255.255.255 et le protocole IGMP (internet group management protocol) permettant de gérer les groupes.

- L'information diffusée ne passe qu'une seule fois entre deux routeurs.
- Elle ne passe que par les routeurs nécessaires.

Il faut donc impérativement que toute la chaîne entre le fournisseur et le récepteur supporte le multicast.

MBONE (Multicast BackbONE) est la solution actuelle basée sur les tunnels virtuels.

La classe MulticastSocket

En java, on utilise cette classe pour le multicast. C'est en fait un datagram UDP avec des fonctionnalités pour joindre des groupes d'autres hôtes multicast (cette classe hérite de `DatagramSocket`).

L'envoi d'un message au groupe garantit la réception par tous les membres.

Cette fonction n'est pas autorisée aux applets. De toute façon, on imagine mal une applet dans le navigateur d'une machine qui aurait une adresse de type D.

En plus des méthodes héritées de `DatagramSocket`, on a :

- **`void joinGroup( InetAddress adresseIPMilticast)`** ; pour joindre un groupe multicast.
- **`void leaveGroup( InetAddress adresseIPMulticast)`** ; Pour quitter un groupe.

Exemple pour envoyer un message :

```java
String message= "un message";
Byte[] data =message.getBytes();
InetAddress addr = InetAddress.getByName("serveur.com");
DatagramPacket packet = new DatagramPacket(data, data.length,
                        addr, 1234);

MulticastSocket s = new MulticastSocket();
s.send(packet);
s.close();
```

Pour joindre un groupe et se mettre à l'écoute :

```java
MulticastSocket s = new MulticastSocket(1234);

s.joinGroup(InetAddress.getByName("serveur.com"));
DatagramPacket packet = new DatagramPacket(new byte[1024],
1024);

s.receive(packet);
System.out.println("De: " + packet.getAddress());
System.out.println("Message: " + packet.getData());
s.leaveGroup(InetAddress.getByName("www.fisystem.fr"));
s.close();
```

Atelier

Objectifs :

- ■ **Savoir faire des applets**
- ■ **Manipuler les messages UDP**

Durée minimum : 40 minutes.

Exercice 1 :

Applet de simulation d'un prêt.

On crée une applet constituée d'un `JTabbedPane` contenant trois onglets. Dans chacun des onglets, un `JPannel` contient un type de simulation :

- Calcul du nombre de mensualités "Combien de temps ?" (classe `CombienDeTemps`).
- Calcul du montant empruntable "Quelle somme ?" (classe `QuelleSomme`).
- Calcul de la mensualité "Combien par mois ?" (classe `CombienParMois`).

On utilisera les trois méthodes statiques de la classe Emprunt (voir le TP 5) :

- **`public static int getNombreMensualites( double taux, double somme, double mensualite);`**
- **`public static double getMontant( double taux, double mensualite, int nombreMensualites);`**
- **`public static double getMensualite( double taux, double somme, int nombreMensualites);`**

On obtiendra les dialogues présentés ci-dessous :

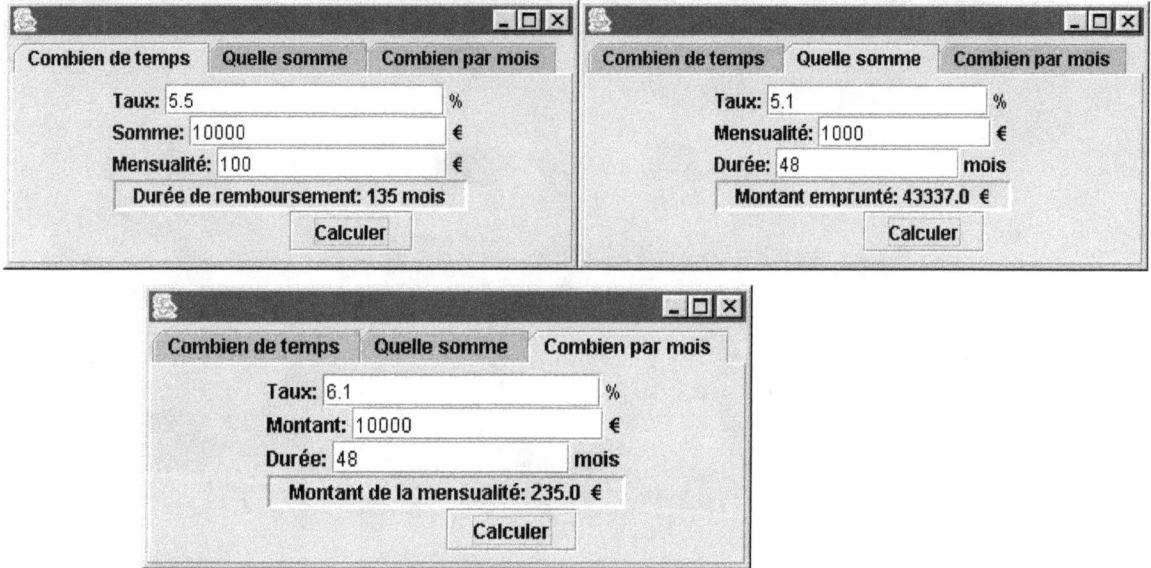

Exercice 2 :

Outil de gestion de messages avec UDP.

On crée une classe utilitaire permettant de faciliter la communication par messages.

L'API de la classe (que l'on nommera `DataBox`) sera la suivante :

- **`public DataBox( int port)`** ; Constructeur prenant un numéro de port en argument, et qui crée une boîte en écoute de message (serveur UDP). Ce constructeur lance un thread d'écoute (`DataBox` peut hériter de `Thread`).

- **`public void close()`** ; Referme la `DataBox` (le thread d'écoute doit se terminer).

- **`public boolean messageReady()`** ; Renvoie `true` si un (ou plusieurs) message est disponible. Les messages arrivés seront stockés dans une pile (utiliser la classe `Vector`).

- **`public byte[] getNextMessage()`** ; Renvoie le message reçu le plus ancien.

- **`public static void send( String adresse, int port, byte[] message)`** ; Envoi d'un message. Cette méthode est `static`, il n'est donc pas nécessaire d'instancier un objet `DataBox` pour envoyer un message.

Exercice 3 :

On remarque que la réception d'un message n'est pas garantie (pas d'accusé de réception). On va créer une nouvelle classe (`ARDataBox`) qui possèdera la même API, mais dont l'envoi d'un message attendra la réception d'un accusé de réception.

Il faudra donc aussi penser à implémenter l'envoi de l'accusé de réception à la réception des messages.

Questions/Réponses

Q. Y-a-t-il d'autres protocoles que TCP/IP supportés par Java ?

R. Pas à ma connaissance.

Q. Peut-on se connecter sur une URL avec la méthode `POST` ou la méthode `GET` au choix ?

R. Ces méthodes sont spécifiques au protocole HTTP. Il faut donc prendre une connexion URL de ce type : la classe `HttpURLConnection`.

On utilisera la méthode void `setRequestMethod( String methode);` La méthode peut être : `GET`, `POST`, `HEAD`, `OPTIONS`, `PUT`, `DELETE` ou `TRACE`.

Q. Comment obtenir notre propre adresse IP dans une chaîne de caractères ?

R. C'est la méthode statique `getLocalHost` dans la classe `InetAddress` :

```
String ip = InetAddress.getLocalHost ().getHostAddress ();
```

Q. Comment savoir si une connexion `Socket` est coupée ?

R. Toute tentative d'utilisation d'une connexion coupée lance une `Exception`. Pour tester une connexion, on peut aussi invoquer la méthode `boolean isConnected();` de la classe `Socket`.

Q. Peut-on écrire notre propre proxy en Java ?

R. Oui, il y a d'ailleurs pas mal d'implémentations plus ou moins complètes disponibles en open-source sur Internet. Je vous conseille d'aller voir à cette adresse :

http://www.nsftools.com/tips/jProxy.java

Index

www.ingramcontent.com/pod-product-compliance
Lightning Source LLC
Chambersburg PA
CBHW060951210326
41598CB00031B/4794